Mitteilungen aus der Biologischen Reichsanstalt
für Land- und Forstwirtschaft

Heft 28   Juli 1926

Jahresheft 1924 des Phänologischen Reichsdienstes

Bearbeitet im Laboratorium für Meteorologie
und Phänologie der Biologischen Reichsanstalt

Leiter:

Regierungsrat Prof. Dr. E. Werth

Springer-Verlag Berlin Heidelberg GmbH

Arbeiten aus der Biologischen Reichsanstalt für Land- u. Forstwirtschaft.

Erster Band. *Mit Textabbildungen und 5 Tafeln.* Heft I. R ö r i g, Magenuntersuchungen land- und forstwirtschaftlich wichtiger Vögel. F r a n k, Der Erbsenkäfer. F r a n k, Beeinflussung von Weizenschädigungen durch Bestellzeit und Chilisalpeter-Düngung. — Heft II. F r a n k, Bekämpfung des Unkrautes durch Metallsalze. H i l t n e r, Wurzelknöllchen der Leguminosen. J a c o b i, Aufnahme von Steinen durch Vögel. R ö r i g, Bekämpfung des Schwammspinners. — Heft III. R ö r i g, Die Krähen Deutschlands. — Untersuchung der Nahrung von Krähen.

Zweiter Band. *Mit Textabbildungen und 12 Tafeln.* Heft I. v. T u b e u f, Schüttekrankheit der Kiefer. — Heft II. v. T u b e u f, Brandkrankheiten des Getreides. — Schüttekrankheit der Kiefer. — Heft III. A p p e l, Einmieten der Kartoffeln. — v. T u b e u f, Brandkrankheiten des Getreides. — Heft IV. J a c o b i u. A p p e l, Kaninchenplage und ihre Bekämpfung. J a c o b i, Der Ziesel in Deutschland. — Heft V. A d e r h o l d, Clasterosporium carpophilum Aderh. — Fusicladium dendriticum Fuck. v. T u b e u f, Triebsterben der Weiden.

Dritter Band. *Mit Textabbildungen und 10 Tafeln.* Heft I. H i l t n e r, Keimungsverhältnisse der Leguminosensamen — Heft II. M o r i t z, Wirkung insekten- und pilztötender Mittel auf Pflanzen. — Heft III. H i l t n e r u. S t ö r m e r, Wurzelknöllchen der Leguminosen. — Heft IV. A d e r h o l d, Kirschbaumsterben am Rhein. A p p e l, Schwarzbeinigkeit und Knollenfäule der Kartoffel. — Heft V. H i l t n e r u. S t ö r m e r, Bakterienflora des Ackerbodens.

Vierter Band. *Mit Textabbildungen und 7 Tafeln.* Heft I. R ö r i g, Wirtschaftliche Bedeutung der insektenfressenden Vögel. — Untersuchungen über die Nahrung unserer heimischen Vögel. — Heft II. M o r i t z u. S c h e r p e, Bodenbehandlung mit Schwefelkohlenstoff. R u h l a n d, Wirkung des unlöslichen basischen Kupfers auf Pflanzen. — Heft III. H i l t n e r u. P e t e r s, Keimlingskrankheiten der Zucker- und Runkelrüben. K r ü g e r, Gürtelschorf der Zuckerrüben. — Heft IV. B u s s e, Krankheiten der Sorghum-Hirse. — Heft V. A d e r h o l d u. R u h l a n d, Obstbaum-Sklerotinien. A p p e l u. B ö r n e r, Zerstörung der Kartoffeln durch Milben.

Fünfter Band. *Mit Textabbildungen und 11 Tafeln.* Heft I. M a a ß e n, Über Gallertbildungen in den Säften der Zuckerfabriken. — Heft II. R ö r i g u. B ö r n e r, Studien über das Gebiß mitteleuropäischer recenter Mäuse. — Heft III. H i l t n e r u. P e t e r s, Versuche über die Wirkung der Strohdüngung auf die Fruchtbarkeit des Bodens. K o s a r o f f, Beitrag zur Biologie von Pyronema confluens Tul. — Heft IV. A p p e l, Beiträge zur Kenntnis der Fusarien und der von ihnen hervorgerufenen Pflanzenkrankheiten. A p p e l u. W. F. B r u c k, Sclerotinia Libertiana Fuckel als Schädiger von Wurzelfrüchten. — Heft V. M a r c i n o w s k i, Zur Biologie und Morphologie von Cephalobus elongatus de Man und Rhabditis brevispina Claus, nebst Bemerkungen über einige andere Nematodenarten. R ö r i g, Magenuntersuchungen heimischer Raubvögel. Untersuchungen über die Verdauung verschiedener Nahrungsstoffe im Krähenmagen. — Heft VI. A d e r h o l d u. R u h l a n d, Der Bakterienbrand der Kirschbäume. B u s s e, Untersuchungen über die Krankheiten der Zuckerrübe. — Heft VII. Rudolf Aderhold. Ein Nachruf von O t t o A p p e l. A p p e l u. K o s k e, Versuche über die Wirkung einiger als schädlich verdächtiger Futtermittel. A p p e l, Beiträge zur Kenntnis der Kartoffelpflanze und ihrer Krankheiten I. G u t z e i t, Dauernde Wachstumshemmung bei Kulturpflanzen nach vorübergehender Kälteeinwirkung. C o l e m a n, Über Sclerotinia Trifoliorum Erikss., einen Erreger von Kleekrebs.

Sechster Band. *Mit Textabbildungen und 11 Tafeln.* Heft I. A p p e l, Beiträge zur Kenntnis der Kartoffelpflanze und ihrer Krankheiten II. A p p e l u. L a i b a c h, Über ein im Frühjahr 1907 in Salatpflanzungen verheerendes Auftreten von Marssonia Panattoniana Berl. F r i e d e r i c h s, Über Phalacrus corruscus als Feind der Brandpilze des Getreides und seine Entwicklung in brandigen Ähren. M a a ß e n. Zur Ätiologie der sogenannten Faulbrut der Honigbienen. — Heft II. B ö r n e r, Eine monographische Studie über die Chermiden. — Heft III. K r ü g e r, Untersuchungen über die Fußkrankheit des Getreides. B u s s e, Untersuchungen über die Krankheiten der Rüben. v. F a b e r, Untersuchungen über die Krankheiten des Kakaos. — Heft IV. M a r c i n o w s k i, Zur Kenntnis von Aphelenchus ormerodis Ritzema Bos. S c h w a r t z. Beiträge zur Ernährungsbiologie unserer körnerfressenden Singvögel. — Heft V. M o r i t z, Beobachtungen und Versuche, betr. die Reblaus, Phylloxera vastatrix Pl., und deren Bekämpfung.

Siebenter Band. *Mit Textabbildungen und 5 Tafeln.* Heft I. M a r c i n o w s k i, Parasitisch und semiparasitisch an Pflanzen lebende Nematoden. — Heft II. v. F a b e r, Die Krankheiten und Parasiten des Kakaobaumes. — Heft III. S c h e r p e, Über den Einfluß des Schwefelkohlenstoffs auf die Stickstoffumsetzungsvorgänge im Boden. — Heft IV. R ö r i g. Die nordische Wühlratte in Deutschland und ihre Verwandtschaft mit den russischen Arvicoliden. — Magen- und Gewölluntersuchungen heimischer Raubvögel.

Achter Band. *Mit Textabbildungen und 7 Tafeln.* Heft I. A p p e l u. W o l l e n w e b e r, Grundlagen einer Monographie der Gattung Fusarium (Link). — Heft II. B u s s e, Untersuchungen über die Krankheiten der Rüben. S c h w a r t z, Die Aphelenchen der Veilchengallen und der Blattflecken an Farnen und Chrysanthemum. — Heft III. A p p e l u. R i e h m, Die Bekämpfung des Flugbrandes von Weizen und Gerste. W e r t h, Zur Biologie des Antherenbrandes. — Heft IV. A p p e l, Beiträge zur Kenntnis der Kartoffelpflanze und ihrer Krankheiten III. — Heft V. C l a u s s e n, Über die Wirkung des Teers, insbesondere geteerter Straßen, auf den Pflanzenwuchs. S c h l u m b e r g e r, Untersuchungen über den Einfluß von Blattverlust und Blattverletzungen auf die Ausbildung der Ähren und Körner beim Roggen.

Neunter Band. *Mit Textabbildungen und 2 Tafeln.* Heft I. G e h r m a n n. Krankheiten und Schädlinge der Kulturpflanzen auf Samoa. Z a c h e r, Die Schädlinge der Kokospalmen auf den Südseeinseln. — Die afrikanischen Baumwollschädlinge, unter besonderer Berücksichtigung der von Busse und Kersting in Togo gesammelten Arten. — Heft II. K r ü g e r, Beiträge zur Kenntnis einiger Gloeosporien. F u c h s, Beitrag zur Kenntnis der Pleonectria Berolinensis Sacc. — Heft III. R ö r i g u. K n o c h e, Beiträge zur Biologie der Feldmäuse.

Zehnter Band. *Mit Textabbildungen und 5 Tafeln.* Heft I. M ü n c h, Naturwissenschaftliche Grundlagen der Kiefernharznutzung. — Heft II. S e e l i g e r, Die Abstoßung der primären Rinde und die Ausheilung des Wurzelbrandes bei der Zuckerrübe (Beta vulgaris L. var. rapa Dum.). — Untersuchungen über das Dickenwachstum der Zuckerrübe (Beta vulgaris L. var. rapa Dum.). — Heft III. M o r s t a t t, Die Schädlinge und Krankheiten der Kokospalme. — Die Schädlinge und Krankheiten der Sorghumhirse (Mtama) in Ostafrika. — Die wilden Seidenraupen in Ostafrika. — Die stachellosen Bienen (Trigonen) in Ostafrika und das Hummelwachs. — Heft IV. S c h e r p e, Untersuchungen über die Ursache der Dörrfleckenkrankheit des Hafers. R e i l i n g, Beiträge zur Kenntnis der Kartoffelblüte und -frucht. — Heft V. B ö r n e r, Insekten-Zeitschlüssel. B ö r n e r, Beiträge zur Kenntnis vom Massenwechsel (Gradation) schädlicher Insekten. — Heft VI. C l a u s s e n, Entwicklungsgeschichtliche Untersuchungen über den Erreger der als »Kalkbrut« bezeichneten Krankheit der Bienen I. B o r c h e r t, Die Formaldehyddesinfektion in der Bienenwirtschaft in der Form des Autanverfahrens sowie experimentelle Untersuchungen über die Tiefenwirkung des mit Wasserdampf gesättigten Formaldehydgases.

Jahresheft 1924

des

Phänologischen Reichsdienstes

Bearbeitet im Laboratorium für Meteorologie und Phänologie
der Biologischen Reichsanstalt

Leiter:

Regierungsrat Prof. Dr. E. Werth,
Mitglied der Biologischen Reichsanstalt

Springer-Verlag Berlin Heidelberg GmbH

ISBN 978-3-662-01797-5   ISBN 978-3-662-02092-0 (eBook)
DOI 10.1007/978-3-662-02092-0

Inhaltsübersicht.

Einleitung

Zum drittenmal geht das Jahresheft des Phänologischen Reichsdienstes in die Öffentlichkeit. Es hat wieder, dank des weitgehenden Interesses unserer freiwilligen Beobachter, eine Mehrung des Inhaltes gegenüber seinen Vorgängern erfahren.

Die beifolgende Karte I (S. 6) zeigt den Stand des phänologischen Beobachtungsdienstes im Berichtsjahr. Sie läßt erkennen, in welchen Gebieten des Reiches zukünftig die Maschen des Beobachtungsnetzes zweckdienlich etwas enger gestaltet werden könnten. Dies gilt vor allem für die peripheren Gebiete; so wäre eine Ergänzung der Beobachtungen erwünscht in Schleswig-Holstein, Hannover mit Oldenburg, Mecklenburg, Pommern, der Grenzmark, Ostpreußen, der Rheinprovinz, Baden und Bayern.

Die in den phänologischen Jahresheften 1922 und 1923 geübte Art der Zusammenstellung der Einzelbeobachtungen in Form von Tabellen ist in dem vorliegenden Hefte fallen gelassen worden, da sie unverhältnismäßig hohe Druckkosten erforderte. Diese Änderung kann aber um so eher in Kauf genommen werden, als der erfreuliche Aufschwung, welchen der Phänologische Reichsdienst in den letzten zwei Jahren erfahren und welcher zu einer erheblichen Ausdehnung und Verdichtung des Beobachtungsnetzes geführt hat, es längst erwünscht erscheinen ließ, für die Bearbeitung und Einordnung der Beobachtungen an Stelle der in den Tabellenzusammenfassungen benutzten Verwaltungsbezirke des Reiches eine auf klimatisch-pflanzengeographischer Grundlage ruhende Unterlage zu schaffen.

Eine solche wird nun in der am Schluß dieses Heftes (Seite 337) abgedruckten und dort näher erläuterten Karte II gegeben. An der Hand dieser Karte läßt sich mit Hilfe der die Klimabezirke und -kreise markierenden Zahlen und Buchstaben leicht aus dem umfangreichen Text der Listen jede aus einer bestimmten natürlichen Landschaft vorliegende Beobachtung auffinden.

Ich hoffe, daß die Karte überdies auch allen denen von Nutzen sein wird, die sich nach einer brauchbaren Grundlage für Fragen der Provenienz, der Auswertung von Feldversuchen für verschiedene Gegenden, für Sortenanbaufragen, kurzum mit allen solchen land- und forstwirtschaftlich wichtigen Fragen beschäftigen, für die sich klimatisch-pflanzengeographische Unterlagen nicht länger entbehren lassen.

Es ist nicht daran zu zweifeln, daß die Karte, zumal inbezug auf die Unterbezirke oder Kreise noch verbesserungsfähig ist. Für sachliche Vorschläge nach dieser Richtung ist die Zentrale des Phänologischen Reichsdienstes jederzeit dankbar.

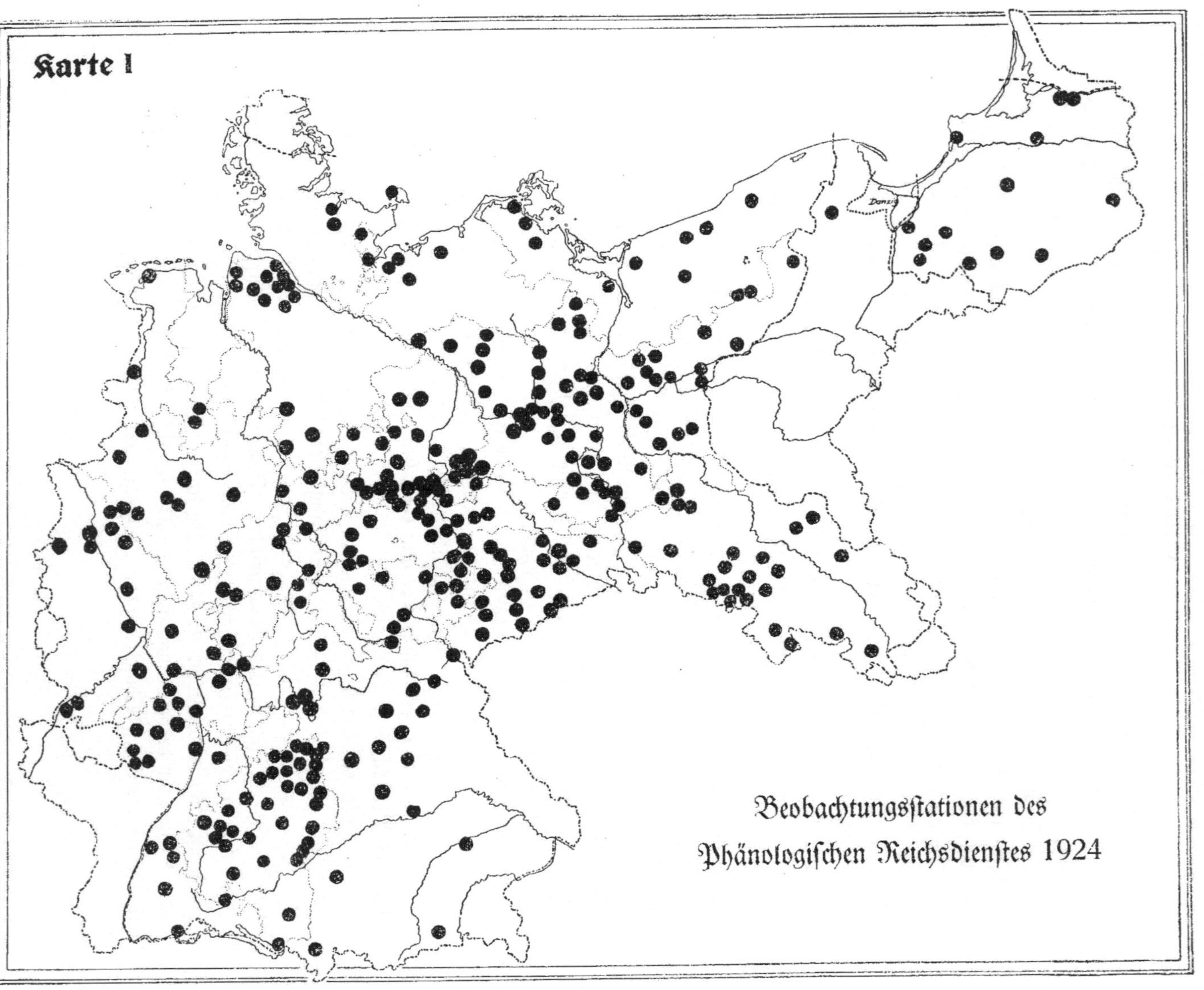

Karte 1
Danzig
Beobachtungsstationen des
Phänologischen Reichsdienstes 1924

A.

Beobachtungen
des Phänologischen Reichsdienstes
im Jahre 1924

Norddeutsches Tiefland

I. Nordatlantischer Klimabezirk
Ia. Ostfriesischer Kreis 1924

Norden (Ostfriesland)
(Beob. C. Veenema, Lehrer i. R.)

Mitte März. Schneeglöckchen, Beginn der Blüte

25. März. Grasfrosch, zuerst gehört

20. April. Anemone, Beginn der Blüte

26. April. Kornelkirsche, Beginn der Blüte

28. April. Huflattich, Beginn der Blüte
Stachelbeere, Beginn der Laubentfaltung

4. Mai. Stachelbeere, Beginn d. Blüte

6. Mai. Johannisbeere, Beginn der Blüte
Erste Turmschwalbe

7. Mai. Ficaria ranuncol.

10. Mai. Roßkastanie, Beginn der Laubentfaltung

11. Mai. Winterlinde, Beginn der Laubentfaltung

12. Mai. Rotbuche. Beginn der Laubentfaltung
Ulme, Beginn der Laubentfaltung

13. Mai. Süßkirsche, Beginn der Blüte
Buchenhochwald, allgemein belaubt

14. Mai. Pflaume, rote Viktoria, Beginn der Blüte

15. Mai. Kohlweißling, erster Falter
Berberis aquifol., Beginn der Blüte
Leontodon Taraxacum, Beginn der Blüte

16. Mai. Birne, Hofrat, Beginn der Blüte

24. Mai. Clubius Herbstapfel, Beginn der Blüte

26. Mai. Eberesche, Beginn der Blüte

27. Mai. Flieder, Beginn der Blüte

28. Mai. Goldregen, Beginn der Blüte
Winterroggen, Beginn des Schossens

2. Juni. Eichenhochwald, Allgemeine Belaubung
Holunder, Beginn der Blüte

3. Juni. Hottonia palustris, Beginn der Blüte

7. Juni. Roßkastanie, Beginn der Blüte

14. Juni. Winterroggen, Beginn der Blüte

22. Juni. Winterweizen, Beginn des Schossens

28. Juni. Falscher Jasmin, Beginn der Blüte

29. Juni. Winterweizen (Kolben-), Beginn der Blüte

5. Juli. Johannisbeere, Beginn der Fruchtreife

14. Juli. Weiße Lilie, Beginn der Blüte

19. Juli. Wintergerste, Beginn der Ernte

26. Juli. Winterroggen, Beginn der Ernte
Schneebeere, Beginn der Blüte

1. August. Heide, Beginn der Blüte

15. August. Eberesche, Beginn der Fruchtreife
Schneebeere, Beginn der Fruchtreife

15. September. Roßkastanie, Beginn der Fruchtreife

22. September. Holunder, Beginn der Fruchtreife

8. Oktober. Efeu, Beginn der Blüte

Dorum, Kr. Lehe
(Beob. Erich Feers)

27. September. Wintergerste, Aussaat

14. Oktober. Winterroggen, Aussaat

18. Oktober. Winterweizen, Aussaat

25. März. Stachelbeere, Beginn der Blüte

 4. April. Erbse, Aussaat

10. April. Johannisbeere, Beginn der
Blüte
Kartoffeln, Aussaat

12. April. Sommerweizen, Aussaat

15. April. Ackerbohne, Austrieb

19. April. Hafer, Austrieb

 1. Juni. Erdbeere, Beginn der Blüte

11. Juni. Sommergerste, Austrieb

15. Juni. Winterroggen, Beginn der
Blüte

18. Juni. Ackerbohne, Beginn der Blüte

20. Juni. Kartoffel, Beginn der Blüte

24. Juni. Klee, Beginn der Ernte

Ende Juni. Ackerbohne, Ende der Blüte

14. Juli. Johannisbeere, Beginn der
Ernte

15. Juli. Wintergerste, Beginn der Ernte

30. Juli. Stachelbeere, Beginn der Ernte

 5. August. Winterroggen, Beginn der
Ernte

15. August. Winterweizen, Beginn der
Ernte

Ende August. Birne, Beginn der Ernte

15. September. Ackerbohne, Beginn der
Ernte

Dingen, Bez. Bremen
(Beob. A. Scheibtmann)

10. März. Schneeglöckchen, Beginn der
Blüte

 3. April. Wasserfrosch, zuerst gehört

13. April. Stachelbeere, Beginn des Austriebs

16. April. Huflattich, Beginn der Blüte

23. April. Johannisbeere, Beginn des
Austriebs

 2. Mai. Birne, Beginn des Austriebs

 5. Mai. Apfel, Beginn des Austriebs

 6. Mai. Stachelbeere, Beginn der Blüte

10. Mai. Pflaume, Beginn des Austriebs

11. Mai. Johannisbeere, Beginn der
Blüte

14. Mai. Kohlweißling, erster Falter
Roßkastanie, Beginn der Laub-
entfaltung
Erdbeere, Beginn der Blüte

15. Mai. Stachelbeere, Ende der Blüte
Birne, Dopp. Bergamotte, Beginn
der Blüte

16. Mai. Winterlinde, Beginn der Laubentfaltung

16. u. 17. Mai. Nachtfröste

18. Mai. Apfel, Beginn der Blüte

19. Mai. Pflaume, Beginn der Blüte

20. Mai. Johannisbeere, Ende der Blüte

25. Mai. Roßkastanie, Beginn der Blüte

27. Mai. Flieder, Beginn der Blüte

30. Mai. Goldregen, Beginn der Blüte

Dornbusch a. H. bei Stade
(Beob. Cau)

25. April. Wasserfrosch, erstes Quaken

 4. Mai. Tanne, Maitriebe

20. Mai. Kohlweißling, erster Falter
Johannisbeere, Beginn der Blüte

25. Mai. Birne, Beginn der Blüte

28. Mai. Süßkirsche, Beginn der Blüte

 2. Juni. Flieder, Beginn der Blüte
Winterroggen, Beginn des Schossens

12. Juni. Holunder, Beginn der Blüte

27. Juli. Johannisbeere, Beginn der
Fruchtreife

 2. August. Winterroggen, Beginn der
Ernte

Stade
(Beob. Schablowski)

17. März. Schneeglöckchen, Beginn der
Blüte

22. März. Haselnuß, Beginn der Blüte

30. März. Huflattich, Beginn der Blüte

10. April. Dotterblume, Beginn der Blüte
Anemone, Beginn der Blüte

19. April. Kornelkirsche, Beginn der Blüte
Salweide, Beginn der Blüte

22. April. Johannisbeere, Beginn der Blüte

24. April. Schwalbe, erster Flug

25. April. Nachtigall, erster Gesang

27. April. Flieder, Beginn der Blüte

29. April. Stachelbeere, Beginn der Laubentfaltung

27. Juni. Sommerlinde, Beginn der Blüte

Stade
(Beob. Dr. Braun)

15. März. Schneeglöckchen, Beginn der Blüte

1. April. Kornelkirsche, Beginn der Blüte

4. April. Huflattich, Beginn der Blüte

22. April. Anemone, Beginn der Blüte
Stachelbeere, Beginn der Laubentfaltung

30. April. Dotterblume, Beginn der Blüte

4. Mai. Kohlweißling, erster Falter

5. Mai. Sommerlinde, Beginn der Laubentfaltung

6. Mai. Winterlinde, Beginn der Laubentfaltung

8. Mai. Johannisbeere, Beginn der Blüte
Buche, Beginn der Laubentfaltung

10. Mai. Wasserfrosch, erstes Quaken
Süßkirsche, Beginn der Blüte

13. Mai. Schlehe, Beginn der Blüte

15. Mai. Birne, Beginn der Blüte

20. Mai. Fichte, Maitriebe

25. Mai. Roßkastanie, Beginn der Blüte
Eberesche, Beginn der Blüte

26. Mai. Flieder, Beginn der Blüte

27. Mai. Goldregen, Beginn der Blüte

18. Juni. Holunder, Beginn der Blüte

25. Juni. Falscher Jasmin, Beginn der Blüte

30. Juni. Schneebeere, Beginn der Blüte

1. Juli. Sommerlinde, Beginn der Blüte
Winterlinde, Beginn der Blüte

6. Juli. Johannisbeere, Beginn der Blüte

12. Juli. Weiße Lilie, Beginn der Blüte

York bei Stade
(Beob. Woehlkens)

23. März. Schneeglöckchen, Beginn der Blüte

28. März. Haselnuß, Beginn der Blüte

29. März. Kellerhals (Daphne mez.), Beginn der Blüte

7. April. Erster Star

15. April. Stachelbeere, Beginn der Laubentfaltung

20. April. Huflattich, Beginn der Blüte

21. April. Feigwurz, Beginn der Blüte

23. April. Salweide, Beginn der Blüte

29. April. Forsythia, Beginn der Blüte

1. Mai. Dotterblume, Beginn der Blüte

5. Mai. Kuckuck, erster Ruf

7. Mai. Wiesenschaumkraut, Beginn der Blüte

9. Mai. Roßkastanie, Beginn der Laubentfaltung

10. Mai. Johannisbeere, Beginn der Blüte

13. Mai. Löwenzahn, Beginn der Blüte
Süßkirsche, Beginn der Blüte

15. Mai. Schlehe, Beginn der Blüte

16. Mai. Birne, Beginn der Blüte

22. Mai. Apfel, Beginn der Blüte

23. Mai. Roßkastanie, Beginn der Blüte

26. Mai. Flieder, Beginn der Blüte

7. Juni. Goldregen, Beginn der Blüte

16. Juni. Schwarze Blattlaus an Saubohnen
Winterroggen, Beginn der Blüte

21. Juni. Holunder, Beginn der Blüte

Ahlerstedt bei Stade
(Beob. Joh. Brunckhorst)

26. März. Schneeglöckchen, Beginn der Blüte
8. April. Huflattich, Beginn der Blüte
18. April. Anemone, Beginn der Blüte
20. April. Salweide, Beginn der Blüte
23. April. Stachelbeere, Beginn der Blüte
Birne, Beginn der Blüte
5. Mai. Buche, Beginn der Laubentfaltung
6. Mai. Erster Frosch gesehen
8. Mai. Johannisbeere, Beginn der Blüte
9. Mai. Roßkastanie, Beginn der Laubentfaltung
10. Mai. Kohlweißling, erster Falter
11. Mai. Süßkirsche, Beginn der Blüte
12. Mai. Erster Maikäfer
14. Mai. Schlehe, Beginn der Blüte
Sommerlinde, Beginn der Laubentfaltung
15. Mai. Buchenhochwald, allgemeine Belaubung
16. Mai. Kiefer, erste Maitriebe
17. Mai. Eichenhochwald, grün
18. Mai Fichte, erste Maitriebe
19. Mai. Apfel, Beginn der Blüte
Sommerlinde, Beginn d. Blüte
Winterlinde, Beginn der Blüte
20. Mai. Tanne, erste Maitriebe
26. Mai. Roßkastanie, Beginn der Blüte
29. Mai. Winterroggen, Beginn des Schossens
6. Juni. Winterroggen, Beginn der Blüte
7. Juni. Flieder, Beginn der Blüte
12. Juni. Goldregen, Beginn der Blüte
22. Juni. Winterweizen, Beginn des Schossens
1. Juli. Johannisbeere, Beginn der Fruchtreife

30. Juli. Winterroggen, Beginn der Ernte
12. August. Heide, Beginn der Blüte

Ahlerstedt bei Stade
(Beob. Wegewitz)

23. März. Salweide, Beginn der Blüte
25. März. Schneeglöckchen, Beginn der Blüte
8. April. Huflattich, Beginn der Blüte
17. April. Anemone, Beginn der Blüte
23. April. Stachelbeere, Beginn der Laubentfaltung
1. Mai. Dotterblume, Beginn der Blüte
3. Mai. Erster Grasfrosch
5. Mai. Erster Maikäfer
6. Mai. Birne, Beginn der Blüte
Buche, belaubt
8. Mai. Johannisbeere, Beginn der Blüte
9. Mai. Roßkastanie, Beginn der Laubentfaltung
11. Mai. Süßkirsche, Beginn der Blüte
13. Mai. Schlehe, Beginn der Blüte
Winterlinde, Beginn der Laubentfaltung
17. Mai. Eichenhochwald, grün
18. Mai. Apfel, Beginn der Blüte
23. Mai. Roßkastanie, Beginn der Blüte
26. Mai. Eberesche, Beginn der Blüte
28. Mai. Winterroggen, Beginn des Schossens
6. Juni. Flieder, Beginn der Blüte
Winterroggen, Beginn der Blüte
13. Juni. Goldregen, Beginn der Blüte
23. Juni. Holunder, Beginn der Blüte
Falscher Jasmin, Beginn der Blüte
3. August. Winterroggen, Beginn der Ernte
10. September. Grummetreife

Ottendorf bei Stade
(Beob. Hillmann)

25. März. Schneeglöckchen, Beginn der Blüte

5. April. Anemone, Beginn der Blüte

9. April. Erster Kohlweißling

20. April. Salweide, Beginn der Blüte

28. April. Stachelbeere, Beginn der Laubentfaltung

3. Mai. Johannisbeere, Beginn der Blüte

5. Mai. Dotterblume, Beginn der Blüte
Ersten Wasserfrosch gehört

12. Mai. Süßkirsche, Beginn der Blüte
Buchenhochwald grün

17. Mai. Birne, Beginn der Blüte

18. Mai. Apfel, Beginn der Blüte

12. Juli. Johannisbeere, Beginn der Fruchtreife

25. Juli. Winterroggen, Beginn der Ernte

1. August. Heide, Beginn der Blüte

12. August. Winterweizen, Beginn der Ernte

26. August. Grummetreife

18. September. Buche, allgemeine Laubverfärbung

1. Oktober. Eiche, allgemeine Laubverfärbung

Sauensiek bei Apensen, Prov. Hannover
(Beob. Bösch)

25. März. Kohlweißling, erster Falter

4. April. Schneeglöckchen, Beginn der Blüte

12. April. Kornelkirsche, Beginn der Blüte

16. April. Anemone, Beginn der Blüte

29. April. Huflattich, Beginn der Blüte

8. Mai. Stachelbeere, Beginn der Laubentfaltung

11. Mai. Dotterblume, Beginn der Blüte

12. Mai. Süßkirsche, Beginn der Blüte

13. Mai. Johannisbeere, Beginn der Blüte
Schlehe, Beginn der Blüte

16. Mai. Schwarze Blattläuse an Saubohne

Roßkastanie, Beginn der Laubentfaltung
Buche, Beginn der Laubentfaltung
Eichenhochwald grün

18. Mai. Sommerlinde, Beginn der Laubentfaltung
Roßkastanie, Beginn der Blüte
Eberesche, Beginn der Blüte
Kiefer, Maitriebe

19. Mai. Flieder, Beginn der Blüte

20. Mai. Fichte, Maitriebe
Tanne, Maitriebe

24. Mai. Apfel, Beginn der Blüte

27. Mai. Goldregen, Beginn der Blüte

1. Juni. Winterroggen, Beginn des Schossens

23. Juni. Holunder, Beginn der Blüte
Eberesche, erste Johannistriebe

25. Juni. Eiche, erste Johannistriebe

30. Juni. Sommerlinde, Beginn der Blüte
Winterlinde, Beginn der Blüte

7. Juli. Johannisbeere, Beginn der Fruchtreife

27. Juli. Heide, Beginn der Blüte

7. August. Winterroggen, Beginn der Ernte

8. August. Eberesche, Beginn der Fruchtreife

24. August. Schneebeere, Beginn der Fruchtreife

7. September. Holunder, Beginn der Fruchtreife

9. September. Buche, Beginn der Fruchtreife

25. September. Eiche, Beginn der Fruchtreife

26. September. Buche, Beginn der Laubverfärbung

1. Oktober. Roßkastanie, Beginn der Laubverfärbung

8. Oktober. Eiche, Beginn der Laubverfärbung

Ic. Hannoverscher Heidekreis 1924

Düneburg, Post Haren (Ems)
(Beob. Reinking)

1. Mai. Winterroggen, Beginn des Schossens
3. Mai. Johannisbeere, Beginn der Blüte
4. Mai. Buche, Beginn der Laubentfaltung
8. Mai. Fichte, Maitriebe
Linde, Beginn der Laubentfaltung (Sommerlinde)
9. Mai. Tanne, Maitriebe
11. Mai. Süßkirsche, Beginn der Blüte
12. Mai. Winterlinde, Beginn der Laubentfaltung
14. Mai. Buchenhochwald, grün, allgemeine Belaubung
Edelkastanie, Beginn der Laubentfaltung
Erster Maikäfer (hier selten)
15. Mai. Birne, Gute Luise, Beginn der Blüte
Apfel, Gravensteiner, Beginn der Blüte
Kiefer, Maitriebe, 1—2 cm lang
18. Mai. Eberesche, Beginn der Blüte
Kohlweißling, erster Falter
19. Mai. Flieder, Beginn der Blüte
31. Mai. Winterroggen, Emsroggen, Beginn der Blüte
18. Juni. Holunder, Beginn der Blüte
Eiche, erste Johannistriebe
29. Juni. Sommerlinde, Beginn der Blüte
7. Juli. Johannisbeere, Beginn der Fruchtreife
Saubohnen, erste schwarze Blattläuse
8. Juli. Winterlinde, Beginn der Blüte
21. August. Heide, Beginn der Blüte
23. August. Winterroggen, Beginn der Ernte

8. September. Grummetreife
16. September. Holunder, Beginn der Fruchtreife
22. September. Roßkastanie, Beginn der Fruchtreife
1. Oktober. Buche, Beginn der Fruchtreife
2. Oktober. Eiche, Beginn der Fruchtreife
7. Oktober. Roßkastanie, allgemeine Laubverfärbung
15. Oktober. Buche, allgemeine Laubverfärbung
22. Oktober. Eiche, allgemeine Laubverfärbung

Venne
(Beob. Bubbenberg)

Anfang März. Schneeglöckchen, Beginn der Blüte
Huflattich, Beginn der Blüte
Mitte März. Salweide, Beginn der Blüte
18. April. Stachelbeere, Beginn der Laubentfaltung
23. April. Anemone, Beginn der Blüte
29. April. Dotterblume, Beginn der Blüte
10. Mai. Buchenhochwald, grün, allgemeine Belaubung
Roßkastanie, Beginn der Laubentfaltung
11. Mai. Buche, Beginn der Laubentfaltung
12. Mai. Linde, Beginn der Laubentfaltung
15. Mai. Apfel, Beginn der Blüte
Birne, Beginn der Blüte
Süßkirsche, Beginn der Blüte
Johannisbeere, Beginn der Blüte
Erster Maikäfer
Wasserfrosch, zuerst gesehen
Kiefer, erste Maitriebe

18. Mai. Roßkastanie, Beginn der Blüte

19. Mai. Flieder, Beginn der Blüte

7. Juni. Winterroggen, Beginn der Aufblühzeit

10. Juni. Falscher Jasmin, Beginn der Aufblühzeit

16. Juni. Holunder, Beginn der Aufblühzeit

1. Juli. Johannisbeere, Beginn der Fruchtreife

21. Juli. Winterroggen, Erntebeginn

Hausbruch, Landkr. Harburg
(Beob. Heeschen)

Anfang März. Süßkirsche, Beginn des Austriebs
Sauerkirsche, Beginn des Austriebs
Pfirsich, Beginn des Austriebs
Johannisbeere, (Jahs frühe), Beginn des Austriebs.
Erdbeere, Beginn des Austriebs

Mitte März. Schneeglöckchen, Beginn d. Blüte

20. März. Stachelbeere, Beginn der Laubentfaltung

3. Mai. Stachelbeere, Beginn der Blüte

7. Mai. Johannisbeere, Beginn der Blüte

11. Mai. Süßkirsche, Beginn der Blüte

12. Mai. Pfirsich, Beginn der Blüte
Kartoffel, Beginn des Auflaufens

13. Mai. Pflaume, Beginn der Blüte
Johannisbeere, Ende der Blüte

15. Mai. Sauerkirsche, Beginn der Blüte
Birne, Beginn der Blüte

17. Mai. Apfel (Weißer Clarapfel), Beginn der Blüte

18. Mai. Süßkirsche, Ende der Blüte
Erste Blattläuse an Apfel
Rübe, Beginn des Auflaufens

20. Mai. Pflaume, Ende der Blüte
Erdbeere, Beginn der Blüte

22. Mai. Sauerkirsche, Ende der Blüte

24. Mai. Roßkastanie, Beginn der Laubentfaltung
Roßkastanie, Beginn der Blüte

25. Mai. Birne, Ende der Blüte

26. Mai. Stachelbeerblattwespe

27. Mai. Goldregen, Beginn der Blüte

30. Mai. Stachelbeerrost
Sauerkirsche, Zweigdürre
Süßkirsche, Zweigdürre

31. Mai. Apfel, Ende der Blüte

Anfang Juni. Apfel, Schorf
Birne, Schorf
Johannisbeere, Blattflecken

3. Juni. Starke Nachtfröste (— 7° C)

8. Juni. Winterroggen, Beginn der Blüte

10. Juni. Erdbeere, Ende der Blüte
Apfel, Mehltau

12. Juni. Erbse, Beginn der Blüte

16. Juni. Winterroggen, Ende der Blüte

25. Juni. Brombeere, Beginn der Blüte
Holunder, Beginn der Blüte
Süßkirsche, Zweigdürre an Frucht
Sauerkirsche, Zweigdürre an Frucht
Pfirsich, Kräuselkrankheit (ganz vereinzelt)

28. Juni. Erdbeere, Beginn der Ernte

Anfang Juli. Apfelwickler

3. Juli. Erdbeere, Schimmelpilz

6. Juli. Brombeere, Ende der Blüte

8. Juli. Johannisbeere, Beginn der Fruchtreife

12. Juli. Kartoffel, Beginn der Ernte
Heide, Beginn der Blüte

15. Juli. Buchweizen, Ende der Blüte
Sommerlinde, Beginn der Blüte
Winterlinde, Beginn der Blüte

23. Juli. Kartoffel, Krautfäule

25. Juli. Birne, Beginn der Ernte

27. Juli. Winterroggen, Beginn der Ernte

5. August. Apfel, Beginn der Ernte

10. August. Stachelbeere, Beginn der Fruchtreife

14. August. Hafer, Beginn der Ernte
15. August. Stachelbeere, Amerikanischer Mehltau
5. September. Buchweizen, Beginn der Ernte
Holunder, Beginn der Fruchtreife
15. September. Grummetreife
Ende September. Rüben (Industrie), Beginn der Ernte

Kakerbeck
(Beob. W. Nack)

25. März. Schneeglöckchen, Beginn der Blüte
5. April. Anemone, Beginn der Blüte
20. April. Stachelbeere, Beginn der Laubentfaltung
26. April. Dotterblume, Beginn der Blüte
27. April. Johannisbeere, Beginn der Blüte
2. Mai. Buche, Beginn der Laubentfaltung
4. Mai. Roßkastanie, Beginn der Laubentfaltung
Wasserfrosch, zuerst gesehen
Grasfrosch, zuerst gesehen
10. Mai. Sommerlinde, Beginn d. Laubentfaltung
11. Mai. Kohlweißling, erster Falter
Süßkirsche, Beginn der Blüte
12. Mai. Buchenhochwald grün, allgemeine Belaubung
13. Mai. Schlehe, Beginn der Blüte
15. Mai. Birne, Beginn der Blüte
Goldregen, Beginn der Blüte
18. Mai. Apfel, Beginn der Blüte
19. Mai. Winterroggen, Beginn des Schossens
20. Mai. Roßkastanie, Beginn der Blüte
21. Mai. Eichenhochwald grün, allgemeine Belaubung
26. Mai. Flieder, Beginn der Blüte
Eberesche, Beginn der Blüte

27. Mai. Erster Maikäfer
9. Juni. Winterroggen, Petkuser, Beginn der Blüte
15. Juni. Falscher Jasmin, Beginn der Blüte
20. Juni. Holunder, Beginn der Blüte
1. Juli. Sommer- und Winterlinde, Beginn der Blüte
3. Juli. Johannisbeere, Beginn der Fruchtreife

Klötze (Altmark)
(Beob. Dr. Huflage)

14. April. Huflattich, Beginn der Blüte
16. April. Salweide, Beginn der Blüte
2. Mai. Dotterblume, Beginn der Blüte
5. Mai. Johannisbeere, Beginn der Blüte
7. Mai. Stachelbeere, Beginn der Laubentfaltung
10. Mai. Süßkirsche, Beginn der Blüte
Anemone, Beginn der Blüte
13. Mai. Birne, Beginn der Blüte
14. Mai. Buche, Beginn der Laubentfaltung
16. Mai. Apfel, Beginn der Blüte
Roßkastanie, Beginn der Laubentfaltung
Sommerlinde, Beginn der Laubentfaltung
17. Mai. Roßkastanie, Beginn der Blüte
19. Mai. Flieder, Beginn der Blüte
20. Mai. Buchenhochwald, allgemeine Belaubung
22. Mai. Winterroggen, Beginn des Schossens
24. Mai. Kiefer, erste Maitriebe
25. Mai. Fichte, erste Maitriebe
26. Mai. Eichenhochwald grün, allgemeine Belaubung
1. Juni. Schneebeere, Beginn der Blüte
2. Juni. Winterroggen (Petkuser), Beginn der Blüte

24. Juli. Heide, Beginn der Blüte
25. Juli. Johannisbeere, Beginn der Fruchtreife
Winterroggen, Beginn der Ernte

Viktorshöhe-Dallmin, West-Prignitz
(Beob. G. Jost)

13. März. Erster Star
14. März. Salweide, Beginn der Blüte
26. März. Schneeglöckchen, Beginn der Blüte
30. März. Huflattich, Beginn der Blüte
1. April. Die ersten Störche
26. April. Anemone, Beginn der Blüte
6. Mai. Kuckuck, erster Ruf
7. Mai. Stachelbeere, Beginn der Laubentfaltung
8. Mai. Dotterblume, Beginn der Blüte
9. Mai. Buche, Beginn der Laubentfaltung
10. Mai. Johannisbeere, Beginn der Blüte
Buchenhochwald, allgemeine Belaubung
12. Mai. Süßkirsche, Beginn der Blüte
13. Mai. Birne, (Gute Luise), Beginn der Blüte
Fichte, erste Maitriebe
15. Mai. Apfel (Landsberger Reinette), Beginn der Blüte
18. Mai. Kiefer, erste Maitriebe
25. Mai. Winterroggen, Beginn des Schossens

Deibow, Post Lenzen (Elbe)
(Beob. Schule, Lehrer Jancke)

23. März. Schneeglöckchen, Beginn der Blüte
Erster Grasfrosch und Erdkröte
24. März. Erste Bergeidechse
13. April. Anemone, Beginn der Blüte
16. April. Salweide, Beginn der Blüte
Stachelbeere, Beginn der Laubentfaltung

21. April. Dotterblume, Beginn der Blüte
27. April. Stachelbeere, Beginn der Blüte
Ende April. Erster Wasserfrosch
Erster Kohlweißling
1. Mai. Johannisbeere, Beginn der Blüte
3. Mai. Austpflaumen, Beginn der Blüte
Süßkirsche, Beginn der Blüte
11. Mai. Birne, Beginn der Blüte
Roßkastanie, Beginn der Laubentfaltung
Fichte, erste Maitriebe
12. Mai. Sommerlinde, Beginn der Laubentfaltung
13. Mai. Schlehe, Beginn der Blüte
Pflaume, Beginn der Blüte
15. Mai. Apfel (Goldapfel, Schornsteinfeger), Beginn der Blüte
17. Mai. Kiefer, erste Maitriebe
19. Mai. Roßkastanie, Beginn der Blüte
Flieder, Beginn der Blüte
20. Mai. Schneebeere, Beginn der Blüte
21. Mai. Winterroggen, Beginn des Schossens
22. Mai. Eberesche, Beginn der Blüte
24. Mai. Kornblume, Beginn der Blüte
25. Mai. Eberesche, erste Johannistriebe
26. Mai. Eiche, erste Johannistriebe
29. Mai. Winterweizen, Beginn des Schossens
3. Juni. Winterroggen, Beginn d. Blüte
9. Juni. Holunder, Beginn der Blüte
22. Juni. Johannisbeere, Beginn der Fruchtreife
26. Juni. Sommer- und Winterlinde, Beginn der Blüte
21. Juli. Winterroggen, Beginn der Ernte
22. Juli. Heide, Beginn der Blüte
Ende Juli. Schneebeere, Beginn der Fruchtreife
3. August. Eberesche, Beginn der Fruchtreife
15. August. Winterweizen, Beginn der Ernte

23. August. Holunder, Beginn der Fruchtreife

31. August. Grummetreife

3. September. Roßkastanie, Beginn der
Fruchtreife

12. September. Eiche, Beginn der Fruchtreife

2. Oktober, Roßkastanie, allgemeine
Laubverfärbung

25. Oktober. Eiche, allgemeine Laubverfärbung

Wittenberge, Bez. Potsdam
(Beob. A. Knappe, Lehrer)

16. März. Stachelbeere, Beginn der Laubentfaltung

23. März. Schneeglöckchen, Beginn der
Blüte

13. April. Salweide, Beginn der Blüte

20. April. Anemone, Beginn der Vollblüte

25. April. Dotterblume, Beginn der Blüte

27. April. Erster Wasserfrosch
Kornelkirsche, Vollblüte

5. Mai. Johannisbeere, Beginn der
Blüte

7. Mai. Kohlweißling, erster Falter

8. Mai. Süßkirsche, Beginn der Blüte
Roßkastanie, Beginn der Laubentfaltung
Sommerlinde, Beginn der Laubentfaltung

13. Mai. Winterlinde, Beginn der Laubentfaltung

14. Mai. Buche, Beginn der Laubentfaltung

19. Mai. Flieder, Beginn der Blüte

26. Mai. Goldregen, Beginn der Blüte

Id. Münsterländischer Kreis 1924

Welbergen
(Beob. Landwirtschaftliche Schule)

10. März. Schneeglöckchen, Beginn der
Blüte

1. Mai. Winterroggen, Beginn des
Schossens

15. Mai. Stachelbeere, Stachelbeerblattwespe

20. Mai. Roßkastanie, Beginn der Blüte

1. Juli. Schwarze Blattlaus an Ackerbohne

25. Juli. Hafer, Flugbrand
Roggen, Mutterkorn (Sklerotium)

10. August. Kartoffel, Krautfäule

1. September. Apfel, Obstmade

15. September. Kartoffel, Beginn der
Ernte

18. September. Eiche, Beginn der Laubverfärbung

Velen, Kr. Borken
(Beob. Hölscher, Lbw.-Lehrer)

Anfang April. Schneeglöckchen, Beginn
der Blüte
Huflattich, Beginn der Blüte

April. Anemone, Beginn der Blüte

Ende April. Süßkirsche, Beginn des Aus-
triebs
Sauerkirsche, Beginn des Austriebs
Zwetsche, Beginn des Austriebs
Pfirsich, Beginn des Austriebs
Stachelbeere, Beginn der Laubent-
faltung
Johannisbeere, Beginn des Austriebs
Pfirsich, Beginn der Blüte

Anfang Mai. Salweide, Beginn der Blüte
Stachelbeere, Beginn der Blüte
Schlehe, Beginn der Blüte
Klee, Beginn des Austriebs
Süßkirsche, Beginn der Blüte

Sauerkirsche, Beginn der Blüte
Zwetsche, Beginn der Blüte
Stachelbeere, Beginn der Blüte
Johannisbeere, Beginn der Blüte
Apfel, Beginn des Austriebs
Birne, Beginn des Austriebs
Pflaume, Beginn des Austriebs

Mai. Hederich, Keimpflänzchen
Roggen, Schneeschimmel
Roggen, Fritfliege
Weizen, Schneeschimmel
Weizen, Fritfliege
Gerste, Fritfliege.
Erdbeere, Beginn des Austriebs

Mai. Erster Wasserfrosch
Erster Grasfrosch

Mitte Mai. Birne, Beginn der Blüte
Pflaume, Beginn der Blüte
Dotterblume, Beginn der Blüte
Johannisbeere, Beginn der Blüte
Süßkirsche, Beginn der Blüte
Goldregen, Beginn der Blüte
Eichenhochwald grün

Ende Mai. Roßkastanie, Beginn der Laub-
entfaltung
Winterlinde, Beginn der Laub-
entfaltung
Buche, Beginn der Laubentfaltung
Buchenhochwald grün
Kiefer, Maitriebe
Fichte, Maitriebe
Tanne, Maitriebe
Industrie-Kartoffel, Beginn des Auf-
laufens
Apfel, Beginn der Blüte
Birne, Beginn der Blüte
Süßkirsche, Ende der Blüte
Sauerkirsche, Ende der Blüte
Zwetsche, Ende der Blüte
Pfirsich, Ende der Blüte
Stachelbeere, Ende der Blüte
Johannisbeere, Ende der Blüte

Anfang Juni. Sommerlinde, Beginn der
Laubentfaltung
Roßkastanie, Beginn der Blüte
Winterroggen, Beginn des Schossens
Raps, Beginn der Blüte
Erdbeere, Beginn der Blüte
Pflaume, Ende der Blüte
Eberesche, Beginn der Blüte

Juni. Apfel, Ende der Blüte
Birne, Ende der Blüte
Gerste, Flugbrand
Gerste, Hartbrand
Gerste, Streifenkrankheit
Hafer, Fritfliege
Erster Maikäfer

Mitte Juni. Flieder, Beginn der Blüte
Winterroggen, Beginn des Schossens
Criewener Winterweizen, Beginn des
Schossens
b. Lochows Hafer, Beginn des
Schossens
Raps, Ende der Blüte

Ende Juni. Winterroggen, Beginn der
Blüte
Erbse, Beginn der Blüte
Erdbeere, Ende der Blüte
Holunder, Beginn der Blüte
Eiche, Johannistriebe
Eberesche, Johannistriebe

Anfang Juli. Windhalm
Winterweizen, Beginn der Blüte
Sommerweizen, Beginn der Blüte
Winterroggen, Ende der Blüte
Klee, Beginn der Ernte und Blüte
Süßkirsche, Beginn der Ernte
Spitzahorn, Johannistriebe

Juli. Kohlweißling, erster Falter
Apfel, Mehltau
Stachelbeere, Rost
Rost auf Riedgräsern
Erdbeeren, Blattfleckenkrankheit
Rauhaarige Wicke
Viersamige Wicke

Roggen, Schwarz- und Braunrost
Weizen, Steinbrand
Weizen, Flugbrand
Kartoffel, Krautfäule
Schwarze Blattlaus an Ackerbohne
Raps, Beginn der Ernte

Mitte Juli. Hafer, Beginn der Blüte
Lupine, Beginn der Blüte
Winterweizen, Ende der Blüte
Sommerweizen, Ende der Blüte
Hafer, Ende der Blüte
Sauerkirsche, Beginn der Ernte
Stachelbeere, Beginn der Ernte
Johannisbeere, Beginn der Ernte

Ende Juli. Heide, Beginn der Blüte
Weiße Lilie, Beginn der Blüte
Winterroggen, Beginn der Ernte
Kartoffel, Beginn der Blüte
Pflaume, Beginn der Ernte
Zwetsche, Beginn der Ernte
Erdbeere, Beginn der Ernte

Anfang August. Kartoffel, Ende der Blüte
Pfirsich, Beginn der Ernte
Sommerlinde, Beginn der Blüte
Winterlinde, Beginn der Blüte
Holunder, Beginn der Fruchtreife
Birke, Beginn der Fruchtreife

August. Hafer, Flugbrand
Kartoffel, Schwarzbeinigkeit
Zucker- und Runkelrübe, Rost
Erbse, Erbsenrost
Erbse, Brennfleckenkrankheit
Ackerbohne, Rost
Apfel, Obstmade
Birne, Schorf
Birne, Obstmade
Ackersenf

Mitte August. Hafer, Beginn der Ernte
Birne, Beginn der Ernte
Winterweizen, Beginn der Ernte

Ende August. Eberesche, Beginn der Fruchtreife

Sommerweizen, Beginn der Ernte
Erbse, Beginn der Ernte

Anfang September. Apfel, Beginn der Ernte

Mitte September. Apfel, Schorf
Grummetreife
Buche, Beginn der Fruchtreife
Eiche, Beginn der Fruchtreife
Kartoffel, Beginn der Ernte

Ende September. Roßkastanie, Beginn der Fruchtreife

Anfang Oktober. Roßkastanie, Beginn der Laubverfärbung

Mitte Oktober. Rübe, Beginn der Ernte
Buche, Beginn der Laubverfärbung
Eiche, Beginn der Laubverfärbung

Paderborn
(Beob. Landwirtschaftliche Schule)

März. Roggen, Schneeschimmel

1. Mai. Johannisbeere, Beginn der Blüte
Eckendorfer Wintergerste, Beginn der Blüte

4. Mai. Roßkastanie, Beginn der Laubentfaltung
Lupine, Beginn des Auflaufens

5. Mai. Dotterblume, Beginn der Blüte
Winterroggen, Beginn der Blüte

7. Mai. Pfirsich, Beginn der Blüte

8. Mai. Wintergerste, Ende der Blüte

10. Mai. Süßkirsche, Beginn der Blüte
Wiesen und Weiden, Schnaken (Tipula)

11. Mai. Butterbirne, Beginn der Blüte

12. Mai. Roggen, Drahtwurm
Petkufer Winterroggen, Ende der Blüte

13. Mai. Viktoriaerbse, Beginn des Auflaufens
Pfirsich, Ende der Blüte

14. Mai. Erdbeere, Beginn der Blüte

16. Mai. Gravensteiner Apfel, Beginn der Blüte

Hafer, Drahtwurm
Buchenhochwald grün

17. Mai. Süßkirsche, Ende der Blüte
18. Mai. Roßkastanie, Beginn der Blüte
19. Mai. Raps, Rapserdfloh
20. Mai. Rübe, Beginn des Auflaufens
Butterbirne, Ende der Blüte
Hederich, Keimpflänzchen
Ackersenf
Flieder, Beginn der Blüte
22. Mai. Apfel (Gravensteiner), Ende der Blüte
23. Mai. Eichenhochwald grün
24. Mai. Petkuser Winterroggen, Beginn des Schossens
25. Mai. Paulsen Juli-Kartoffel, Beginn des Auflaufens
Erdbeere, Ende der Blüte
2. Juni. Weinrebe, Falscher Mehltau
5. Juni. Viktoriaerbse, Beginn der Blüte
13. Juni. Winterweizen, Beginn des Schossens
20. Juni. Viktoriaerbse, Ende der Blüte
Erdbeere, Beginn der Ernte
27. Juni. Schwarze Blattlaus an Ackerbohne
2. Juli. Gerste, Hartbrand
Gerste, Flugbrand
Kartoffel, Beginn der Blüte
Süßkirsche, Beginn der Ernte
Viktoriaerbse, Beginn der Ernte
8. Juli. Wintergerste, Beginn der Ernte
15. Juli. Sommerlinde, Beginn der Blüte
Winterlinde, Beginn der Blüte

Johannisbeere, Beginn der Fruchtreife
18. Juli. Kartoffel, Ende der Blüte
20. Juli. Kartoffel, Beginn der Ernte
27. Juli. Kartoffel, Schwarzbeinigkeit
1. August. Winterroggen, Beginn der Ernte
5. August. Weizen, Steinbrand
8. Juli. Criewener 104-Winterweizen, Beginn der Ernte
12. August. Birne, Schorf
15. August. Petkuser Hafer, Beginn der Ernte
4. September. Apfel, Beginn der Ernte
8. September. Pfirsich, Beginn der Ernte
14. September. Eberesche, Beginn der Fruchtreife
15. September. Grummetreife
Mitte September. Roßkastanie, Beginn der Laubverfärbung
18. September. Holunder, Beginn der Fruchtreife
20. September. Schneebeere, Beginn der Fruchtreife
25. September. Roßkastanie, Beginn der Fruchtreife
1. Oktober. Butterbirne, Beginn der Ernte
2. Oktober. Efeu, Beginn der Blüte
7. Oktober. Buche, Beginn der Laubverfärbung
10. Oktober. Eiche, Beginn der Laubverfärbung
18. Oktober. Rübe, Beginn der Ernte

Ie. Kölner Buchtkreis 1924

Solingen
(Beob. Karl Goetze, Rektor)

10. März. Erster Zitronenfalter.
Schneeglöckchen, Beginn der Blüte

24. März. Huflattich, Beginn der Blüte
1. April. Anemone, Beginn der Blüte
6. April. Kohlweißling, erster Falter
8. April. Salweide, Beginn der Blüte

21. April. Stachelbeere, Beginn der Laubentfaltung

24. April. Dotterblume, Beginn der Blüte

28. April. Erster Grasfrosch.
Roßkastanie, Beginn der Laubentfaltung

1. Mai. Johannisbeere, Beginn der Blüte

2. Mai. Süßkirsche, Beginn der Blüte

6. Mai. Sommerlinde, Beginn der Laubentfaltung

8. Mai. Buche, Beginn der Laubentfaltung

10. Mai. Winterlinde, Beginn der Laubentfaltung
Birne, Beginn der Blüte
Erste Maikäfer

11. Mai. Buchenhochwald grün

15. Mai. Roßkastanie, Beginn der Blüte
Eichenhochwald grün

16. Mai. Erste schwarze Blattlaus an Saubohne

17. Mai. Apfel, Beginn der Blüte

18. Mai. Holunder, Beginn der Blüte
Flieder, Beginn der Blüte
Eberesche, Beginn der Blüte
Kiefer, erste Maitriebe

20. Mai. Goldregen, Beginn der Blüte
Fichte, erste Maitriebe
Tanne, erste Maitriebe

25. Mai. Schneebeere, Beginn der Blüte
Falscher Jasmin, Beginn der Blüte

7. Juni. Winterroggen, Beginn der Blüte

18. Juni. Holunder, Beginn der Fruchtreife

20. Juni. Weiße Lilie, Beginn der Blüte

22. Juni. Sommerlinde, Beginn der Blüte
Winterlinde, Beginn der Blüte

23. Juni. Johannisbeere, Beginn der Fruchtreife

3. Juli. Heide, Beginn der Blüte

29. Juli. Winterroggen, Beginn der Ernte

28. September. Roßkastanie, Allgemeine Laubverfärbung

10. Oktober. Buche, allgemeine Laubverfärbung

11. Oktober. Eiche, allgemeine Laubverfärbung

Köln a. Rh.
(Beob. J. Esser)

12. April. Schneeglöckchen, Beginn der Blüte

20. April. Salweide, Beginn der Blüte

3. Mai. Süßkirsche, Beginn der Blüte

8. Mai. Anemone, Beginn der Blüte
Schlehe, Beginn der Blüte

10. Mai. Huflattich, Beginn der Blüte
Kornelkirsche, Beginn der Blüte
Stachelbeere, Beginn der Laubentfaltung
Dotterblume, Beginn der Blüte
Roßkastanie, Beginn der Laubentfaltung
Sommerlinde, Beginn der Laubentfaltung
Winterlinde, Beginn der Laubentfaltung
Buche, Beginn der Laubentfaltung

12. Mai. Johannisbeere, Beginn der Blüte

15. Mai. Flieder, Beginn der Blüte
Buchenhochwald grün
Eichenhochwald grün

18. Mai. Roßkastanie, Beginn der Blüte
Goldregen, Beginn der Blüte

1. Juni. Kiefer, erste Maitriebe
Fichte, erste Maitriebe
Tanne, erste Maitriebe

14. Juni. Schneebeere, Beginn der Blüte

15. Juni. Falscher Jasmin, Beginn der Blüte

20. Juni. Sommerlinde, Beginn der Blüte
Winterlinde, Beginn der Blüte

21. Juni. Johannisbeere, Beginn der Fruchtreife

5. August. Winterroggen, Beginn des Schnittes

6. August. Winterweizen, Beginn des Schnittes

10. August. Herbstzeitlose, Beginn der Blüte

15. August. Efeu, Beginn der Blüte

25. August. Roßkastanie, Beginn der Fruchtreife

29. August. Schneebeere, Beginn der Fruchtreife

18. September. Liguster, Beginn der Fruchtreife

15. Oktober. Roßkastanie, allgemeine Laubverfärbung

Wiesdorf bei Köln
(Beob. Hans Zurhellen)

15. März. Schneeglöckchen, Beginn der Blüte

4. April. Salweide, Beginn der Blüte

10. April. Erster Grasfrosch

17. April. Erster Wasserfrosch

24. April. Anemone, Beginn der Blüte
Johannisbeere, Beginn der Blüte

25. April. Stachelbeere, Beginn der Laubentfaltung

26. April. Kohlweißling, erster Falter

28. April. Süßkirsche, Beginn der Blüte

1. Mai. Schlehe, Beginn der Blüte

4. Mai. Erster Maikäfer

6. Mai. Williams Christbirne, Beginn der Blüte

7. Mai. Roßkastanie, Beginn der Laubentfaltung

9. Mai. Sommerlinde, Beginn der Laubentfaltung
Fichte, erste Maitriebe

10. Mai. Kiefer, erste Maitriebe

11. Mai. Winterlinde, Beginn der Laubentfaltung

12. Mai. Apfel, Baumanns Renette, Beginn der Blüte
Tanne, erste Maitriebe

13. Mai. Flieder, Beginn der Blüte

14. Mai. Roßkastanie, Beginn der Blüte

15. Mai. Goldregen, Beginn der Blüte

16. Mai. Buche, Beginn der Laubentfaltung
Eberesche, Beginn der Blüte

18. Mai. Buchenhochwald grün

20. Mai. Eichenhochwald grün

25. Mai. Winterroggen, Beginn des Schossens

4. Juni. Winterweizen, Beginn des Schossens

5. Juni. Holunder, Beginn der Blüte
Winterroggen, Beginn der Blüte

10. Juni. Erste schwarze Blattlaus an Saubohne
Schneebeere, Beginn der Blüte

12. Juni. Falscher Jasmin, Beginn der Blüte

16. Juni. Winterweizen, Beginn der Blüte

20. Juni. Sommerlinde, Beginn der Blüte

21. Juni. Eberesche, erste Johannistriebe

22. Juni. Johannisbeere, Beginn der Fruchtreife

23. Juni. Winterlinde, Beginn der Blüte

27. Juni. Eiche, erste Johannistriebe

3. Juli. Spitzahorn, erste Johannistriebe

15. Juli. Eberesche, Beginn der Fruchtreife

30. Juli. Winterroggen, Beginn der Ernte

8. August. Winterroggen, Beginn der Ernte

27. August. Heide, Beginn der Blüte

19. September. Holunder, Beginn der Fruchtreife

20. September. Roßkastanie, Beginn der Fruchtreife
Buche, Beginn der Fruchtreife

27. September. Schneebeere, Beginn der
Fruchtreife
30. September. Eiche, Beginn der Frucht=
reife

17. Oktober. Roßkastanie, allgemeine
Laubverfärbung
29. Oktober. Erster Frostspanner

If. Schleswig=Holsteinischer Ostseekreis 1924

Kiel
(Beob. Dr. Schellenberg, Bot. Institut)

12. März. Schneeglöckchen, Beginn der
Blüte
17. April. Stachelbeere, Beginn der Laub=
entfaltung
19. April. Salweide, Beginn der Blüte
22. April. Kornelkirsche, Beginn der Blüte
26. April. Anemone, Beginn der Blüte
Huflattich, Beginn der Blüte
8. Mai. Dotterblume, Beginn der Blüte
Roßkastanie, Beginn der Laubentfal=
tung
9. Mai. Johannisbeere, Beginn der
Blüte
12. Mai. Winterlinde, Beginn der Laub=
entfaltung
Buche, Beginn der Laubentfaltung
14. Mai. Birne, Beginn der Blüte
Buchenhochwald grün

15. Mai. Süßkirsche, Beginn der Blüte
Fichte, erste Maitriebe
29. Mai. Apfel, Beginn der Blüte
10. Mai. Eichenhochwald grün
25. Mai. Roßkastanie, Beginn der Blüte
26. Mai. Flieder, Beginn der Blüte
Kiefer, erste Maitriebe
23. Juni. Holunder, Beginn der Blüte
Schneebeere, Beginn der Blüte
Falscher Jasmin, Beginn der Blüte

Warnau, Post Kirchbarkau
(Beob. Einfeldt, Dipl.=Landwirt)

20. September. Roggen gedrillt
28. September. Roggen ergrünt
29. September. Weizen gesät
1.—3. Oktober. Kartoffelernte
9. Oktober. Weizen das erste Blatt ge=
zeigt
20.—22. Oktober. Rübenernte

Ig. Mecklenburg=Vorpommerscher Ostseekreis 1924

Dorotheenhof auf Fehmarn
(Beob. Rudolf Hagen)

2. Oktober 1923. Dickkopf=Winterweizen,
Aussaat
27. November 1923. Winterroggen, Aus=
saat
Winterweizen (Königin Wilhelmine),
Aussaat
8. März 1924. Schneeglöckchen, Beginn
der Blüte
26. März. Salweide, Beginn der Blüte
20. April. Anemone, Beginn der Blüte
21. April. Huflattich, Beginn der Blüte
23. April. Kartoffel, Aussaat

24. April. Hederich
25. April. Veilchen, Beginn der Blüte
5. Mai. Johannisbeere, Beginn der Blüte
7. Mai. Stachelbeere, Beginn der Laub=
entfaltung
14. Mai. Bavaria=Sommergerste, Aus=
saat
Linde, Beginn der Laubentfaltung
15. Mai. Felderbse, Austrieb
24. Mai. Stachelbeere, Blattwespe
25. Mai. Apfel, Beginn der Blüte
26. Mai. Erdbeere, Beginn der Blüte
Felderbse, Beginn der Blüte
Birne, Beginn der Blüte

30. Mai. Flieder, Beginn der Blüte

23. Juni. Grasfrosch, zuerst gesehen

24. Juni. Petkuser Winterroggen, Beginn der Blüte

28. Juni. Holunder, Beginn der Blüte

4. Juli. Dickkopf-Winterweizen, Beginn der Blüte

6. Juli. Winterroggen, Ende der Blüte

7. Juli. Erdbeere, Ende der Blüte

8. Juli. Winterweizen, Ende der Blüte

11. Juli. Johannisbeere, Beginn der Fruchtreife

12. Juli. Kartoffel, Beginn der Blüte
Gerste, Flugbrand

17. Juli. Sommergerste, Beginn der Blüte

22. Juli. Hafer, Weißrippigkeit

24. Juli. Kartoffel, Ende der Blüte

26. Juli. Kartoffel, Krautfäule

11. August. Winterroggen, Beginn der Ernte

20. August. Winterweizen, Beginn der Ernte

23. August. Apfel, Obstmaden

26. August. Sommergerste, Beginn der Ernte

28. August. Felderbse, Beginn der Ernte

4. September. Sommergerste, Beginn der Ernte

6. September. Hafer, Beginn der Ernte

9. September. Kartoffel, Beginn der Ernte

29. September. Holunder, Beginn der Fruchtreife

18. Oktober. Grummetreife

Benz bei Malente (Schleswig-Holstein)
(Beob. F. Dreis)

15. März. Schneeglöckchen, Beginn der Blüte

11. April. Huflattich, Beginn der Blüte

18. April. Anemone, Beginn der Blüte

17. April. Johannisbeere, Beginn des Austriebes

20. April. Salweide, Beginn der Blüte

23. April. Stachelbeere, Beginn der Laubentfaltung

28. April. Süßkirsche, Vierländer, Beginn des Austriebes

Anfang Mai. Apfel, Schöner v. Boskoop, Beginn des Austriebes
Birne, Gute Graue, Beginn des Austriebes
Süßkirsche, Beginn des Austriebes
Zwetsche, Beginn des Austriebes
Grasfrosch

1. Mai. Dotterblume, Beginn der Blüte

4. Mai. Buche, Beginn der Laubentfaltung

8. Mai. Erbse, Beginn des Auflaufens

10. Mai. Rübe, Beginn des Auflaufens
Roßkastanie, Beginn der Laubentfaltung

11. Mai. Kartoffel, Beginn des Auflaufens
Birne, Gute Graue, Beginn der Blüte

12. Mai. Johannisbeere, Beginn der Blüte
Erster Kohlweißling

15. Mai. Buchenhochwald grün
Klee, Beginn des Auflaufens

16. Mai. Sauerkirsche, Beginn der Blüte

17. Mai. Süßkirsche, Beginn der Blüte

20. Mai. Apfel, Schöner v. Boskoop, Beginn der Blüte
Kiefer, Maitriebe

22. Mai. Zwetsche, Beginn der Blüte

26. Mai. Roßkastanie, Beginn der Blüte

27. Mai. Flieder, Beginn der Blüte

28. Mai. Erster Maikäfer

29. Mai. Winterroggen, Beginn des Schossens

29. Mai. Eichenhochwald grün
Fichte, Maitriebe
Tanne, Maitriebe

1. Juni. Stachelbeere, Rost an Blättern
Goldregen, Beginn der Blüte
Eberesche, Beginn der Blüte

10. Juni. Ackersenf, Beginn der Blüte

14. Juni. Stachelbeere, Stachelbeerblatt=
wespe
Schlehe, Beginn der Blüte

15. Juni. Winterroggen, Beginn der Blüte

16. Juni. Erste schwarze Blattlaus an
Saubohne
Süßkirsche, Zweigdürre
Sauerkirsche, Zweigdürre

17. Juni. Holunder, Beginn der Blüte

20. Juni. Sommerlinde, Beginn der
Blüte
Winterlinde, Beginn der Blüte
Kartoffel, Beginn der Blüte
Klee, Beginn der Blüte
Süßkirsche, Beginn der Ernte

25. Juni. Falscher Jasmin, Beginn der
Blüte

29. Juni. Winterroggen, Ende der Blüte

1. Juli. Wintergerste, Beginn des
Schossens
Weiße Lilie, Beginn der Blüte

5. Juli. Winterweizen, Beginn des
Schossens
Birne, Schorf

12. Juli. Hafer, Beginn des Schossens

15. Juli. Kartoffel, Beginn der Ernte

16. Juni. Johannisbeere, Beginn der
Fruchtreife

23. Juli. An Kohlwurzeln viel Maden
der Kohlfliege

24. Juli. Johannisbeeren, Beginn der
Ernte

25. Juli. Johannisbeere, Blattflecken
Kohlhernie stark

5. August. Apfel, Obstmaden

6. August. Hafer, Flugbrand

7. August. Roggen, Sklerotium

8. August. Winterroggen, Beginn der
Ernte

10. August. Wintergerste, Beginn der
Ernte

15. August. Eberesche, Beginn der Frucht=
reife

20. August. Hafer, Beginn der Ernte

25. August. Winterweizen, Beginn der
Ernte

Lübeck

(Beob. Hauptstelle für Pflanzenschutz)

9. März. Goldammer, erster Gesang
Feldlerche, erster Gesang

10. März. Star, erster Gesang

13. März. Schneeglöckchen, Beginn der
Blattentfaltung

21. März. Erle, Beginn der Blüte

23. März. Hasel, Beginn der Blüte

24. März. Schneeglöckchen, Beginn der
Blüte
Leberblümchen, Beginn der Blüte
Eranthis hiemalis, Beginn der Blüte
Singdrossel, erster Gesang

25. März. Rotkehlchen, zuerst gehört
Huflattich, Beginn der Blüte

6. April. Krokus, Beginn der Blüte

15. April. Lonicera, Beginn der Laub=
entfaltung
Daphne, Beginn der Blüte

18. April. Stachelbeere, Beginn der Laub=
entfaltung

19. April. Primula elatior, Beginn der
Blüte

23. April. Erste Schwalbe
Gagea lutea, Beginn der Blüte

1. Mai. Anemone, Vollblüte
Primula elatior, Vollblüte
Cornus mas, Beginn der Blüte
Ulmus campestris, Beginn der Blüte

5. Mai. Forsythia, Beginn der Blüte

6. Mai. Roßkastanie, Beginn der Laub=
entfaltung
Löwenzahn, Beginn der Blüte
Ranunculus ficaria, Blüte

10. Mai. Acer platanoides, Beginn der
Blüte
Buche (Wälder), Beginn der Laub-
entfaltung
11. Mai. Stachelbeere, Beginn der Blüte
13. Mai. Prunus cerasifera, Beginn der
Blüte
Johannisbeere, Beginn der Blüte
Buchen, vollkommen grün
Linde, vollkommen grün
Birken, vollkommen grün
Ahorn, vollkommen grün
14. Mai. Aprikose, in Hochblüte
Pfirsich, in Hochblüte
Süßkirsche, in Hochblüte
Sauerkirsche, Beginn der Blüte
Birne, Beginn der Blüte
15. Mai. Löwenzahn, in Hochblüte
17. Mai. Prunus padus, Beginn der
Blüte
18. Mai. Apfel, Beginn der Blüte
23. Mai. Kastanie, Beginn der Blüte
27. Mai. Flieder, Beginn der Blüte
Roggen, Beginn des Schossens
1. Juni. Rotdorn, Beginn der Blüte
8. Juni. Roggen, Beginn der Blüte

Lübeck und Ollndorf
(Beob. Heinz Groth, Lübeck)

22. März. Schneeglöckchen, Beginn der
Blüte
5. April. Salweide, Beginn der Blüte
11. April. Anemone, Beginn der Blüte
17. April. Huflattich, Beginn der Blüte
20. April. Erster Wasserfrosch
22. April. Stachelbeere, Beginn der Laubentfaltung
27. April. Dotterblume, Beginn der Blüte
Roßkastanie, Beginn der Laubentfaltung
Erster Grasfrosch
10. Mai. Kohlweißling, erster Falter
12. Mai. Schlehe, Beginn der Blüte

14. Mai. Sommerlinde, Beginn der Laub-
entfaltung
Winterlinde, Beginn der Laubentfaltung
Buche, Beginn der Laubentfaltung
15. Mai. Kornelkirsche, Beginn der Blüte
Süßkirsche, Beginn der Blüte
16. Mai. Birne, Beginn der Blüte
Buchenhochwald, grün
Eichenhochwald, grün
18. Mai. Kiefer, Maitriebe
Tanne, Maitriebe
Winterroggen, Beginn des Schossens
Winterweizen, Beginn des Schossens
20. Mai. Fichte, Maitriebe
Johannisbeere, Beginn der Blüte
23. Mai. Roßkastanie, Beginn der Blüte
25. Mai. Apfel, Beginn der Blüte
Flieder, Beginn der Blüte
1. Juni. Goldregen, Beginn der Blüte
2. Juni. Eberesche, Beginn der Blüte
6. Juni. Schneebeere, Beginn der Blüte
7. Juni. Holunder, Beginn der Blüte
8. Juni. Winterweizen, Beginn der
Blüte
9. Juni. Falscher Jasmin, Beginn der
Blüte
7. Juli. Johannisbeere, Beginn der
Fruchtreife
15. Juli. Sommerlinde, Beginn der Blüte
Winterlinde, Beginn der Blüte
18. Juli. Heide, Beginn der Blüte
1. August. Winterroggen, Beginn der
Ernte
8. August. Winterweizen, Beginn der
Ernte
30. August. Herbstzeitlose, Beginn der
Blüte
10. September. Roßkastanie, Beginn der
Fruchtreife
15. September. Efeu, Beginn der Blüte
18. September. Liguster. Beginn der
Fruchtreife

2. Oktober. Buche, Beginn der Fruchtreife
Eiche, Beginn der Fruchtreife
14. Oktober. Roßkastanie, Beginn der
Laubverfärbung
16. Oktober. Buche, Beginn der Laubverfärbung
23. Oktober. Eiche, Beginn der Laubverfärbung

Neuenhagen bei Dassow
(Beob. Ernst Eggers)

20. März. Schneeglöckchen, Beginn der
Blüte
12. April. Salweide, Beginn der Blüte
15. April. Erster Wasserfrosch
18. April. Huflattich, Beginn der Blüte
21. April. Anemone, Beginn der Blüte
29. April. Stachelbeere, Beginn der Laubentfaltung
4. Mai. Dotterblume, Beginn der Blüte
8. Mai. Johannisbeere, Beginn der Blüte
Roßkastanie, Beginn der Laubentfaltung
9. Mai. Sommerlinde, Beginn der Laubentfaltung
9. Mai. Winterlinde, Beginn der Laubentfaltung
10. Mai. Buche, Beginn der Laubentfaltung
10. Mai. Kohlweißling, erster Falter
Buchenhochwald grün
12. Mai. Süßkirsche, Beginn der Blüte
14. Mai. Schlehe, Beginn der Blüte
15. Mai. Eichenhochwald grün
20. Mai. Birne, Beginn der Blüte
Flieder, Beginn der Blüte
28. Mai. Roßkastanie, Beginn der Blüte
30. Mai. Goldregen, Beginn der Blüte
Erster Maikäfer
3. Juni. Fichte, Maitriebe
4. Juni. Winterroggen, Beginn des
Schossens

28. Juni. Holunder, Beginn der Blüte
20. Juli. Johannisbeere, Beginn der
Fruchtreife
10. August. Heide, Beginn der Blüte
Eberesche, Beginn der Fruchtreife
Grummetreife
15. September. Buche, Beginn der Fruchtreife
20. September. Roßkastanie, Beginn der
Fruchtreife
Eiche, Beginn der Fruchtreife
29. September. Holunder, Beginn der
Fruchtreife
30. November. Erster Frostspanner

Schwerin i. M.
(Beob. G. Evert, Lehrer)

24. März. Schneeglöckchen, Beginn der
Blüte
15. April. Huflattich, Beginn der Blüte
19. April. Stachelbeere, Beginn der Laubentfaltung
20. April. Kornelkirsche, Beginn der Blüte
21. April. Anemone, Beginn der Blüte
28. April. Dotterblume, Beginn der Blüte
4. Mai. Buche, Beginn der Laubentfaltung
5. Mai. Johannisbeere, Beginn der
Blüte
7. Mai. Roßkastanie, Beginn der Laubentfaltung
11. Buchenhochwald grün
14. Mai. Sommerlinde, Beginn der Laubentfaltung
Winterlinde, Beginn der Laubentfaltung
15. Mai. Schlehe, Beginn der Blüte
16. Mai. Süßkirsche, Beginn der Blüte
18. Mai. Birne, Beginn der Blüte
Eichenhochwald grün
20. Mai. Roßkastanie, Beginn der Blüte
21. Mai. Gravensteiner Apfel, Beginn
der Blüte

27. Mai. Flieder, Beginn der Blüte
29. Mai. Goldregen, Beginn der Blüte
9. Juni. Holunder, Beginn der Blüte.
Winterroggen, Beginn der Blüte
17. Juni. Falscher Jasmin, Beginn der
Blüte
21. Juni. Winterweizen, Beginn der
Blüte
5. Juli. Sommerlinde, Beginn der Blüte
Winterlinde, Beginn der Blüte
31. Juli. Winterroggen, Beginn der Ernte
8. August. Winterweizen, Beginn der
Ernte
15. Oktober. Roßkastanie, Beginn der
Laubverfärbung
24. Oktober. Buche, Beginn der Laubverfärbung
27. Oktober. Eiche, Beginn der Laubverfärbung

Bernitt i. Mecl.
(Beob. Reuber)

7. März. Schneeglöckchen, Beginn der
Blüte
16. März. Salweide, Beginn der Blüte
14. April. Sauerkirsche, Beginn des Austriebes
20. April. Süßkirsche, Beginn des Austriebes
22. April. Anemone, Beginn der Blüte
28. April. Erdbeere, Beginn des Austriebes
2. Mai. Johannisbeere, Beginn der
Blüte
Birne, Beginn des Austriebes
3. Mai. Dotterblume, Beginn der Blüte
4. Mai. Apfel, Beginn des Austriebes
Pflaume, Beginn des Austriebes
Zwetsche, Beginn des Austriebes
8. Mai. Buche, Beginn der Laubentfaltung
9. Mai. Erster Laubfrosch

10. Mai. Erster Wasserfrosch
Kohlweißling, erster Falter
12. Mai. Buchenhochwald, grün
Sommerlinde, Beginn der Laubentfaltung
13. Mai. Süßkirsche, Beginn der Blüte
Huflattich, Beginn der Blüte
16. Mai. Schlehe, Beginn der Blüte
Sauerkirsche, Beginn der Blüte
30. Mai. Petkuser Winterroggen, Beginn
der Blüte
25. Juni. Klee, Beginn der Ernte
17. Juli. Süßkirsche, Beginn der Ernte
31. Juli. Petkuser Winterroggen, Beginn
der Ernte
1. August. Sauerkirsche, Beginn der
Ernte
22. August. Hafer, Beginn der Ernte
26. August. Winterweizen, Beginn der
Ernte
2. September. Pflaume, Beginn der
Ernte
4. September. Grummetreife
24. September. Apfel, Beginn der Ernte
13. Oktober. Kartoffel, Beginn der Ernte
24. Oktober. Rübe, Beginn der Ernte
29. Oktober. Birne, Beginn der Ernte

Stralsund und Umgegend
(Beob. Zweigstelle der B. R. A.)

19. April. Petasites officialis, Beginn der
Blüte
20. April. Erste Schwalbe
Frösche in Kopula, Froschlaich
28. April. Caltha palustris, Beginn der
Blüte
4. Mai. Acer platanoides entfaltet In-
floreszenzen
6. Mai. Ranunculus ficaria, Beginn der
Blüte
7. Mai. Roßkastanie, Beginn der Laubentfaltung

13. Mai. Erste Maikäfer
16. Mai. Kirsche, Beginn der Blüte
28. Mai. Kastanie, Beginn der Blüte
29. Mai. Erste Roggenähren
2. Juni. Equisetum arvense treibt Sporenähren
4. Juni. Rotdorn, Beginn der Blüte
7. Juni. Kastanie, Ende der Blüte
11. Juni. Roggen, Beginn der Blüte
Erste Kornblume
Erste Mohnblume
26. Juni. Erbse, volle Blüte
27. Juni. Allgemeiner Heuschnitt
30. Juni. Linde, Beginn der Blüte
4. Juli. Hafer, erste Rispen
8. Juli. Kartoffel, Beginn der Blüte

Gr. Mohrdorf i. Pommern
(Beob. Herb. Kleinert, Landwirt)

2. September. Wintergerste, Beginn der Aussaat
16. September. Winterroggen, Beginn der Aussaat
21. September. Kartoffel, Beginn der Ernte
1. Oktober. Winterweizen, Beginn der Aussaat.

Freyenstein (Ostpriegnitz)
(Beob. E. Lindow)

23. März. Schneeglöckchen, Beginn der Blüte
30. März. Huflattich, Beginn der Blüte
11. April. Salweide, Beginn der Blüte
18. April. Anemone, Beginn der Blüte
20. April. Stachelbeere, Beginn der Laubentfaltung
22. April. Dotterblume, Beginn der Blüte
27. April. Roßkastanie, Beginn der Laubentfaltung

8. Mai. Johannisbeere, Beginn der Blüte
Erster Wasserfrosch
9. Mai. Süßkirsche, Beginn der Blüte
10. Mai. Birne (Gute Luise), Beginn der Blüte
12. Mai. Sommerlinde, Beginn der Laubentfaltung
13. Mai. Schlehe, Beginn der Blüte
16. Mai. Apfel (Hasenkopf), Beginn der Blüte
Buche, Beginn der Laubentfaltung
18. Mai. Flieder, Beginn der Blüte
Buchenhochwald grün
20. Mai. Roßkastanie, Beginn der Blüte
21. Mai. Eberesche, Beginn der Blüte
29. Mai. Goldregen, Beginn der Blüte
5. Juni. Petkuser Winterroggen, Beginn der Blüte
8. Juni. Eiche, Entwicklung von Johannistrieben
9. Juni. Spitzahorn, Entwicklung von Johannistrieben
16. Juni. Schneebeere, Beginn der Blüte
17. Juni. Holunder, Beginn der Blüte
18. Juni. Falscher Jasmin, Beginn der Blüte
29. Juni. Eberesche, Entwicklung von Johannistrieben
17. Juli. Johannisbeere, Beginn der Fruchtreife
20. Juli. Sommerlinde, Beginn der Blüte
Winterlinde, Beginn der Blüte
Winterroggen, Beginn der Ernte
7. August. Eberesche, Beginn der Fruchtreife
8. August. Schneebeere, Beginn der Fruchtreife
11. August. Heide, Beginn der Blüte
21. August. Holunder, Beginn der Fruchtreife

Wittstock (Dosse,
(Beob. Pfeil)

22. März. Schneeglöckchen, Beginn der Blüte.

24. März. Erster Grasfrosch

1. April. Stachelbeere (Amerikan. Gebirgs-), Beginn des Austriebes

7. April. Johannisbeere (Rote Holländer), Beginn des Austriebes

10. April. Huflattich, Beginn der Blüte

15. April. Anemone, Beginn der Blüte

16. April. Stachelbeere, Beginn der Laubentfaltung

20. April. Kornelkirsche, Beginn der Blüte

25. April. Stachelbeere, Beginn der Blüte

4. Mai. Dotterblume, Beginn der Blüte
Roßkastanie, Beginn der Laubentfaltung

6. Mai. Johannisbeere, Beginn der Blüte
Schlehe, Beginn der Blüte

8. Mai. Sommerlinde, Beginn der Laubentfaltung
Süßkirsche (Früheste der Mark), Beginn der Blüte

12. Mai. Winterlinde, Beginn der Laubentfaltung
Zwetsche (Frühe von Bühlertal), Beginn der Blüte
Süßkirsche, Ende der Blüte
Stachelbeerrost
Tanne, Maitriebe

13. Mai. Sauerkirsche, Beginn der Blüte

14. Mai. Williams Christbirne, Beginn der Blüte

15. Mai. Erdbeere, Beginn der Blüte

15. Mai. Zwetsche, Ende der Blüte
Stachelbeere, Ende der Blüte
Kiefer, Maitriebe
Erste Maikäfer

17. Mai. Weißer Clarapfel, Beginn der Blüte

18. Mai. Sauerkirsche, Ende der Blüte
Pfirsich, Kräuselkrankheit

19. Mai. Williams Christbirne, Ende der Blüte
Roßkastanie, Beginn der Blüte

21. Mai. Weißer Clarapfel, Ende der Blüte

22. Mai. Apfel, Mehltau

23. Mai. Flieder, Beginn der Blüte

25. Mai. Johannisbeere, Ende der Blüte

26. Mai. Süßkirsche, Zweigdürre
Sauerkirsche, Zweigdürre

9. Juni. Winterroggen, Beginn der Blüte

10. Juni. Erdbeere, Ende der Blüte

14. Juni. Süßkirsche, Beginn der Blüte

16. Juni. Erbse (Brunonia), Beginn der Blüte
Erdbeere, Beginn der Ernte

17. Juni. Birne, Schorf

18. Juni. Apfel, Schorf

20. Juni. Schneebeere, Beginn der Blüte

21. Juni. Holunder, Beginn der Blüte

25. Juni. Stachelbeere, Beginn der Ernte

26. Juni. Johannisbeere, Blattflecken

27. Juni. Falscher Jasmin, Beginn der Blüte

28. Juni. Erbse, Ende der Blüte

30. Juni. Sommerlinde, Beginn der Blüte
Winterlinde, Beginn der Blüte

5. Juli. Erbse, Beginn der Ernte

13. Juli. Schwarze Blattlaus an Saubohne

14. Juli. Eiche, erste Johannistriebe
Winterroggen, Beginn der Ernte

15. Juli. Johannisbeere, Beginn der Ernte

17. Juli. Spitzahorn, erste Johannistriebe

18. Juli. Apfel, Obstmade
25. Juli. Birne, Obstmade
 1. August. Kartoffel, Krautfäule
Apfel, Beginn der Ernte
Schneebeere, Beginn der Fruchtreife
 2. August. Eberesche, Beginn der Fruchtreife
 5. August. Sauerkirsche, Beginn der Ernte
18. August. Zwetsche, Beginn der Ernte
Heide, Beginn der Blüte
25. August. Weinrebe, Falscher Mehltau

28. August. Birke, Beginn der Fruchtreife
 1. September. Williams Christbirne, Beginn der Ernte
 7. September. Grummetreife
11. September. Eiche, Beginn der Fruchtreife
12. September. Roßkastanie, Beginn der Fruchtreife
14. September. Holunder, Beginn der Fruchtreife
Buche, Beginn der Fruchtreife

II. Baltischer Klimabezirk

IIa. Baltischer Küstenkreis 1924

Karlsburg, Kr. Greifswald
(Beob. Vendt, Obergärtner)

23. März. Schneeglöckchen, Beginn der Blüte
15. April. Huflattich, Beginn der Blüte
28. April. Anemone, Beginn der Blüte
Erster Grasfrosch
Erster Wasserfrosch
 2. Mai. Stachelbeere, Beginn der Laubentfaltung
 9. Mai. Dotterblume, Beginn der Blüte
10. Mai. Kornelkirsche, Beginn der Blüte
11. Mai. Johannisbeere, Beginn der Blüte
13. Mai. Süßkirsche, Beginn der Blüte
Roßkastanie, Beginn der Laubentfaltung
14. Mai. Sommerlinde, Beginn der Laubentfaltung
Buche, Beginn der Laubentfaltung
16. Mai. Buchenhochwald, grün
18. Mai. Birne, Beginn der Blüte
Winterlinde, Beginn der Laubentfaltung
20. Mai. Schlehe, Beginn der Blüte
Kohlweißling, erster Falter

22. Mai. Roßkastanie, Beginn der Blüte
23. Mai. Apfel (Charlamowsky), Beginn der Blüte
25. Mai. Flieder, Beginn der Blüte
26. Mai. Eberesche, Beginn der Blüte
 2. Juni. Eichenhochwald, grün
 5. Juni. Schneebeere, Beginn der Blüte
 8. Juni. Goldregen, Beginn der Blüte
14. Juni. Falscher Jasmin, Beginn der Blüte
16. Juni. Winterroggen (Schlanstedter), Beginn der Blüte
Holunder, Beginn der Blüte
 1. Juli. Sommerlinde, Beginn der Blüte
Winterlinde, Beginn der Blüte
 3. Juli. Weiße Lilie, Beginn der Blüte
10. Juli. Heide, Beginn der Blüte
20. Juli. Johannisbeere, Beginn der Fruchtreife
29. Juli. Winterroggen, Beginn der Ernte
 5. August. Eberesche, Beginn der Fruchtreife
 6. August. Winterweizen, Beginn der Fruchtreife

15. September. Roßkastanie, Beginn der Fruchtreife

18. Oktober. Roßkastanie, Beginn der Laubverfärbung

Bansin auf Usedom
(Beob. Prof. Werth)

14. September. Walderdbeere, blühend

Köslin
(Beob. O. Walter)

26. März. Schneeglöckchen, Beginn der Blüte

31. März. Huflattich, Beginn der Blüte

5. April. Anemone, Beginn der Blüte

6. April. Kornelkirsche, Beginn der Blüte

9. April. Salweide, Beginn der Blüte

15. April. Stachelbeere, Beginn der Laubentfaltung

21. April. Dotterblume, Beginn der Blüte

29. April. Johannisbeere, Beginn der Blüte

5. Mai. Süßkirsche, Beginn der Blüte

9. Mai. Roßkastanie, Beginn der Laubentfaltung

10. Mai. Schlehe, Beginn der Blüte

13. Mai. Sommerlinde, Beginn der Laubentfaltung

15. Mai. Kiefer, Maitriebe

16. Mai. Winterlinde, Beginn der Laubentfaltung
Buche, Beginn der Laubentfaltung
Birne, Beginn der Blüte

18. Mai. Fichte, Maitriebe

19. Mai. Apfel, Beginn der Blüte
Erster Maikäfer

20. Mai. Tanne, Maitriebe

24. Mai. Buchenhochwald grün

29. Mai. Roßkastanie, Beginn der Blüte
Eichenhochwald grün

4. Juni. Flieder, Beginn der Blüte

8. Juni. Goldregen, Beginn der Blüte

9. Juni. Eberesche, Beginn der Blüte

12. Juni. Winterroggen, Beginn des Schossens

19. Juni. Spitzahorn, Entwicklung von Johannistrieben

21. Juni Winterweizen, Beginn des Schossens

23. Juni. Winterroggen, Beginn der Blüte

25. Juni. Holunder, Beginn der Blüte
Schneebeere, Beginn der Blüte

26. Juni. Falscher Jasmin, Beginn der Blüte

27. Juni. Eiche, Entwicklung von Johannistrieben
Johannisbeere, Beginn der Fruchtreife

12. Juli. Sommerlinde, Beginn der Blüte
Winterlinde, Beginn der Blüte

26. Juli. Heide, Beginn der Blüte

2. August. Winterroggen, Beginn des Schnittes

10. August. Winterweizen, Beginn des Schnittes

21. August. Grummetreife

20. September. Buche, Beginn der Fruchtreife

25. September. Roßkastanie, Beginn der Fruchtreife

28. September. Eiche, Beginn der Fruchtreife

12. Oktober. Roßkastanie, Beginn der Laubverfärbung

19. Oktober. Buche, Beginn der Laubverfärbung

22. Oktober. Holunder, Beginn der Laubverfärbung

24. Oktober. Eiche, Beginn der Laubverfärbung

2. November. Erste Frostspanner an Probeleimringen

Fischhausen (Ostpreußen)
(Beob. Kuhnke)

25. März. Schneeglöckchen, Beginn der Blüte

1. Mai. Stachelbeere, Beginn der Laubentfaltung

8. Mai. Erdbeere, Beginn des Austriebes

10. Mai. Anemone, Beginn der Blüte
Aprikose, Beginn der Blüte

11. Mai. Johannisbeere, Beginn des Austriebes

14. Mai. Süßkirsche, Beginn des Austriebes

15. Mai. Sauerkirsche, Beginn des Austriebes
Stachelbeere, Beginn der Blüte

16. Mai. Johannisbeere, Beginn der Blüte
Roßkastanie, Beginn der Laubentfaltung
Sommerlinde, Beginn der Laubentfaltung

17. Mai. Pfirsich, Beginn des Austriebes

18. Mai. Süßkirsche, Beginn der Blüte
Pfirsich, Beginn der Blüte

19. Mai. Apfel, Beginn des Austriebes

20. Mai. Winterweizen, Beginn des Schossens
Buche, Beginn der Laubentfaltung
Sauerkirsche, Beginn der Blüte
Erdbeere, Beginn der Blüte
Stachelbeere, Ende der Blüte

22. Mai. Aprikose, Ende der Blüte

23. Mai. Birne (Sommer-Magdalene), Beginn der Blüte

24. Mai. Pflaume, Beginn des Austriebes
Zwetsche, Beginn des Austriebes
Pflaume, Beginn der Blüte

25. Mai. Johannisbeere, Ende der Blüte

26. Mai. Zwetsche, Beginn der Blüte
Klee, Beginn des Auflaufens
Erbse, Beginn des Auflaufens

27. Mai. Süßkirsche, Ende der Blüte

28. Mai. Roßkastanie, Beginn der Blüte
Apfel, Beginn der Blüte

29. Mai. Pflaume, Ende der Blüte
Pfirsich, Ende der Blüte

30. Mai. Flieder, Beginn der Blüte
Winterroggen, Beginn des Schossens

31. Mai. Sauerkirsche, Ende der Blüte

1. Juni. Rübe, Beginn des Auflaufens

2. Juni. Birne, Ende der Blüte

3. Juni. Kartoffel, Beginn des Auflaufens
Ackerbohne, Beginn des Auflaufens

4. Juni. Zwetsche, Ende der Blüte
Eberesche, Beginn der Blüte

7. Juni. Apfel, Ende der Blüte

12. Juni. Winterroggen, Beginn der Blüte

15. Juni. Klee, Beginn der Blüte
Erdbeere, Ende der Blüte

22. Juni. Holunder, Beginn der Blüte

25. Juni. Süßkirsche, Beginn der Ernte

27. Juni. Erdbeere, Beginn der Ernte

28. Juni. Winterroggen, Ende der Blüte

13. Juli. Sommerlinde, Beginn der Blüte
Winterlinde, Beginn der Blüte

20. Juli. Sauerkirsche, Beginn der Ernte

21. Juli. Johannisbeere, Beginn der Fruchtreife
Johannisbeere, Beginn der Ernte

5. August. Apfel, Beginn der Ernte

7. August. Sommerroggen, Beginn der Ernte
Winterroggen, Beginn der Ernte

10. August. Birne, Beginn der Ernte

15. August. Winterweizen, Beginn der Ernte

20. August. Pflaume, Beginn der Ernte
Aprikose, Beginn der Ernte
Pfirsich, Beginn der Ernte
Eberesche, Beginn der Fruchtreife

Mitte September. Roßkastanie, Beginn der Fruchtreife

10. September. Eiche, Beginn der Fruchtreife

IIb. Kreis des Pommerschen Seenrückens 1924

Holzhagen bei Rackitt i. Pommern
(Beob. G. Winterstein, Lehrerin)

21. Juni. Petkuser Winterroggen, Beginn der Blüte

29. Juni. Lupine, blaue, Beginn der Blüte

8. Juli. Kartoffel, Beginn der Ernte

10. Juli. Winterweizen (Criewener 104), Beginn der Blüte

27. Juli. Eiche, Entwicklung von Johannistrieben
Heide, Beginn der Blüte

29. Juli. Gartenerbse, Beginn der Ernte

30. Juli. Petkuser Winterroggen, Beginn der Ernte

1. August. Sauerkirsche, Beginn der Ernte

6. August. Eberesche, Beginn der Fruchtreife

8. August. Lupine, Beginn der Ernte

11. August. Sommergerste, Beginn der Ernte
Hafer, Beginn der Ernte

1. September. Schneebeere, Beginn der Fruchtreife

7. September. Apfel (August-), Beginn der Ernte

10. September. Buche, Beginn der Fruchtreife
Eiche, Beginn der Fruchtreife

15. September. Holunder, Beginn der Fruchtreife
Grummetreife

17. September. Roßkastanie, Beginn der Fruchtreife
Grüne und schwarze Blattläuse stark auftretend

Bernhagen, Kr. Naugard i. Pommern
(Beob. Dr. Pape)

18. Mai. Petkuser Roggen, erste Ähren sichtbar

5. Juni. Petkuser Roggen, erste Blüten (1. und 2. Juni Frostnächte)

Körlin (Persante)
(Beob. Klaus Jaenicke)

28. Juli. Winterroggen, Beginn der Ernte

17. August. Winterweizen, Beginn der Ernte

29. August. Grummetreife

12. September. Herbstzeitlose, Beginn der Blüte

22. September. Roßkastanie, Beginn der Fruchtreife

Mitte September. Efeu, Beginn der Blüte

2. Oktober. Buche, Beginn der Fruchtreife

5. Oktober. Eiche, Beginn der Fruchtreife

18. Oktober. Roßkastanie, Beginn der Laubverfärbung
Eiche, Beginn der Laubverfärbung

19. Oktober. Buche, Beginn der Laubverfärbung

Wendisch-Tychow bei Schlawe
(Beob. Dr. L. Törfler, dipl. agr.)

19. März. Schneeglöckchen, Beginn der Blüte

4. April. Erster Wasserfrosch

5. April. Salweide, Beginn der Blüte

15. April. Anemone, Beginn der Blüte

22. April. Stachelbeere, Beginn der Laubentfaltung
23. April. Huflattich, Beginn der Blüte
 3. Mai. Kornelkirsche, Beginn der Blüte
 5. Mai. Roßkastanie, Beginn der Laubentfaltung
 7. Mai. Dotterblume, Beginn der Blüte
 8. Mai. Sommerlinde, Beginn der Laubentfaltung
10. Mai. Johannisbeere, Beginn der Blüte
13. Mai. Stachelbeere, Beginn der Blüte
15. Mai. Winterlinde, Beginn der Laubentfaltung
Buche, Beginn der Laubentfaltung
16. Mai. Süßkirsche, Beginn der Blüte
17. Mai. Schlehe, Beginn der Blüte
Ahorn, Beginn der Blüte
23. Mai. Birne, Beginn der Blüte
Apfel, Beginn der Blüte
25. Mai. Buchenhochwald grün
26. Mai. Roßkastanie, Beginn der Blüte
Eichenhochwald grün
Kiefer, Maitriebe
Fichte, Maitriebe
Tanne, Maitriebe
28. Mai. Kohlweißling, erster Falter
29. Mai. Flieder, Beginn der Blüte
Winterroggen, Beginn des Schossens
 1. Juni. Goldregen, Beginn der Blüte
Wintergerste (Friedrichsw. Berg), Beginn des Schossens
 2. Juni. Eberesche, Beginn der Blüte
12. Juni. Winterweizen, Beginn des Schossens
14. Juni. Eberesche, Entwicklung von Johannistrieben
Spitzahorn, Entwicklung von Johannistrieben
15. Juni. Eiche, Entwicklung von Johannistrieben
16. Juni. Winterroggen (Petkuser), Beginn der Blüte

20. Juni. Falscher Jasmin, Beginn der Blüte
Winterweizen, Beginn der Blüte
24. Juni. Schneebeere, Beginn der Blüte
27. Juni. Holunder, Beginn der Blüte
 7. Juli. Sommerlinde, Beginn der Blüte
10. Juli. Johannisbeere, Beginn der Fruchtreife
20. Juli. Wintergerste (Friedrichsw. Berg), Beginn der Ernte
22. Juli. Winterlinde, Beginn der Blüte
 1. August. Winterroggen, Beginn der Ernte
 3. August. Eberesche, Beginn d. Fruchtreife
 5. August. Heide, Beginn der Blüte
15. August. Weiße Lilie, Beginn der Blüte
20. August. Schneebeere, Beginn der Fruchtreife
Winterweizen, Beginn der Ernte
 1. September, Grummetreife
 5. September. Holunder, Beginn der Fruchtreife
18. September. Roßkastanie, Beginn der Fruchtreife
22. September. Efeu, Beginn der Blüte
 2. Oktober. Buche, Beginn der Fruchtreife
20. Oktober. Roßkastanie, Beginn der Laubverfärbung
23. Oktober. Buche, Beginn der Laubverfärbung
27. Oktober. Eiche noch grün

Wendisch=Tychow, Kr. Schlawe
(Beob. von Kleist)

19. März. Schneeglöckchen, Beginn der Blüte
20. März. Weide, Beginn der Blüte

18. April. Anemone, Beginn der Blüte
Stachelbeere, Beginn der Laubentfaltung

20. April. Großer gelber Märzbecher, Beginn der Blüte

26. März. Gänseblümchen, Beginn der
Blüte

29. März. Kornelkirsche, Beginn b. Blüte

5. Mai. Kastanie, Beginn der Laubentfaltung

9. Mai. Rüster, Beginn der Blüte

13. Mai. Stachelbeere, Beginn b. Blüte
Frühe Werdersche Kirsche, Beginn
der Blüte

15. Mai. Ahorn, Beginn der Blüte
Eiche (amerik.), Beginn der Laubentfaltung

16. Mai. Forsythie, Beginn der Blüte

17. Mai. Prunus Pissardi, Beginn der
Blüte

19. Mai. Spargel, Beginn der Ernte
Weichsel Kirsche, Beginn der Blüte

20. Mai. Esche, Beginn der Laubentfaltung

21. Mai. Pirus salicifolia, Beginn der
Blüte
Birne, Beginn der Blüte

22. Mai. Faulbaum, Beginn der Blüte
Walnuß, Beginn der Laubentfaltung

23. Mai. Rhododendron, Beginn der
Blüte
Flieder, Beginn der Blüte

24. Mai. Erdbeere, Beginn der Blüte
Kastanie, Beginn der Blüte

26. Mai. Apfel, Beginn der Blüte

27. Mai. Maiglöckchen, Beginn b. Blüte

29. Mai. Weiße Narzisse, Beginn der
Blüte
Pimpernuß, Beginn der Blüte

2. Juni. Goldregen, Beginn der Blüte

6. Juni. Himbeere, Beginn der Blüte

12. Juni. Rosa rogusa, Beginn der Blüte
Schneeball, Beginn der Blüte

13. Juni. Roggen, Beginn der Blüte

14. Juni. Weißdorn, Beginn der Blüte

18. Juni. Philadelphus, Beginn der
Blüte

19. Juni. Robinie, Beginn der Blütte

21. Juni. Holunder, Beginn der Blüte

26. Juni. Kirschen, Beginn der Ernte

27. Juni. Erdbeere, Beginn der Ernte

10. Juli. Linde, Beginn der Blüte

27. Juli. Heide, Beginn der Blüte

Kreis Neustettin
(Beob. Dr. Pape)

21. Juli. Roggenernte

IIc. Kreis des Preußischen Seenrückens 1924

Bohden, Kr. Mohrungen
(Beob. Dr. Nagel)

15. März. Schneeglöckchen, Beginn der
Blüte

27. April. Anemone, Beginn der Blüte

6. Mai. Erbse, Beginn des Austriebes
Huflattich, Beginn der Blüte

8. Mai. Stachelbeere, Beginn der Laubentfaltung

11. Mai. Dotterblume, Beginn der Blüte

14. Mai. Johannisbeere, Beginn der
Blüte

18. Mai. Buche, Beginn der Laubent-
faltung
Roßkastanie, Beginn der Laubentfal-
tung
Birne, Beginn der Blüte
Apfel, Beginn der Blüte
Buchenhochwald grün
Erster Maikäfer

21. Mai. Süßkirsche, Beginn der Blüte

23. Mai. Roßkastanie, Beginn der Blüte
Winterroggen (Petkufer), Beginn des
Schossens

11. Juni. Winterroggen, Beginn der Blüte

27. Juni. Erster Grasfrosch
Sommerroggen, Beginn der Blüte

Ramten, Kr. Osterode
(Beob. Pflanzenschutzstation)

10. Mai. Lupine (blaue), Beginn des Austriebes

15. Mai. Erster Maikäfer
Johannisbeere, Beginn der Blüte
Ackersenf, Keimpflänzchen

16. Mai. Viktoriaerbse, Beginn des Auflaufens

18. Mai. Süßkirsche, Beginn der Blüte
Schlehe, Beginn der Blüte
Birne, Beginn der Blüte
Roßkastanie, Beginn der Laubentfaltung
Sommerlinde, Beginn der Laubentfaltung
Buche, Beginn der Laubentfaltung
Buchenhochwald grün
Fichte, erste Maitriebe

23. Mai. Roßkastanie, Beginn der Blüte

24. Mai. Apfel, Beginn der Blüte

25. Mai. Winterroggen, Beginn des Schossens
Flieder, Beginn der Blüte

26. Mai. Eberesche, Beginn der Blüte

1. Juni. Rübe, Beginn des Austriebes

2. Juni. Kartoffel, Beginn des Auflaufens
Kohlweißling, erster Falter

3. Juni. Wintergerste (Friedrichsw.), Beginn des Schossens

7. Juni. Winterroggen (Petkuser), Beginn der Blüte

8. Juni. Wintergerste, Ende der Blüte

15. Juni. Sommerweizen, Beginn des Schossens

17. Juni. Falscher Jasmin, Beginn der Blüte

20. Juni. Winterweizen, Beginn des Schossens
Erbse, Beginn der Blüte
Gerste, Getreideblumenfliege

23. Juni. Sommerroggen, Beginn der Blüte
Gerste, Hartbrand

24. Juni. Winterweizen (Eppweizen), Beginn der Blüte

25. Juni. Gerste, Streifenkrankheit
Hafer, Beginn des Schossens
Sommergerste (Hanna-), Beginn des Schossens
Hafer, Flugbrand

27. Juni. Hafer, Beginn der Blüte

28. Juni. Lupine, Beginn der Blüte

30. Juni. Sommergerste, Beginn der Blüte

2. Juli. Sommerlinde, Beginn der Blüte
Winterlinde, Beginn der Blüte

3. Juli. Kartoffel, Beginn der Blüte

5. Juli. Johannisbeere, Beginn der Fruchtreife

12. Juli. Wintergerste, Beginn der Ernte

13. Juli. Weizen, Flugbrand

15. Juli. Kartoffel, Schwarzbeinigkeit

18. Juli. Sommerweizen (Galiz. Kolben) Beginn der Blüte
Erbse, Ende der Blüte

20. Juli. Roggen, Roggenstengelbrand

25. Juli. Eberesche, Beginn der Fruchtreife

26. Juli. Winterroggen, Beginn der Fruchtreife

27. Juli. Sauerkirsche, Beginn der Ernte

30. Juli. Kartoffel, Ende der Blüte

1. August. Winterweizen, Beginn der Ernte
Winterroggen, Beginn der Ernte

15. August. Hafer, Beginn der Ernte

20. August. Sommerroggen, Beginn der Ernte
Sommergerste, Beginn der Ernte

15. September. Kartoffel, Beginn der Ernte

15. Oktober. Rübe, Beginn der Ernte

Bartenstein (Ostpreußen)
(Beob. Dodillet, Direktor der Landwirtsch. Schule)

1. April. Schneeglöckchen, Beginn der Blüte

16. April. Huflattich, Beginn der Blüte

17. April. Anemone, Beginn der Blüte

25. April. Salweide, Beginn der Blüte

1. Mai. Stachelbeere, Beginn der Laubentfaltung
Erster Grasfrosch

3. Mai. Erster Wasserfrosch

4. Mai. Kohlweißling, erster Falter

10. Mai. Dotterblume, Beginn der Blüte

11. Mai. Roßkastanie, Beginn der Laubentfaltung

12. Mai. Sommerlinde, Beginn der Laubentfaltung

14. Mai. Johannisbeere, Beginn der Blüte
Buche, Beginn der Laubentfaltung
Goldregen, Beginn der Blüte

15. Mai. Süßkirsche, Beginn der Blüte

16. Mai. Winterlinde, Beginn der Laubentfaltung

18. Mai. Erster Maikäfer
Schlehe, Beginn der Blüte
Birne, Beginn der Blüte
Buchenhochwald grün
Kiefer, Maitriebe
Fichte, Maitriebe

20. Mai. Roßkastanie, Beginn der Blüte

22. Mai. Apfel, Beginn der Blüte

23. Mai. Eichenhochwald, grün
Flieder, Beginn der Blüte

24. Mai. Winterroggen, Beginn des Schossens

27. Mai. Eberesche, Beginn der Blüte

8. Juni. Winterroggen, Beginn der Blüte

15. Juni. Schneebeere, Beginn der Blüte

16. Juni. Falscher Jasmin, Beginn der Blüte
Holunder, Beginn der Blüte

17. Juni. Winterweizen, Beginn des Schossens

22. Juni. Winterroggen, Beginn der Blüte

29. Juni. Sommerlinde, Beginn der Blüte

29. Juni. Winterlinde, Beginn der Blüte

1. Juli. Johannisbeere, Beginn der Fruchtreife

28. Juli. Winterroggen, Beginn der Ernte

30. Juli. Birke, Beginn der Fruchtreife

2. August. Heide, Beginn der Blüte

6. August. Eberesche, Beginn der Fruchtreife

11. August. Schneebeere, Beginn der Fruchtreife

15. August. Winterweizen, Beginn der Ernte

28. August. Holunder, Beginn der Fruchtreife

15. September. Roßkastanie, Beginn der Fruchtreife

22. September. Eiche, Beginn der Fruchtreife

25. September. Roßkastanie, Beginn der Laubverfärbung

28. September. Herbstzeitlose, Beginn der Blüte

22. Oktober. Eiche, Beginn der Laubverfärbung

Allenstein
(Beob. Dr. Radgien)

3. September. Winterroggen, Beginn der Aussaat

15. September. Winterweizen, Beginn der Aussaat

18. September. Kartoffel, Beginn der Ernte

3. Oktober. Rübe, Beginn der Ernte

Awehden, Kr. Sensburg
(Beob. Sablowski)

5. April. Schneeglöckchen, Beginn der Blüte

10. April. Leberblümchen, Beginn der Blüte

15. April. Huflattich, Beginn der Blüte

3. Mai. Salweide, Beginn der Blüte

4. Mai. Dotterblume, Beginn der Blüte

5. Mai. Anemone, Beginn der Blüte

8. Mai. Stachelbeere, Beginn der Laubentfaltung

9. Mai. Erster Maikäfer

11. Mai. Erster Wasserfrosch

13. Mai. Kohlweißling, erster Falter
Löwenzahn, Beginn der Blüte
Johannisbeere, Beginn der Blüte

15. Mai. Roßkastanie, Beginn der Laubentfaltung

16. Mai. Süßkirsche, Beginn der Blüte
Schlehe, Beginn der Blüte
Honigbirne, Beginn der Blüte

17. Mai. Herrenbirne, Beginn der Blüte

19. Mai. Sommerlinde, Beginn der Laubentfaltung

23. Mai. Buche, Beginn der Laubentfaltung
August-Apfel, Beginn der Blüte

24. Mai. Roßkastanie, Beginn der Blüte

25. Mai. Flieder, Beginn der Blüte
Winterroggen, Beginn des Schossens

26. Mai. Buchenhochwald grün

28. Mai. Cox Orange-Apfel, Beginn der Blüte

29. Mai. Eberesche, Beginn der Blüte

10. Juni. Petkuser Winterroggen, Beginn der Blüte

15. Juni. Holunder, Beginn der Blüte

17. Juni. Eisbeere, Beginn der Blüte
Falscher Jasmin, Beginn der Blüte

18. Juni. Winterweizen, Beginn des Schossens

21. Juni. Winterweizen, Beginn der Blüte

4. Juli. Schwarze Blattlaus an Sauerampfer

7. Juli. Johannisbeere, Beginn der Fruchtreife

8. Juli. Sommerlinde, Beginn der Blüte
Winterlinde, Beginn der Blüte

23. Juli. Winterroggen, Beginn der Ernte

7. August. Eisbeere, Beginn der Fruchtreife

8. August. Winterweizen, Beginn der Ernte

12. August. Eberesche, Beginn der Fruchtreife

6. September. Holunder, Beginn der Fruchtreife

10. September. Roßkastanie, Beginn der Fruchtreife

Marggrabowa
(Beob. Ziehr)

15. April. Hafer (Petkuser Gelb-), Beginn des Schossens
Weizen, Schneeschimmel

30. April. Klee, Beginn des Austriebes
Erbse (Ostmark), Beginn des Austriebes

1. Mai. Roggen, Schneeschimmel
Roggen, Fritfliege
Weizen, Fritfliege
Gerste, Fritfliege
Hafer, Fritfliege
Stachelbeere, Amerikanischer Mehltau

10. Mai. Lupine, Beginn des Austriebes

15. Mai. Erdbeere, Blattfleckenkrankheit

Ackerbohne, Beginn des Austriebes
Apfel, Beginn der Blüte
Birne, Beginn der Blüte
Süßkirsche, Beginn der Blüte
Sauerkirsche, Beginn der Blüte
Pflaume, Beginn der Blüte
Zwetsche, Beginn der Blüte
Pfirsich, Beginn der Blüte
Klee, Kleeseide

25. Mai. Rübe (Zuckermalze), Beginn des Auflaufens

29. Mai. Apfel, Ende der Blüte
Birne, Ende der Blüte
Süßkirsche, Ende der Blüte
Sauerkirsche, Ende der Blüte
Pflaume, Ende der Blüte
Zwetsche, Ende der Blüte
Pfirsich, Ende der Blüte
Stachelbeere, Ende der Blüte

1. Juni. Kartoffel (Industrie-), Beginn des Austriebes
Winterroggen (Petkuser), Beginn des Schossens

10. Juni. Sommerroggen, Beginn des Schossens
Klee, Beginn der Blüte
Ackerbohne, Beginn der Blüte

15. Juni. Apfel, Obstmade
Birne, Obstmade
Pflaume, Polsterschimmel
Zwetsche, Polsterschimmel
Johannisbeere, Blattflecken
Hederich
Roggen, Getreideblumenfliege
Sommergerste (Hanna-), Beginn des Schossens

20. Juni. Winterweizen, Beginn des Schossens
Winterroggen, Beginn der Blüte
Hafer, Beginn der Blüte
Erbse, Beginn der Blüte

24. Juni. Sommerweizen, Beginn des Schossens

25. Juni. Sommerroggen, Beginn der Blüte
Hafer, Weißrippigkeit

28. Juni. Sommergerste (Hanna-), Beginn der Blüte
Winterweizen, Beginn der Blüte
Sommerweizen (Galizischer), Beginn der Blüte

30. Juni. Winterroggen, Ende der Blüte

1. Juli. Rauhhaarige Wicke in Frucht
Viersamige Wicke in Frucht
Roggen, Schwarzrost
Roggen, Braunrost
Gerste, Flugbrand
Hafer, Flugbrand
Klee, Kleekrebs
Stachelbeere, Beginn der Ernte
Apfel, Schorf
Klee, Beginn der Ernte
Klee, Ende der Blüte
Johannisbeere, Beginn der Ernte
Erdbeere, Beginn der Ernte

4. Juli. Hafer, Ende der Blüte

5. Juli. Sommerroggen, Ende der Blüte

10. Juli. Runkelrübe, Runkelfliege
Zuckerrübe, Runkelfliege

12. Juli. Sommerweizen, Ende der Blüte
Winterweizen, Ende der Blüte
Sommergerste, Ende der Blüte

15. Juli. Windhalm
Hederich in Frucht
Ackersenf
Roggen, Berberitzenrost
Roggen, Ochsenzunge mit Rost
Weizen, Flugbrand
Weizen, Mehltau
Gerste, Hartbrand
Kartoffel, Schwarzbeinigkeit
Kartoffel, Erdraupen
Ackerbohne, Schwarze Blattlaus
Birne, Schorf
Kartoffel, Beginn der Blüte
Süßkirsche, Beginn der Ernte

18. Juli. Lupine, Beginn der Blüte

20. Juli. Roggen, Mutterkorn (Honigtaustadium)
Gerste, Streifenkrankheit
Erbse, Beginn der Ernte
Sauerkirsche, Beginn der Ernte

1. August. Roggen, Mutterkorn (Sklerotium)
Weizen, Steinbrand
Gerste, Mehltau
Ackerbohne, Rost
Lupine, Mehltau

15. August. Erbse, Ende der Blüte
Ackerbohne, Ende der Blüte
Erbse, Erbsenrost
Erbse, Brennfleckenkrankheit
Apfel, Monilia
Birne, Polsterschimmel
Süßkirsche, Monilia (Zweigdürre)
Sauerkirsche, Monilia
Pflaume, Taschenkrankheit
Zwetsche, Taschenkrankheit

18. August. Kartoffel, Beginn der Ernte

20. August. Petkuser Winterroggen, Beginn der Ernte

25. August. Sommerroggen, Beginn der Ernte
Hafer, Beginn der Ernte
Kartoffel, Ende der Blüte

1. September. Pflaumenwickler
Erbse, Wolfsmilch
Kartoffel, Krautfäule
Sommergerste, Beginn der Ernte
Winterweizen, Beginn der Ernte
Lupine, Beginn der Ernte
Lupine, Ende der Blüte
Apfel, Beginn der Ernte
Birne, Beginn der Ernte
Pflaume, Beginn der Ernte
Zwetsche, Beginn der Ernte

10. September. Sommerweizen, Beginn der Ernte

15. September. Ackerbohne, Beginn der Ernte

Taplacken, Kr. Wehlau (Ostpreußen)
(Beob. E. Karlisch)

26. März. Galanthus nivalis, Beginn der Blüte

Tilsit
(Beob. Söchting, Studienassessor)

26. März. Schneeglöckchen, Beginn der Blüte

10. April. Erster Wasserfrosch

17. April. Populus tremula, Beginn der Blüte

18. April. Huflattich, Beginn der Blüte

22. April. Anemone, Beginn der Blüte

26. April. Kohlweißling, erster Falter
Salweide, Beginn der Blüte

3. Mai. Stachelbeere, Beginn der Laubentfaltung

5. Mai. Dotterblume, Beginn der Blüte

10. Mai. Johannisbeere, Beginn der Blüte
Roßkastanie, Beginn der Laubentfaltung

14. Mai. Acer platanoides, Beginn der Blüte

15. Mai. Winterroggen, Beginn des Schossens

16. Mai. Weißbuche, Beginn der Laubentfaltung

17. Mai. Erster Maikäfer

18. Mai. Sommerlinde, Beginn der Laubentfaltung
Süßkirsche, Beginn der Blüte

20. Mai. Birne, Beginn der Blüte

21. Mai. Fichte, Maitriebe

25. Mai. Apfel, Beginn der Blüte
Roßkastanie, Beginn der Blüte
Kiefer, Maitriebe

28. Mai. Flieder, Beginn der Blüte
Eichenhochwald grün

30. Mai. Eberesche, Beginn der Blüte

1. Juni. Weißdorn, Beginn der Blüte

3. Juni. Eichenhochwald grün

18. Juni. Winterroggen, Beginn der Blüte

22. Juni. Holunder, Beginn der Blüte
Schneebeere, Beginn der Blüte
Spitzahorn, Entwicklung von Johannistrieben

24. Juni. Eiche, Entwicklung von Johannistrieben

6. Juli. Sommerlinde, Beginn der Blüte
Winterlinde, Beginn der Blüte

16. Juli. Johannisbeere, Beginn der Fruchtreife

30. Juli. Winterroggen, Beginn der Ernte

3. August. Heide, Beginn der Blüte

7. August. Schneebeere, Beginn der Fruchtreife

18. August. Eberesche, Beginn der Fruchtreife

5. September. Grummetreife

15. September. Holunder, Beginn der Fruchtreife

29. September. Efeu, Beginn der Blüte

30. September. Roßkastanie, Beginn der Fruchtreife

3. Oktober. Eiche, Beginn der Fruchtreife

10. Oktober. Roßkastanie, Beginn der Laubverfärbung

III. Subsarmatischer Klimabezirk
III a. Subbaltischer Kreis 1924

Kyritz (Priegnitz)
(Beob. Baader, Sem.-Studienrat)

8. März. Schneeglöckchen, Beginn der Blüte

8. April. Anemone, Beginn der Blüte

11. April. Huflattich, Beginn der Blüte

18. April. Stachelbeere, Beginn der Laubentfaltung

20. April. Erster Kohlweißlingsfalter

27. April. Erster Maikäfer
Dotterblume, Beginn der Blüte

5. Mai. Johannisbeere, Beginn der Blüte

6. Mai. Roßkastanie, Beginn der Laubentfaltung
Goldregen, Beginn der Blüte

7. Mai. Sommerlinde, Beginn der Laubentfaltung
Fichte, erste Maitriebe

8. Mai. Süßkirsche, Beginn der Blüte
Buche, Beginn der Laubentfaltung

11. Mai. Schlehe, Beginn der Blüte

12. Mai. Kiefer, erste Maitriebe

13. Mai. Birne, Beginn der Blüte

14. Mai. Tanne, erste Maitriebe
Roßkastanie, Beginn der Blüte
Apfel, Beginn der Blüte

15. Mai. Winterlinde, Beginn der Laubentfaltung

17. Mai. Erster Wasserfrosch

20. Mai. Flieder, Beginn der Blüte

27. Mai. Eberesche, Beginn der Blüte

6. Juni. Schneebeere, Beginn der Blüte

9. Juni. Falscher Jasmin, Beginn der Blüte

19. Juni. Holunder, Beginn der Blüte

20. Juni. Eiche, Johannistriebe

23. Juni. Spitzahorn, Johannistriebe

24. Juni. Johannisbeere, Beginn der Fruchtreife

28. Juni. Eberesche, Johannistriebe

7. Juli. Sommerlinde, Beginn der Blüte

8. Juli. Erster Frostspanner

14. Juli. Schneebeere, Beginn der Fruchtreife

15. Juli. Winterlinde, Beginn der Blüte

17. Juli. Holunder, Beginn der Fruchtreife
Winterroggen, Beginn der Ernte

18. Juli. Weiße Lilie, Beginn der Blüte

28. Juli. Eberesche, Beginn der Fruchtreife

11. August. Winterweizen, Beginn der Ernte

18. September. Buche, Beginn der Fruchtreife

22. September. Liguster, Beginn der Fruchtreife
Efeu, Beginn der Blüte

23. September. Roßkastanie, Beginn der Fruchtreife

24. September. Eiche, Beginn der Fruchtreife

29. September. Buche, allgemeine Laubverfärbung

6. Oktober. Eiche, allgemeine Laubverfärbung.

9. Oktober. Roßkastanie, allgemeine Laubverfärbung

Berlitt, Post Kyritz (Priegnitz)
(Beob. Ewald Baath)

3. März. Schneeglöckchen, Beginn der Blüte

4. April. Salweide, Beginn der Blüte

15. April. Stachelbeere, Beginn der Laubentfaltung
Erster Wasserfrosch
Erster Kohlweißling

21. April. Dotterblume, Beginn der Blüte
Johannisbeere, Beginn der Blüte

23. April. Süßkirsche, Beginn der Blüte
Schlehe, Beginn der Blüte

4. Mai. Winterroggen, Beginn des Schossens

8. Mai. Winterweizen, Beginn des Schossens

10. Mai. Roßkastanie, Beginn der Laubentfaltung

12. Mai. Sommerlinde, Beginn der Laubentfaltung
Buche, Beginn der Laubentfaltung

15. Mai. Birne, Beginn der Blüte
Apfel, Beginn der Blüte
Holunder, Beginn der Blüte
Schneebeere, Beginn der Blüte
Falscher Jasmin, Beginn der Blüte

20. Mai. Roßkastanie, Beginn der Blüte
Flieder, Beginn der Blüte
Goldregen, Beginn der Blüte

25. Mai. Eberesche, Beginn der Blüte
Buchenhochwald grün, Beginn der Belaubung

27. Mai. Kiefer, erste Maitriebe
Fichte, erste Maitriebe
Tanne, erste Maitriebe

29. Mai. Winterroggen, Petkuser, Beginn der Blüte

30. Mai. Eichenhochwald grün, Beginn der Belaubung

4. Juni. Eiche, erste Johannistriebe

6. Juni. Spitzahorn, Johannistriebe
Eberesche, Johannistriebe

8. Juni. Sommer- und Winterlinde, Beginn der Blüte

12. Juni. Heide, Beginn der Blüte
Weiße Lilie, Beginn der Blüte

3. Juli. Johannisbeere, Beginn der Fruchtreife

20. Juli. Winterroggen, Beginn der Ernte

3. August. Winterweizen, Beginn der Ernte
Grummetreife

15. August. Efeu, Beginn der Blüte

28. August. Roßkastanie, Beginn der Fruchtreife

3. September. Buche, Beginn der Fruchtreife
Eiche, Beginn der Fruchtreife

10. September. Roßkastanie, allgemeine
Laubverfärbung
Buche, allgemeine Laubverfärbung
25. September. Eiche, allgemeine Laubverfärbung

Zernikow bei Fischerwall (Nordbahn)
(Beob. Prof. Werth)

9. Juni. Winterroggen (Sorte Zerni-
kower), blühend

Zehdenick, Kr. Templin
(Beob. Meyenn)

12. Mai. Süßkirsche, Beginn der Blüte
13. Mai. Birne, Beginn der Blüte
15. Mai. Apfel, Beginn der Blüte
18. Mai. Roßkastanie, Beginn der Blüte
Buchenhochwald, grün, Beginn der
Belaubung
22. Mai. Flieder, Beginn der Blüte
Fichte, erste Maitriebe
Winterroggen, Beginn des Schossens
23. Mai. Kiefer, erste Maitriebe
26. Mai. Eberesche, Beginn der Blüte
28. Mai. Eichenhochwald grün, Beginn
der Belaubung
29. Mai. Goldregen, Beginn der Blüte
12. Juni. Winterroggen, Beginn der
Blüte
16. Juni. Holunder, Beginn der Blüte
17. Juni. Schneebeere, Beginn der Blüte
Falscher Jasmin, Beginn der Blüte
19. Juni. Grummetreife
23. Juni. Sommer- und Winterlinde,
Beginn der Blüte
27. Juni. Johannisbeere, Beginn der
Fruchtreife
28. Juli. Winterroggen, Beginn der Ernte
30. Juli. Eberesche, Beginn der Fruchtreife
10. September. Efeu, Beginn der Blüte

15. September. Eiche, Beginn der Fruchtreife
24. September. Roßkastanie, Beginn der
Fruchtreife
11. Oktober. Roßkastanie, allgemeine
Laubverfärbung

Zehdenick, Kr. Templin
(Beob. K. Zucker)

15. März. Schneeglöckchen, Beginn der
Blüte
25. März. Huflattich, Beginn der Blüte
14. April. Anemone, Beginn der Blüte
18. April. Kornelkirsche, Beginn der Blüte
30. April. Johannisbeere, Beginn der
Blüte
Roßkastanie, Beginn der Laubentfaltung
1. Mai. Stachelbeere, Beginn der Laubentfaltung
Dotterblume, Beginn der Blüte

Zehdenick, Kr. Templin
(Beob. Karl Roloff)

18. April. Hederich, Keimpflänzchen
22. Mai. Winterroggen, Beginn des
Schossens
5. Juni. Winterroggen, Beginn der
Blüte
15. Juni. Winterroggen, Ende der Blüte
18. Juni. Sommerroggen, Petkuser, Beginn des Schossens
Windhalm in Blüte
22. Juni. Gelbe Lupine, Beginn der
Blüte
28. Juni. Erbse, Viktoria, Beginn der
Blüte
1. Juli. Sommergerste, Beginn des
Schossens
Sommerroggen, Petkuser, Beginn der
Blüte

2. Juli. Hafer, Gelbhafer, Beginn des
Schossens

3. Juli. Winterweizen, Beginn des
Schossens
Gerste, Flugbrand
Hafer, Flugbrand

4. Juli. Kartoffel, Woltmann, Beginn
des Auflaufens

8. Juli. Sommerweizen, Beginn des
Schossens

10. Juli. Sommerroggen, Petkuser, Ende
der Blüte
Winterroggen, Petkuser, Beginn der
Ernte

13. Juli. Kartoffel, Woltmann, Beginn
der Blüte
Weizen, Flugbrand
Weizen, Gelbe Halmfliege

15. Juli. Winterweizen, Beginn der Blüte
Erbse, Viktoria, Ende der Blüte

18. Juli. Sommerweizen, Beginn der
Blüte

20. Juli. Hederich in Frucht

22. Juli. Winterweizen, Ende der Blüte
Hafer, Gelbhafer, Beginn der Ernte

25. Juli. Lupine, gelbe, Ende der Blüte

27. Juli. Kartoffel, Woltmann, Ende der
Blüte

28. Juli. Sommerweizen, Ende der Blüte

1. August. Sommerroggen, Petkuser,
Beginn der Ernte

4. August. Sommergerste, Beginn der
Ernte

16. August. Winterweizen, Beginn der
Ernte

20. August. Erbse, Viktoria, Beginn der
Ernte

23. August. Sommerweizen, Beginn der
Ernte

2. September. Lupine, gelbe, Beginn
der Ernte

14. September. Kartoffel, Woltmann,
Beginn der Ernte

Grünhof bei Stolzenburg, Bez. Stettin,
Kr. Randow
(Beob. H. von Oettingen)

25. März. Schneeglöckchen, Beginn der
Blüte

10. April. Huflattich, Beginn der Blüte

18. April. Anemone, Beginn der Blüte

25. April. Stachelbeere, Beginn der Laubentfaltung

2. Mai. Dotterblume, Beginn der Blüte

9. Mai. Johannisbeere, Beginn der
Blüte

14. Mai. Linde, Beginn der Laubentfaltung
Buche, Beginn der Laubentfaltung

17. Mai. Birne, Beginn der Blüte

23. Mai. Buchenhochwald, grün

24. Mai. Winterroggen, Beginn des
Schossens
Flieder, Beginn der Blüte

27. Mai. Eberesche, Beginn der Blüte

12. Juni. Falscher Jasmin, Beginn der
Blüte

19. Juni. Winterroggen, Beginn der
Blüte

8. Juli. Sommer- und Winterlinde, Beginn der Blüte

18. Juli. Johannisbeere, Beginn der
Fruchtreife

3. August. Winterroggen, Beginn der
Ernte

9. August. Heide, Beginn der Blüte

26. Oktober. Buche, allgemeine Laubverfärbung

Stramehl, Post Brüssow, Kr. Prenzlau
(Beob. v. Müller)

3. April. Schneeglöckchen, Beginn der
Blüte

12. April. Salweide, Beginn der Blüte

21. April. Anemone, Beginn der Blüte

25. April. Klee, Beginn des Auflaufens

2. Mai. Erster Wasserfrosch

3. Mai. Erbse, Beginn des Auflaufens

6. Mai. Ackerbohne, Beginn des Auflaufens

8. Mai. Huflattich, Beginn der Blüte

9. Mai. Hederich, Keimpflänzchen

10. Mai. Stachelbeere, Beginn des Austriebes
Johannisbeere, Beginn des Austriebes
Sauerkirsche, Beginn der Blüte
Dotterblume, Beginn der Blüte

12. Mai. Erdbeere, Beginn des Austriebes
Stachelbeere, Beginn der Blüte
Johannisbeere, Beginn der Blüte
Sommerlinde, Beginn der Laubentfaltung
Buche, Beginn der Laubentfaltung

13. Mai. Erster Grasfrosch
Erste Maikäfer
Roßkastanie, Beginn der Laubentfaltung

14. Mai. Sauerkirsche, Beginn des Austriebes

15. Mai. Lupine, Beginn des Auflaufens
Birne, Beginn der Blüte
Ackersenf,
Schlehe, Beginn der Blüte

17. Mai. Apfel, Beginn des Austriebes

18. Mai. Birne, Beginn des Austriebes

19. Mai. Rübe, Beginn des Auflaufens

20. Mai. Erdbeere, Beginn der Blüte
Stachelbeere, Ende der Blüte
Johannisbeere, Ende der Blüte
Roßkastanie, Beginn der Blüte
Kohlweißling, erster Falter

21. Mai. Sauerkirsche, Ende der Blüte
Pflaume, Beginn der Blüte

22. Mai. Apfel, Beginn der Blüte

23. Mai. Winterroggen, Petkuser, Beginn des Schossens
Flieder, Beginn der Blüte

24. Mai. Kartoffel, Graziola, Beginn des Auflaufens

26. Mai. Birne, Ende der Blüte

28. Mai. Pflaume, Ende der Blüte

29. Mai. Goldregen, Beginn der Blüte

2. Juni. Apfel, Ende der Blüte

4. Juni. Bergs Wintergerste, Beginn des Schossens

5. Juni. Winterroggen, Beginn der Blüte

6. Juni. Klee, Beginn der Blüte

9. Juni. Wintergerste, Flugbrand

10. Juni. Klee, Beginn der Ernte
Wintergerste, Beginn der Blüte

11. Juni. Zuckerrübe, Runkelfliege
Runkelrübe, Runkelfliege

12. Juni. Erdbeere, Beginn der Ernte
Ackerbohne, Beginn der Blüte

17. Juni. Kartoffel, Schwarzbeinigkeit

19. Juni. Winterweizen, Beginn des Schossens
Lupine, Beginn der Blüte

20. Juni. Sommergerste, Hanna-, Beginn des Schossens
Erbse, Beginn der Blüte
Winterweizen, Großherzog v. Sachsen, Beginn der Blüte

21. Juni. Sommergerste, Beginn der Blüte

22. Juni. Hafer, Petkuser gelber, Beginn des Schossens

24. Juni. Roggen, Hessenfliege
Winterroggen, Ende der Blüte

28. Juni. Kartoffel, Beginn der Blüte

29. Juni. Wintergerste, Ende der Blüte

1. Juli. Windhalm
Hederich in Frucht

2. Juli. Weizen, Flugbrand

5. Juli. Sommergerste, Ende der Blüte
Hafer, Flugbrand

7. Juli. Stachelbeere, Beginn der Ernte

8. Juli. Winterweizen, Ende der Blüte
Johannisbeere, Beginn der Fruchtreife

10. Juli. Sauerkirsche, Beginn der Ernte
Erdbeere, Ende der Blüte

12. Juli. Johannisbeere, Beginn der Ernte

15. Juli. Hafer, Beginn der Blüte

19. Juli. Wintergerste, Beginn der Blüte
Weiße Lilie, Beginn der Blüte

20. Juli. Ackerbohne, Ende der Blüte

22. Juli. Erbse, Ende der Blüte

23. Juli. Hafer, Ende der Blüte

28. Juli. Sommergerste, Beginn der Ernte

29. Juli. Winterroggen, Beginn der Ernte

30. Juli. Roggen, Mutterkorn (Sklerotium)

5. August. Pflaume, Beginn der Ernte

7. August. Hafer, Beginn der Ernte

9. August. Erbse, Beginn der Ernte

14. August. Winterweizen, Beginn der Ernte

15. August. Kartoffel, Ende der Blüte

19. August. Ackerbohne, Beginn der Ernte

28. August. Kartoffel, Beginn der Ernte

1. September. Grummetreife
Apfel, Beginn der Ernte

7. September. Birne, Beginn der Ernte

13. September. Zuckerrübe, Rost
Runkelrübe, Rost

Prenzlau
(Beob. Landwirtschaftliche Schule)

26. Februar. Schneeglöckchen, Beginn der Blüte

10. April. Stachelbeere, Beginn des Austriebs

11. April. Haselnuß, Beginn der Blüte

20. April. Johannisbeere, Beginn des Austriebs
Erdbeere, Beginn des Austriebs

22. April. Stachelbeere, Beginn der Blüte
Stachelbeere, Beginn der Laubentfaltung

26. April. Anemone, Beginn der Blüte

1. Mai. Stachelbeere, Ende der Blüte

3. Mai. Dotterblume, Beginn der Blüte

5. Mai. Johannisbeere, Beginn der Blüte
Süßkirsche, Beginn des Austriebs
Sauerkirsche, Schattenmorelle, Beginn des Austriebs
Pflaume, Beginn des Austriebs
Pfirsich, Beginn des Austriebs
Birne, Polsterschimmel
Süß- und Sauerkirsche, Zweigdürre

8. Mai. Zwetsche, Beginn des Austriebs
Birne, Gute Luise, Beginn des Austriebs
Erbse, Mahndorfer Viktoria, Beginn des Auflaufens

9. Mai. Erster Kohlweißling

11. Mai. Pfirsich, Beginn der Blüte

12. Mai. Apfel, (Goldparmäne, Beginn des Austriebs
Erster Maikäfer
Süßkirsche, Beginn der Blüte

13. Mai. Süßkirsche, Beginn der Blüte
Johannisbeere, Ende der Blüte
Roßkastanie, Beginn der Laubentfaltung

14. Mai. Sommerlinde, Beginn der Laubentfaltung

15. Mai. Birne, Gute Luise, Beginn der Blüte
Pflaume, Beginn der Blüte
Winterlinde, Beginn der Laubentfaltung
Buche, Beginn der Laubentfaltung
Birne, Gute Luise, Beginn der Blüte

16. Mai. Sauerkirsche, Schattenmorelle, Beginn der Blüte

17. Mai. Erdbeere, Beginn der Blüte
Schlehe, Beginn der Blüte
Rübe, Wanzlebener, Beginn des Auflaufens

Kiefer, 1. Maitriebe
Tanne, 1. Maitriebe

18. Mai. Fichte, 1. Maitriebe
Buchenhochwald grün, Beginn der Belaubung
Roßkastanie, Beginn der Blüte

19. Mai. Apfel, Goldparmäne, Beginn der Blüte
Süßkirsche, Ende der Blüte
Apfel, Wintergoldparmäne, Beginn der Blüte

20. Mai. Flieder, Beginn der Blüte
Pfirsich, Ende der Blüte
Winterroggen, Petkuser, Beginn des Schossens
Hederich, Keimpflänzchen
Eichenhochwald grün, Beginn der Belaubung

21. Mai. Eberesche, Beginn der Blüte
Sauerkirsche, Schattenmorelle, Ende der Blüte
Pflaume, Ende der Blüte

22. Mai. Birne, Gute Luise, Ende der Blüte

25. Mai. Apfel, Goldparmäne, Ende der Blüte

28. Mai. Goldregen, Beginn der Blüte

1. Juni. Stachelbeere, amerik. Mehltau
Stachelbeere, Stachelbeerblattwespe, erw. Larve

2. Juni. Zucker- und Runkelrübe, Runkelfliegenlarve

3. Juni. Falscher Jasmin, Beginn der Blüte

4. Juni. Holunder, Beginn der Blüte

5. Juni. Winterroggen, Petkuser, Beginn der Blüte

6./7. Juni. Winterroggen, (Petkuser), Nachtfröste w. d. Blüte

8. Juni. Erbse, Mahndorfer Viktoria, Beginn der Blüte

10. Juni. Apfel, Schorf
Apfel, Mehltau

Birne, Schorf
Pflaume und Zwetsche, Pflaumensägewespenlarven
Schneebeere, Beginn der Blüte

15. Juni. Winterroggen, Petkuser, Ende der Blüte

17. Juni. Sommergerste, Streifenkrankheit

20. Juni. Kartoffel, Centifolia, Beginn der Auflaufens

22. Juni. Sommergerste, Flugbrand

24. Juni. Windhalm, in Blüte
Winterweizen, General v. Staken, Beginn der Blüte
Winterweizen, Svalöfs Panzer, Beginn des Schossens

25. Juni. Hafer, Weißrippigkeit
Sommergerste, Moravia, Beginn des Schossens

26. Juni. Hafer, Dippes Überwinder, Beginn des Schossens

27. Juni. Sommergerste, Moravia, Beginn der Blüte
Winterweizen, Svalöfs Panzer, Beginn der Blüte
Sommer- und Winterlinde, Beginn der Blüte
Winterweizen, Flugbrand

30. Juni. Erbse, Mahndorfer Viktoria, Ende der Blüte
Roggen, Schwarz- und Braunrost

1. Juli. Erbse, Brennfleckenkrankheit
Kartoffel Centifolia, Beginn der Blüte
Hafer, Flugbrand

2. Juli. Hafer, Dippes Überwinder, Beginn der Blüte

4. Juli. Hafer, Dippes Überwinder, Ende der Blüte
Johannisbeere, Beginn der Fruchtreife

5. Juli. Sommergerste, Moravia, Ende der Blüte

7. Juli. Weiße Lilie, Beginn der Blüte

9. Juli. Winterweizen, Svalöfs Panzer, Ende der Blüte

10. Juli. Zucker= und Runkelrübe, schwarze Blattlaus
Kartoffel, Schwarzbeinigkeit
Stachelbeere, Beginn der Ernte

15. Juli. Johannisbeere, Beginn der Ernte

20. Juli. Hederich in Frucht

22. Juli. Winterroggen, Beginn der Ernte

25. Juli. Erbse, Mahndorfer Viktoria, Beginn der Ernte
Sauerkirsche, Schattenmorelle, Beginn der Ernte

26. Juli. Eberesche, Beginn der Fruchtreife

28. Juli. Kartoffel, Centifolia, Ende der Blüte

29. Juli. Winterweizen, Steinbrand

30. Juli. Eiche, Johannistriebe
Spitzahorn, Johannistriebe
Eberesche, Johannistriebe
Heide, Beginn der Blüte

3. August. Schneebeere, Beginn der Fruchtreife

8. August. Sommergerste, Morovia, Beginn der Ernte

9. August. Hafer, Dippes Überwinder, Beginn der Ernte
Winterweizen, Beginn der Ernte

13. August. Winterweizen, Svalöfs Panzer, Beginn der Ernte

Mitte August. Kartoffel, Krautfäule

10. September. Roßkastanie, Beginn der Fruchtreife
Liguster, Beginn der Fruchtreife

16. September. Kartoffel, Centifolia, Beginn der Ernte

20. September. Roßkastanie, allgemeine Laubverfärbung

Broellin, Post Pasewalk, Kr. Prenzlau
(Beob. Große, Lehrer)

23. März. Schneeglöckchen, Beginn der Blüte
Grasfrosch, zuerst gesehen

3. April. Huflattich, Beginn der Blüte

16. April. Anemone, Beginn der Blüte

21. April. Salweide, Beginn der Blüte

25. April. Dotterblume, Beginn der Blüte

29. April. Stachelbeere, Beginn der Laubentfaltung

4. Mai. Erster Maikäfer

10. Mai. Erster Kohlweißling

11. Mai. Johannisbeere, Beginn der Blüte

12. April. Erbse. Beginn des Auflaufens
Ackerbohne, Beginn des Auflaufens

13. April. Roßkastanie, Beginn der Laubentfaltung
Linde, Beginn der Laubentfaltung

14. April. Süßkirsche, Beginn der Blü'e
Lupine, Beginn des Auflaufens

15. April. Schlehe, Beginn der Blüte
Birne, Augustbirne, Beginn der Blüte
Apfel, Rosenapfel, Beginn der Blüte
Flieder, Beginn der Blüte

16. Mai. Sauerkirsche, Beginn der Blüte

17. Mai. Kiefer, erste Maitriebe
Fichte, erste Maitriebe
Tanne, erste Maitriebe

18. Mai. Buchenhochwald grün

20. Mai. Roßkastanie, Beginn der Blüte

7. Juni. Winterroggen, Beginn der Blüte

10. Juni. Stachelbeere, amerik. Mehltau

16. Juni. Ackerbohne, Beginn der Blüte

17. Juni. Schneebeere, Beginn der Blüte

18. Juni. Erbse, Beginn der Blüte

20. Juni. Holunder, Beginn der Blüte

21. Juni. Wintergerste, Beginn der Blüte

22. Juni. Erdbeere, Beginn der Ernte

26. Juni. Winterweizen, Beginn der Blüte

1. Juli. Sommer- und Winterlinde, Beginn der Blüte

3. Juli. Süßkirsche, Beginn der Ernte

8. Juli. Sommerroggen, Beginn der Blüte

14. Juli. Hafer, Beginn der Blüte

18. Juli. Johannisbeere, Beginn der Fruchtreife

19. Juli. Wintergerste, Beginn der Ernte

21. Juli. Winterroggen, Beginn der Ernte

5. August. Eberesche, Beginn der Fruchtreife

8. August. Sommerroggen, Beginn der Ernte

9. August. Sommergerste, Beginn der Ernte
Hafer, Beginn der Ernte

14. August. Schneebeere, Beginn der Fruchtreife
Holunder, Beginn der Fruchtreife

15. August. Heide, Beginn der Blüte

29. August. Lupine, Beginn der Ernte

1. September. Grummetreife

13. September. Apfel, Beginn der Ernte

15. September. Sommerweizen, Beginn der Ernte

16. September. Efeu, Beginn der Blüte

18. September. Birne, Beginn der Ernte

24. September. Roßkastanie, Beginn der Fruchtreife

26. September. Liguster, Beginn der Fruchtreife

28. September. Eiche, Beginn der Fruchtreife

5. Oktober. Roßkastanie, Beginn der Laubverfärbung
Buche, Beginn der Laubverfärbung
Eiche, Beginn der Laubverfärbung

Zehnebeck, Post Gramzow, Kr. Angermünde
(Beob. P. Both, Lehrer i. R.)

22. März. Schneeglöckchen, Beginn der Blüte

2. April. Erster Kohlweißling

10. April. Erster Grasfrosch gehört
Huflattich, Beginn der Blüte

14. April. Ersten Wasserfrosch gehört

20. April. Anemone, Beginn der Blüte

24. April. Stachelbeere, Beginn der Laubentfaltung

25. April. Salweide, Beginn der Blüte

1. Mai. Johannisbeere, Beginn der Blüte

7. Mai. Dotterblume, Beginn der Blüte

10. Mai. Roßkastanie, Beginn der Laubentfaltung

12. Mai. Süßkirsche, Beginn der Blüte
Erster Maikäfer

14. Mai. Schlehe, Beginn der Blüte
Winterlinde, Beginn der Laubentfaltung

15. Mai. Birne, Bergamotte, Beginn der Blüte
Buche, Beginn der Laubentfaltung

18. Mai. Birne, Kaiserkrone, Beginn der Blüte

19. Mai. Apfel, Gravensteiner, Beginn der Blüte

20. Mai. Buchenhochwald grün

25. Mai. Eichenhochwald grün
Roßkastanie, Beginn der Blüte

28. Mai. Flieder, Beginn der Blüte
Goldregen, Beginn der Blüte

29. Mai. Eberesche, Beginn der Blüte

5. Juni. Kiefer, erste Maitriebe

7. Juni. Winterroggen, Beginn des Schossens

8. Juni. Fichte, erste Maitriebe

15. Juni. Holunder, Beginn der Blüte

16. Juni. Winterweizen, Beginn des Schossens

18. Juni. Schneebeere, Beginn der Blüte

19. Juni. Eiche, erste Johannistriebe

20. Juni. Winterroggen, Beginn der Blüte

22. Juni. Spitzahorn, erste Johannis-triebe

25. Juni. Erste schwarze Blattläuse auf Saubohnen

27. Juni. Eberesche, erste Johannis-triebe

29. Juni. Winterweizen, Beginn der Blüte

15. Juli. Weiße Lilie, Beginn der Blüte

16. Juli. Johannisbeere, Beginn der Fruchtreife

19. Juli. Winterlinde, Beginn der Blüte

29. Juli. Winterroggen, Beginn der Blüte

10. August. Winterweizen, Beginn der Ernte

21. August. Efeu, Beginn der Blüte

25. August. Schneebeere, Beginn der Fruchtreife

30. August. Eberesche, Beginn der Fruchtreife

10. September. Holunder, Beginn der Fruchtreife

12. September. Grummetreife

18. September. Birke, Beginn der Frucht-reife

22. September. Roßkastanie, Beginn der Fruchtreife

25. September. Buche, Beginn der Fruchtreife

26. September. Roßkastanie, Beginn der Laubverfärbung

29. September. Eiche, Beginn der Fruchtreife

12. Oktober. Eiche, Beginn der Laub-verfärbung

20. Oktober. Buche, Beginn der Laub-verfärbung

Gramzow (Uckermark)
(Beob. Rektor Scheuerl)

20. September. 1923. Winterweizen, Be-ginn der Aussaat

2. Oktober 1923. Winterroggen, Beginn der Aussaat

8. Oktober 1923. Wintergerste, Beginn der Aussaat

25. März. Erbse, Viktoria, Beginn der Aussaat

1. April. Ackerbohne, Beginn der Aus-saat

4. April. Sommergerste, Beginn der Aussaat

6. April. Hafer, Beginn der Aussaat

9. April. Sommerweizen, Beginn der Aussaat

12. April. Hederich, Keimpflänzchen

16. April. Süß- und Sauerkirsche, Be-ginn des Austriebes
Pflaume und Zwetsche, blaue, Beginn des Austriebes

21. April. Kartoffel, Deodara, Beginn der Aussaat

24. April. Stachelbeere, Beginn des Aus-triebes

26. April. Johannisbeere, Beginn des Austriebes

27. April. Rübe, Beginn der Aussaat

28. April. Süß- und Sauerkirsche, Be-ginn der Blüte

30. April. Pfirsich, Beginn des Aus-triebes
Pflaume und Zwetsche, blaue, Beginn der Blüte
Stachelbeere, Beginn der Blüte

1. Mai. Johannisbeere, Beginn der Blüte

2. Mai. Birne, Kaiserkrone, Beginn des Austriebes

5. Mai. Apfel, Gravensteiner, Beginn des Austriebes

6. Mai. Pfirsich, Beginn der Blüte

7. Mai. Pflaume und Zwetsche, blaue,
Ende der Blüte

9. Mai. Johannisbeere, Ende der Blüte

10. Mai. Stachelbeere, Ende der Blüte
Süß- und Sauerkirsche, Ende der
Blüte
Süß- und Sauerkirsche, Zweigdürre

15. Mai. Pfirsich, Ende der Blüte
Erbse, Brennfleckenkrankheit

18. Mai. Birne, Kaiserkrone, Beginn der
Blüte

19. Mai. Apfel, Gravensteiner, Beginn
der Blüte

20. Mai. Wein, Beginn des Austriebes
Stachelbeere, amerikanischer Mehltau

25. Mai. Birne, Kaiserkrone, Ende der
Blüte

26. Mai. Apfel, Gravensteiner, Ende der
Blüte

5. Juni. Stachelbeere, Stachelbeer-
spannerfalter

10. Juni. Erbse, Viktoria, Beginn der
Blüte

12. Juni. Pfirsich, Kräuselkrankheit

18. Juni. Ackerbohne, Beginn der Blüte
Stachelbeere, Rost

20. Juni. Winterroggen, Beginn der Blüte
Klee, Beginn der Blüte
Windhalm, in Blüte
Roggen-, Schwarz- und Braunrost

22. Juni. Roggen, Getreideblumenfliege

24. Juni. Wintergerste, Beginn der Blüte

25. Juni. Ackerbohne, schwarze Blattlaus

26. Juni. Wein, Beginn der Blüte

28. Juni. Winterweizen, Beginn der
Blüte

29. Juni. Erbse, Viktoria, Ende der Blüte

30. Juni. Hafer, Beginn der Blüte
Sommergerste, Beginn der Blüte

1. Juli. Kartoffel, Deodara, Beginn der
Blüte

2. Juli. Winterroggen, Ende der Blüte
Ackersenf in Frucht

3. Juli. Wintergerste, Ende der Blüte

4. Juli. Sommerweizen, Beginn der
Blüte

5. Juli. Winterweizen, Ende der Blüte
Wein, Ende der Blüte
Klee, Beginn der Ernte

10. Juli. Sommergerste, Ende der Blüte
Hafer, Ende der Blüte
Zucker- und Runkelrübe, schwarze
Blattlaus

12. Juli. Johannisbeere, Beginn der Ernte

14. Juli. Ackerbohne, Ende der Blüte

15. Juli. Stachelbeere, Beginn der Ernte
Sommerweizen, Ende der Blüte

16. Juli. Johannisbeere, Blattflecken

18. Juli. Kartoffel, Deodara, Ende der
Blüte
Kleeseide

20. Juli. Apfel, Gravensteiner, Schorf
Birne, Kaiserkrone, Schorf

24. Juli. Wintergerste, Beginn der Ernte
Erbse, Viktoria, Beginn der Ernte

25. Juli. Weinrebe, Falscher Mehltau
Zucker- und Runkelrübe, Rost

29. Juli. Winterroggen, Beginn der Ernte

2. August. Sommergerste, Beginn der
Ernte
Süß- und Sauerkirsche, Beginn der
Ernte

5. August. Birne, Kaiserkrone, Obstmade

6. August. Ackerbohne, Beginn der Ernte

10. August. Pflaume u. Zwetsche,
Taschenkrankheit

12. August. Hafer, Beginn der Ernte

18. August. Winterweizen, Beginn der
Ernte

25. August. Sommerweizen, Beginn der
Ernte

28. August. Pflaume u. Zwetsche,
Pflaumenwickler

30. August. Klee, Ende der Blüte

1. September. Apfel, Gravensteiner, Beginn der Ernte

2. September. Pfirsich, Beginn der Ernte

10. September. Kartoffel, Krautfäule

20. September. Birne, Kaiserkrone, Beginn der Ernte

25. September. Pflaume u. Zwetsche, blaue, Beginn der Ernte

26. September. Kartoffel, Deodara, Beginn der Ernte

28. September. Wein, Beginn der Ernte

10. Oktober. Rübe, Beginn der Ernte

Königsberg, Nm.
(Beob. Dr. Koch, Landw.-Lehrer)

3. März. Huflattich, Beginn der Blüte

18. März. Schneeglöckchen, Beginn der Blüte

20. April. Salweide, Beginn der Blüte

24. April. Anemone, Beginn der Blüte

26. April. Dotterblume, Beginn der Blüte
Stachelbeere, Beginn der Blüte
Stachelbeere, Beginn der Laubentfaltung

6. Mai. Roßkastanie, Beginn der Laubentfaltung
Buche, Beginn der Laubentfaltung

11. Mai. Süßkirsche, Beginn der Blüte

12. Mai. Sommerlinde, Beginn der Laubentfaltung

13. Mai. Johannisbeere, Beginn der Blüte
Fichte, erste Maitriebe
Erster Wasserfrosch
Erster Maikäfer

14. Mai. Winterlinde, Beginn der Laubentfaltung
Schlehe, Beginn der Blüte

15. Mai. Birne, Gute Luise, Beginn der Blüte
Kiefer, erste Maitriebe

16. Mai. Tanne, erste Maitriebe
Buchenhochwald, grün
Roßkastanie, Beginn der Blüte

17. Mai. Flieder, Beginn der Blüte
Apfel, Goldparmäne, Beginn der Blüte

18. Mai. Goldregen, Beginn der Blüte

19. Mai. Eichenhochwald, grün

24. Mai. Winterroggen, Beginn des Schossens

1. Juni. Winterroggen, Petkuser, Beginn der Blüte

22. Juni. Sommer- und Winterlinde, Beginn der Blüte

8. Juli. Johannisbeere, Beginn der Fruchtreife

20. Juli. Winterroggen, Beginn der Ernte

8. September. Roßkastanie, Beginn der Fruchtreife

Richnow, Kr. Soldin
(Beob. Richard Than)

24. März. Schneeglöckchen, Beginn der Blüte

12. April. Salweide, Beginn der Blüte

15. April. Stachelbeere, Beginn der Laubentfaltung

26. April. Dotterblume, Beginn der Blüte

2. Mai. Roßkastanie, Beginn der Laubentfaltung

12. Mai. Roßkastanie, Beginn der Blüte

18. Mai. Johannisbeere, Beginn der Blüte

20. Mai. Flieder, Beginn der Blüte
Sauerkirsche, Beginn des Austriebs
Birne, Beginn des Austriebs

21. Mai. Süßkirsche, Beginn der Blüte
Kiefer, erste Maitriebe
Fichte, erste Maitriebe
Tanne, erste Maitriebe

22. Mai. Buchenhochwald grün

24. Mai. Eichenhochwald grün

25 Mai. Apfel, Beginn des Austriebs

26. Mai. Birne, Beginn der Blüte

28. Mai. Pflaume, Beginn des Austriebs

30. Mai. Apfel, Beginn der Blüte

 2. Juni. Winterroggen, Petkuser, Beginn des Schossens

 4. Juni. Apfel, Beginn der Blüte
Birne, Beginn der Blüte
Sauerkirsche, Beginn der Blüte

 8. Juni. Pflaume, Beginn der Blüte
Pflaume, Nachtfröste während der Blüte

12. Juni. Winterroggen, Petkuser, Beginn der Blüte
Birne, Ende der Blüte
Sauerkirsche, Ende der Blüte

14. Juni. Apfel, Ende der Blüte

15. Juni. Pflaume, Ende der Blüte

24 Juli Winterroggen, Petkuser, Beginn der Ernte

 3. August Sommergerste, Hanna, Beginn der Ernte

13. August. Sommerweizen, Beginn der Ernte

18. August. Winterweizen, Criewener 103, Beginn der Ernte

Schneidemühl
(Beob. Dr. Pape)

15. Juli. Roggenernte

Deutsch Krone
(Beob. Dr. Stuhrmann)

10. April. Erster Wasserfrosch
11. April. Erster Grasfrosch
16. April. Huflattich, Beginn der Blüte
24. April. Anemone, Beginn der Blüte
Salweide, Beginn der Blüte
28. April. Kohlweißling, erster Falter
 2. Mai. Stachelbeere, Beginn der Laubentfaltung
 4. Mai. Kiefer, Maitriebe
 5. Mai. Dotterblume, Beginn der Blüte
 8. Mai. Fichte, Maitriebe
10. Mai. Buche, Beginn der Laubentfaltung

12. Mai. Roßkastanie, Beginn der Laubentfaltung
Tanne, Maitriebe
Erster Maikäfer

14. Mai. Johannisbeere, Beginn der Blüte
Süßkirsche, Beginn der Blüte
Sommerlinde, Beginn der Laubentfaltung
Buchenhochwald grün

16. Mai. Schlehe, Beginn der Blüte

17. Mai. Birne, Frühe, Beginn der Blüte

20. Mai. Apfel, Gravensteiner, Beginn der Blüte

21. Mai. Roßkastanie, Beginn der Blüte
24. Mai. Flieder, Beginn der Blüte
26. Mai. Winterroggen, Beginn des Schossens
27. Mai. Eberesche, Beginn der Blüte
28. Mai. Eichenhochwald, grün
29. Mai. Goldregen, Beginn der Blüte

 1. Juni. Spitzahorn, Entwicklung von Johannistrieben

 6. Juni. Winterroggen, Petkuser, Beginn der Blüte

11. Juni. Falscher Jasmin, Beginn der Blüte

17. Juni. Schneebeere, Beginn der Blüte
Holunder, Beginn der Blüte

22. Juni. Eiche, Entwicklung von Johannistrieben
Eberesche, Entwicklung von Johannistrieben
Erste schwarze Blattlaus an Saubohne

23. Juni. Winterweizen, Beginn des Schossens
Sommerlinde, Beginn der Blüte

25. Juni. Winterweizen (Preußenweizen) Beginn der Blüte

 3. Juli. Johannisbeere, Beginn der Fruchtreife

 7. Juli. Winterlinde, Beginn der Blüte

11. Juli. Weiße Lilie, Beginn der Blüte
24. Juli. Winterroggen, Beginn der Ernte
28. Juli. Heide, Beginn der Blüte
9. August. Winterroggen, Beginn der Ernte
10. August. Birke, Beginn der Fruchtreife
    Eberesche, Beginn der Fruchtreife
13. August. Schneebeere, Beginn der Fruchtreife
26. August. Grummetreife
10. September. Efeu, Beginn der Blüte
11. September. Holunder, Beginn der Fruchtreife
19. September. Roßkastanie, Beginn der Fruchtreife
2. Oktober. Roßkastanie, Laubverfärbung
3. Oktober. Liguster, Beginn der Fruchtreife
19. Oktober. Buche, Beginn der Laubverfärbung
28. Oktober. Eiche, Beginn der Laubverfärbung

Rosenthal bei Lebehnke
(Beob. Fischer, Diplom-Landwirt)

12. September. Winterroggen, Petkuser, Beginn der Aussaat
17. September. Kartoffel, Industrie, Beginn der Ernte
25. September. Winterweizen, Trotzkopf, Beginn der Aussaat
1. Oktober. Winterweizen, Svalöfs Panzer II, Beginn der Aussaat
13. Oktober. Rübe, Kirsche's Ideal, Beginn der Ernte

Buchholz, Kr. Schlochau
(Beob. D. Adolphi)

22. März. Schneeglöckchen, Beginn der Blüte

1. April. Anemone, Beginn der Blüte
10. April. Huflattich, Beginn der Blüte
6. Mai. Dotterblume, Beginn der Blüte
7. Mai. Stachelbeere, Beginn der Laubentfaltung
10. Mai. Erster Grasfrosch
12. Mai. Johannisbeere, Beginn der Blüte
15. Mai. Süßkirsche, Beginn der Blüte
    Rotbuche, Beginn der Laubentfaltung
16. Mai. Birne, Beginn der Blüte
    Roßkastanie, Beginn der Laubentfaltung
    Linde, Beginn der Laubentfaltung
17. Mai. Kiefer, Maitriebe
18. Mai. Schlehe, Beginn der Blüte
21. Mai. Flieder, Beginn der Blüte
    Winterroggen, Preußen, Beginn des Schossens
22. Mai. Roßkastanie, Beginn der Blüte
    Apfel, Gravensteiner, Beginn der Blüte
24. Mai. Rübe, Beginn des Auflaufens
6. Juni. Kartoffel, Parnassia, Beginn des Auflaufens
7. Juni. Winterroggen, Petkuser, Beginn der Blüte
15. Juni. Falscher Jasmin, Beginn der Blüte
21. Juni. Holunder, Beginn der Blüte
23. Juni. Sommerlinde, Beginn der Blüte
    Winterlinde, Beginn der Blüte
25. Juni. Winterweizen, Trotzkopf, Beginn des Schossens
15. Juli. Johannisbeere, Beginn der Fruchtreife
    Kartoffel, Beginn der Ernte
20. Juli. Winterroggen, Beginn der Ernte
25. Juli. Kartoffel, Nachtfröste während der Blüte

28. Juli. Sommergerste, Beginn der Ernte

 1. August. Eberesche, Beginn der Fruchtreife

10. August. Winterweizen, Beginn der
Ernte

Marienburg

(Beob. Wittpahl, Direktor der Landwirtschafts-
schule)

28. April. Schneeglöckchen, Beginn der
Blüte

 2. Mai. Süßkirsche, Beginn des Austriebs

 3. Mai. Apfel, Klarapfel, Beginn des
Austriebs
Birne, Gute Luise, Beginn des Aus-
triebs
Sauerkirsche, Schattenmorelle, Beginn
des Austriebs
Huflattich, Beginn der Blüte

 6. Mai. Salweide, Beginn der Blüte
Ackersenf

 7. Mai. Dotterblume, Beginn der Blüte
Pflaume, Wangenheims, Beginn des
Austriebs
Bergstachelbeere, Beginn des Aus-
triebs

 8. Mai. Johannisbeere, Weiße Kirsch-,
Beginn des Austriebs
Anemone, Beginn der Blüte
Hederich, Keimpflänzchen

 8. Mai. Johannisbeere, Beginn der
Laubentfaltung

10. Mai. Johannisbeere, Beginn der
Blüte
Pfirsich, Amsden, Beginn des Aus-
triebs

12. Mai. Roßkastanie, Beginn der Laubentfaltung

13. Mai. Sommerlinde, Beginn der
Laubentfaltung

14. Mai. Buche, Beginn der Laubentfaltung

Süßkirsche, Beginn der Blüte
Schlehe, Beginn der Blüte
Birne, Gute Luise, Beginn der Blüte
Apfel, Klarapfel, Beginn der Blüte
Stachelbeere, Bergstachelbeere, Beginn
der Blüte
Pfirsich, Amsden, Beginn der Blüte
Süßkirsche, Beginn der Blüte
Birne, Gute Luise, Beginn der Blüte
Apfel, Klarapfel, Beginn der Blüte

16. Mai. Buchenhochwald, grün
Johannisbeere, Weiße Kirsch-,
Beginn der Blüte

17. Mai. Wein, früher Leipziger, Beginn
des Austriebs

18. Mai. Erdbeere, Laxtour Nobel, Beginn der Blüte
Sauerkirsche, Schattenmorelle, Beginn
der Blüte
Apfel, Mehltau

19. Mai. Apfel, Obstmade
Pflaume, Wangenheim, Beginn der
Blüte

20. Mai. Zuckerrübe, Beginn des Auflaufens
Roggen, Berberitzenrost

21. Mai. Kartoffel, Beginn des Auflaufens

22. Mai. Winterweizen, Beginn des
Schossens

23. Mai. Holunder, Beginn der Blüte

25. Mai. Flieder, Beginn der Blüte
Winterroggen, Beginn des
Schossens

27. Mai. Goldregen, Beginn der Blüte

30. Mai. Winterroggen, Beginn des
Schossens

 1. Juni. Winterroggen, Beginn der
Blüte
Stachelbeere, amerikanischer Mehltau

 2. Juni. Stachelbeere, Stachelbeerblattwespe, erste erwachsene Larve

10. Juni. Winterroggen, Beginn der Blüte

Süß- und Sauerkirsche, Zweigdürre

20. Juni. Erbse, Beginn der Blüte

Winterroggen, Ende der Blüte

Klee, Beginn der Blüte

22. Juni. Ackerbohne, Beginn der Blüte

Winterweizen, Beginn des Schossens

24. Juni. Winterweizen, Beginn der Blüte

Kartoffel, Beginn der Blüte

25. Juni. Sommergerste, Beginn des Schossens

29. Juni. Sommer- und Winterlinde, Beginn der Blüte

1. Juli. Wein, früher Leipziger, Beginn der Blüte

Hafer, Beginn des Schossens

15. Juli. Erdbeere, Laxtons Noble, Beginn der Ernte

20. Juli. Kartoffel, Beginn der Ernte

26. Juli. Apfel, Klarapfel, Beginn der Ernte

Johannisbeere, Weiße Kirsch-, Beginn der Ernte

28. Juli. Winterroggen, Beginn der Ernte

28. Juli. Sauerkirsche, Schattenmorelle, Beginn der Ernte

29. Juli. Sommergerste, Beginn der Ernte

Bellschwitz bei Rosenberg
(Westpreußen)
(Beob. Engel)

30. März. Schneeglöckchen, Beginn der Blüte

13. April. Krokus, Beginn der Blüte

27. April. Anemone, Beginn der Blüte

1. Mai. Huflattich, Beginn der Blüte

Stachelbeere, Beginn der Laubentfaltung

Dotterblume, Beginn der Blüte

13. Mai. Buche, Beginn der Laubentfaltung

14. Mai. Johannisbeere, Beginn der Blüte

15. Mai. Roßkastanie, Beginn der Laubentfaltung

Erster Maikäfer

16. Mai. Süßkirsche, Beginn der Blüte

18. Mai. Winterlinde, Beginn der Laubentfaltung

Sauerkirsche, Beginn der Blüte

20. Mai. Buchenhochwald grün

Kiefer, erste Maitriebe

Fichte, erste Maitriebe

21. Mai. Birne, Beginn der Blüte

26. Mai. Roßkastanie, Beginn der Blüte

29. Mai. Winterroggen, Beginn des Schossens

1. Juni. Flieder, Beginn der Blüte

5. Juni. Erster Kohlweißlingsfalter

6. Juni. Goldregen, Beginn der Blüte

14. Juni. Winterroggen, Beginn der Blüte

19. Juni. Falscher Jasmin, Beginn der Blüte

20. Juni. Holunder, Beginn der Blüte

8. Juli. Sommerlinde, Beginn der Blüte

12. Juli. Erste schwarze Blattläuse an Saubohnen

14. Juli. Johannisbeere, Beginn der Fruchtreife

15. Juli. Winterlinde, Beginn der Blüte

28. Juli. Winterroggen, Beginn der Ernte

15. September. Eberesche, Beginn der Fruchtreife

Schneebeere, Beginn der Fruchtreife

Holunder, Beginn der Fruchtreife

Birke, Beginn der Fruchtreife

17. September. Eiche, Beginn der Fruchtreife

15. Oktober. Roßkastanie, allgemeine Laubverfärbung

Versuchsring Frögenau, Kr. Osterode
(Ostpreußen)

(Beob. Wündisch, Diplom-Landwirt)

5. August. Sommerroggen, Beginn der
Ernte
10. August. Sommergerste, Beginn der
Ernte
15. August. Winterweizen, Beginn der
Ernte
20 August Hafer, Beginn der Ernte

5 September. Sommerweizen, Beginn
der Ernte
Winterroggen, Beginn der Aussaat
8. September. Lupine, Beginn der
Ernte
10. September. Wintergerste, Beginn der
Aussaat
15. September. Winterweizen, Beginn
der Aussaat
Kartoffel, Beginn der Ernte
15. Oktober. Wruken, Beginn der Ernte

IIIb. Ostdeutscher Zentralkreis 1924

Oranienburg-Luisenhof
(Beob. Gärtnerlehranstalt)

27. März. Schneeglöckchen, Beginn der
Blüte
16. April. Salweide, Beginn der Blüte
Stachelbeere, Rote Triumpf, Beginn
der Laubentfaltung
18. April. Johannisbeere, Rote Holländische, Beginn der Laubentfaltung
20. April. Anemone, Beginn der Blüte
4. Mai. Stachelbeere, Beginn der Blüte
5. Mai. Johannisbeere, Beginn der
Blüte
Nachtfröste während der Blüte
Erster Wasserfrosch
6. Mai. Kohlweißling, erster Falter
8. Mai. Roßkastanie, Beginn der Laubentfaltung
Birne, Williams Christ, Beginn des
Austriebes
10. Mai. Apfel, Goldparmäne, Beginn
des Austriebes.
Sauerkirsche, Amarelle, Beginn des
Austriebes
Süßkirsche, Beginn der Blüte
12. Mai. Erster Grasfrosch
Dotterblume, Beginn der Blüte
Sommerlinde, Beginn der Laubent-
faltung

Winterlinde, Beginn der Laubentfaltung
Sauerkirsche, Beginn der Blüte
13. Mai. Erster Maikäfer
14. Mai. Birne, Gute Luise v. A., Beginn der Blüte
15. Mai. Schlehe, Beginn der Blüte
16. Mai. Apfel, Baumanns Renette,
Beginn der Blüte
Buche, Beginn der Laubentfaltung
18. Mai. Fichte, erste, Maitriebe
Wein, Beginn der Blüte
Erdbeere, Flandern, Beginn der Blüte
Birne, Ende der Blüte
20. Mai. Roßkastanie, Beginn der Blüte
Eberesche, Beginn der Blüte
Kiefer, erste Maitriebe
Sauerkirsche, Ende der Blüte
22. Mai. Flieder, Beginn der Blüte
Apfel, Ende der Blüte
24. Mai. Goldregen, Beginn der Blüte
25. Mai. Kornelkirsche, Beginn der Blüte
3. Juni. Erdbeere, Blattfleckenkrankheit
5. Juni. Erdbeere, Nachtfröste während
der Blüte
6. Juni. Erdbeere, Nachtfröste während
der Blüte
Stachelbeere, Amerikanischer Mehltau

7. Juni. Erdbeere, Nachtfröste während der Blüte

12. Juni. Schneebeere, Beginn der Blüte

14. Juni. Holunder, Beginn der Blüte

15. Juni. Falscher Jasmin, Beginn der Blüte

21. Juni. Erdbeere, Beginn der Ernte

4. Juli. Sauerkirsche, Beginn der Ernte

15. Juli. Erdbeere, Ende der Blüte
Johannisbeere, Beginn der Frucht=
reife

17. Juli. Stachelbeere, Beginn der Ernte

20. Juli. Johannisbeere, Beginn der Ernte

18. September. Birne, Beginn der Ernte

3. Oktober. Apfel, Beginn der Ernte

Sanssouci
(Beob. Kunert, Obergärtner)

16. März. Schneeglöckchen, Beginn der Blüte

8. April. Salweide, Beginn der Blüte

11. April. Stachelbeere, Beginn der Laub=
entfaltung

13. April. Anemone, Beginn der Blüte

14. April. Huflattich, Beginn der Blüte

15. April. Kornelkirsche, Beginn der Blüte

23. April. Roßkastanie, Beginn der Laub=
entfaltung

24. April. Dotterblume, Beginn der Blüte

3. Mai. Johannisbeere, Beginn der Blüte

5. Mai. Erste Maikäfer

6. Mai. Süßkirsche, Beginn der Blüte

9. Mai. Schlehe, Beginn der Blüte

10. Mai. Buche, Beginn der Laubent=
faltung
Fichte, erste Maitriebe

12. Mai. Sommerlinde, Beginn der Laubentfaltung
Tanne, erste Maitriebe

13. Mai. Kiefer, erste Maitriebe
Birne, Beginn der Blüte

15. Mai. Roßkastanie, Beginn der Blüte

17. Mai. Flieder, Beginn der Blüte

19. Mai. Goldregen, Beginn der Blüte

22. Mai. Buchenhochwald grün

24. Mai. Eberesche, Beginn der Blüte

8. Juni. Schneebeere, Beginn der Blüte

9. Juni. Holunder, Beginn der Blüte

12. Juni. Falscher Jasmin, Beginn der Blüte

26. Juni. Sommerlinde, Beginn der Blüte
Johannisbeere, Beginn der Frucht=
reife

27. Juni. Weiße Lilie, Beginn der Blüte

8. Juli. Kohlweißling, erster Falter

12. Juli. Winterroggen, Beginn der Ernte

14. Juli. Winterlinde, Beginn der Blüte

2. Oktober. Erste Frostspanner an Probe=
leimringen

4. Oktober. Buche, Beginn der Frucht=
reife

12. Oktober. Roßkastanie, Beginn der Laubverfärbung

16. Oktober. Buche, Beginn der Laub=
verfärbung

20. Oktober. Eiche, Beginn der Laub=
verfärbung

Südwestliche Vororte von Berlin
(Beob. Biologische Reichsanstalt)

6. Februar. Stare

28. Februar. Haussperling in Kopula

6. März. Viscum album, Blüten un=
mittelbar vor dem Öffnen
Schneeglöckchen, Beginn der Blüte

20. März. Auswinterungsschäden

23. März. Anemone, Beginn der Blüte
Erster Zitronenfalter
Erster kleiner Fuchs
Hasel, Beginn der Blüte

24. März. Crocus, Beginn der Blüte

25. März. Ulme, Beginn der Blüte

26. März. Erste Lerche

28. März. Frosch, erstes Quaken

1. April. Huflattich, Beginn der Blüte

4. April. Anemone hepatica, Beginn der Blüte

8. April. Taxus, Beginn der Blüte
Kornelkirsche, Beginn der Blüte

10. April. Apfelblütenstecher, erste Fraßschäden beobachtet

16. April. Erica carnea, Vollblüte
Salix caprea, Beginn der Blüte
Bombus lapidarius

22. April. Forsythia, Beginn der Blüte

25. April. Birne, Beginn des Austriebes
Roßkastanie, Beginn der Laubentfaltung

26. April. Gagea lutea, Beginn der Blüte

28. April. Apfel, Beginn des Austriebes
Viola odorata, Beginn der Blüte
Caltha palustris, in Vollblüte
Larve der Getreideblumenfliege

29. April. Lupine, Beginn des Auflaufens
Erbse, Beginn des Auflaufens

1. Mai. Acer Negundo, blühend
Larix europea, blühend
Taraxacum officinale, Beginn der Blüte
Ficaria verna, erste Blütenknospe
Aprikose, im Windschutz erste offene Blüten
Equisetum arvense, blühend
Primula officinalis, blühend
Pierris brasicae, Weibchen
Bombus agrorum

4. Mai. Viola tricolor arvense, blühend

6. Mai. Ficaria verna, erste offene Blüten
Lonicera coerulea, blühend
Cornus mas, ziemlich verblüht

7. Mai. Oxalis acetosella, Beginn der Blüte

9. Mai. Rotbuche, 50% belaubt
Eiche, Knospen eben grün

Roßkastanie voll belaubt
Pirolruf

12. Mai. Ribes aureum, Vollblüte
Apfel, Mehltau

13. Mai. Eiche, 25% belaubt
Pfirsich, Kräuselkrankheit

14. Mai. Popolus tremula, blühend

15. Mai. Cheledonium majus, blühend
Ackerbohne, Beginn des Auflaufens

16. Mai. Ulme, Früchte werfend
Roßkastanie, Beginn der Blüte
Syringe, in geschützter Lage erste Blüten

20. Mai. Syringe, allgemein blühend
Glyzinie, blühend
Weißdorn, Vollblüte

24. Mai. Goldregen, blühend
Kiefer, Vollblüte

27. Mai. Winterroggen, einzeln die ganzen Ähren sichtbar, z. T. Schossen beend.

27. Mai. Quitte, Vollblüte
Eberesche, Vollblüte
Ribes aurea, fast verblüht
Wintergerste, einzeln die obersten Grannen sichtbar
Lonicera tatarica, Vollblüte

28. Mai. Apfelblütenstecher, 75% verpuppt

30. Mai. Apfelblütenstecher, erster Neukäfer

31. Mai. Winterweizen, Schossen ungefähr im Mittelstadium
Thalictrum aquilaegifolium, blühend
Sarothamnus coparius, blühend
Asperula odorata, blühend
Spirea decumbens, blühend
Mespilus germanica, Beginn der Vollblüte
Aristolochia clematitis, Vollblüte
Kuckucksruf

2. Juni. Winterroggen, blühend
Wintergerste, z. T. die Ähren ganz heraus

3. Juni. Apfelblütenstecher, erste ent-
leerte Knospengehäuse

15. Juni. Piccinia, Aecidien graminis,
auf Berberis

16. Juni. Winterroggen, fast verblüht
Wintergerste, voll erblüht

19. Juni. Winterweizen, vereinzelt Ähren
ganz frei

21. Juni. Bryonia alba, blühend

23. Juni. Winterweizen, stark blühend
Winterweizen, Flugbrand
Winterroggen, noch vereinzelt blühende
Ähren
Liguster, blühend
Buchweizen, Beginn der Blüte
Rotklee, blühend
Hafer, Rispen fast frei
Sommergerste, Grannen sichtbar
Sommergerste, Flugbrand

26. Juni. Linde, blühend

27. Juni. Mauerpfeffer, blühend

27. Juni. Sommergerste, erste offene
Blüten

27. Juni. Hafer, offene Blüten

27. Juni. Saubohne, Vollblüte

2. Juli. Kartoffel, blühend
Lupinus luteus, blühend

28. Juli. Carduus nutans, blühend
Winterroggen, ziemlich reif
Schlanstedter Sommerweizen, Beginn
der Blüte
Lahner Gelbhafer, verblüht
Mais, Beginn der Blüte

Anfang Oktober. Quitte, zweite Blüte
Roggen, im Frühjahr ausgesäter Winterroggen blühend

2. Oktober. Actaea japonica, blühend

6. Oktober. Vicia faba, blühend

Berlin=Lichterfelde
(Beob. Büttner)

8. April. Kirsche, Schattenmorelle, Beginn der Blüte

Berlin=Dahlem
(Beob. Phänologisches Laboratorium der Biol.
Reichsanstalt)

4. Mai. Aprikose, Beginn der Blüte
Stachelbeere, Beginn der Blüte
Johannisbeere, Beginn der Blüte

6. Mai. Süßkirsche, Beginn der Blüte

8. Mai. Pfirsich, Beginn der Blüte

9. Mai. Sauerkirsche, Beginn der Blüte
Pflaume, Beginn der Blüte

10. Mai. Schwarze Johannisbeere, Be-
ginn der Blüte
Birne, Neue Poiteau, Beginn der
Blüte

11. Mai. Birne, Gute Luise von Avranches, Beginn der Blüte

12. Mai. Birne, Frau Luise Goethe, Be-
ginn der Blüte
Birne, Alexander Lukas Butterbirne,
Beginn der Blüte
Birne, Olivier de Serres, Beginn der
Blüte
Birne, Liegels Winterbutterbirne, Be-
ginn der Blüte
Birne, Colomas Herbstbutterbirne,
Beginn der Blüte
Birne, Baronin von Mello, Beginn
der Blüte
Birne, Forellenbirne, Beginn der
Blüte
Apfel, Charlamowsky, Beginn der
Blüte

13. Mai. Apfel, Minister von Hammer-
stein, Beginn der Blüte
Apfel, Gelber Edelapfel, Beginn der
Blüte
Birne, Napoleons Butterbirne, Be-
ginn der Blüte
Birne, Köstliche von Charneau, Beginn
der Blüte
Birne, Marie Luise, Beginn der Blüte

14. Mai. Birne, Hardenponts Winterbutterbirne, Beginn der Blüte

Apfel, Schöner von Nordhausen, Beginn der Blüte

Apfel, Landsberger Renette, Beginn der Blüte

Zwetsche, Beginn der Blüte

Erdbeere, Beginn der Blüte

15. Mai. Birne, Rote Bergamotte, Beginn der Blüte

Apfel, Peasgoods Goldrenette, Beginn der Blüte

Apfel, Ananasrenette, Beginn der Blüte

Apfel, Harberts Renette, Beginn der Blüte

Aprikose, Ende der Blüte

16. Mai. Stachelbeere, Ende der Blüte

17. Mai. Apfel, Uelzener Calvill, Beginn der Blüte

Bismarckapfel, Beginn der Blüte

Birne, Gute Graue, Beginn der Blüte

18. Mai. Birne, Madame Verté, Beginn der Blüte

Weißer Clarapfel, Beginn der Blüte

Apfel, Roter Herbstcalvill, Beginn der Blüte

Süßkirsche, Ende der Blüte

19. Mai. Apfel, Schwarzenbachs Renette, Beginn der Blüte

23. Mai. Sauerkirsche, Ende der Blüte

Pflaume, Ende der Blüte

24. Mai. Gelber Edelapfel, Ende der Blüte

Apfel, Landsberger Renette, Ende der Blüte

Birne, Frau Luise Goethe, Ende der Blüte

25. Mai. Birne, Alexander Lukas Butterbirne, Ende der Blüte

26. Mai. Birne, Olivier de Serres, Ende der Blüte

Apfel, Charlamowsky, Ende der Blüte

27. Mai. Apfel, Peasgoods Goldrenette, Ende der Blüte

Apfel, Bismarckapfel, Ende der Blüte

Apfel, Weißer Clarapfel, Ende der Blüte

Liegels Winterbutterbirne, Ende der Blüte

Napoleons Butterbirne, Ende der Blüte

Hardenponts Winterbutterbirne, Ende der Blüte

Zwetsche, Ende der Blüte

28. Mai. Pfirsich, Ende der Blüte

Birne, Madame Verté, Ende der Blüte

29. Mai. Birne, Gute Luise von Avranches, Ende der Blüte

Birne, Colomas Herbstbutterbirne, Ende der Blüte

Birne, Köstliche von Charneau, Ende der Blüte

Apfel, Königl. Kurzstiel, Ende der Blüte

30. Mai. Roter Herbstcalvill, Ende der Blüte

Birne, Neue Poiteau, Ende der Blüte

Birne, Baronin von Mello, Ende der Blüte

Birne, Rote Bergamotte, Ende der Blüte

Birne, Prinzessin Marianne, Ende der Blüte

31. Mai. Birne, Marie Luise, Ende der Blüte

Apfel, Schöner von Nordhausen, Ende der Blüte

Apfel, Ananas Renette, Ende der Blüte

1. Juni. Apfel, Minister von Hammerstein, Ende der Blüte

Apfel, Schwarzenbachs Renette, Ende der Blüte

3. Juni. Birne, Gute Graue, Ende der Blüte

5. Juni. Apfel, Uelzener Calvill, Ende der Blüte

30. Juni. Erdbeere, Ende der Blüte

Berlin-Dahlem
(Beob. Senta Lindau, Lehranstalt für Gartenbau)

12. März. Salweide, Beginn der Blüte

15. März. Galanthus nivalis, Beginn der Blüte

23. März. Erster Zitronenfalter
Erster Spanner
Erste Singdrossel und Star
Erster Kiebitz
Erster Specht
Erster Kleiber
Erster Baumläufer
Erste Schwanzmeise

24. März. Schneeglöckchen, Leucojum vernum, Beginn der Blüte

25. März. Kohlweißling, erster Falter

1. April. Huflattich, Beginn der Blüte

12. April. Erstes Rotkehlchen
Erster Weidenlaubsäger

18. April. Kornelkirsche, Beginn der Blüte

19. April. Stachelbeere, Beginn der Laubentfaltung

25. April. Anemone, Beginn der Blüte
Erster Dompfaff

2. Mai. Dotterblume, Beginn der Blüte
Erster Maikäfer
Erste Schwalbe
Erste Nachtigall

4. Mai. Johannisbeere, Beginn der Blüte

5. Mai. Süßkirsche, Beginn der Blüte

Anfang Mai. Roßkastanie, Beginn der Laubentfaltung

6. Mai. Winterlinde, Beginn der Laubentfaltung

8. Mai. Sommerlinde, Beginn der Laubentfaltung

10. Mai. Buche, Beginn der Laubentfaltung
Große Britzer Eierpflaume, Beginn der Blüte
Brabbesche Reineclaude, Beginn der Blüte
Tauerkirsche, Beginn der Blüte

11. Mai. Pfirsich: Crimson Galande, Beginn der Blüte
Bellegarde, Beginn der Blüte
Prince of Wales, Beginn der Blüte
Madame Treyve Birne, Beginn der Blüte
Schlehe, Beginn der Blüte

12. Mai. Erster Kuckuck
Erster Pirol
Birne: Pastorenbirne, Beginn der Blüte
von Tongres, Beginn der Blüte
Olivier de Serres, Beginn der Blüte
Clapps Liebling, Beginn der Blüte
Edelcrasanne, Beginn der Blüte

13. Mai. Buchenhochwald, grün
Birne: Clairgeaus Butterbirne, Beginn der Blüte
Findling v. Hohensaaten, Beginn der Blüte
Marie Luise, Beginn der Blüte

14. Mai. Tanne, erste Maitriebe
Birne: Diels Butterbirne, Präs. Drouard, Beginn der Blüte
Minister Dr. Lucius, Beginn der Blüte
Hofratsbirne, Beginn der Blüte
Neuer Fulvie, Beginn der Blüte
Alexander Lucas Butterbirne, Beginn der Blüte
Herz. v. Angoulême, Beginn der Blüte
Dopp. Philippsbirne, Beginn der Blüte
Neuheit aus Wildpark, Beginn der Blüte
Esperins Bergamotte, Beginn der Blüte
Beurré, Chandy, Beginn der Blüte
Giffards Butterbirne, Beginn der Blüte
Tix Butterbirne, Dr. Jules Guyol, Beginn der Blüte

Grumbkower Butterbirne, Beginn der Blüte

Coloma8 Herbstbutterbirne, Beginn der Blüte

Phillipp Goes, Beginn der Blüte

Le Lectier, Beginn der Blüte

Holzfarbige Butterbirne, Beginn der Blüte

Römische Schmalzbirne, Beginn der Blüte

Esperine, Beginn der Blüte

Gellerts Butterbirne, Beginn der Blüte

Gute Luise v. Avranches, Beginn der Blüte

Comtesse de Paris, Beginn der Blüte

Apfel: Gravensteiner, Beginn der Blüte

Weißer Winter Calvill, Beginn der Blüte

15. Mai. Roßkastanie, Beginn der Blüte

Fichte, erste Maitriebe

Birnen, Frau Luise Goethe, Beginn der Blüte

Olivier de Serres, Beginn der Blüte

Apfel: Baumanns Renette, Beginn der Blüte

Gr. Kasseler, Beginn der Blüte

Canada Renette, Beginn der Blüte

v. Zuccamaglios, Renette, Beginn der Blüte

Pariser Rambour, Reinette, Beginn der Blüte

Landsberger Renette, Beginn der Blüte

Aderslebener Calvill, Beginn der Blüte

Weiß. gefl. Cardinal, Beginn der Blüte

Minister v. Hammerstein, Beginn der Blüte

Schöner von Boskoop, Beginn der Blüte

Winter-Goldparmäne, Beginn der Blüte

Weißer Astrachan, Beginn der Blüte

Weißer Clarapfel, Beginn der Blüte

16. Mai. Flieder, Beginn der Blüte

Eichenhochwald, grün

Kiefer, Maitriebe

20. Mai. Eberesche, Beginn der Blüte

25. Mai. Goldregen, Beginn der Blüte

Winterroggen, Beginn des Schossens

10. Juni. Erste schwarze Blattläuse an Saubohne

Schneebeere, Beginn der Blüte

Falscher Jasmin, Beginn der Blüte

11. Juni. Winterroggen, Beginn der Blüte

12. Juni. Holunder, Beginn der Blüte

17. Juni. Winterweizen, Beginn des Schossens

25. Juni. Winterweizen, Beginn der Blüte

28. Juni. Eiche, erste Johannistriebe

Lärche, erste Johannistriebe

2. Juli. Heide, Beginn der Blüte

Johannisbeere, Beginn der Fruchtreife

11. Juli. Sommerlinde, Beginn der Blüte

21. Juli. Eberesche, Beginn der Fruchtreife

23. Juli. Winterroggen, Beginn der Ernte

24. Juli. Winterlinde, Beginn der Blüte

Anfang August. Winterweizen, Beginn der Ernte

Mitte August. Grummetreife

10. September. Linde, allgemeine Laubverfärbung

15. September. Efeu, Beginn der Blüte

17. September. Eiche, Beginn der Fruchtreife

24. März. Eranthis hiemalis, Beginn der Blüte

Helleborus niger, Beginn der Blüte

Hamamelis jap., Beginn der Blüte

25. März. Corylus avellana, Beginn der Blüte

4. April. Crocus vernus, Beginn der Blüte

5. April. Pulmonaria mont., Beginn der Blüte
Primula elatior, Beginn der Blüte
Hepatica triloba, Beginn der Blüte
Petasites albus, Beginn der Blüte
Erica herbacea, Beginn der Blüte

9. April. Scilla bifolia, Beginn der Blüte

10. April. Viola odorata, Beginn der Blüte

12. April. Daphne mezerum, Beginn der Blüte

18. April. Saxifraga, großblätterig, Beginn der Blüte

23. April. Forsythia, Beginn der Blüte

25. April. Muscari racem., Beginn der Blüte
Lerchensporn, Beginn der Blüte

2. Mai. Prunus japonica, Beginn der Blüte

3. Mai. Oxalis acetosella, Beginn der Blüte

5. Mai. Löwenzahn, Beginn der Blüte
Ribes sanguinea, Beginn der Blüte

10. Mai. Lathyrus vernus, Beginn der Blüte
Tulipa spec., Beginn der Blüte

14. Mai. Vergißmeinnicht, Beginn der Blüte
Prunus padus, Beginn der Blüte

15. Mai. Exochorda alb., Beginn der Blüte
Spiraea spec., Beginn der Blüte
Lunaria annua, Beginn der Blüte
Wollgras, Beginn der Blüte

16. Mai. Maiglöckchen, Beginn der Blüte
Glycine sinensis, Beginn der Blüte

20. Mai. Veronica, Beginn der Blüte

25. Mai. Virburnum, gewöhnlicher
Schneeball, Beginn der Blüte
Polygonum, Beginn der Blüte
Asphodelos, Beginn der Blüte
Melandryum, Beginn der Blüte
Polygonatum, Beginn der Blüte
Thalictrum aquilegif., Beginn der Blüte
Cypripedium Cal., Beginn der Blüte

27. Mai. Schwertlilie, Beginn der Blüte
Pfingstrose, Beginn der Blüte

28. Mai. Deutzia, Beginn der Blüte

30. Mai. Majanthemum, Beginn der Blüte

1. Juni. Lamium alb., Taubnessel, Beginn der Blüte
Centaurea Cyanus, Beginn der Blüte
Rosa pendulina, Beginn der Blüte

4. Juni. Gelber Alpenmohn, Beginn der Blüte
Akazie, Beginn der Blüte

16. Juni. Feuerlilie, Beginn der Blüte.

Mitte Juni. Rosen, Beginn der Blüte

12. Juli. Nelken, Beginn der Blüte

13. Juli. Feuerbohne, Beginn der Blüte
Clematis, Beginn der Blüte

20. Juli. Aconitum Napell., Beginn der Blüte

Klausdorf und Dahlem
(Beob. Gertrud Tuscher)

Dahlem

26. April. Kornelkirsche, Beginn der Blüte

6. Mai. Sommerlinde, Beginn der Laubentfaltung
Buche, Beginn der Laubentfaltung
Fichte, erste Maitriebe

18. Mai. Goldregen, Beginn der Blüte

3. Juni. Erster Grasfrosch

13. Juni. Winterlinde, Beginn der Laubentfaltung

25. Juni. Holunder, Beginn der Blüte

3. Juli. Falscher Jasmin, Beginn der
Blüte

5. Juli. Sommer- und Winterlinde, Beginn der Blüte

18. Juli. Weiße Lilie, Beginn der Blüte

21. Juli. Grummetreife

22. Juli. Buche, Fagus silvatica, Johannistriebe

Klausdorf

22. März. Schneeglöckchen, Beginn der
Blüte

19. April. Huflattich, Beginn der Blüte

20. April. Anemone, Beginn der Blüte

25. April. Salweide, Beginn der Blüte
Stachelbeere, Beginn der Laubentfaltung

3. Mai. Dotterblume, Beginn der Blüte
Roßkastanie, Beginn der Laubentfal-
tung
Kiefer, erste Maitriebe

4. Mai. Erster Maikäfer
Süßkirsche, Beginn der Blüte

10. Mai. Johannisbeere, Beginn der
Blüte

11. Mai. Schlehe, Beginn der Blüte
Birne, späte Wirtschaftsbirne, Beginn
der Blüte
Apfel, Beginn der Blüte

12. Mai. Roßkastanie, Beginn der Blüte

14. Mai. Flieder, Beginn der Blüte
Buchenhochwald grün
Tanne, erste Maitriebe

15. Mai. Eichenhochwald grün
Winterroggen zum Teil ausgefroren
Winterweizen zum Teil ausgefroren

Mai. Kartoffeln und Bohnen Spätfrost
Großer Drahtwurmschaden

15. Juni. Erster Wasserfrosch

1. Juli. Johannisbeere, Beginn der
Fruchtreife
Winterroggen, Notreife

2. Juli. Erster Kohlweißling

18. Juli. Tilia euchlora, Beginn der
Blüte
Winterweizen zum Teil ausgefroren

21. August. Heide, Beginn der Blüte

22. August. Buche, Beginn der Fruchtreife

22. August. Eiche, Beginn der Fruchtreife

Zossen
(Beob. Beuß)

2. April. Erdbeere, Sieger, Beginn des
Austriebes

4. April. Stachelbeere, Beginn des Austriebes

14. April. Johannisbeere, Rote Holländische, Beginn des Austriebes
Erster Wasserfrosch

16. April. Dotterblume, Beginn der
Blüte

22. April. Kohlweißling, erster Falter

28. April. Roßkastanie, Beginn der Laubentfaltung

2. Mai. Stachelbeere, Beginn der Blüte

5. Mai. Johannisbeere, Beginn der
Blüte
Süßkirsche, Beginn der Blüte

9. Mai. Pflaume, Beginn der Blüte

10. Mai. Sauerkirsche, Beginn der Blüte

12. Mai. Birne, Gute Luise, Beginn der
Blüte

15. Mai. Apfel, Baumanns Renette, Be-
ginn der Blüte
Flieder, Beginn der Blüte
Stachelbeere, amerikanischer Mehltau

16. Mai. Erdbeere, Beginn der Blüte
Erste Maikäfer
Stachelbeere, Rost

17. Mai. Roßkastanie, Beginn der Blüte

26. Mai. Erbse, Beginn der Blüte

30. Mai. Sauerkirsche, Zweigdürre

4. Juni. Erdbeere, Ende der Blüte

8. Juni. Apfel, Obstmade

9. Juni. Apfel, Mehltau

12. Juni. Sommerlinde, Beginn der Blüte
Winterlinde, Beginn der Blüte

14. Juni. Holunder, Beginn der Blüte

16. Juni. Erbse, Ende der Blüte

26. Juni. Erste schwarze Blattlaus an Saubohne
Kartoffel, Beginn der Blüte

8. September. Holunder, Beginn der Fruchtreife

14. September. Eberesche, Beginn der Fruchtreife

Wendenschloß bei Cöpenick
(Beob. Elsholz)

27. März. Schneeglöckchen, Beginn der Blüte

30. März. Salweide, Beginn der Blüte

17. April. Stachelbeere, Beginn der Laubentfaltung

20. April. Huflattich, Beginn der Blüte
Anemone, Beginn der Blüte

25. April. Kornelkirsche, Beginn der Blüte

27. April. Dotterblume, Beginn der Blüte

28. April. Roßkastanie, Beginn der Laubentfaltung

30. April. Erster Grasfrosch

2. Mai. Sommerlinde, Beginn der Laubentfaltung

2. Mai. Erster Wasserfrosch

3. Mai. Johannisbeere, Beginn der Blüte

5. Mai. Erste Maikäfer

7. Mai. Süßkirsche, Beginn der Blüte
Winterlinde, Beginn der Laubentfaltung
Kohlweißling, erster Falter

10. Mai. Buche, Beginn der Laubentfaltung

12. Mai. Birne, Beginn der Blüte

15. Mai. Apfel, Beginn der Blüte

17. Mai. Eichenhochwald grün

18. Mai. Buchenhochwald grün
Kiefer, erste Maitriebe

19. Mai. Roßkastanie, Beginn der Blüte
Flieder, Beginn der Blüte

20. Mai. Goldregen, Beginn der Blüte
Eberesche, Beginn der Blüte

22. Mai. Fichte, erste Maitriebe

24. Mai. Tanne, erste Maitriebe
Winterroggen, Beginn des Schossens

5. Juni. Winterroggen, Beginn der Blüte

11. Juni. Holunder, Beginn der Blüte

15. Juni. Schneebeere, Beginn der Blüte
Falscher Jasmin, Beginn der Blüte

18. Juni. Eiche, erste Johannistriebe

20. Juni. Spitzahorn, erste Johannistriebe

24. Juni. Eberesche, erste Johannistriebe

25. Juni. Sommerlinde, Beginn der Blüte
Winterlinde, Beginn der Blüte

30. Juni. Johannisbeere, Beginn der Fruchtreife

3. Juli. Birke, Beginn der Fruchtreife

10. Juli. Weiße Lilie, Beginn der Blüte

13. Juli. Eberesche, Beginn der Fruchtreife
Winterroggen, Beginn der Ernte

10. August. Schneebeere, Beginn der Fruchtreife

20. August. Holunder, Beginn der Fruchtreife

22. August. Heide, Beginn der Blüte

1. September. Grummetreife

5. September. Efeu, Beginn der Blüte

10. September. Roßkastanie, Beginn der Fruchtreife

15. September. Eiche, Beginn der Fruchtreife

2. Oktober. Roßkastanie, allgemeine Laubverfärbung

7. Oktober. Eiche, allgemeine Laubverfärbung

Alt Glienicke
(Beob. O. Scheer, Obst- und Gartenbauverein)

23. März. Schneeglöckchen, Beginn der Blüte

4. April. Huflattich, Beginn der Blüte

10. April. Salweide, Beginn der Blüte

4. Mai. Johannisbeere, Beginn der Blüte

5. Mai. Dotterblume, Beginn der Blüte

6. Mai. Süßkirsche, Beginn der Blüte
Schlehe, Beginn der Blüte
Roßkastanie, Beginn der Laubentfaltung

8. Mai. Winterlinde, Beginn der Laubentfaltung

10. Mai. Sommerlinde, Beginn der Laubentfaltung
Buche, Beginn der Laubentfaltung

15. Mai. Roßkastanie, Beginn der Blüte
Kohlweißling, erster Falter
Kiefer, erste Maitriebe

16. Mai. Fichte, erste Maitriebe

18. Mai. Flieder, Beginn der Blüte
Tanne, erste Maitriebe

19. Mai. Eberesche, Beginn der Blüte

21. Mai. Winterroggen, Beginn des Schossens

14. Juni. Falscher Jasmin, Beginn der Blüte

16. Juni. Holunder, Beginn der Blüte

17. Juni. Schneebeere, Beginn der Blüte

27. Juni. Sommerlinde, Beginn der Blüte
Winterlinde, Beginn der Blüte

4. Juli. Johannisbeere, Beginn der Fruchtreife

8. Juli. Winterroggen, Beginn der Ernte

2. September. Schneebeere, Beginn der Fruchtreife
Herbstzeitlose, Beginn der Fruchtreife

3. September. Roßkastanie, Beginn der Fruchtreife
Eiche, allgemeine Laubverfärbung

5. September. Roßkastanie, allgemeine Laubverfärbung

6. September. Grummetreife

8. September. Holunder, Beginn der Fruchtreife

Alt Glienicke
(Beob. Fr. Schumacher, Obstbauverein)

24. April. Stachelbeere, Beginn der Laubentfaltung

6. Mai. Süßkirsche (Hedelfinger-), Beginn der Blüte

11. Mai. Apfel, Beginn der Blüte

19. Mai. Eberesche, Beginn der Blüte

22. Mai. Flieder, Beginn der Blüte

14. Juni. Falscher Jasmin, Beginn der Blüte

15. Juni. Schneebeere, Beginn der Blüte

28. Juni. Sommerlinde, Beginn der Blüte
Winterlinde, Beginn der Blüte

5. Juli. Johannisbeere, Beginn der Fruchtreife

10. Juli. Winterroggen, Beginn der Ernte

6. September. Roßkastanie, Beginn der Fruchtreife
Schneebeere, Beginn der Fruchtreife

7. September. Eberesche, Beginn der Fruchtreife

11. September. Holunder, Beginn der Fruchtreife

Buckow, Kr. Beeskow-Storkow
(Beob. Wilhelm Lehmann)

15. März. Schneeglöckchen, Beginn der Blüte

3. April. Hederich, Keimpflänzchen

10. April. Hederich in Frucht

18. April. Stachelbeere, Beginn der Laubentfaltung

22. April. Sauerkirsche, Beginn des Austriebs

23. April. Erster Grasfrosch

24. April. Erster Wasserfrosch

25. April. Birne, Gute Luise, Beginn des Austriebes

27. April. Johannisbeere, Holländische, Beginn des Austriebs
Winterroggen, Petkuser, Beginn des Schossens

28. April. Apfel, Goldparmäne, Beginn des Austriebs

1. Mai. Johannisbeere, Beginn der Blüte

3. Mai. Dotterblume, Beginn der Blüte

7. Mai. Zwetsche, Beginn des Austriebs

10. Mai. Erste Maikäfer
Winterlinde, Beginn der Laubentfaltung
Kiefer, erste Maitriebe
Johannisbeere, Ende der Blüte

11. Mai. Sauerkirsche, Beginn der Blüte

12. Mai. Rübe, Oberndorfer, Beginn des Auflaufens

14. Mai. Birne, Beginn der Blüte

15. Mai. Zwetsche, Beginn der Blüte

16. Mai. Apfel, Beginn der Blüte

18. Mai. Kartoffel, Wohltmanns-, Beginn des Auflaufens

20. Mai. Sauerkirsche, Ende der Blüte

21. Mai. Zwetsche, Ende der Blüte

22. Mai. Winterweizen, Beginn des Schossens

24. Mai. Birne, Ende der Blüte

25. Mai. Roßkastanie, Beginn der Blüte
Hafer, Petkuser, Beginn des Schossens

26. Mai. Apfel, Ende der Blüte

28. Mai. Winterroggen, Beginn der Blüte

29. Mai. Eberesche, Beginn der Blüte

4. Juni. Winterroggen, Nachtfröste während der Blüte

15. Juni. Winterroggen, Ende der Blüte

18. Juni. Zuckerrübe, Runkelfliege
Runkelrübe, Runkelfliege

22. Juni. Johannisbeere, Beginn der Fruchtreife

25. Juni. Sommerlinde, Beginn der Blüte
Winterlinde, Beginn der Blüte

26. Juni. Hafer, Beginn der Blüte

27. Juni. Winterweizen, Beginn der Blüte

1. Juli. Kartoffel, Krautfäule

3. Juli. Hafer, Ende der Blüte

8. Juli. Kartoffel, Beginn der Blüte

10. Juli. Winterweizen, Ende der Blüte

15. Juli. Winterroggen, Beginn der Ernte

16. Juli. Sauerkirsche, Beginn der Ernte

19. Juli. Hafer, Flugbrand

25. Juli. Eberesche, Beginn der Fruchtreife

29. Juli. Kartoffel, Ende der Blüte

2. August. Hafer, Beginn der Ernte

5. August. Winterweizen, Beginn der Ernte

20. September. Zwetsche, Beginn der Ernte

27. September. Kartoffel, Beginn der Ernte
Roßkastanie, Beginn der Fruchtreife

28. September. Birne, Beginn der Ernte
Apfel, Beginn der Ernte

1. Oktober. Roßkastanie, allgemeine Laubverfärbung

2. Oktober. Rübe, Beginn der Ernte

Krausnick, Kr. Beeskow-Storkow
(Beob. P. Böttcher)

18. März. Schneeglöckchen, Beginn der Blüte

20. März. Roggen, Schneeschimmel

5. April. Anemone, Beginn der Blüte

17. April. Erster Wasserfrosch

20. April. Erster Grasfrosch

1. Mai. Hederich, Keimpflänzchen
Winterroggen, Petkuser, Beginn des Schossens

4. Mai. Salweide, Beginn der Blüte
Dotterblume, Beginn der Blüte

 5. Mai. Wintergerste, Beginn des Schossens
Winterweizen, Beginn des Schossens
Stachelbeere, Beginn der Laubentfaltung
 8. Mai. Kohlweißling, erster Falter
Johannisbeere, Beginn des Austriebs
10. Mai. Lupine, Beginn des Auflaufens
Pfirsich, Beginn des Austriebs
Erdbeere, Beginn des Austriebs
Johannisbeere, Beginn der Blüte
11. Mai. Süßkirsche, Beginn der Blüte
Kiefer, Maitriebe
Fichte, Maitriebe
Erbse, Beginn des Auflaufens
Stachelbeere, Beginn der Blüte
Kornelkirsche, Beginn der Blüte
13. Mai. Pflaume, Beginn der Blüte
14. Mai. Pflaume, Nachtfröste während der Blüte
Sauerkirsche, Beginn der Blüte
15. Mai. Kartoffel, Thieles Odenwälder, Beginn des Auflaufens
Pfirsich, Beginn der Blüte
Stachelbeere, Ende der Blüte
Johannisbeere, Ende der Blüte
Roßkastanie, Beginn der Laubentfaltung
Sommerlinde, Beginn der Laubentfaltung
Buche, Beginn der Laubentfaltung
Rübs, Beginn der Blüte
18. Mai. Ackerbohne, Beginn des Auflaufens
Wein, Beginn des Austriebs
Birne, Gute Luise, Beginn der Blüte
Erdbeere, Beginn der Blüte
Süßkirsche, Ende der Blüte
Roßkastanie, Beginn der Blüte
Flieder, Beginn der Blüte
Buchenhochwald grün
Eichenhochwald grün
Erster Maikäfer

18. Mai. Pfirsich, Nachtfröste während der Blüte
20. Mai. Rübe, Beginn des Auflaufens
Goldregen, Beginn der Blüte
23. Mai. Sauerkirsche, Ende der Blüte
6.—8. Juni. Nachtfröste
 8. Juni. Erbse, Beginn der Blüte
Holunder, Beginn der Blüte
Pfirsich, Kräuselkrankheit
Stachelbeere, amerik. Mehltau
10. Juni. Falscher Jasmin, Beginn der Blüte
Winterroggen, Beginn der Blüte

Seelow i. M.
(Beob. Landwirtschaftliche Schule)

20. April. Johannisbeere (rote holländische), Beginn des Austriebs
22. April. Stachelbeere, Beginn des Austriebs
25. April. Anemone, Beginn der Blüte
Erste Maikäfer
27. April. Johannisbeere, Beginn der Blüte
28. April. Kornelkirsche, Beginn der Blüte
 3. Mai. Dotterblume, Beginn der Blüte
 4. Mai. Stachelbeere, Beginn der Blüte
 6. Mai. Erste schwarze Blattlaus an Saubohne
Zwetsche, Frühe Bühler-, Beginn des Austriebs
 7. Mai. Apfel (Klarapfel), Beginn des Austriebs
Süßkirsche (frühe Werdersche), Beginn des Austriebs
Johannisbeere, Ende der Blüte
 8. Mai. Sauerkirsche, Schattenmorelle, Beginn des Austriebs
Birne, Williams Christ-, Beginn des Austriebs
 9. Mai. Süßkirsche, Beginn der Blüte
11. Mai. Stachelbeere, Ende der Blüte
Schlehe, Beginn der Blüte

14. Mai. Birne, bunte Juli-, Beginn der Blüte
Roßkastanie, Beginn der Laubentfaltung
Wein, Beginn des Austriebs
Sauerkirsche, Beginn der Blüte
Zwetsche, Beginn der Blüte

15. Mai. Erster Wasserfrosch
Kohlweißling, erster Falter

16. Mai. Birne, Beginn der Blüte
Apfel, Weißer Klar-, Beginn der Blüte
Sommerlinde, Beginn der Laubentfaltung
Roßkastanie, Beginn der Blüte
Flieder, Beginn der Blüte

17. Mai. Erste Frostspanner an Pflaume

18. Mai. Fichte, erste Maitriebe

19. Mai. Buche, Beginn der Laubentfaltung
Eberesche, Beginn der Blüte

20. Mai. Goldregen, Beginn der Blüte
Süßkirsche, Ende der Blüte

21. Mai. Zwetsche, Ende der Blüte
Süßkirsche, Zweigdürre
Sauerkirsche, Zweigdürre

23. Mai. Apfel, Ende der Blüte
Birne, Ende der Blüte
Sauerkirsche, Ende der Blüte

24. Mai. Apfel, Schorf
Apfel, Mehltau
Birne, Schorf

30. Mai. Pflaume, Pflaumenwickler

30. Mai. Zwetsche, Pflaumenwickler

1. Juni. Weinrebe, Falscher Mehltau

2. Juni. Stachelbeere, Amerikanischer Mehltau
Pflaume, Pflaumensägewespe
Zwetsche, Pflaumensägewespe

4. Juni. Holunder, Beginn der Blüte

8. Juni. Erdbeere, Lextons noble, Ende der Blüte

9. Juni. Sommerlinde, Beginn der Blüte
Winterlinde, Beginn der Blüte

18. Juni. Süßkirsche, Beginn der Ernte
Birne, Beginn der Ernte

22. Juni. Pflaume, Polsterschimmel
Zwetsche, Polsterschimmel

1. Juli. Johannisbeere, Beginn der Fruchtreife

3. Juli. Johannisbeere, Beginn der Ernte

10. Juli. Apfel, Polsterschimmel
Apfel, Obstmade
Birne, Polsterschimmel
Birne, Obstmade

15. Juli. Johannisbeere, Blattflecken

18. Juli. Apfel, Beginn der Ernte

29. Juli. Sauerkirsche, Beginn der Ernte

5. August. Eiche, Beginn der Fruchtreife

25. August. Eberesche, Beginn der Fruchtreife
Schneebeere, Beginn der Fruchtreife

7. September. Zwetsche, Beginn der Ernte

Möglin, Post Wriezen
(Beob. M. Schiele)

14. März. Schneeglöckchen, Beginn der Blüte

20. März. Huflattich, Beginn der Blüte

28. März. Anemone, Beginn der Blüte

6. April. Kohlweißling, erster Falter

10. April. Kornelkirsche, Beginn der Blüte
Stachelbeere, Beginn der Laubentfaltung

12. April. Salweide, Beginn der Blüte

14. April. Dotterblume, Beginn der Blüte

17. April. Johannisbeere, Beginn der Blüte
Süßkirsche, Beginn der Blüte

20. April. Schlehe, Beginn der Blüte
Winterroggen, Beginn des Schossens

26. April. Erster Wasserfrosch

28. April. Birne, Williams Chrift=, Beginn der Blüte

1. Mai. Winterweizen, Beginn des Schoffens

4. Mai. Apfel, Wintergoldparmäne, Beginn der Blüte

5. Mai. Roßkastanie, Beginn der Laubentfaltung

8. Mai. Sommerlinde, Beginn der Laubentfaltung

12. Mai. Winterlinde, Beginn der Laubentfaltung
Erste Maikäfer
Buche, Beginn der Laubentfaltung
Flieder, Beginn der Blüte

16. Mai. Fichte, erste Maitriebe

19. Mai. Buchenhochwald grün

20. Mai. Kiefer, erste Maitriebe

22. Mai. Eberesche, Beginn der Blüte

25. Mai. Roßkastanie, Beginn der Blüte
Goldregen, Beginn der Blüte
Tanne, erste Maitriebe

28. Mai. Eichenhochwald grün

15. Juni. Falscher Jasmin, Beginn der Blüte

16. Juni. Holunder, Beginn der Blüte

20. Juni. Schneebeere, Beginn der Blüte

25. Juni. Sommerlinde, Beginn der Blüte
Winterlinde, Beginn der Blüte

26. Juni. Spitzahorn, erste Johannistriebe

28. Juni. Eberesche, erste Johannistriebe

2. Juli. Eiche, erste Johannistriebe

11. Juli. Johannisbeere, Beginn der Fruchtreife

20. Juli. Weiße Lilie, Beginn der Blüte

25. Juli. Winterroggen, Beginn der Ernte

3. Auguft. Heide, Beginn der Blüte

10. Auguft. Winterweizen, Beginn der Ernte

15. Auguft. Grummetreife

22. September. Buche, Beginn der Fruchtreife

10. September. Eiche, Beginn der Fruchtreife

12. September. Eberesche, Beginn der Fruchtreife

24. September. Efeu, Beginn der Blüte

25. September. Roßkastanie, allgemeine Laubverfärbung

26. September. Roßkastanie, Beginn der Fruchtreife

30. September. Buche, allgemeine Laubverfärbung

2. Oktober. Schneebeere, Beginn der Fruchtreife

4. Oktober. Eiche, allgemeine Laubverfärbung

9. Oktober. Liguster, Beginn der Fruchtreife

14. Oktober. Holunder, Beginn der Fruchtreife

Freienwalde
(Beob. F. Scharf)

14. März. Schneeglöckchen, Beginn der Blüte

21. März. Huflattich, Beginn der Blüte

26. März. Salweide, Beginn der Blüte

28. März. Anemone, Beginn der Blüte

7. April. Kornelkirsche, Beginn der Blüte

10. April. Stachelbeere, Beginn der Laubentfaltung
Kohlweißling, erster Falter

13. April. Dotterblume, Beginn der Blüte

16. April. Johannisbeere, Beginn der Blüte
Süßkirsche, Beginn der Blüte

18. April. Schlehe, Beginn der Blüte
Winterroggen, Beginn des Schoffens

26. April. Birne, Williams Chrift=, Beginn der Blüte

28. April. Erster Grasfrosch

2. Mai. Winterweizen, Beginn des Schoffens

3. Mai. Apfel, Wintergoldparmäne, Beginn der Blüte

6. Mai. Roßkastanie, Beginn der Laubentfaltung

7. Mai. Sommerlinde, Beginn der Laubentfaltung

10. Mai. Flieder, Beginn der Blüte

13. Mai. Winterlinde, Beginn der Laubentfaltung
Erste Maikäfer

14. Mai. Buche, Beginn der Laubentfaltung

16. Mai. Fichte, erste Maitriebe
Erste schwarze Blattlaus an Saubohnen

17. Mai. Buchenhochwald grün

18. Mai. Kiefer, erste Maitriebe

20. Mai. Erste Frostspanner an Probeleimringen

21. Mai. Eberesche, Beginn der Blüte

25. Mai. Roßkastanie, Beginn der Blüte
Eichenhochwald grün
Tanne, erste Maitriebe

26. Mai. Goldregen, Beginn der Blüte

12. Juni. Winterroggen, Beginn der Blüte

14. Juni. Falscher Jasmin, Beginn der Blüte

15. Juni. Holunder, Beginn der Blüte

18. Juni. Schneebeere, Beginn der Blüte

24. Juni. Winterweizen, Beginn der Blüte
Sommerlinde, Beginn der Blüte

25. Juni. Spitzahorn, erste Johannistriebe

27. Juni. Eberesche, erste Johannistriebe

28. Juni. Eiche, erste Johannistriebe

30. Juni. Winterlinde, Beginn der Blüte

10. Juli. Johannisbeere, Beginn der Fruchtreife

18. Juli. Weiße Lilie, Beginn der Blüte

25. Juli. Winterroggen, Beginn der Ernte

1. August. Heide, Beginn der Blüte

10. August. Winterweizen, Beginn der Ernte

18. August. Grummetreife

20. August. Herbstzeitlose, Beginn der Blüte

9. September. Eberesche, Beginn der Fruchtreife

24. September. Roßkastanie, allgemeine Laubverfärbung

25. September. Roßkastanie, Beginn der Fruchtreife

26. September. Efeu, Beginn der Blüte

27. September. Buche, Beginn der Fruchtreife

29. September. Buche, allgemeine Laubverfärbung

2. Oktober. Eiche, Beginn der Fruchtreife

2. Oktober. Schneebeere, Beginn der Fruchtreife

6. Oktober. Eiche, allgemeine Laubverfärbung

10. Oktober. Liguster, Beginn der Fruchtreife

14. Oktober. Holunder, Beginn der Fruchtreife

Speichrow, Reg.-Bez. Frankfurt a. O.
(Beob. H. Petry, Lehrer)

23. März. Schneeglöckchen, Beginn der Blüte

30. März. Huflattich, Beginn der Blüte

5. April. Stachelbeere, Beginn der Laubentfaltung

10. April. Erster Grasfrosch

11. April. Anemone, Beginn der Blüte

12. April. Salweide, Beginn der Blüte

15. April. Erster Wasserfrosch

19. April. Dotterblume, Beginn der Blüte

28. April. Johannisbeere, Beginn der Blüte

30. April. Roßkastanie, Beginn der Laub=
entfaltung
3. Mai. Süßkirsche, Beginn der Blüte
6. Mai. Erste Maikäfer
7. Mai. Sommerlinde, Beginn der
Laubentfaltung
10. Mai. Schlehe, Beginn der Blüte
Buche, Beginn der Laubentfaltung
Kiefer, 1. Maitriebe
11. Mai. Birne, Beginn der Blüte
Fichte, 1. Maitriebe
Tanne, 1. Maitriebe
12. Mai. Kohlweißling, erster Falter
13. Mai. Apfel, Gravensteiner, Beginn
der Blüte
Buchenhochwald grün
14. Mai. Winterlinde, Beginn der Laub=
entfaltung
16. Mai. Winterroggen, Beginn des
Schossens
Flieder, Beginn der Blüte
17. Mai. Roßkastanie, Beginn der Blüte
18. Mai. Eberesche, Beginn der Blüte
23. Mai. Goldregen, Beginn der Blüte
28. Mai. Winterweizen, Beginn des
Schossens
Winterroggen, Petkuser, Beginn der
Blüte
2. Juni. Holunder, Beginn der Blüte
Schneebeere, Beginn der Blüte
19. Juni. Johannisbeere, Beginn der
Fruchtreife
20. Juni. Sommerlinde, Beginn der
Blüte
12. Juli. Winterroggen, Beginn der
Ernte
17. Juli. Eberesche, Beginn der Frucht=
reife
29. Juli. Heide, Beginn der Blüte
3. August. Schneebeere, Beginn der
Fruchtreife
11. August. Winterweizen, Beginn der
Ernte

17. August. Holunder, Beginn der
Fruchtreife
24. August. Roßkastanie, Beginn der
Fruchtreife
19. Oktober. Erste Frostspanner an Probe=
leimringen

Spreewald
(Beob. Direktor Dr. Ludwigs)

17. Mai. Winterroggen, Ährenspitzen
sichtbar

Werben i. Spreewald
(Beob. Wiesner)

28. März. Schneeglöckchen, Beginn der
Blüte
4. April. Huflattich, Beginn der Blüte
10. April. Salweide, Beginn der Blüte
12. April. Erster Grasfrosch
18. April. Dotterblume, Beginn der
Blüte
20. April. Anemone, Beginn der Blüte
28. April. Stachelbeere, Beginn der
Laubentfaltung
5. Mai. Roßkastanie, Beginn der Laub=
entfaltung
6. Mai. Johannisbeere, Beginn der
Blüte
Süßkirsche, Beginn der Blüte
Schlehe, Beginn der Blüte
7. Mai. Birne, Beginn der Blüte
8. Mai. Apfel, Beginn der Blüte
12. Mai. Sommerlinde, Beginn der
Laubentfaltung
14. Mai. Winterroggen, Beginn des
Schossens
16. Mai. Kiefer, 1. Maitriebe
17. Mai. Fichte, 1. Maitriebe
Roßkastanie, Beginn der Blüte
Flieder, Beginn der Blüte
18. Mai. Eichenhochwald grün
20. Mai. Eberesche, Beginn der Blüte
Erster Maikäfer

21. Mai. Goldregen, Beginn der Blüte

28. Mai. Falscher Jasmin, Beginn der Blüte

14. Juli. Winterroggen, Beginn der Ernte

20. Juli. Winterweizen, Beginn der Ernte

Luckau (Lausitz)
(Beob. P. Schlenz, Gartenbauinspektor)

15. März. Schneeglöckchen, Beginn der Blüte

6. April. Huflattich, Beginn der Blüte

11. April. Stachelbeere, Beginn der Laubentfaltung

15. April. Anemone, Beginn der Blüte
Erster Grasfrosch

21. April. Roßkastanie, Beginn der Laubentfaltung

22. April. Dotterblume, Beginn der Blüte
Salweide, Beginn der Blüte

23. April. Kornelkirsche, Beginn der Blüte

2. Mai. Schlehe, Beginn der Blüte

3. Mai. Johannisbeere, Beginn der Blüte

6. Mai. Süßkirsche, Beginn der Blüte

10. Mai. Birne, Beginn der Blüte
Erste Maikäfer

15. Mai. Apfel, Beginn der Blüte
Flieder, Beginn der Blüte

16. Mai. Roßkastanie, Beginn der Blüte

20. Mai. Kiefer, 1. Maitriebe
Fichte, 1. Maitriebe
Tanne, 1. Maitriebe

24. Mai. Goldregen, Beginn der Blüte
Buchenhochwald grün

1. Juni. Sommerlinde, Beginn der Laubentfaltung

3. Juni. Eichenhochwald grün

5. Juni. Winterlinde, Beginn der Laubentfaltung

6. Juni. Sommerlinde, Beginn der Blüte
Winterlinde, Beginn der Blüte
Holunder, Beginn der Blüte

7. Juni. Winterroggen, Beginn der Blüte

8. Juni. Winterroggen, Beginn des Schossens

10. Juni. Schneebeere, Beginn der Blüte

15. Juni. Winterweizen, Beginn des Schossens

18. Juni. Falscher Jasmin, Beginn der Blüte

24. Juni. Weiße Lilie, Beginn der Blüte

28. Heide, Beginn der Blüte

30. Juni. Winterweizen, Beginn der Blüte

14. Juli. Johannisbeere, Beginn der Fruchtreife

16. Juli. Winterroggen, Beginn der Ernte

5. August. Winterweizen, Beginn der Ernte

2. September. Holunder, Beginn der Fruchtreife

5. September. Grummetreife

10. September. Efeu, Beginn der Blüte

12. September. Herbstzeitlose, Beginn der Blüte
Schneebeere, Beginn der Fruchtreife

15. September. Roßkastanie, Beginn der Fruchtreife

18. September. Eberesche, Beginn der Fruchtreife

20. September. Liguster, Beginn der Fruchtreife
Buche, allgemeine Laubverfärbung

22. September. Roßkastanie, allgemeine Laubverfärbung

5. Oktober. Eiche, Beginn der Fruchtreife

17. Oktober. Erste Frostspanner an Probeleimringen

30. Oktober. Eiche, allgemeine Laubverfärbung

Luckau (Niederlausitz)
(Beob. M. Reuter, Landwirtschaftliche Schule)

20. März. Schneeglöckchen, Beginn der
Blüte
21. März. Haselnuß, Beginn der Blüte
23. März. Erster Grasfrosch
27. März. Huflattich, Beginn der Blüte
Erster Wasserfrosch
13. April. Kornelkirsche, Beginn der Blüte
15. April. Salweide, Beginn der Blüte
18. April. Stachelbeere, Beginn der
Laubentfaltung
21. April. Anemone, Beginn der Blüte
23. April. Dotterblume, Beginn der
Blüte
25. April. Kohlweißling, erster Falter
29. April. Roggen, Getreideblumenfliege
1. Mai. Weizen, Getreideblumenfliege
(Larve)
Johannisbeere, Beginn der Blüte
3. Mai. Buche, Beginn der Laubentfaltung
4. Mai. Süßkirsche, Beginn der Blüte
Roßkastanie, Beginn der Laubentfaltung
6. Mai. Sommerlinde, Beginn der
Laubentfaltung
9. Mai. Sauerkirsche, Beginn der Blüte
Raps, Beginn der Blüte
10. Mai. Schlehe, Beginn der Blüte
12. Mai. Pastorenbirne, Beginn der
Blüte
Erste Maikäfer
13. Mai. Birne, Gute Luise, Beginn der
Blüte
Apfel, Schöner von Boskoop, Beginn
der Blüte
Erdbeere, Beginn der Blüte

14. Mai. Zwetsche, Beginn der Blüte
Roßkastanie, Beginn der Blüte
Fichte, erste Maitriebe
15. Mai. Winterroggen, Beginn des
Schossens
Flieder, Beginn der Blüte
17. Mai. Eberesche, Beginn der Blüte
22. Mai. Kiefer, Beginn der Blüte
30. Mai. Winterroggen, Petkuser, Beginn der Blüte
2. Juni. Zuckerrübe, Runkelfliege
Runkelrübe, Runkelfliege
3. Juni. Holunder, Beginn der Blüte
5. Juni. Gerste, Streifenkrankheit
6. Juni. Schneebeere, Beginn der Blüte
17. Juni. Gerste, Flugbrand
Sommerlinde, Beginn der Blüte
Winterlinde, Beginn der Blüte
29. Juni. Johannisbeere, Beginn der
Fruchtreife
12. Juli. Winterroggen, Beginn der
Ernte

Cottbus
(Beob. Fr. Walther)

20. März. Schneeglöckchen, Beginn der
Blüte
10. April. Anemone, Beginn der Blüte
2. Mai. Johannisbeere, Beginn der
Blüte

Cottbus
(Beob. Menzel)

6. Mai. Johannisbeere, Beginn der
Laubentfaltung
8. Mai. Erster Wasserfrosch
10. Mai. Süßkirsche, Beginn der Blüte
16. Mai. Apfel, Beginn der Blüte
18. Mai. Birne, Beginn der Blüte
1. Juni. Roßkastanie, Beginn der Blüte
28. Juni. Sommerlinde, Beginn der
Blüte
Winterlinde, Beginn der Blüte

17. Juli. Winterroggen, Beginn der
Ernte
15. August. Grummetreife

Saspow bei Cottbus
(Beob. Fr. Walther)

30. April. Winterroggen, Beginn des
Schossens
Ende April. Pfirsich, Beginn der Blüte
Anfang Mai. Stachelbeere, Beginn der
Blüte
Johannisbeere, Beginn der Blüte
Erdbeere, Beginn der Blüte
Apfel, Beginn der Blüte
Birne, Beginn der Blüte
Süßkirsche, Beginn der Blüte
Mitte Mai. Sauerkirsche, Beginn der
Blüte
Pflaume, Beginn der Blüte
6. Mai. Kartoffel, Beginn des Auf=
laufens
10. Mai. Winterweizen, Beginn des
Schossens
12. Mai. Hafer, Beginn des Schossens
28. Mai. Winterroggen, Beginn der
Blüte
10. Juni. Winterweizen, Beginn der
Blüte
15. Juni. Hafer, Beginn der Blüte
Ende Juni. Süßkirche, Beginn der Ernte
Erdbeere, Beginn der Ernte
2. Juli. Kartoffel, Beginn der Blüte
Anfang Juli. Stachelbeere, Beginn der
Ernte
Johannisbeere, Beginn der Ernte
Mitte Juli. Sauerkirsche, Beginn der
Ernte
20. Juli. Winterroggen, Beginn der
Ernte
Ende August. Birne, Beginn der Ernte
10. September. Apfel, Beginn der Ernte
12. September. Kartoffel, Beginn der
Ernte

Ende September. Wein, Beginn der
Ernte
September. Pflaume, Beginn der Ernte
Süßkirsche, Zweigdürre
Sauerkirsche, Zweigdürre
Stachelbeere, Stachelbeerwespe

Guben (Niederlausitz)
(Beob. Gartenbauinspektion der landwirtschaft=
lichen Schule)

20. März. Schneeglöckchen, Beginn der
Blüte
Salweide, Beginn der Blüte
5. April. Stachelbeere, Frühe v. Neu=
wied, Beginn des Austriebs
9. April. Johannisbeere, Rote Kirsch,
Beginn des Austriebs
13. April. Kornelkirsche, Beginn der Blüte
14. April. Huflattich, Beginn der Blüte
15. April. Erbse, Beginn des Auf=
laufens
21. April. Erdbeere, Sieger, Beginn des
Austriebs
22. April. Stachelbeere, Beginn der Blüte
24. April. Süßkirsche, Frühe der Mark,
Beginn des Austriebs
25. April. Anemone, Beginn der Blüte
26. April. Wintergerste, Beginn des
Schossens
Sauerkirsche, Schattenmorelle, Be=
ginn des Austriebs
Pflaume, Gelbe Eierpflaume, Be=
ginn des Austriebs
27. April. Roßkastanie, Beginn der Laub=
entfaltung
28. April. Winterroggen, Beginn des
Austriebs
Birne, Gute Luise, Beginn des Aus=
triebs
Johannisbeere, Beginn der Blüte
Zwetsche, Beginn des Austriebs
30. April. Apfel, Goldparmäne, Beginn
des Austriebs

1. Mai. Dotterblume, Beginn der Blüte

3. Mai. Ersten Grasfrosch gehört

4. Mai. Winterweizen, Beginn des Schossens

Pfirsich, Rote Magdalene, Beginn des Austriebs

5. Mai. Ersten Grasfrosch gesehen

Süßkirsche, Beginn der Blüte

Stachelbeere, Ende der Blüte

Hederich, Keimpflänzchen

Ackersenf

6. Mai. Sommerlinde, Beginn der Laubentfaltung

7. Mai. Sauerkirsche, Beginn der Blüte

8. Mai. Wein, Beginn des Austriebs

Pflaume, Beginn der Blüte

Johannisbeere, Ende der Blüte

Winterlinde, Beginn der Laubentfaltung

9. Mai. Birne, Gute Luise, Beginn der Blüte

10. Mai. Stachelbeere, Stachelbeerspanner

Lupine, Beginn des Auflaufens

12. Mai. Süßkirsche, Ende der Blüte

Kiefer, erste Maitriebe

Schlehe, Beginn der Blüte

13. Mai. Erste Maikäfer

Buche, Beginn der Laubentfaltung

14. Mai. Klee, Beginn des Auflaufens

Zwetsche, Beginn der Blüte

Pfirsich, Beginn der Blüte

Birne, Ende der Blüte

Pflaume, Ende der Blüte

Flieder, Beginn der Blüte

Tanne, erste Maitriebe

Raps, Beginn der Blüte

Mitte Mai. Stachelbeere, Stachelbeerblattwespe

15. Mai. Raps, Rapsglanzkäfer (Larve)

Raps, Rapserdfloh (Käfer)

Apfel, Beginn der Blüte

Erdbeere, Beginn der Blüte

Buchenhochwald grün

Kohlweißling, erster Falter

16. Mai. Eberesche, Beginn der Blüte

Roßkastanie, Beginn der Blüte

Sauerkirsche, Ende der Blüte

17. Mai. Ackerbohne, Beginn der Blüte

18. Mai. Eichenhochwald grün

19. Mai. Zwetsche, Ende der Blüte

Fichte, erste Maitriebe

20. Mai. Pflaume, Pflaumensägewespe (sehr stark)

Erdbeere, Ende der Blüte

22. Mai. Apfel, Ende der Blüte

Pfirsich, Ende der Blüte

Holunder, Beginn der Blüte

24. Mai. Schneebeere, Beginn der Blüte

25. Mai. Rübe, Beginn des Auflaufens

Goldregen, Beginn der Blüte

27. Mai. Raps, Ende der Blüte

28. Mai. Hafer, Beginn des Schossens

Sommergerste, Beginn des Schossens

30. Mai. Winterroggen, Beginn der Blüte

Kartoffel, späte, Beginn des Auflaufens

1. Juni. Sommerroggen, Beginn des Schossens

Falscher Jasmin, Beginn der Blüte

3. Juni. Winterroggen, Nachtfröste während der Blüte

4. Juni. Erdbeere, Sieger u. Flandern, Beginn der Ernte

7. Juni. Winterlinde, Beginn der Blüte

11. Juni. Spitzahorn, erste Johannistriebe

20. Juni. Apfel, Obstmade

Birne, Obstmade

Pflaume, Pflaumenwickler (Larve)

Zwetsche, Pflaumenwickler (Larve)

25. Juni. Eiche, erste Johannistriebe

27. Juni. Eberesche, erste Johannistriebe

Johannisbeere, Beginn der Fruchtreife

30. Juni. Sauerkirsche, Zweigdürre

5. Juli. Weiße Lilie, Beginn der Blüte

6. Juli. Sommerlinde, Beginn der Blüte

8. Juli. Eberesche, Beginn der Fruchtreife

10. Juli. Schneebeere, Beginn der Fruchtreife
Weinrebe, echter Mehltau

12. Juli. Weinrebe, falscher Mehltau

Mitte Juli. Ackerbohne, schwarze Blattlaus
Pfirsich, Kräuselkrankheit

15. Juli. Johannisbeere, Blattflecken
Erdbeere, Blattflecken
Apfel, Mehltau
Stachelbeere, amerikanischer Mehltau
Saubohne, schwarze Blattlaus
Winterroggen, Beginn der Ernte

16. Juli. Holunder, Beginn der Fruchtreife

24. Juli. Birke, Beginn der Fruchtreife

25. Juli. Sauerkirsche, Fusicladium (sehr
stark)

7. August. Winterweizen, Beginn der
Ernte

20. August. Grummetreife

25. August. Birne, Gitterrost

Mitte August. Stachelbeere, Rost

28. August. Apfel, Polsterschimmel

3. September. Apfel, Schorf
Birne, Schorf

7. September. Birne, Polsterschimmel

10. August. Pflaume, Polsterschimmel
Zwetsche, Polsterschimmel
Herbstzeitlose, Beginn der Fruchtreife

12. September. Efeu, Beginn der Blüte

15. September. Heide, Beginn der Blüte

20. September. Erste Frostspanner an
Probeleimringen

29. September. Roßkastanie, Beginn der
Fruchtreife

30. September. Liguster, Beginn der
Fruchtreife

10. Oktober. Buche, Beginn der Fruchtreife

15. Oktober. Roßkastanie, allgemeine
Laubverfärbung

16. Oktober. Eiche, Beginn der Fruchtreife

22. Oktober. Buche, allgemeine Laubverfärbung

25. Oktober. Eiche, allgemeine Laubverfärbung

Schlagenthin, Kr. Lebus
(Beob. H. Allgayer)

20. September (1923). Winterroggen,
Petkuser, Aussaat

Dezember (1923). Roggen, Schneeschimmel

30. März. Lupine, Aussaat
Sommerroggen, Aussaat

1. April. Sommergerste, Danubia,
Aussaat
Sommerweizen, Aussaat

2. April. Erster Wasserfrosch

5. April. Erster Grasfrosch
Huflattich, Beginn der Blüte

6. April. Hafer, Vernauer, Aussaat

9. April. Leberblümchen, Beginn der
Blüte
Schneeglöckchen, Beginn der Blüte

10. April. Erbse, Aussaat
Salweide, Beginn der Blüte

16. April. Rübe, Wanzlebener Zucker,
Aussaat

17. April. Kartoffel, Aussaat

25. April. Anemone, Beginn der Blüte
Dotterblume, Beginn der Blüte

Anfang Mai. Stachelbeere, Beginn des
Austriebs

1. Mai. Kohlweißling, erster Falter

8. Mai. Roggen, Getreideblumenfliege
Süßkirsche, Beginn der Blüte
Roßkastanie, Beginn der Laubentfal-
tung

10. Mai. Hederich, Keimpflänzchen
Roggen, Berberitzenrost
Sauerkirsche, Beginn der Blüte
Johannisbeere, Beginn der Blüte
11. Mai. Buche, Beginn der Laubent=
faltung
12. Mai. Erster Maikäfer
Birne, Beginn der Blüte
14. Mai. Raps, Rapserdfloh
Traubenkirsche, Beginn der Blüte
Sommerlinde, Beginn der Laubent=
faltung
Winterlinde, Beginn der Laubent=
faltung
15. Mai. Stachelbeere, Beginn der Blüte
Weizen, Getreideblumenfliege (Larve)
Zuckerrübe, Runkelfliege
Runkelrübe, Runkelfliege
16. Mai. Apfel, Beginn der Blüte
Roßkastanie, Beginn der Blüte
17. Mai. Pfirsich, Beginn der Blüte
18. Mai. Wein, Austrieb
Pflaume, Beginn der Blüte
Zwetsche, Beginn der Blüte
20. Mai. Flieder, Beginn der Blüte
25. Mai. Erdbeere, Beginn der Blüte
30. Mai. Winterroggen, Beginn der Blüte
Süßkirsche, Zweigdürre
Sauerkirsche, Zweigdürre
1. Juni. Weizen, Mehltau
2. Juni. Erbse, Beginn der Blüte
3. Juni. Klee, Beginn der Blüte
5. Juni. Holunder, Beginn der Blüte
10. Juni. Lupine, Beginn der Blüte
11. Juni. Schneebeere, Beginn der Blüte
14. Juni. Falscher Jasmin, Beginn der
Blüte
Gartensalbei, Beginn der Blüte
15. Juni. Sommergerste, Beginn der
Blüte
Kartoffel, Beginn der Blüte
Winterroggen, Ende der Blüte
Ackersenf in Frucht

Gerste, Flugbrand
Gerste, Streifenkrankheit
Hafer, Flugbrand
Kartoffel, Schwarzbeinigkeit
Kohl, Rapsglanzkäfer
16. Juni. Lupine, Schwarzbeinigkeit
17. Juni. Winterweizen, Beginn der Blüte
18. Juni. Erdbeere, Beginn der Ernte
20. Juni. Hafer, Weißrippigkeit
22. Juni. Weizen, Flugbrand
Sommerlinde, Beginn der Blüte
Winterlinde, Beginn der Blüte
Weiße Lilie, Beginn der Blüte
23. Juni. Hafer, Beginn der Blüte
25. Juni. Sommergerste, Ende der Blüte
26. Juni. Kartoffel, Krautfäule
Zuckerrübe, schwarze Blattlaus
Runkelrübe, schwarze Blattlaus
1. Juli. Ulme, erste Johannistriebe
Lupine, Ende der Blüte
Kartoffel, Beginn der Ernte
Windhalm in Blüte
Roggen, Mutterkorn, Sklerotium
Roggen, Schwarzrost
Roggen, Braunrost
Apfel, Obstmade
5. Juli. Süßkirsche, Beginn der Ernte
Sauerkirsche, Beginn der Ernte
15. Juli. Wintergerste, Beginn der Ernte
Johannisbeere, Beginn der Ernte
20. Juli. Stachelbeere, Beginn der Ernte
22. Juli. Winterroggen, Beginn der Ernte
25. Juli. Pflaume, Beginn der Ernte
Zwetsche, Beginn der Ernte
Erbse, Beginn der Ernte
30. Juli. Sommergerste, Beginn der
Ernte
1. August. Eberesche, Beginn der Frucht=
reife
Apfel, Beginn der Ernte
2. August. Hafer, Beginn der Ernte
5. August. Pflaume, Taschenkrankheit
Zwetsche, Taschenkrankheit

10. August. Sommerroggen, Beginn der
Ernte
Lupine, Beginn der Ernte

15. August. Sommerweizen, Beginn der
Ernte
Winterweizen, Beginn der Ernte
Zuckerrübe, Rost
Runkelrübe, Rost
Grummetreife

17. August. Heide, Beginn der Blüte

1. September. Roßkastanie, Beginn der
Fruchtreife

10. September. Lupine, Mehltau

1. Oktober. Efeu, Beginn der Blüte
Liguster, Beginn der Fruchtreife

5. Oktober. Eiche, allgemeine Laubverfärbung

11. Oktober. Roßkastanie, allgemeine
Laubverfärbung

Griesel, Bez. Frankfurt a. O.
(Beob. Hermann Linke)

16. Februar. Schneeglöckchen, Beginn der
Blüte

24. März. Erster Wasserfrosch

18. April. Anemone, Beginn der Blüte
Dotterblume, Beginn der Blüte

7. Mai. Johannisbeere, Beginn der
Blüte

11. Mai. Faulbaum, Beginn der Blüte
Süßkirsche, Beginn der Blüte

12. Mai. Kohlweißling, erster Falter

13. Mai. Buche, Beginn der Laubentfaltung
Stachelbeere, Beginn der Laubentfaltung

14. Mai. Apfel, Ananas Renette, Beginn der Blüte

16. Mai. Apfel, Peping, Beginn der
Blüte
Schlehe, Beginn der Blüte
Butterbirne, Beginn der Blüte
Eichenhochwald grün

Kiefer, erste Maitriebe
Fichte, erste Maitriebe

17. Mai. Flieder, Beginn der Blüte

Straube, Kr. Crossen
(Beob. E. Palfner)

6. April. Schneeglöckchen, Beginn der
Blüte

13. April. Dotterblume, Beginn der
Blüte

14. April. Erster Grasfrosch

18. April. Anemone, Beginn der Blüte

22. April. Kohlweißling, erster Falter
Stachelbeere, Beginn der Laubentfaltung

29. April. Johannisbeere, Beginn der
Blüte

4. Mai. Erster Wasserfrosch

5. Mai. Roßkastanie, Beginn der Laubentfaltung

7. Mai. Süßkirsche, Beginn der Blüte

13. Mai. Sommerlinde, Beginn der
Laubentfaltung

14. Mai. Apfel, Beginn der Blüte
Eichenhochwald grün

15. Mai. Schlehe, Beginn der Blüte
Birne, Beginn der Blüte
Roßkastanie, Beginn der Blüte

16. Mai. Kiefer, erste Maitriebe
Tanne, erste Maitriebe

17. Mai. Winterroggen, Beginn des
Schossens

18. Mai. Flieder, Beginn der Blüte

20. Mai. Eberesche, Beginn der Blüte

25. Mai. Falscher Jasmin, Beginn der
Blüte

26. Mai. Winterroggen, Petkuser, Beginn der Blüte

27. Mai. Schneebeere, Beginn der Blüte
Eiche, erste Johannistriebe

31. Mai. Weiße Lilie, Beginn der Blüte

4. Juni. Hederich, Keimpflänzchen

5. Juni. Winterroggen, Ende der Blüte

12. Juni. Zuckerrübe, Runkelfliege
Runkelrübe, Runkelfliege
Holunder, Beginn der Blüte

18. Juni. Spitzahorn, erste Johannistriebe

27. Juni. Sommerlinde, Beginn der
Blüte
Winterlinde, Beginn der Blüte

3. Juli. Johannisbeere, Beginn der
Fruchtreife

12. Juli. Winterroggen, Beginn der Ernte

4. August. Eberesche, Beginn der Fruchtreife

9. August. Schneebeere, Beginn der
Fruchtreife

3. September. Roßkastanie, Beginn der
Fruchtreife

10. September. Roßkastanie, Beginn der
Laubverfärbung
Eiche, Beginn der Laubverfärbung

Franzenshof b. Reppen,
Kr. Weststernberg
(Beob. Direktor Dr. Ludwigs)

11. Juli. Phytophthora infestans, erste
Beobachtung auf der Kartoffelsorte
Kaiserkrone

Reppen, Kr. Oststernberg
(Beob. be la Barre)

22. März. Schneeglöckchen, Beginn der
Blüte

29. März. Salweide, Beginn der Blüte

10. April. Huflattich, Beginn der Blüte
Roggen, Fritfliege (Larve)

18. April. Weizen, Fritfliege (Larve)

26. April. Stachelbeere, Beginn der Laubentfaltung

27. April. Erster Grasfrosch

28. April. Erster Wasserfrosch

3. Mai. Anemone, Beginn der Blüte
Roßkastanie, Beginn der Laubent-
faltung
Kohlweißling, erster Falter

4. Mai. Dotterblume, Beginn der Blüte
Sommerlinde, Beginn der Laubent-
faltung
Stachelbeere, Beginn der Blüte

6. Mai. Erste Maikäfer
Süßkirsche, Beginn der Blüte
Schlehe, Beginn der Blüte

7. Mai. Lupine, Beginn des Auflaufens

8. Mai. Buche, Beginn der Laubentfaltung

10. Mai. Johannisbeere, Beginn der Blüte
Birne, Beginn der Blüte
Apfel, Beginn der Blüte
Klee, Beginn des Auflaufens

12. Mai. Winterlinde, Beginn der Laubentfaltung
Pflaume, Beginn der Blüte

14. Mai. Roßkastanie, Beginn der Blüte

15. Mai. Buchenhochwald grün
Nieren-Kartoffel, Beginn des Auflaufens

16. Mai. Flieder, Beginn der Blüte
Goldregen, Beginn der Blüte
Kiefer, erste Maitriebe
Fichte, erste Maitriebe
Zwetsche, Beginn der Blüte
Stachelbeere, Ende der Blüte

17. Mai. Winterroggen, Petkuser, Be-
ginn des Schossens
Johannisbeere, Ende der Blüte
Eichenhochwald grün

18. Mai. Hederich, Keimpflänzchen
Raps, Beginn der Blüte
Sauerkirsche, Beginn der Blüte

19. Mai. Süßkirsche, Ende der Blüte

20. Mai. Birne, Ende der Blüte

22. Mai. Sommerroggen, Petkuser, Beginn des Schossens

23. Mai. Pflaume, Ende der Blüte

24. Mai. Zwetsche, Ende der Blüte

25. Mai. Apfel, Ende der Blüte
Falscher Jasmin, Beginn der Blüte
Raps, Rapsglanzkäfer, Larve

28. Mai. Erbse, Beginn der Blüte
29. Mai. Sauerkirsche, Ende der Blüte
30. Mai. Winterroggen, Beginn der Blüte
 1. Juni. Winterweizen, Beginn des
    Schossens
    Klee, Beginn der Blüte
 3. Juni. Raps, Ende der Blüte
 6. Juni. Ackerbohne, Beginn der Blüte
10. Juni. Holunder, Beginn der Blüte
    Zuckerrübe, Runkelfliege
    Runkelrübe, Runkelfliege
11. Juni. Gerste, Flugbrand
    Klee, Kleeseide
12. Juni. Winterweizen, Criewener 04,
    Beginn des Schossens
    Ackerbohne, schwarze Blattlaus
    Gerste, Hartbrand
14. Juni. Winterroggen, Ende der Blüte
17. Juni. Süßkirsche, Beginn der Ernte
    Stachelbeere, Amerikanischer Mehltau
18. Juni. Windhalm in Blüte
19. Juni. Ackersenf
20. Juni. Roggen, Berberitzenrost
    Roggen, Roggenstengelbrand
    Weizen, Gelbe Halmfliege
21. Juni. Kartoffel, Beginn der Blüte
24. Juni. Lupine, Beginn der Blüte
    Winterweizen, Beginn der Blüte
 3. Juli. Hafer, Flugbrand
 4. Juli. Raps, Beginn der Ernte
 6. Juli. Erbse, Wolfsmilch
 8. Juli. Klee, Beginn der Ernte
    Kartoffel, Ende der Blüte
 9. Juli. Sauerkirsche, Beginn der Ernte
10. Juli. Eiche, erste Johannistriebe
11. Juli. Johannisbeere, Beginn der
    Fruchtreife
12. Juli. Sommerlinde, Beginn der Blüte
14. Juli. Wintergerste, Beginn der Ernte
    Apfel, Schorf
17. Juli. Kartoffel, Schwarzbeinigkeit
18. Juli. Sommergerste, Beginn der Ernte
    Eberesche, Beginn der Fruchtreife

19. Juli. Hafer, Weißrippigkeit
20. Juli. Winterlinde, Beginn der Blüte
22. Juli. Winterroggen, Beginn der Ernte
    Weizen, Flugbrand
25. Juli. Weizen, Steinbrand
30. Juli. Sommerroggen, Beginn der
    Ernte
 8. August. Pflaume, Taschenkrankheit
    Zwetsche, Taschenkrankheit
10. August. Apfel, Obstmade
    Birne, Obstmade
    Kartoffel, Beginn der Ernte
15. August. Winterweizen, Beginn der
    Ernte
18. August. Heide, Beginn der Blüte
20. August. Sommerweizen, Beginn der
    Ernte
22. August. Kartoffel, Krautfäule
25. August. Hafer, Beginn der Ernte
 3. September. Lupine, Mehltau
10. September. Efeu, Beginn der Blüte
15. September. Roßkastanie, Beginn der
    Fruchtreife
20. September. Birne, Beginn der Ernte
    Zwetsche, Beginn der Ernte
25. September. Buche, Beginn der
    Fruchtreife
    Eiche, Beginn der Fruchtreife
26. September. Roßkastanie, allgemeine
    Laubverfärbung
 5. Oktober. Apfel, Beginn der Ernte
10. Oktober. Buche, allgemeine Laub-
    verfärbung
15. Oktober. Eiche, Allgemeine Laub-
    verfärbung
20. Oktober. Rübe, Beginn der Ernte

Reppen, Kr. Oststernberg
(Beob. M. Großmann)

22. März. Schneeglöckchen, Beginn der
    Blüte
29. März. Salweide, Beginn der Blüte

10. April. Huflattich, Beginn der Blüte

15. April. Roggen, Fritfliege

26. April. Stachelbeere, Beginn der Laub=
entfaltung

27. April. Erster Grasfrosch

28. April. Erster Wasserfrosch

3. Mai. Anemone, Beginn der Blüte
Kohlweißling, erster Falter
Roßkastanie, Beginn der Laubent=
faltung

4. Mai. Sommerlinde, Beginn der
Laubentfaltung
Dotterblume, Beginn der Blüte

6. Mai. Süßkirsche, Beginn der Blüte
Schlehe, Beginn der Blüte
Erste Maikäfer

7. Mai. Lupine, gelbe, Beginn des Auf=
laufens

8. Mai. Klee, Beginn des Auflaufens
Buche, Beginn der Laubentfaltung

10. Mai. Johannisbeere, Beginn der
Blüte
Birne, Beginn der Blüte
Apfel, Weißer Clar=, Beginn der Blüte

12. Mai. Winterlinde, Beginn der Laub=
entfaltung
Kartoffel, Deodara, Beginn des Auf=
laufens
Kartoffel, Erdraupen

15. Mai. Winterroggen, Beginn des
Schossens
Hederich, Keimpflänzchen

28. Mai. Winterroggen, Beginn der Blüte

6. Juni. Ackersenf

10. Juni. Pfirsich, Kräuselkrankheit
Stachelbeere, amerikanischer Mehltau
Eberesche, Beginn der Blüte

12. Juni. Winterroggen, Ende der Blüte
Zuckerrübe, Runkelfliege
Runkelrübe, Runkelfliege ·

13. Juni. Goldregen, Beginn der Blüte

14. Juni. Klee, Kleeseide
Schneebeere, Beginn der Blüte

16. Juni. Windhalm in Blüte
Holunder, Beginn der Blüte

17. Juni. Roggen, Roggenstengelbrand
Falscher Jasmin, Beginn der Blüte

18. Juni. Kartoffel, Beginn der Blüte

21. Juni. Roggen, Berberitzenrost

25. Juni. Kartoffel, Schwarzbeinigkeit

1. Juli. Hafer, Flugbrand

10. Juli. Birne, Gitterrost
Pflaume, Polsterschimmel
Zwetsche, Polsterschimmel

12. Juli. Apfel, Schorf

15. Juli. Apfel, Obstmade
Birne, Obstmade

20. Juli. Winterroggen, Beginn der Ernte
Hafer, Weißrippigkeit

25. Juli. Süßkirsche, Zweigdürre
Sauerkirsche, Zweigdürre

28. Juli. Apfel, Beginn der Ernte

10. August. Pflaume, Pflaumenwickler
Zwetsche, Pflaumenwickler
Apfel, Polsterschimmel
Apfel, Mehltau

15. August. Kartoffel, Krautfäule

20. August. Hafer, Beginn der Ernte

25. August. Lupine, Mehltau

15. September. Kartoffel, Beginn der
Ernte

22. Oktober. Rübe, Beginn der Ernte

Schwiebus
(Beob. G. Zerndt)

24. April. Schneeglöckchen, Beginn der
Blüte

5. Mai. Huflattich, Beginn der Blüte

8. Mai. Anemone, Beginn der Blüte

10. Mai. Dotterblume, Beginn der Blüte

12. Mai. Stachelbeere, Beginn der Laub=
entfaltung

15. Mai. Erster Grasfrosch
Schlehe, Beginn der Blüte
Sommerlinde, Beginn der Laub=
entfaltung

16. Mai. Buche, Beginn der Laubentfaltung

18. Mai. Birne, Beginn der Blüte

20. Mai. Apfel, Beginn der Blüte
Erste Maikäfer

25. Mai. Winterlinde, Beginn der Laub-
entfaltung
Buchenhochwald grün
Flieder, Beginn der Blüte

26. Mai. Winterroggen, Beginn des
Schossens

28. Mai. Eichenhochwald grün

1. Juni. Roßkastanie, Beginn der
Blüte

6. Juni. Schwarze Blattlaus an
Holunder

7. Juni. Kohlweißling, erster Falter
Winterroggen, Beginn der Blüte

8. Juni. Holunder, Beginn der Blüte
Falscher Jasmin, Beginn der Blüte
Weiße Lilie, Beginn der Blüte

1. Juli. Sommerlinde, Beginn der
Blüte
Winterlinde, Beginn der Blüte

20. Juli. Johannisbeere, Beginn der
Fruchtreife

Mitte Juli. Winterroggen, Beginn der
Ernte

Ende Juli. Winterweizen, Beginn der
Ernte

10. August. Heide, Beginn der Blüte

2. September. Schneebeere, Beginn der
Fruchtreife

10. September. Grummetreife

13. September. Herbstzeitlose, Beginn
der Blüte

15. September. Holunder, Beginn der
·Fruchtreife

1. Oktober. Roßkastanie, Beginn der
Fruchtreife

2. Oktober. Roßkastanie, allgemeine
Laubverfärbung
Eiche, allgemeine Laubverfärbung

Schwiebus
(Beob. Schneider, Gärtner)

22. April. Hederich, Keimpflänzchen

Ende April. Gellerts Butterbirne, Beginn des Austriebs

8. Mai. Lupine, Beginn des Auflaufens

14. Mai. Hafer, Fritfliege

Anfang Mai. Landsberger Renette, Be-
ginn des Austriebs
Gellerts Butterbirne, Beginn der
Blüte

Mitte Mai. Landsberger Renette, Be-
ginn der Blüte
Landsberger Renette, Ende der Blüte
Gellerts Butterbirne, Ende der Blüte

22. Mai. Winterroggen, Petkuser, Beginn des Schossens

29. Mai. Winterroggen, Beginn der
Blüte

1. Juni. Wintergerste, Friedrichswerther,
Beginn des Schossens

3. Juni. Wintergerste, Beginn der Blüte

7. Juni. Kartoffel, Industrie, Beginn
des Auflaufens
Hafer, Flugbrand

8. Juni. Wintergerste, Beginn der Ernte

10. Juni. Gerste, Streifenkrankheit

17. Mai. Winterroggen, Ende der Blüte

18. Mai. Wintergerste, Ende der Blüte
Roggen, Mutterkorn

21. Juni. Lupine, Beginn der Blüte

Anfang Juni. Klee, Beginn der Blüte

23. Juni. Sommergerste, Danubia, Beginn des Schossens

25. Juni. Hafer, Petkuser Gelb, Beginn
des Schossens

28. Juni. Gerste, Flugbrand
Kartoffel, Krautfäule

2. Juli. Sommergerste, Beginn der
Blüte
Hafer, Beginn der Blüte

7. Juli. Sommerweizen, Beginn des
Schossens

10. Juli. Sommerweizen, Ende der Blüte

14. Juli. Hafer, Ende der Blüte

17. Juli. Sommergerste, Ende der Blüte

23. Juli. Sommerweizen, Ende der Blüte

29. Juli. Winterroggen, Beginn der
Ernte

Ende Juli. Klee, Ende der Blüte

2. August. Lupine, Ende der Blüte
Klee, Kleeseide

4. August. Sommergerste, Beginn der
Ernte

14. August. Hafer, Ende der Blüte

20. August. Lupine, Mehltau

25. August. Sommerweizen, Beginn der
Ernte

26. August. Hafer, Beginn der Ernte

30. August. Lupine, Beginn der Ernte

25. September. Kartoffel, Beginn der
Ernte

Mitte September. Gellerts Butterbirne,
Beginn der Ernte

Ende September. Landsberger Renette,
Beginn der Ernte

Schwiebus
(Beob. Kurdewan, Gärtner)

16. März. Schneeglöckchen, Beginn der
Blüte

5. April. Haselnuß, Beginn der Blüte

10. April. Stachelbeere, Beginn des Austriebs
Erdbeere, Beginn des Austriebs

14. April. Pfirsich, Beginn des Austriebs
Johannisbeere, Beginn des Austriebs

15. April. Birne, Köstliche v. Charneu,
Beginn des Austriebs

18. April. Zwetsche, Beginn des Aus-
triebs
Apfel, Goldparmäne, Beginn des
Austriebs
Erbse, Maikönigin, Beginn des Auf-
laufens
Sauerkirsche, Beginn des Austriebs

1. Mai. Stachelbeere, Beginn der Blüte
Hederich, Keimpflänzchen

4. Mai. Roßkastanie, Beginn der Laubentfaltung

6. Mai. Johannisbeere, Beginn der
Blüte
Sommerlinde, Beginn der Laubent-
faltung
Stachelbeere, Ende der Blüte

8. Mai. Lupine, Beginn des Auflaufens
Pfirsich, Beginn der Blüte
Erste Maikäfer

9. Mai. Süßkirsche, Beginn der Blüte

10. Mai. Dotterblume, Beginn der Blüte
Winterlinde, Beginn der Laubentfaltung

11. Mai. Wein, Beginn des Austriebs
Kartoffel, Kaiserkrone, Beginn des
Auflaufens

12. Mai. Pfirsich, Ende der Blüte
Johannisbeere, Ende der Blüte

13. Mai. Süßkirsche, Ende der Blüte

15. Mai. Erster Wasserfrosch
Zwetsche, Beginn der Blüte
Birne, Beginn der Blüte
Fichte, erste Maitriebe

16. Mai. Apfel, Charlamowski, Beginn
der Blüte

18. Mai. Süßkirsche, Zweigdürre
Sauerkirsche, Zweigdürre

20. Mai. Pfirsich, Kräuselkrankheit
Sauerkirsche, Beginn der Blüte
Zwetsche, Ende der Blüte
Winterroggen, Beginn des Schossens
Roßkastanie, Beginn der Blüte
Flieder, Beginn der Blüte

23. Mai. Sauerkirsche, Ende der Blüte
Birne, Ende der Blüte

25. Mai. Apfel, Ende der Blüte

1. Juni. Winterroggen, Beginn der
Blüte
Buchenhochwald, grün
Eichenhochwald, grün

4.—6. Juni. Winterroggen, Nachtfröste
während der Blüte

8. Juni. Holunder, Beginn der Blüte
Schneebeere, Beginn der Blüte

10. Juni. Kartoffel, Beginn der Blüte

12. Juni. Winterroggen, Ende der Blüte

18. Juni. Sommerlinde, Beginn der Blüte

8. Juli. Winterlinde, Beginn der Blüte

18. Juli. Winterroggen, Beginn der
Ernte

20. September. Apfel, Beginn der Ernte

Schwiebus
(Beob. Dr. Nötzold)

7. März. Salweide, Beginn der Blüte

15. März. Schneeglöckchen, Beginn der
Blüte

9. Mai. Sommerlinde, Beginn der
Laubentfaltung

12. Mai, Süßkirsche, Beginn der Blüte
Birne, Beginn der Blüte

14. Mai. Buche, Beginn der Laubentfaltung

16. Mai. Apfel, weißer Clar-, Beginn der
Blüte
Kiefer, erste Maitriebe
Fichte, erste Maitriebe
Tanne, erste Maitriebe
Lupine, Beginn des Auflaufens

18. Mai. Klee, Beginn des Auflaufens
Hederich, Keimpflänzchen

19. Mai. Winterroggen, Beginn des
Schossens

20. Mai. Flieder, Beginn der Blüte

21. Mai. Roßkastanie, Beginn der Blüte
Rübe, Beginn des Auflaufens

24. Mai. Goldregen, Beginn der Blüte

25. Mai. Stachelbeere, Stachelbeerblattwespe

28. Mai. Kartoffel, Beginn des Auflaufens

30. Mai. Klee, Kleestengelbrand
Winterroggen, Beginn der Blüte

2. Juni. Sommerroggen, Beginn des
Schossens
Zuckerrübe, Runkelfliege
Runkelrübe, Runkelfliege

21. Juli. Winterroggen, Beginn der
Ernte

31. Juli. Hafer, Beginn der Ernte
Sommergerste, Beginn der Ernte

5. August. Sommerweizen, Beginn der
Ertne

20. August. Kartoffel, Beginn der Ernte

13. September. Herbstzeitlose, Beginn
der Blüte

23. Oktober. Gerste, Hessenfliege (Made)

Falkenwalde, Post Bärwalde
(Beob. F. Schulze)

Mitte März. Schneeglöckchen, Beginn der
Blüte

21. April. Stachelbeere, Beginn der Laubentfaltung

29. April. Sumpfdotterblume, Beginn
der Blüte

1. Mai. Ersten Wasserfrosch gehört

6. Mai. Roßkastanie, Beginn der Laubentfaltung

10. Mai. Johannisbeere, Beginn der Blüte
Sommerlinde, Beginn der Laubent-
faltung
Winterroggen, Beginn des Schossens

12. Mai. Süßkirsche, Beginn der Blüte

15. Mai. Birne, Gute Luise v. A., Beginn der Blüte
Winterlinde, Beginn der Laubentfaltung
Buche, Beginn der Laubentfaltung

19. Mai. Flieder, Beginn der Blüte

20. Mai. Apfel, Goldparmäne, Beginn
der Blüte

22. Mai. Roßkastanie, Beginn der Blüte
Erster Maikäfer

26. Mai. Winterweizen, Beginn des
Schossens

2. Juni. Winterroggen, Beginn der
Blüte

25. Juni. Winterweizen, Beginn der
Blüte

30. Juni. Johannisbeere, Beginn der
Fruchtreife

2. Juli. Sommer- und Winterlinde,
Beginn der Blüte

21. Juli. Winterroggen, Beginn der Ernte

5. September. Roßkastanie, Beginn der
Fruchtreife

Driesen (Neumark)
(Beob. Gartenbauschule

21. März. Schneeglöckchen, Beginn der
Blüte

18. April. Dotterblume, Beginn der
Blüte

20. April. Kornelkirsche, Beginn der
Blüte

21. April. Salweide, Beginn der Blüte
Roßkastanie, Beginn der Laubentfaltung

5. Mai. Sommerlinde, Beginn der
Laubentfaltung
Winterlinde, Beginn der Laubent-
faltung

6. Mai. Stachelbeere, Beginn der Blüte
Erster Maikäfer

7. Mai. Johannisbeere, Beginn der
Blüte

13. Mai. Sauerkirsche, Beginn der Blüte
Süßkirsche, Beginn der Blüte
Kohlweißling, erster Falter
Erdbeere, Laxtons Noble, Beginn
der Blüte

14. Mai. Winterroggen, Beginn des
Schossens

15. Mai. Schlehe, Beginn der Blüte
Kiefer, erste Maitriebe
Fichte, erste Maitriebe

16. Mai. Roßkastanie, Beginn der Blüte

19. Mai. Flieder, Beginn der Blüte

20. Mai. Birne, Beginn der Blüte

22. Mai. Eberesche, Beginn der Blüte

27. Mai. Schneebeere, Beginn der Blüte

1. Juni. Winterroggen, Beginn der Blüte

10. Juni. Falscher Jasmin, Beginn der
Blüte
Goldregen, Beginn der Blüte
Holunder, Beginn der Blüte
Winterweizen, Beginn der Blüte

20. Juni. Johannisbeere, Beginn der
Fruchtreife

28. Juni. Sommerlinde, Beginn der
Blüte
Winterlinde, Beginn der Blüte

15. Juli. Winterroggen, Beginn der
Ernte

22. Juli. Winterweizen, Beginn der Ernte

25. August. Grummetreife

4. September, Schneebeere, Beginn der
Fruchtreife

15. September. Eberesche, Beginn der
Fruchtreife

18. September. Holunder, Beginn der
Fruchtreife

20. September. Eiche, Beginn der Fruchtreife

26. September. Roßkastanie, Beginn der
Fruchtreife

27. September. Buche, Beginn der Fruchtreife

29. September. Roßkastanie, allgemeine
Laubverfärbung

Neuerbach, Kr. Friedeberg (Neumark)
(Beob. K. Kientopf)

24. März. Schneeglöckchen, Beginn der
Blüte

4. Mai. Winterroggen, Petkuser, Beginn des Schossens

6. Mai. Johannisbeere, Rote Kirsch, Beginn des Austriebs
Stachelbeere, Beginn des Austriebs

7. Mai. Roßkastanie, Beginn der Laubentfaltung

8. Mai. Heberich, Keimpflänzchen
Dotterblume, Beginn der Blüte
Johannisbeere, Beginn der Blüte
Lupine, gelbe, Beginn des Austriebs
Erbse, Triumpf, Beginn des Aus-
triebs

10. Mai. Birne, Clapps Liebling, Beginn
des Austriebs
Süßkirsche, Hedelfinger, Beginn des
Austriebs

11. Mai. Apfel, W. Goldparmäne, Beginn des Austriebs

12. Mai. Schlehe, Beginn der Blüte
Sauerkirsche, Ostheimer, Beginn des
Austriebs
Pflaume, Beginn des Austriebs
Süßkirsche, Beginn der Blüte

14. Mai. Kartoffel, Contifolia, Beginn
des Austriebs
Apfel, Beginn der Blüte
Johannisbeere, Ende der Blüte

15. Mai. Sauerkirsche, Beginn der Blüte

16. Mai. Pflaume, Beginn der Blüte

17. Mai. Birne, Beginn der Blüte

18. Mai. Süßkirsche, Ende der Blüte

20. Mai. Roßkastanie, Beginn der Blüte

23. Mai. Apfel, Ende der Blüte

25. Mai. Birne, Ende der Blüte
Sauerkirsche, Ende der Blüte
Pflaume, Ende der Blüte
Hafer, Gelb, Beginn des Schossens

Juni. Süßkirsche, Zweigdürre
Sauerkirsche, Zweigdürre

2. Juni. Petkuser Winterroggen, Beginn
der Blüte

16. Juni. Hafer, Beginn der Blüte

17. Juni. Winterroggen, Ende der Blüte

20. Juni. Kartoffel, Beginn der Blüte
Erbse, Beginn der Blüte

24. Juni. Lupine, Beginn der Blüte
Hafer, Ende der Blüte

1. Juli. Johannisbeere, Beginn der
Fruchtreife

4. Juli. Roggen, Mutterkorn

10. Juli. Kartoffel, Krautfäule

13. Juli. Kartoffel, Ende der Blüte

14. Juli. Erbse, Ende der Blüte

18. Juli. Winterroggen, Beginn der Ernte

25. Juli. Sauerkirsche, Beginn der Ernte
Heberich in Frucht

30. Juli. Lupine, Ende der Blüte

6. August. Erbse, Beginn der Ernte
Hafer, Beginn der Ernte

10. August. Lupine, Beginn der Ernte

17. August. Winterweizen, Beginn der
Ernte

25. August. Grummetreife

Zweite Hälfte August. Apfel, Obstmade
Birne, Obstmade

12. September. Kartoffel, Beginn der
Ernte

15. September. Holunder, Beginn der
Fruchtreife

Hohenwalde (Neumark)
(Leob. Labs, Lehrer)

25. März. Schneeglöckchen, Beginn der
Blüte

6. April. Stachelbeere, Beginn der Blüte

8. April. Salweide, Beginn der Blüte

21. April. Anemone, Beginn der Blüte

27. April. Stachelbeere, Beginn der Laubentfaltung

28. April. Apfel, Landsberger Renette,
Beginn des Austriebs

1. Mai. Roßkastanie, Beginn der Laubentfaltung

8. Mai. Erste Maikäfer

11. Mai. Süßkirsche, Beginn der Blüte

12. Mai. Johannisbeere, Beginn der
Blüte

13. Mai. Buche, Beginn der Laubentfaltung

15. Mai. Birne, Gute Luise, Beginn der
Blüte
Pflaume, Beginn der Blüte
Buchenhochwald, grün
Fichte, erste Maitriebe
16. Mai. Apfel, Beginn der Blüte
Sommerlinde, Beginn der Laubent=
faltung
17. Mai. Roßkastanie, Beginn der Blüte
Zwetsche, Beginn der Blüte
18. Mai. Erdbeere, Beginn der Blüte
20. Mai. Flieder, Beginn der Blüte
21. Mai. Winterroggen, Beginn des
Schossens
23. Mai. Eberesche, Beginn der Blüte
3. Juni. Winterweizen, Beginn der
Blüte
6. Juni. Winterroggen, Nachtfröste wäh=
rend der Blüte
14. Juni. Falscher Jasmin, Beginn der
Blüte
16. Juni. Schneebeere, Beginn der Blüte
Birne, Gute Luise, Schorf

Roßwiese, Kr. Landsberg a. W.
(Beob. Suhr)

27. März. Schneeglöckchen, Beginn der
Blüte
29. März. Salweide, Beginn der Blüte
Stachelbeere, Beginn der Laubent=
faltung
29. April. Dotterblume, Beginn der
Blüte
3. Mai. Hederich, Keimpflänzchen
4. Mai. Johannisbeere, Beginn der
Blüte
6. Mai. Süßkirsche, Beginn der Blüte
8. Mai. Erster Grasfrosch
12. Mai. Erste Maikäfer
15. Mai. Birne, Beginn der Blüte
17. Mai. Roßkastanie, Beginn der Laub=
entfaltung
Erster Wasserfrosch

18. Mai. Apfel, Beginn der Blüte
23. Mai. Flieder, Beginn der Blüte
24. Mai. Goldregen, Beginn der Blüte
Roßkastanie, Beginn der Blüte
25. Mai. Kiefer, erste Maitriebe
Erdbeere, Blattflecken
26. Mai. Winterroggen, Beginn des
Schossens
29. Mai. Stachelbeere, amerikanischer
Mehltau
12. Juni. Winterweizen, Beginn des
Schossens
15. Juni. Holunder, Beginn der Blüte
25. Juni. Kohlweißling, erster Falter
26. Juni. Sommerlinde, Beginn der Blüte
27. Juni. Falscher Jasmin, Beginn der
Blüte
Heide, Beginn der Blüte
30. Juni. Winterweizen, Beginn der
Blüte
Juni=Juli. Weinrebe, falscher Mehltau
1. Juli. Gerste, Flugbrand
Weizen, Flugbrand
3. Juli. Johannisbeere, Beginn der
Fruchtreife
18. Juli. Winterroggen, Beginn der Ernte
10. August. Winterweizen, Beginn der
Ernte
6. September. Roßkastanie, Beginn der
Laubverfärbung
10. September. Roßkastanie, Beginn der
Fruchtreife
12. September. Eiche, Beginn der Frucht=
reife
20. September. Eiche, allgemeine Laub=
verfärbung

Landsberg a. W.
(Beob. Prof. Dr. Schander,
Hauptstelle für Pflanzenschutz)

26. Juni. Roggen, Puccinia dispersa
1. Juli. Weizen, Mehltau (häufig)
14. Juli. Weizen, Puccinia tritician

Domäne Bürs, Post Bismark
(Prov. Sachsen)
(Beob. R. W. Schulze, Saatzuchtleiter)

16. April. Hederich, Keimpflänzchen

4. Mai. Lupine, Beginn des Austriebs

5. Mai. Hederich in Frucht

8. Rübe, Kl. Wanzleb., Beginn des Austriebs

16. Mai. Erbse, Gelbe Viktoria, Beginn des Austriebs

21. Mai. Winterroggen, Petkuser, Beginn des Schossens

29. Mai. Kartoffel, Beginn des Austriebs

30. Mai. Sommerroggen, Beginn des Schossens

7. Juni. Winterroggen, Beginn der Blüte

14. Juni. Sommergerste, Danubia, Beginn des Schossens

15. Juni. Sommerroggen, Beginn der Blüte

20. Juni. Kartoffel, Schwarzbeinigkeit
Erbse, Beginn der Blüte

21. Juni. Hafer, Petkuser, Beginn des Schossens

23. Juni. Sommerweizen, Strubes, Beginn des Schossens

24. Juni. Lupine, Schwarzbeinigkeit

25. Juni. Rübe, Beginn der Blüte

26. Juni. Winterweizen, Beginn des Schossens
Lupine, Beginn der Blüte

29. Juni. Kartoffel, Beginn der Blüte

2. Juli. Sommerweizen, Beginn der Blüte

4. Juli. Weizen, Flugbrand
Kartoffel, Erdraupen

15. Juli. Kartoffel, Krautfäule
Hafer, Flugbrand
Kartoffel, Fusarium
Kartoffel, Ricoctonia
Roggen, Schwarzrost
Roggen, Braunrost

18. Juli. Winterroggen, Beginn der Ernte

24. Juli. Sommergerste, Beginn der Ernte
Roggen, Mutterkorn (Sclerotium)

1. August. Erbse, Erbsenrost

2. August. Sommerroggen, Beginn der Ernte

4. August. Hafer, Beginn der Ernte

10. August. Winterweizen, Beginn der Ernte

18. August. Lupine, Beginn der Ernte

21. August. Kartoffel, Beginn der Ernte

22. August. Sommerweizen, Beginn der Ernte

Bismark (Prov. Sachsen)
(Beob. Landwirtschaftliche Schule)

1. April. Pfirsich, Beginn des Austriebs

3. April. Stachelbeere, Beginn des Austriebs

4. April. Pfirsich, Beginn der Blüte

5. April. Johannisbeere, Beginn des Austriebs
Apfel, Beginn des Austriebs
Birne, Beginn des Austriebs
Süßkirsche, Germersdorfer Knorpel, Beginn des Austriebs
Zwetsche, Beginn des Austriebs

6. April. Sauerkirsche, Schattenmorelle, Beginn des Austriebs
Pflaume, Beginn des Austriebs

10. April. Pfirsich, Ende der Blüte

12. April. Sauerkirsche, Beginn der Blüte

26. April. Stachelbeere, Beginn der Blüte

28. April. Erbse, Gelbe Viktoria, Beginn des Schossens

30. April. Johannisbeere, Beginn der Blüte

3. Mai. Stachelbeere, Ende der Blüte

4. Mai. Lupine, Beginn des Austriebs

7. Mai. Süßkirsche, Beginn der Blüte

10. Mai. Hederich, Keimpflänzchen
Ackersenf

Erdbeere, Beginn des Austriebs
Wintergerste, Friedrichsw., Beginn des Schossens
Birne, Beginn der Blüte
Johannisbeere, Ende der Blüte

12. Mai. Ackerbohne, Beginn des Auflaufens
Apfel, Beginn der Blüte

15. Mai. Wein, Früher Leipziger, Beginn des Austriebs
Erdbeere, Beginn der Blüte
Süßkirsche, Ende der Blüte

16. Mai. Birne, Ende der Blüte

17. Mai. Winterroggen, Petkuser, Beginn des Schossens

18. Mai. Pflaume, Beginn der Blüte
Zwetsche, Beginn der Blüte

20. Mai. Rübe, Kl. Wanzleb., Beginn des Auflaufens
Apfel, Ende der Blüte

22. Mai. Zuckerrübe, Runkelfliege
Runkelrübe, Runkelfliege
Sauerkirsche, Ende der Blüte

24. Mai. Pflaume, Ende der Blüte

25. Mai. Zwetsche, Ende der Blüte

26. Mai. Kartoffel, Beginn des Auflaufens

28. Mai. Rotklee, Beginn des Auflaufens

29. Mai. Winterroggen, Beginn der Blüte

30. Mai. Sommerroggen, Petkuser, Beginn des Schossens

1. Juni. Stachelbeere, Stachelbeerwespe

4. Juni. Hederich, in Frucht

6. Juni. Erdbeere, Blattfleckenkrankheit
Winterroggen, Nachtfröste während der Blüte

10. Juni. Süßkirsche, Zweigdürre
Sauerkirsche, Zweigdürre
Wein, Beginn der Blüte

15. Juni. Erdbeere, Beginn der Ernte
Sommerroggen, Beginn der Blüte
Windhalm
Roggen, Schwarzrost und Braunrost

Zuckerrübe, schwarze Blattlaus
Runkelrübe, schwarze Blattlaus

16. Juni. Sommergerste, Hanna, Beginn des Schossens

18. Juni. Sommerweizen, Strube, Beginn des Schossens
Kartoffel, Schwarzbeinigkeit

19. Juni. Winterweizen, Criewener, Beginn des Schossens

20. Juni. Hafer, Petkuser, Beginn des Schossens
Kartoffel, Beginn der Blüte
Lupine, Beginn der Blüte
Erbse, Beginn der Blüte
Erdbeere, Ende der Blüte
Gerste, Streifenkrankheit

21. Juni. Weizen, Flugbrand
Gerste, Flugbrand
Hafer, Weißrippigkeit

25. Juni,. Winterweizen, Beginn der Blüte
Rübe, Beginn der Blüte

28. Juni. Hafer, Flugbrand

30. Juni. Hafer, Beginn der Blüte

1. Juli. Sommerweizen, Beginn der Blüte

9. Juli. Wein, Ende der Blüte

10. Juli. Apfel, Obstmaden
Stachelbeere, Beginn der Ernte

11. Juli. Kartoffel, Krautfäule

12. Juli. Johannisbeere, Beginn der Ernte
Apfel, Polsterschimmel

15. Juli. Winterroggen, Beginn der Ernte
Wintergerste, Beginn der Ernte
Süßkirsche, Beginn der Ernte

16. Juli. Apfel, Schorf

20. Juli. Apfel, Beginn der Ernte
Sommerroggen, Mutterkorn (Sclerotium)·

23. Juli. Sommerroggen, Beginn der Ernte

24. Juli. Sommergerste, Beginn der Ernte

26. Juli. Sauerkirsche, Beginn der Ernte

27. Juli. Hafer, Beginn der Ernte

3. August. Pfirsich, Beginn der Ernte

10. August. Winterweizen, Beginn der Ernte
Kartoffel, Beginn der Ernte

12. August. Sommerweizen, Beginn der Ernte
Klee, Beginn der Ernte
Lupine, Beginn der Ernte

15. September. Rübe, Beginn der Ernte

Althaldensleben
(Beob. Sayle, Hauptlehrer)

20. März. Schneeglöckchen, Beginn der Blüte

10. April. Stachelbeere, Beginn der Laubentfaltung

11. April. Schwarze Blattlaus an Saubohne

12. April. Huflattich, Beginn der Blüte

13. April. Schlehe, Beginn der Blüte

15. April. Erste Schwalbe
Erster Storch

17. April. Erster Wasserfrosch

21. April. Erster Grasfrosch

28. April. Anemone, Beginn der Blüte

29. April. Dotterblume, Beginn der Blüte
Erste Nachtigall

2. Mai. Johannisbeere, Beginn der Blüte
Roßkastanie, Beginn der Laubentfaltung
Kohlweißling, erster Falter
Erster Maikäfer

5. Mai. Süßkirsche, Beginn der Blüte
Goldregen, Beginn der Blüte

6. Mai. Birne, Beginn der Blüte

8. Mai. Kuckuck, Ankunft

13. Mai. Tanne, erste Maitriebe

15. Mai. Apfel, Beginn der Blüte
Flieder, Beginn der Blüte

16. Mai. Buche, Beginn der Laubentfaltung
Roßkastanie, Beginn der Blüte

21. Mai. Winterlinde, Beginn der Laubentfaltung

23. Mai. Kiefer, erste Maitriebe

28. Mai. Sommerlinde, Beginn der Laubentfaltung

30. Mai. Fichte, erste Maitriebe

9. Juni. Winterroggen, Beginn der Blüte
Holunder, Beginn der Blüte

15. Juni. Sommerlinde, Beginn der Blüte
Winterlinde, Beginn der Blüte

2. Juli. Weiße Lilie, Beginn der Blüte

18. Juli. Kuckuck, letzter Ruf

20. Juli. Johannisbeere, Beginn der Fruchtreife

25. Juli. Winterroggen, Beginn der Ernte

4. August. Winterweizen, Beginn der Ernte

14. August. Heide, Beginn der Blüte

22. September. Roßkastanie, Beginn der Fruchtreife

Klein Bersdorf bei Behnsdorf
(Prov. Sachsen)
(Beob. Dr. Tangemann)

28. März. Schneeglöckchen, Beginn der Blüte

5. April. Huflattich, Beginn der Blüte

18. April. Anemone, Beginn der Blüte

29. April. Stachelbeere, Beginn der Laubentfaltung

2. Mai. Dotterblume, Beginn der Blüte

3. Mai. Johannisbeere, Beginn der Blüte

7. Mai. Roßkastanie, Beginn der Laubentfaltung

8. Mai. Süßkirsche, Beginn der Blüte

10. Mai. Erste Maikäfer

5. Juni. Winterroggen, Beginn der Blüte

20. Juni. Eiche, erste Johannistriebe

22. Juni. Winterweizen, Früher Bastard, Beginn der Blüte
Sommerlinde, Beginn der Blüte
Winterlinde, Beginn der Blüte

18. Juli. Heide, Beginn der Blüte

21. Juli. Winterroggen, Beginn der Ernte

6. August. Winterweizen, Beginn der Ernte

Schackensleben
(Beob. Bethge & Oelze, Saatzuchtwirtschaft)

Ende April. Hederich Keimpflänzchen

1. Mai. Gerste, Fritfliege
Weizen, Fritfliege
Sauerkirsche, Beginn der Blüte

4. Mai. Stachelbeere, Beginn der Blüte
Johannisbeere, Beginn der Blüte

5. Mai. Süßkirsche, Beginn der Blüte

7. Mai. Pfirsich, Beginn der Blüte

8. Mai. Apfel, Beginn der Blüte
Birne, Beginn der Blüte

9. Mai. Erdbeere, Beginn der Blüte

10. Mai. Pflaume, Beginn der Blüte
Zwetsche, Beginn der Blüte

26. Mai. Raeckes-Winterroggen, Beginn des Schossens

8. Juni. Winterroggen, Beginn der Blüte

9. Juni. Kartoffel, Industrie, Beginn des Austriebs

10. Juni. Zuckerrübe, Runkelfliege
Runkelrübe, Runkelfliege

15. Juni. Gerste, Flugbrand

18. Juni. Sommergerste, Rud. Bethges
Gerste II, Beginn des Schossens

20. Juni. Winterroggen, Ende der Blüte

23. Juni. Sommergerste, Beginn der Blüte

25. Juni. Winterweizen, Rud. Bethges
Panzerweizen, Beginn der Blüte

26. Juni. Sommergerste, Ende der Blüte

2. Juli. Hafer, Flugbrand
Winterweizen, Beginn der Blüte

4. Juli. Weizen, Gelbe Halmfliege

8. Juli. Winterweizen, Ende der Blüte

9. Juli. Sommerweizen, R. Bethges, Beginn des Schossens

12. Juli. Sommerweizen, Beginn der Blüte

15. Juli. Weizen, Flugbrand
Roggen, Mutterkorn (Honigtaustadium)

17. Juli. Sommerweizen, Ende der Blüte

20. Juli. Weizen, Mehltau

21. Juli. Kartoffel, Beginn der Blüte

Juli. Hederich in Frucht
Ackersenf

26. Juli. Hafer, Fritfliege (Larve)

30. Juli. Roggen, Mutterkorn (Sclerotium)
Winterroggen, Beginn der Ernte

1. August. Sommergerste, Beginn der Ernte

2. August. Kartoffeln, Schwarzbeinigkeit
Kartoffel, Erdraupen
Kartoffel, Krautfäule

3. August. Erbse, Erbsenrost

5. August. Erbse, Brennfleckenkrankheit

7. August. Viersamige Wicke in Frucht

10. August. Kartoffel, Ende der Blüte

20. September. Kartoffel, Beginn der Ernte

Gommern, Bez. Magdeburg
(Beob. Heicke)

13. April. Erste Schwalbe

23. April. Dotterblume, Beginn der Blüte

5. Mai. Anemone, Beginn der Blüte

6. Mai. Erster Wasserfrosch

7. Mai. Erster Maikäfer
Birne, Beginn der Blüte
Apfel, Beginn der Blüte

14. Mai. Roßkastanie, Beginn der Blüte

2. Juni. Winterroggen, Beginn der Blüte

4. Juli. Johannisbeere, Beginn der Ernte

14. Juli. Winterroggen, Beginn der Ernte

30. August. Roßkastanie, Beginn der Fruchtreife

Zerbst
(Beob. W. Gorgaß)

18. März. Schneeglöckchen, Beginn der Blüte

30. März. Huflattich, Beginn der Blüte

30. März. Salweide, Beginn der Blüte

1. April. Kornelkirsche, Beginn der Blüte

16. April. Stachelbeere, Beginn der Laubentfaltung

23. April. Anemone, Beginn der Blüte

26. April. Dotterblume, Beginn der Blüte

3. Mai. Kohlweißling, erster Falter

4. Mai. Johannisbeere, Beginn der Blüte

7. Mai. Süßkirsche, Beginn der Blüte

8. Mai. Schlehe, Beginn der Blüte

9. Mai. Sommerlinde, Beginn der Laubentfaltung

10. Mai. Roßkastanie, Beginn der Laubentfaltung

12. Mai. Erste Maikäfer

14. Mai. Birne, Prinzeß Marianne, Beginn der Blüte
Apfel, Gravensteiner, Beginn der Blüte
Winterlinde, Beginn der Laubentfaltung
Tanne, erste Maitriebe

15. Mai. Roßkastanie, Beginn der Blüte

16. Mai. Flieder, Beginn der Blüte

27. Mai. Goldregen, Beginn der Blüte

1. Juni. Winterroggen, Beginn der Blüte

12. Juni. Holunder, Beginn der Blüte

15. Juni. Falscher Jasmin, Beginn der Blüte

22. Juni. Winterweizen, Beginn der Blüte

23. Juni. Sommerlinde, Beginn der Blüte

30. Juni. Winterlinde, Beginn der Blüte

15. Juli. Johannisbeere, Beginn der Fruchtreife
Winterroggen, Beginn der Ernte

3. August. Heide, Beginn der Blüte

8. August. Winterweizen, Beginn der Ernte

26. August. Grummetreife

28. August. Holunder, Beginn der Fruchtreife

29. August. Herbstzeitlose, Beginn der Blüte

19. September. Roßkastanie, Beginn der Fruchtreife

24. September. Roßkastanie, allgemeine Laubverfärbung

Zerbst
(Beob. W. Ballhorn sen.)

23. März. Schneeglöckchen, Beginn der Blüte

30. März. Huflattich, Beginn der Blüte

5. April. Erster Wasserfrosch

8. April. Erster Grasfrosch

15. April. Kornelkirsche, Beginn der Blüte
Kohlweißling, erster Falter

20. April. Salweide, Beginn der Blüte

24. April. Stachelbeere, Beginn der Laubentfaltung
Dotterblume, Beginn der Blüte

25. April. Anemone, Beginn der Blüte

30. April. Johannisbeere, Beginn der Blüte

7. Mai. Süßkirsche, Beginn der Blüte

12. Mai. Birne, Beginn der Blüte
Erste Maikäfer

13. Mai. Schlehe, Beginn der Blüte

14. Mai. Apfel, Beginn der Blüte
Roßkastanie, Beginn der Laubentfaltung

15. Mai. Sommerlinde, Beginn der
Laubentfaltung

16. Mai. Roßkastanie, Beginn der Blüte
Winterlinde, Beginn der Laubentfal-
tung
Buche, Beginn der Laubentfaltung

18. Mai. Flieder, Beginn der Blüte.
Buchenhochwald grün

22. Mai. Eberesche, Beginn der Blüte
Eichenhochwald grün

25. Mai. Goldregen, Beginn der Blüte

29. Mai. Petkuser Winterroggen, Beginn
der Blüte

8. Juni. Holunder, Beginn der Blüte

24. Juni. Falscher Jasmin, Beginn der
Blüte
Winterweizen, Beginn der Blüte
Sommerlinde, Beginn der Blüte
Winterlinde, Beginn der Blüte

1. Juli. Weiße Lilie, Beginn der Blüte

4. Juli. Schneebeere, Beginn der Blüte

5. Juli. Johannisbeere, Beginn der
Fruchtreife

15. Juli. Winterroggen, Beginn der Ernte

7. August. Winterweizen, Beginn der
Ernte

15. August. Grummetreife

Zerbst
(Beob. Oppermann)

24. März. Schneeglöckchen, Beginn der
Blüte

29. März. Huflattich, Beginn der Blüte

15. April. Kornelkirsche, Beginn der Blüte

20. April. Stachelbeere, Beginn der Laubentfaltung

26. April. Anemone, Beginn der Blüte
Erster Wasserfrosch

27. April. Roßkastanie, Beginn der Laubentfaltung

28. April. Dotterblume, Beginn der Blüte
Johannisbeere, Beginn der Blüte

30. April. Salweide, Beginn der Blüte

4. Mai. Lupine, gelbe, Beginn des Austriebs

5. Mai. Stachelbeere, rote Holländer,
Beginn der Blüte
Johannisbeere, Beginn der Blüte

6. Mai. Süßkirsche, Beginn der Blüte
Pflaume, Beginn der Blüte
Pfirsich, Beginn der Blüte

8. Mai. Kohlweißling, erster Falter
Birne, Gute Luise, Beginn der Blüte
Zuckerrübe, Beginn des Auflaufens

9. Mai. Erster Maikäfer
Schlehe, Beginn der Blüte
Sommerlinde, Beginn der Laubent-
faltung

10. Mai. Sauerkirsche, Beginn der Blüte
Zwetsche, Beginn der Blüte

12. Mai. Pfirsich, Ende der Blüte
Stachelbeere, Ende der Blüte

13. Mai. Winterlinde, Beginn der Laub-
entfaltung
Buche, Beginn der Laubentfaltung
Wein, Gutedel, Beginn des Austriebs
Apfel, Goldparmäne, Beginn der Blüte
Johannisbeere, Ende der Blüte

14. Mai. Pflaume, Ende der Blüte
Buchenwald, grün

15. Mai. Süßkirsche, Ende der Blüte

16. Mai. Roßkastanie, Beginn der Blüte
Kiefer, erste Maitriebe

17. Mai. Birne, Ende der Blüte

18. Mai. Zwetsche, Ende der Blüte
Flieder, Beginn der Blüte

19. Mai. Winterroggen, Petkuser, Beginn des Schossens
Erdbeere, Beginn der Blüte

20. Mai. Sauerkirsche, Ende der Blüte

21. Mai. Eberesche, Beginn der Blüte
Apfel, Ende der Blüte

23. Mai. Goldregen, Beginn der Blüte
Kartoffel, Weltwunder, Beginn des
Austriebs

28. Mai. Winterroggen, Petkuser, Be=
ginn der Blüte

10. Juni. Winterroggen, Ende der Blüte
Erdbeere, Ende der Blüte
Holunder, Beginn der Blüte
Falscher Jasmin, Beginn der Blüte

14. Juni. Sommergerste, Hannagerste,
Beginn des Schossens

19. Juni. Winterweizen, Beginn des
Schossens
Hafer, Beginn des Schossens

21. Juni. Sommerlinde, Beginn der
Blüte

22. Juni. Wein, Beginn der Blüte

23. Juni. Winterweizen, Beginn der
Blüte

24. Juni. Lupine, Beginn der Blüte

30. Juni. Winterlinde, Beginn der Blüte

1. Juli. Wein, Ende der Blüte
Johannisbeere, Beginn der Frucht=
reife

2. Juli. Weiße Lilie, Beginn der Blüte

3. Juli. Lupine, Ende der Blüte

5. Juli. Winterweizen, Ende der Blüte
Kartoffel, Beginn der Blüte

16. Juli. Winterroggen, Beginn der
Ernte

18. Juli. Eberesche, Beginn der Frucht=
reife

20. Juli. Kartoffel, Ende der Blüte
Sauerkirsche, Beginn der Ernte

27. Juli. Sommergerste, Beginn der Ernte

29. Juli. Hafer, Beginn der Ernte

8. August. Winterweizen, Beginn der
Ernte

10. August. Schneebeere, Beginn der
Fruchtreife

20. August. Holunder, Beginn der
Fruchtreife

28. August. Grummetreife

15. September. Pflaume, Beginn der
Ernte

22. September. Roßkastanie, Beginn der
Fruchtreife

23. September. Efeu, Beginn der Blüte

24. August. Apfel, Beginn der Ernte

Zerbst, Kr. Zerbst
(Beob. Hauptstelle für Pflanzenschutz in Anhalt)

20. März. Schneeglöckchen, Beginn der
Blüte

6. April. Kornelkirsche, Beginn der
Blüte

8. April. Salweide, Beginn der Blüte

20. April. Johannisbeere, Beginn der
Laubentfaltung

3. Mai. Süßkirsche, Beginn der Blüte

12. Mai. Birne, Diels Butterbirne, Be=
ginn der Blüte

14. Mai. Erdbeere, Beginn der Blüte

15. Mai. Apfel blühen infolge der großen
Hitze alle an einem Tage aus

1. Juni. Winterroggen, Beginn der
Blüte

Deetz, Kr. Zerbst
(Beob. Hauptstelle für Pflanzenschutz in Anhalt)

22. März. Junge Hasen

6. Mai. Birne, Beginn der Blüte
Kiefer, Beginn des Austriebs

8. Mai. Apfel, Beginn der Blüte

10. Mai. Flieder, Beginn der Blüte

20. Mai. Winterraps, Beginn der Blüte

26. Mai. Kiefernspanner

1. Juni. Wucherblume, Beginn der
Blüte

6. Juni. Vergißmeinnicht, Beginn der
Blüte
Winterroggen, Beginn der Blüte

12. Juni. Erste junge Rehe

14. Juni. Holunder, Beginn der Blüte
16. Juni. Akazie, Beginn der Blüte
20. Juni. Linde, Beginn der Blüte
24. Juni. Winterweizen, Beginn der
Blüte

Natho, Kr. Zerbst
(Beob. Hauptstelle für Pflanzenschutz in Anhalt)

8. März. Ringeltaube
20. März. Weiße Bachstelze
22. März. Drossel schlägt
5. April. Lungenkraut, Beginn der
Blüte
Gartenrotschwänzchen
6. April. Erste Schwalbe
7. April. Veilchen, Beginn der Blüte
13. April. Huflattich, Beginn der Blüte
14. April. Fuchs, Schmetterling, fliegt
Zitronenfalter fliegt
Mitte April. Kellerhals
Stachelbeere, Beginn der Laubentfaltung
16. April. Wiesenschaumkraut, Beginn
der Blüte
18. April. Erster Frosch
23. April. Goldstern, Beginn der Blüte
28. April. Löwenzahn, Beginn der Blüte
29. April. Sumpfdotterblume, Beginn
der Blüte
Ende April. Stachelbeere, Beginn der
Blüte
Roßkastanie, Beginn der Laubentfaltung
Birke, Beginn der Laubentfaltung
Anfang Mai. Schlehe, Beginn der Blüte
4. Mai. Süßkirsche, Beginn der Blüte
5. Mai. Kuckuck ruft
6. Mai. Fichte, Beginn des Austriebs
9. Mai. Kiefer, Beginn des Austriebs
Birne, Beginn der Blüte
12. Mai. Apfel, Beginn der Blüte
15. Mai. Eberesche, Beginn der Blüte
Flieder, Beginn der Blüte

Mitte Mai. Erste schwarze Blattläuse
Walnuß, Beginn der Blüte
Roßkastanie, Beginn der Blüte
Erster Segler
16. Mai. Erster Pirol
17. Mai. Goldregen, Beginn der Blüte
21. Mai. Erste Wachtel
Erste Hechtschwalbe
27. Mai. Winterroggen, Beginn der
Blüte
28. Mai. Wucherblume, Beginn der Blüte
30. Mai. Kornblume, Beginn der Blüte
Ende Mai. Erdbeere, Beginn der Blüte
Quitte, Beginn der Blüte
Holunder, Beginn der Blüte
Kiefer, Beginn der Blüte
Fichte, Beginn der Blüte
Tanne, Beginn der Blüte
6. Juni. Vergißmeinnicht, Beginn der
Blüte
8. Juni. Winterroggen, Beginn der
Blüte
12. Juni. Rotklee, Beginn der Blüte
16. Mai. Ackerwinde, Beginn der Blüte
Akazie, Beginn der Blüte
Mitte Juni. Erste junge Rehe
18. Juni. Ackerdistel, Beginn der Blüte
20. Juni. Linde, Beginn der Blüte
30. Juni. Weinrebe, Beginn der Blüte
Ende Juni. Erste junge Rebhühner
Anfang August. Ackerdistel, Beginn der
Fruchtreife
Mitte August. Eberesche, Beginn der
Laubverfärbung
Birke, Beginn der Laubverfärbung
Ende August. Holunder, Beginn der
Fruchtreife

Roßlau a. E., Kr. Zerbst
(Beob. Hauptstelle für Pflanzenschutz in Anhalt)

2. Mai. Erster Segler
8. Mai. Meißener Nettigbirne, Beginn
der Blüte

12. Mai. Roßkastanie, Beginn der Blüte
Erster Kohlweißling

Mitte Mai. Apfel, Beginn der Blüte

18. Mai. Waldvergißmeinnicht, Beginn der Blüte

28. Mai. Rotklee, Beginn der Blüte

30. Mai. Wucherblume, Beginn der Blüte

31. Mai. Winterroggen, Beginn der Blüte
Akazie, Beginn der Blüte

5. Juni. Holunder, Beginn der Blüte

8. Juni. Erste Schmetterlinge

10. Juni. Ackerwinde, Beginn der Blüte

17. Juni. Kartoffel, Beginn der Blüte

20. Juni. Linde, Beginn der Blüte

Woerpen, Kr. Zerbst
(Beob. Hauptstelle für Pflanzenschutz in Anhalt)

25. März. Schneeglöckchen, Beginn der Blüte

20. April. Stachelbeere, Beginn der Laubentfaltung
Anemone, Beginn der Blüte

25. April. Sumpfdotterblume, Beginn der Blüte
Erste junge Schwalben

1. Mai. Roßkastanie, Beginn der Laubentfaltung
Linde, Beginn der Laubentfaltung

5. Mai. Süßkirsche, Beginn der Blüte

12. Mai. Erste Maikäfer

13. Mai. Erdbeere, Beginn der Blüte

15. Mai. Birne, Beginn der Blüte
Walnuß, Beginn der Blüte
Roßkastanie, Beginn der Blüte

18. Mai. Flieder, Beginn der Blüte

19. Mai. Apfel, Beginn der Blüte

20. Mai. Erster Kohlweißling

31. Mai. Winterroggen, Beginn der Blüte

5. Juni. Rotklee, Beginn der Blüte

15. Juni. Akazie, Beginn der Blüte
Holunder, Beginn der Blüte

18. Juni. Stachelbeerspanner, erster Falter

29. Juni. Linde, Beginn der Blüte
Weinrebe, Beginn der Blüte

8. Juli. Wintergerste, Beginn der Fruchtreife

10. Juli. Heidelbeere, Beginn der Fruchtreife

12. Juli. Stachelbeere, Beginn der Fruchtreife
Johannisbeere, Beginn der Fruchtreife

30. Juli. Winterweizen, Beginn der Fruchtreife

31. August. Holunder, Beginn der Fruchtreife

10. September. Weintrauben, Beginn der Ernte

10. Oktober. Eiche, Beginn der Laubverfärbung

26. Oktober. Schlehe, Beginn der Fruchtreife

Wörlitz, Kr. Dessau
(Beob. Hauptstelle für Pflanzenschutz in Anhalt)

6. April. Erster Storch

8. April. Erste Schwalbe

13. April. Salweide, Beginn der Blüte

18. April. Buschwindröschen, Beginn der Blüte

20. April. Wendehals

22. April. Pfirsich, Beginn der Blüte

24. April. Nachtigall schlägt

28. April. Stachelbeere, Beginn der Laubentfaltung

1. Mai. Kuckuck schreit
Süßkirsche, Beginn der Blüte

2. Mai. Aprikose, Beginn der Blüte

6. Mai. Rohrsänger

4. Juni. Winterroggen, Beginn der Blüte

5. Juni. Akazie, Beginn der Blüte

14. Juli. Beginn des Vogelfluges

15. September. Buche, Beginn der
Laubverfärbung

16. September. Roßkastanie, Beginn der
Fruchtreife

3. Oktober. Efeu, Beginn der Blüte

15. Oktober. Quitte, Beginn der Frucht=
reife

Düben a. Mulde
(Beob. Huhn)

Mitte Februar. Schneeglöckchen, Beginn
der Blüte

2. April. Erster Grasfrosch

8. April. Stachelbeere, Beginn der Laub=
entfaltung

10. April. Erster Wasserfrosch

15. April. Kohlweißling, erster Falter

20. April. Anemone, Beginn der Blüte

25. April. Dotterblume, Beginn der Blüte

26. April. Salweide, Beginn der Blüte
Roßkastanie, Beginn der Laubent=
faltung

28. April. Sommerlinde, Beginn der
Laubentfaltung

2. Mai. Johannisbeere, Beginn der
Laubentfaltung

4. Mai. Tanne, erste Maitriebe

6. Mai. Süßkirsche, Beginn der Blüte
Buche, Beginn der Laubentfaltung
Kiefer, erste Maitriebe

10. Mai. Schlehe, Beginn der Blüte
Buchenhochwald grün

11. Mai. Birne, Beginn der Blüte
Winterlinde, Beginn der Laubentfal=
tung

12. Mai. Erste Maikäfer
Eichenhochwald grün

14. Mai. Apfel, Beginn der Blüte

16. Mai. Roßkastanie, Beginn der Blüte

17. Mai. Flieder, Beginn der Blüte
Eberesche, Beginn der Blüte

18. Mai. Winterroggen, Beginn des
Schossens

30. Mai. Winterroggen, Beginn der Blüte

2. Juni. Goldregen, Beginn der Blüte

6. Juni. Schneebeere, Beginn der Blüte

9. Juni. Holunder, Beginn der Blüte
Falscher Jasmin, Beginn der Blüte

18. Juni. Winterweizen, Beginn des
Schossens

22. Juni. Sommerlinde, Beginn der Blüte

24. Juni. Winterweizen, Beginn der
Blüte

25. Juni. Johannisbeere, Beginn der
Fruchtreife

28. Juni. Eberesche, erste Johannistriebe
Weiße Lilie, Beginn der Blüte

30. Juni. Eiche, erste Johannistriebe

2. Juli. Spitzahorn, erste Johannistriebe

3. Juli. Winterlinde, Beginn der Blüte

14. Juli. Eberesche, Beginn der Frucht=
reife

16. Juli. Winterroggen, Beginn der Ernte

28. Juli. Heide, Beginn der Blüte

5. August. Schneebeere, Beginn der
Fruchtreife

6. August. Winterweizen, Beginn der
Ernte

18. August. Holunder, Beginn der
Fruchtreife

30. August. Birke, Beginn der Fruchtreife

3. September. Grummetreife

6. September. Herbstzeitlose, Beginn
der Blüte

13. September. Efeu, Beginn der Blüte
Roßkastanie, Beginn der Fruchtreife

18. September. Liguster, Beginn der
Fruchtreife

19. September. Eiche, Beginn der Frucht=
reife

20. September. Roßkastanie, Beginn der
Laubverfärbung

12. Oktober. Buche, Beginn der Laub=
verfärbung

17. Oktober. Eiche, Beginn der Laub=
verfärbung

Kr. Sagan
(Beob. Steinmeister)

30. März. Schneeglöckchen, Beginn der Blüte

März/April. Roggen, Schneeschimmel
Klee, Kleekrebs

2. April. Hederich, Keimpflänzchen

5. April. Stachelbeere, Beginn des Austriebs

8. April. Anemone, Beginn der Blüte

10. April. Erster Wasserfrosch

16. April. Salweide, Beginn der Blüte

18. April. Stachelbeere, Beginn der Laubentfaltung

20. April. Sommerlinde, Beginn der Laubentfaltung

22. April. Roßkastanie, Beginn der Laubentfaltung

25. April. Buche, Beginn der Laubentfaltung

1. Mai. Gerste, Fritfliege
Gerste, Getreideblumenfliege

2. Mai. Birne, Beginn des Austriebs
Süßkirsche, Beginn des Austriebs
Dotterblume, Beginn der Blüte

5. Mai. Roggen, Fritfliege
Roggen, Getreideblumenfliege
Johannisbeere, Beginn der Blüte

7. Mai. Sauerkirsche, Beginn des Austriebs

8. Mai. Süßkirsche, Beginn der Blüte
Pflaume, Beginn des Austriebs

10. Mai. Winterroggen, Petkuser, Beginn des Schossens
Zwetsche, Beginn der Blüte
Stachelbeere, Beginn der Blüte

11. Mai. Kohlweißling, erster Falter

12. Mai. Erste Maikäfer
Wein, Beginn des Austriebs
Apfel, Beginn des Austriebs
Birne, Beginn der Blüte

13. Mai. Pflaume, Beginn der Blüte

14. Mai. Apfel, Beginn der Blüte

15. Mai. Sauerkirsche, Beginn der Blüte

16. Mai. Rübe, Eckendorfer, Beginn des Austriebs
Lupine, Blaue, Beginn des Austriebs
Flieder, Beginn der Blüte

18. Mai. Kiefer, erste Maitriebe

19. Mai. Fichte, erste Maitriebe

20. Mai. Roßkastanie, Beginn der Blüte
Kartoffel, Beginn des Auflaufens
Hafer, Fritfliege

22. Mai. Klee, Beginn des Austriebs

25. Mai. Goldregen, Beginn der Blüte,

26. Mai. Winterweizen, Criewener 104 Beginn des Schossens

31. Mai. Winterroggen, Beginn der Blüte

2. Juni. Holunder, Beginn der Blüte

5. Juni. Zuckerrübe, Runkelfliege
Runkelrübe, Runkelfliege

15. Juni. Sommergerste, Beginn des Schossens
Hafer, Petkuser, Beginn es Schossens
Winterroggen, Ende der Blüte

20. Juni. Winterweizen, Beginn der Blüte

4. Juli. Sommerlinde, Beginn der Blüte
Winterlinde, Beginn der Blüte
Heide, Beginn der Blüte

15. Juli. Winterroggen, Beginn der Ernte

5. August. Winterweizen, Beginn der Ernte
Hafer, Beginn der Ernte

13. September. Kartoffel, Beginn der Ernte

15. September. Birne, Beginn der Ernte

20. September. Roßkastanie, Beginn der Fruchtreife

Sprottau
(Beob. Klocke, Ökonomierat)

21. März. Schneeglöckchen, Beginn der Blüte

4. April. Hederich, Keimpflänzchen

12. April. Stachelbeere, Beginn der Laub-
      entfaltung
      Johannisbeere, Beginn der Laub-
      entfaltung
14. April. Anemone, Beginn der Blüte
29. April. Dotterblume, Beginn der Blüte
 1. Mai. Roßkastanie, Beginn der Laub-
      entfaltung
 5. Mai. Johannisbeere, Beginn der Blüte
      Birne, Beginn des Austriebs
      Süßkirsche, Beginn des Austriebs
 8. Mai. Sommerlinde, Beginn der
      Laubentfaltung
      Winterlinde, Beginn der Laubentfal-
      tung
      Pflaume, Beginn des Austriebs
 9. Mai. Süßkirsche, Beginn der Blüte
10. Mai. Lupine, Beginn des Auf-
      laufens
      Sauerkirsche, Beginn des Austriebs
      Kiefer, erste Maitriebe
      Fichte, erste Maitriebe
      Tanne, erste Maitriebe
13. Mai. Pfirsich, Beginn der Blüte
14. Mai. Wein, Beginn des Austriebs
      Apfel, Beginn des Austriebs
      Sauerkirsche, Beginn der Blüte
      Stachelbeere, Beginn der Blüte
      Johannisbeere, Beginn der Blüte
15. Mai. Rübe, Beginn des Auflaufens
      Birne, Beginn der Blüte
      Pflaume, Beginn der Blüte
      Zwetsche, Beginn der Blüte
      Apfel, Beginn der Blüte
      Erste Maikäfer
16. Mai. Schlehe, Beginn der Blüte
      Flieder, Beginn der Blüte
17. Mai. Erdbeere, Beginn der Blüte
18. Mai. Roßkastanie, Beginn der Blüte
20. Mai. Winterroggen, Beginn des
      Schossens
      Buchenhochwald, grün
      Eichenhochwald, grün

23. Mai. Kartoffel, v. Komeke, Beginn
      des Auflaufens
      Ackerbohne, Beginn des Auflaufens
      Eberesche, Beginn der Blüte
25. Mai. Klee, Beginn des Auflaufens
 2. Juni. Zuckerrübe, Runkelfliege
      Runkelrübe, Runkelfliege
      Sommerroggen, Beginn des Schos-
      sens
      Winterroggen, Petkuser, Beginn der
      Blüte
10. Juni. Winterweizen, Beginn des
      Schossens
      Holunder, Beginn der Blüte
13. Juni. Gerste, Streifenkrankheit
25. Juni. Winterweizen, Criewener 104,
      Beginn der Blüte
 2. Juli. Lupine, Beginn der Blüte
 3. Juli. Kartoffel, Beginn der Blüte
 5. Juli. Rübe, Beginn der Ernte
 8. Juli. Sommerlinde, Beginn der Blüte
      Winterlinde, Beginn der Blüte
      Johannisbeere, Beginn der Frucht-
      reife
15. Juli. Winterroggen, Beginn der Ernte
 7. August. Winterweizen, Beginn der
      Ernte
      Hafer, Beginn der Ernte
10. September. Birne, Beginn der Ernte
15. September. Kartoffel, Beginn der
      Ernte
25. September. Roßkastanie, Beginn der
      Fruchtreife

Karlsdorf bei Trebnitz
(Beob. v. Websky)

23. Juni. Hafer, Beginn der Blüte
 3. Juli. Hafer, Ende der Blüte
 4. Juli. Sommerweizen, Beginn der
      Blüte
 5. Juli. Rübe, Beginn der Blüte
 8. Juli. Sommerweizen, Ende der Blüte
12. Juli. Raps, Beginn der Ernte

13. Juli. Wintergerste, Beginn der Ernte
21. Juli. Winterroggen, Beginn der Ernte
25. Juli. Birne, Beginn der Ernte
29. Juli. Erbse, Ende der Blüte
30. Juli. Apfel, Beginn der Ernte

Golkowe bei Gontkowitz
(Beob. v. Heydebrand)

Zuckerrüben, Engerlinge 80—90 % Schaden

Festenberg
(Beob. Landwirtschaftliche Schule)

20. März. Schneeglöckchen, Beginn der Blüte
22. März. Roggen, Schneeschimmel
27. März. Erster Grasfrosch
16. April. Salweide, Beginn der Blüte
17. April. Stachelbeere, Beginn der Laubentfaltung
23. April. Anemone, Beginn der Blüte
25. April. Huflattich, Beginn der Blüte
28. April. Dotterblume, Beginn der Blüte
 2. Mai. Viktoriaerbse, Beginn des Auflaufens
 5. Mai. Johannisbeere, Beginn der Blüte
 9. Mai. Süßkirsche, Beginn der Blüte
10. Mai. Goldregen, Beginn der Blüte
12. Mai. Schlesischer Rotklee, Beginn des Auflaufens
Kohlweißling, erster Falter
Roßkastanie, Beginn der Laubentfaltung
13. Mai. Birne, Beginn der Blüte
14. Mai. Schlehe, Beginn der Blüte
Sommerlinde, Beginn der Laubentfaltung
15. Mai. Buche, Beginn der Laubentfaltung
Hederich, Keimpflänzchen
16. Mai. Apfel, Beginn der Blüte
Buchenhochwald grün

17. Mai. Roßkastanie, Beginn der Blüte
Flieder, Beginn der Blüte
18. Mai. Gelbe Lupine, Beginn des Auflaufens
20. Mai. Weizen, Mehltau
21. Mai. Kiefer, erste Maitriebe
22. Mai. Kartoffel, Frühe Rosen-, Beginn des Auflaufens
23. Mai. Winterroggen, Petkuser, Beginn des Schossens
28. Mai. Erbse, Beginn der Blüte
30. Mai. Winterroggen, Beginn der Blüte
 2. Juni. Zuckerrübe, Runkelfliege
Runkelrübe, Runkelfliege
 8. Juni. Holunder, Beginn der Blüte
10. Juni. Hafer, Fritfliege
14. Juni. Winterweizen, Beginn des Schossens
15. Juni. Kartoffel, Beginn der Blüte
18. Juni. Sommerlinde, Beginn der Blüte
Winterlinde, Beginn der Blüte
20. Juni. Sommergerste, Beginn des Schossens
Hafer, Beginn des Schossens
Lupine, Beginn der Blüte
22. Juni. Winterweizen, Beginn der Blüte
24. Juni. Johannisbeere, Beginn der Fruchtreife
 8. Juli. Wintergerste, Beginn der Ernte
14. Juli. Winterroggen, Beginn der Ernte
18. Juli. Kartoffel, Beginn der Ernte
20. Juli. Erbse, Beginn der Ernte
22. Juli. Winterweizen, Beginn der Ernte
25. Juli. Sommergerste, Beginn der Ernte
28. Juli. Hafer, Beginn der Ernte
Anfang August. Grummetreife
Heide, Beginn der Blüte
12. August. Lupine, Beginn der Ernte
25. September. Roßkastanie, Beginn der Fruchtreife
 9. Oktober. Roßkastanie, allgemeine Laubverfärbung

IIIc. Kreis der thüringisch-sächsischen Bucht 1924

Schlanstedt, Bez. Magdeburg	**Hohenerxleben,** Post Staßfurt
(Beob. H. Leßmann, Zuchtobergärtner)	(Beob. O. Sommer)

23. April. Süßkirsche, Beginn des Austriebs
Sauerkirsche, Beginn des Austriebs
25. April. Gravensteiner, Beginn des Austriebs
Butterbirne, Beginn des Austriebs
26. April. Pflaume, Beginn des Austriebs
Zwetsche, Beginn des Austriebs
Pfirsich, Beginn der Blüte
30. April. Erbse, Beginn des Auflaufens
8. Mai. Johannisbeere, Ende der Blüte
10. Mai. Stachelbeere, Ende der Blüte
Rübe, Beginn der Aussaat
11. Mai. Süßkirsche, Beginn der Blüte
12. Mai. Schattenmorelle, Beginn der Blüte
Bergamotte, Beginn der Blüte
14. Mai. Gravensteiner, Beginn der Blüte
15. Mai. Pfirsich, Ende der Blüte
17. Mai. Erdbeere, Beginn der Blüte
18. Mai. Birne, Bergamotte, Ende der Blüte
Süßkirsche, Ende der Blüte
19. Mai. Pflaume, Ende der Blüte
Zwetsche, Ende der Blüte
20. Mai. Apfel, Gravensteiner, Ende der Blüte
Sauerkirsche, Ende der Blüte
Kartoffel, Beginn des Auflaufens
28. Mai. Erbse, Beginn der Blüte
Mitte September. Winterroggen, Beginn der Aussaat
Anfang Oktober. Winterweizen, Beginn der Aussaat
Kartoffel, Beginn der Ernte
Mitte Oktober. Rübe, Beginn der Ernte
Weizen, Getreideblumenfliege

6. April. Schneeglöckchen, Beginn der Blüte
Lebensbaum, Bienen beflogen
10. April. Krokus, Beginn der Blüte
12. April. Huflattich, Beginn der Blüte
17. April. Kornelkirsche, Beginn der Blüte
18. April. Ulme, Beginn der Blüte
Ranunculus ficaria, Beginn der Blüte
Gelbe Narzisse, Beginn der Blüte
20. April. Sommerlinde, Beginn der Laubentfaltung
24. April. Nachtigall, erster Gesang
29. April. Kuckuck, erster Ruf
30. April. Roßkastanie, Beginn der Laubentfaltung
Winterlinde, Beginn der Laubentfaltung
Arabis alpina, Beginn der Blüte
Hyazinthen, Beginn der Blüte
Tulpen, Beginn der Blüte
Veilchen, Beginn der Blüte
Prunus triloba, Beginn der Blüte
Forsythia, Beginn der Blüte
Primula veris, Beginn der Blüte
Roter Ahorn, Beginn der Blüte
4. Mai. Süßkirsche, Beginn der Blüte
Ahorn, Beginn der Blüte
Ribes, Beginn der Blüte
Mahonia aquifolia, Beginn der Blüte
Löwenzahn, Beginn der Blüte
Vogelmiere, Beginn der Blüte
7. Mai. Dotterblume, Beginn der Blüte
Sauerkirsche, Beginn der Blüte
11. Mai. Eichenhochwald grün
Birke grün
Erste Morcheln
Zierapfel, Beginn der Blüte
Glechoma hederacums, Beginn der Blüte

Löwenzahn, Vollblüte
Birne, Beginn der Blüte

12. Mai. Erster Pirol

14. Mai. Schlehe, Beginn der Blüte
Apfel, Beginn der Blüte

15. Mai. Flieder, Beginn der Blüte

18. Mai. Flieder, Vollblüte
Eiche, Beginn der Blüte
Esche, Beginn der Blüte
Gänseblümchen, Beginn der Blüte
Lamium, Beginn der Blüte

1. Juni. Winterroggen, Beginn der Blüte
Ackersenf,

2. Juni. Akazie, Beginn der Blüte

8. Juni. Schneebeere, Beginn der Blüte
Esparsette, Beginn der Blüte
Salvia pratensis, Beginn der Blüte
Cynogtossum, Beginn der Blüte

20. Juni. Eichorie, Beginn der Blüte
Weißklee, Beginn der Blüte
Wiesenstorchschnabel, Beginn der Blüte

14. Juli. Erbse, Beginn der Ernte

16. Juli. Winterroggen, Beginn der Ernte

22. Juli. Sommergerste, Beginn der Ernte

26. Juli. Winterweizen, Beginn der Ernte

31. Juli. Lotus corniculatus, Beginn der Blüte
Majoran, Beginn der Blüte
Bokhara, Beginn der Blüte

3. August. Hafer, Beginn der Ernte

10. August. Pastinaken

Amesdorf bei Güsten

(Beob. Hauptstelle für Pflanzenschutz in Anhalt)

Ende März. Schneeglöckchen, Beginn der Blüte

Mitte April. Salweide, Beginn der Laubentfaltung

Stachelbeere, Beginn der Laubentfaltung

Ende April. Roßkastanie, Beginn der Laubentfaltung
Linde, Beginn der Laubentfaltung

1. Mai. Süßkirsche, Beginn der Blüte
Birne, Beginn der Blüte

Anfang Mai. Winterraps, Beginn der Blüte

10. Mai. Apfel, Beginn der Blüte

18. Mai. Erdbeere, Beginn der Blüte
Flieder, Beginn der Blüte

20. Mai. Walnuß, Beginn der Blüte

25. Mai. Goldregen, Beginn der Blüte
Erster Kohlweißling

26. Mai. Wucherblume, Beginn der Blüte

1. Juni. Rotklee, Beginn der Blüte

8. Juni. Winterroggen, Beginn der Blüte

10. Juni. Akazie, Beginn der Blüte

20. Juni. Linde, Beginn der Blüte

28. Juni. Winterweizen, Beginn der Blüte

8. Juli. Johannisbeere, Beginn der Fruchtreife

10. Juli. Wintergerste, Beginn der Fruchtreife

15. Juli. Weiderich, Beginn der Blüte

20. Juli. Stachelbeere, Beginn der Fruchtreife

28. Juli. Winterweizen, Beginn der Fruchtreife

Anfang August. Ackerdistel, Beginn der Fruchtreife

Mitte August. Eberesche, Beginn der Fruchtreife

Ende September. Roßkastanie, Beginn der Fruchtreife

Kreis Bernburg

(Beob. Hauptstelle für Pflanzenschutz in Anhalt)

10. März. Eranthis, Beginn der Blüte

12. März. Erster Star

15. März. Erste Ackerschleppe und Egge
17. März. Erster Pflug
23. März. Erster Fuchsschmetterling
24. März. Erste Singdrossel
Erster Hausrotschwanz
Leberblümchen, Beginn der Blüte
5. April. Krokus, Beginn der Blüte
6. April. Wendehals, Beginn der Blüte
8. April. Arabis alpina, Beginn der Blüte
Erster Kohlweißling
Erste Grasmücke
11. April. Veilchen, Beginn der Blüte
13. April. Lerchensporn, Beginn der Blüte
14. April. Huflattich, Beginn der Blüte
16. April. Erste Rauchschwalbe
Erster Girlitz
Kastanie, Beginn der Laubentfaltung
Goldstern, Beginn der Blüte
Ulme, Beginn der Blüte
Forsythia, Beginn der Blüte
17. April. Erste Mehlschwalbe
18. April. Anemone, Beginn der Blüte
20. April. Pappel, Beginn der Blüte
21. April. Narzisse, Beginn der Blüte
22. April. Erstes vollständiges Gelege der Singdrossel
23. April. Hyazinthe, Beginn der Blüte
24. April. Aprikose, Beginn der Blüte
Erster Mauersegler
Stare haben das zweite Ei
25. April. Nachtigall schlägt
Trauerfliegenschnäpper
Stachelbeere, Beginn der Blüte
Tulpe, Beginn der Blüte
26. April. Johannisbeere, Beginn der Blüte
27. April. Schwarzdrossel brütet
28. April. Süßkirsche, Beginn der Blüte
1. Mai. Grüne Flaschenbirne, Beginn der Blüte
3. Mai. Blaue Pflaume, Beginn der Blüte

Muspflaume (Zwetsche), Beginn der Blüte
4. Mai. Blaumeise, brütet
Buchfink, brütet
Plattmönch, brütet
5. Mai. Hainbuche, Beginn der Blüte
Wilde Tulpe, Beginn der Blüte
8. Mai. Kleine Schwertlilie, Beginn der Blüte
Schwarze Johannisbeere, Beginn der Blüte
Spitzahorn, Beginn der Blüte
9. Mai. Roßkastanie, Beginn der Blüte
Faulbaum, Beginn der Blüte
Esche, Beginn der Blüte
Fink hat die ersten Jungen
12. Mai. Pirol
Walderdbeere, Beginn der Blüte
13. Mai. Eiserapfel, Beginn der Blüte
Schneeball, Beginn der Blüte
14. Mai. Flieder, Beginn der Blüte
Einfache Narzisse, Beginn der Blüte
Walnuß, Beginn der Blüte
Kuckuck, erster Schrei
16. Mai. Eberesche, Beginn der Blüte
19. Mai. Blaumeise hat Junge
Grasmücke hat Junge
22. Mai. Wein, Mehltau
23. Mai. Trauerfliegenschnäpper brütet
Rotdorn, Beginn der Blüte
31. Mai. Akazie, Beginn der Blüte
2. Juni. Holunder, Beginn der Blüte

Biendorf, Kr. Cöthen
(Beob. Hauptstelle für Pflanzenschutz in Anhalt)

5. März. Schneeglöckchen, Beginn der Blüte
11. März. Erster Star
15. März. Erste Schwalbe
24. März. Erste Bachstelze
Huflattich, Beginn der Blüte
15. April. Stachelbeere, Beginn der Laubentfaltung

Roßkastanie, Beginn der Laubentfaltung

29. April. Johannisbeere, Beginn der
Laubentfaltung

8. Mai. Süßkirsche, Beginn der Blüte

10. Mai. Apfel, Beginn der Blüte

12. Mai. Birne, Beginn der Blüte

15. Mai. Erdbeere, Beginn der Blüte

16. Mai. Roßkastanie, Beginn der Blüte
Flieder, Beginn der Blüte

27. Mai. Quitte, Beginn der Blüte

29. Mai. Winterroggen, Beginn der
Blüte

1. Juni. Akazie, Beginn der Blüte

3. Juni. Holunder, Beginn der Blüte

13. Oktober. Herbst-Frostspanner, erster
Falter

Wiendorf bei Gerlebogk
(Beob. Hauptstelle für Pflanzenschutz in Anhalt)

20. März. Schneeglöckchen, Beginn der
Blüte
Huflattich, Beginn der Blüte

10. April. Kaiserkrone, Beginn der Blüte

25. April. Stachelbeere, Beginn der Laubentfaltung

28. April. Linde, Beginn der Laubentfaltung

30. April. Roßkastanie, Beginn der Laubentfaltung
Johannisbeere, Beginn der Laubentfaltung

5. Mai. Süßkirsche, Beginn der Blüte

8. Mai. Birne, Beginn der Blüte

12. Mai. Apfel, Beginn der Blüte

30. Mai. Winterroggen, Beginn der Blüte

3. Juni. Junge Schwalben

5. Juni. Rotklee, Beginn der Blüte

15. Juni. Holunder, Beginn der Blüte

20. Juni. Linde, Beginn der Blüte
Winterweizen, Beginn der Blüte

22. Juni. Weinrebe, Beginn der Blüte

25. Juni. Ackerwinde, Beginn der Blüte

28. Juni. Ackerdistel, Beginn der Blüte

1. Juli. Johannisbeere, Beginn der
Fruchtreife
Stachelbeere, Beginn der Fruchtreife

6. Juli. Wintergerste, Beginn der Fruchtreife

25. Juli. Winterweizen, Beginn der
Fruchtreife

10. August. Ackerdistel, Beginn der Fruchtreife

28. August. Roßkastanie, Beginn der
Fruchtreife

30. August. Holunder, Beginn der Fruchtreife

Klostermansfeld
(Mansfelder Gebirgskreis)
(Beob. K. Siegert, Lehrer)

22. April. Huflattich, Beginn der Blüte

28. April. Anemone, Beginn der Blüte

29. April. Kornelkirsche, Beginn der Blüte

3. Mai. Stachelbeere, Beginn der Laubentfaltung
Erste Maikäfer

4. Mai. Roßkastanie, Beginn der Laubentfaltung

5. Mai. Landsberger Renette, Beginn
der Laubentfaltung

6. Mai. Johannisbeere, Beginn der Blüte
Sommerlinde, Beginn der Laubent-
faltung
Buche, Beginn der Laubentfaltung

7. Mai. Pastorenbirne, Beginn der
Laubentfaltung

8. Mai. Süßkirsche, Beginn der Blüte

12. Mai. Kiefer, Erste Maitriebe
Fichte, Erste Maitriebe

17. Mai. Roßkastanie, Beginn der Laubentfaltung
Winterroggen, Beginn des Schossens

20. Mai. Flieder, Beginn der Blüte

5. Juni. Winterroggen, Beginn der
Blüte

10. Juni. Winterweizen, Beginn des Schossens

12. Juni. Holunder, Beginn der Blüte

15. Juni. Heide, Beginn der Blüte

21. Juni. Sommerlinde, Beginn der Blüte
Winterlinde, Beginn der Blüte

26. Juni. Johannisbeere, Beginn der Fruchtreife

23. Juli. Winterweizen, Beginn der Blüte
Winterroggen, Beginn der Ernte

2. August. Winterweizen, Beginn der Ernte

2. September. Herbstzeitlose, Beginn der Blüte

3. Oktober. Roßkastanie, allgemeine Laubverfärbung

Eisleben (Prov. Sachsen)
(Beob. Prof. Otto)

16. März. Schneeglöckchen, Beginn der Blüte

6. April. Huflattich, Beginn der Blüte

7. April. Stachelbeere, Beginn der Laubentfaltung

10. April. Anemone, Beginn der Blüte
Kornelkirsche, Beginn der Blüte

28. April. Johannisbeere, Beginn der Blüte
Sommerlinde, Beginn der Laubentfaltung

29. April. Roßkastanie, Beginn der Laubentfaltung

2. Mai. Süßkirsche, Beginn der Blüte

5. Mai. Winterlinde, Beginn der Laubentfaltung

7. Mai. Schlehe, Beginn der Blüte
Buche, Beginn der Laubentfaltung

10. Mai. Birne, Beginn der Blüte

13. Mai. Apfel (weißer Sommerapfel), Beginn der Blüte

14. Mai. Roßkastanie, Beginn der Laubentfaltung

Buchenhochwald grün
Fichte, erste Maitriebe

16. Mai. Flieder, Beginn der Blüte

22. Mai. Goldregen, Beginn der Blüte

23. Mai. Eberesche, Beginn der Blüte

24. Mai. Eichenhochwald grün

1. Juni. Holunder, Beginn der Blüte

4. Juni. Falscher Jasmin, Beginn der Blüte

6. Juni. Winterroggen, Beginn der Blüte

4. Juli. Sommerlinde, Beginn der Blüte
Winterlinde, Beginn der Blüte

5. Juli. Weiße Lilie, Beginn der Blüte

12. Juli. Johannisbeere, Beginn der Fruchtreife

26. Juli. Winterroggen, Beginn der Ernte

18. September. Eiche, Beginn der Fruchtreife

26. September. Roßkastanie, Beginn der Fruchtreife

28. September. Roßkastanie, allgemeine Laubverfärbung

12. Oktober. Buche, allgemeine Laubverfärbung
Eiche, allgemeine Laubverfärbung

Querfurt
(Beob. Dr. Hennicker, Direktor der Landwirtschaftlichen Schule)

15. Februar. Roggen, Schneeschimmel

21. März. Weizen, Getreideblumenfliege

25. März. Roggen, Getreideblumenfliege

26. April. Stachelbeere, Beginn der Laubentfaltung

27. April. Johannisbeere, Beginn der Laubentfaltung

29. April. Pfirsich, Beginn der Laubentfaltung
Süßkirsche, Beginn der Laubentfaltung
Sauerkirsche, Beginn der Laubentfaltung

30. April. Apfel, Beginn der Laubent=
faltung
Birne, Beginn der Laubentfaltung
Pflaume, Beginn der Laubentfaltung

2. Mai. Gerste, Getreideblumenfliege

3. Mai. Lupine (Pflugsblaue), Beginn
des Auflaufens
Erbse, Beginn des Auflaufens

6. Mai. Ackerbohne, Beginn des Auf=
laufens
Pfirsich, Beginn der Blüte
Stachelbeere, Beginn der Blüte
Johannisbeere, Beginn der Blüte

7. Mai. Süßkirsche, Beginn der Blüte
Sauerkirsche, Beginn der Blüte

8. Mai. Hederich, Keimpflänzchen

9. Mai. Rotklee, Beginn des Auflaufens

10. Mai. Rübe, Beginn des Auflaufens

12. Mai. Apfel, Beginn der Blüte
Birne, Beginn der Blüte
Pflaume, Beginn der Blüte

15. Mai. Erdbeere, Beginn der Blüte

16. Mai. Pfirsich, Ende der Blüte

18. Mai. Petkuser Winterroggen, Beginn
des Schossens

20. Mai. Kartoffel (Industrie), Beginn
des Auflaufens
Süßkirsche, Ende der Blüte
Stachelbeere, Ende der Blüte
Johannisbeere, Ende der Blüte

21. Mai. Sauerkirsche, Ende der Blüte

24. Mai. Sommerroggen, Beginn des
Schossens
Birne, Ende der Blüte
Pflaume, Ende der Blüte

25. Mai. Ackersenf

28. Mai. Winterroggen, Beginn der Blüte
Apfel, Ende der Blüte

30. Mai. Erdbeere, Ende der Blüte

5. Juni. Sommerroggen, Beginn der
Blüte
Winterroggen, Ende der Blüte

10. Juni. Hederich, in Frucht

13. Juni. Sommerroggen, Ende der
Blüte

18. Juni. Gerste, Flugbrand
Runkelrübe, Runkelfliege
Zuckerrübe, Runkelfliege
Weinrebe, Einbindiger Heu= und
Sauerwurm

20. Juni. Gerste, Streifenkrankheit
Kartoffel, Schwarzbeinigkeit

21. Juni. Sommergerste (Hanna), Be=
ginn des Schossens

22. Juni. Winterweizen (Panzer), Be=
ginn des Schossens
Süßkirsche, Beginn der Ernte

25. Juni. Erdbeere, Beginn der Ernte

26. Juni. Sommergerste, Beginn der
Blüte

27. Juni. Winterweizen, Beginn der
Blüte

1. Juli. Roggen, Roggenstengelbrand

4. Juli. Sommergerste, Ende der Blüte
Winterweizen, Ende der Blüte

5. Juli. Gerste, Hartbrand

8. Juli. Weizen, Gelbe Halmfliege

10. Juli. Roggen, Mutterkorn (Honig=
taustadium)

10. Juli. Weizen, Steinbrand
Weizen, Flugbrand
Sommerweizen (Strubes Schlan=
stedter), Beginn des Schossens

12. Juli. Hafer (Dippes Überwinder),
Beginn des Schossens

15. Juli. Sommerweizen, Beginn der
Blüte
Weizen, Mehltau

17. Juli. Hafer, Flugbrand

18. Juli. Hafer, Beginn der Blüte

20. Juli. Lupine, Beginn der Blüte
Sommerweizen, Ende der Blüte
Roggen, Mutterkorn (Sklerotium)
Hafer, Weißrippigkeit

22. Juli. Hafer, Ende der Blüte

25. Juli. Sauerkirsche, Beginn der Ernte

Stachelbeere, Beginn der Ernte
Windhalm in Blüte

30. Juli. Johannisbeere, Beginn der Ernte

5. August. Sommerroggen, Beginn der Ernte

9. August. Sommergerste, Beginn der Ernte

12. August. Winterweizen, Beginn der Ernte
Hafer, Beginn der Ernte

15. August. Pfirsich, Beginn der Ernte

20. August. Lupine, Ende der Blüte
Sommerweizen, Beginn der Ernte
Klee, Kleeseide

25. August. Birne, Beginn der Ernte

30. August. Kartoffel, Krautfäule

1. September. Apfel, Obstmade

2. September. Birne, Obstmade
Pflaume, Pflaumenwickler
Zwetsche, Pflaumenwickler
Birne, Schorf

10. September. Lupine, Beginn der Ernte
Pflaume, Beginn der Ernte

15. September. Apfel, Beginn der Ernte

Halle
(Beob. Carl Klinger)

18. April. Pfirsich, Ende der Blüte

Mai. Raps, Rapserdfloh

1. Mai. Pflaume, Ende der Blüte
Zwetsche, Ende der Blüte

8. Mai. Sauerkirsche, Ende der Blüte

12. Mai. Birne, Ende der Blüte

15. Mai. Süßkirsche, Ende der Blüte

17. Mai. Raps, Beginn der Blüte
Erdbeere, Ende der Blüte

25. Mai. Apfel, Ende der Blüte

31. Mai. Erbse, Beginn der Blüte

Juni. Birne, Schorf

2. Juni. Winterroggen, Beginn der Blüte

7. Juni. Ackerbohne, Beginn der Blüte

15. Juni. Süßkirsche, Beginn der Ernte
Winterroggen, Ende der Blüte
Raps, Ende der Blüte

20. Juni. Wein, Beginn der Blüte

27. Juni. Kartoffel, Beginn der Blüte

30. Juni. Stachelbeere (Früheste von Neuwied), Beginn der Ernte
Johannisbeere, Beginn der Ernte
Weizen, Flugbrand
Gerste, Flugbrand
Gerste, Streifenkrankheit
Hafer, Flugbrand
Kartoffel, Schwarzbeinigkeit

Mitte Juni. Stachelbeere, Stachelbeerblattwespe

Ende Juni. Erdbeere, Beginn der Ernte

Delitzsch
(Beob. Jakob Loos, Landwirtschaftslehrer)

20. März. Schneeglöckchen, Beginn der Blüte

5. April. Stachelbeere, Beginn der Laubentfaltung

15. April. Erdbeere, Austrieb

20. April. Birne, Beginn der Laubentfaltung

24. April. Apfel, Beginn der Laubentfaltung

26. April. Kornelkirsche, Beginn der Blüte

27. April. Johannisbeere, Beginn der Blüte

Anfang Mai. Hederich, Keimpflänzchen
Pflaume, Beginn der Laubentfaltung
Zwetsche, Beginn der Laubentfaltung
Süßkirsche, Beginn der Blüte
Weizen, Getreideblumenfliege
Kartoffel (Pirola), Aussaat

1. Mai. Johannisbeere, Beginn der Blüte

3. Mai. Klee, Beginn des Auflaufens
Pflaume, Beginn der Blüte

5. Mai. Dotterblume, Beginn der Blüte

7. Mai. Birne, Beginn der Blüte
Rübe, Beginn des Auflaufens
Zwetsche, Beginn der Blüte
12. Mai. Apfel, Beginn der Blüte
Roßkastanie, Beginn der Blüte
15. Mai. Flieder, Beginn der Blüte
16. Mai. Winterroggen, Beginn des Schossens
18. Mai. Goldregen, Beginn der Blüte
26. Mai. Wintergerste, Friedrichswerther, Beginn der Blüte
1. Juni. Akazie, Beginn der Blüte
2. Juni. Petkuser Winterroggen, Beginn der Blüte
5. Juni. Winterroggen, Nachtfröste während der Blüte
12. Juni. Holunder, Beginn der Blüte
Klee, Beginn der Ernte
18. Juni. Sommergerste (Bethge II), Beginn der Blüte
Panzer Winterweizen, Beginn der Blüte
Roggen, Roggenstengelbrand
Gerste, Flugbrand
Gerste, Hartbrand
Gerste, Streifenkrankheit
20. Juni. Hafer, Beginn der Ernte
Süßkirsche, Beginn der Ernte
Winterlinde, Beginn der Blüte
Weizen, Flugbrand
21. Juni. Runkelrübe, Runkelfliege
Zuckerrübe, Runkelfliege
Mitte Juni. Erdbeere, Beginn der Ernte
28. Juni. Kartoffel, Beginn der Blüte
Ende Juni. Erbse, Beginn der Blüte
Hafer, Flugbrand
Windhalm in Blüte
1. Juli. Johannisbeere, Beginn der Fruchtreife
Wintergerste, Beginn der Ernte
Anfang Juli. Johannisbeere, Beginn der Ernte
2. Juli. Kartoffel, Schwarzbeinigkeit

4. Juli. Kartoffel, Kartoffelkrebs
15. Juli. Roggen, Mutterkorn (Sklerotium)
Weizen, Steinbrand
Mitte Juli. Hederich in Frucht
Ackersenf
15. Juli. Winterroggen, Beginn der Ernte
Stachelbeere, Beginn der Ernte
16. Juli. Winterroggen, Beginn der Ernte
18. Juli. Sauerkirsche, Beginn der Ernte
20. Juli. Sommergerste, Beginn der Ernte
25. Juli. Winterweizen, Beginn der Ernte
Mitte Juli. Luzerne, Beginn der Ernte
Anfang August. Heide, Beginn der Blüte
1. August. Winterweizen, Beginn der Ernte
20. August. Eberesche, Beginn der Fruchtreife
22. August. Holunder, Beginn der Fruchtreife
18. September. Kartoffel, Beginn der Ernte
3. Oktober. Rübe, Beginn der Ernte
Mitte Oktober. Allgemeine Laubverfärbung

Kötzschau bei Corbetha
(Beob. Willy Weilepp, Lehrer)

11. März. Salweide, Beginn der Blüte
15. März. Schneeglöckchen, Beginn der Blüte
27. März. Veilchen, Beginn der Blüte
15. April. Huflattich, Beginn der Blüte
19. April. Stachelbeere, Beginn der Laubentfaltung
25. April. Erster Wasserfrosch
28. April. Dotterblume, Beginn der Blüte
1. Mai. Johannisbeere, Beginn der Blüte

Roßkastanie, Beginn der Laubentfaltung

3. Mai. Kohlweißling, erster Falter
Süßkirsche, Beginn der Blüte

8. Mai. Winterlinde, Beginn der Laubentfaltung

9. Mai. Birne, Beginn der Blüte

10. Mai. Sommerlinde, Beginn der
Laubentfaltung
Fichte, erste Maitriebe
Tanne, erste Maitriebe

11. Mai. Apfel, Beginn der Blüte

14. Mai. Flieder, Beginn der Blüte

15. Mai. Roßkastanie, Beginn der Blüte
Winterroggen, Beginn des Schossens

16. Mai. Eichenhochwald grün

18. Mai. Eberesche, Beginn der Blüte

19. Mai. Winterweizen, Beginn des
Schossens

21. Mai. Goldregen, Beginn der Blüte

25. Mai. Schneebeere, Beginn der Blüte

26. Mai. Falscher Jasmin, Beginn der
Blüte

30. Mai. Winterroggen, Beginn der
Blüte

7. Juni. Holunder, Beginn der Blüte

24. Juni. Johannisbeere, Beginn der
Fruchtreife

2. Juli. Sommerlinde, Beginn der
Blüte
Winterlinde, Beginn der Blüte

4. Juli. Weiße Lilie, Beginn der Blüte

10. Juli. Eberesche, Beginn der Fruchtreife

22. Juli. Winterroggen, Beginn der Ernte

14. August. Holunder, Beginn der Fruchtreife

1. September. Grummetreife

10. September. Herbstzeitlose, Beginn
der Blüte

12. September. Efeu, Beginn der Blüte

18. September. Roßkastanie, Beginn der
Fruchtreife

21. September. Eiche, Beginn der Fruchtreife

1. Oktober. Eiche, Beginn der Laubverfärbung

5. Oktober. Roßkastanie, allgemeine
Laubverfärbung

Weißenfels a. S.
(Beob. R. Beuthan)

23. März. Schneeglöckchen, Beginn der
Blüte

18. April. Erster Grasfrosch
Salweide, Beginn der Blüte

21. April. Kornelkirsche, Beginn der Blüte

22. April. Stachelbeere, Beginn der Laubentfaltung

25. April. Dotterblume, Beginn der
Blüte

30. April. Roßkastanie, Beginn der Laubentfaltung

1. Mai. Schlehe, Beginn der Blüte

3. Mai. Süßkirsche, Beginn der Blüte
Sommerlinde, Beginn der Laubentfaltung

6. Mai. Winterlinde, Beginn der Laubentfaltung

7. Mai. Erste Maikäfer
Birne, Beginn der Blüte

10. Mai. Kohlweißling, erster Falter

11. Mai. Roßkastanie, Beginn der Blüte

12. Mai. Apfel, Beginn der Blüte
Flieder, Beginn der Blüte

13. Mai. Eichenhochwald grün

19. Mai. Goldregen, Beginn der Blüte

31. Mai. Winterroggen, Beginn der
Blüte

1. Juni. Schneebeere, Beginn der Blüte
Falscher Jasmin, Beginn der Blüte

2. Juni. Holunder, Beginn der Blüte

18. Juni. Sommerlinde, Beginn der
Blüte

26. Mai. Johannisbeere, Beginn der
Fruchtreife

27. Mai. Winterlinde, Beginn der Blüte

28. Juni. Weiße Lilie, Beginn der Blüte

17. Juli. Winterroggen, Beginn der Ernte

31. Juli. Winterweizen, Beginn der Ernte

6. August. Schneebeere, Beginn der Fruchtreife

28. August. Holunder, Beginn der Fruchtreife

1. September. Grummetreife

4. September. Herbstzeitlose, Beginn der Blüte

7. September. Eiche, Beginn der Fruchtreife

9. September. Roßkastanie, Beginn der Fruchtreife

19. September. Liguster, Beginn der Fruchtreife

10. Oktober. Roßkastanie, allgemeine Laubverfärbung
Buche, allgemeine Laubverfärbung

19. Oktober. Eiche, allgemeine Laubverfärbung

31. Oktober. Erste Frostspanner an Probeleimringen

Sondershausen (Thüringen)
(Beob. Dr. A. Schön)

13. Februar. Helleborn niger L., Beginn der Blüte

30. März. Tussilago fartara L., Beginn der Blüte

30. März. Mercurialis perennis L., Beginn der Blüte

10. Mai. Buchenhochwald, allgemeine Belaubung

15. Mai. Roßkastanie, Beginn der Blüte

8. Juni. Winterroggen, Beginn der Blüte

17. Juni. Holunder, Beginn der Blüte

18. Juni. Schneebeere, Beginn der Blüte
Falscher Jasmin, Beginn der Blüte

Langensalza
(Beob. Landwirtschaftliche Schule)

Anfang März. Sauerkirsche, Beginn des Austriebs

Ende März. Süßkirsche, Beginn des Austriebs
Stachelbeere, Beginn des Austriebs
Johannisbeere, Beginn des Austriebs

8. April. Hederich, Keimpflänzchen

Anfang April. Wein, Beginn des Austriebs
Apfel, Beginn des Austriebs
Birne, Beginn des Austriebs
Stachelbeere, Beginn der Blüte
Johannisbeere, Beginn der Blüte

April. Pflaume, Beginn des Austriebs
Hauszwetsche, Beginn des Austriebs

Ende April. Süßkirsche, Beginn der Blüte
Sauerkirsche, Beginn der Blüte
Pflaume, Beginn der Blüte
Zwetsche, Beginn der Blüte

Mai. Pflaume, Pflaumensägewespe (sehr stark)
Zwetsche, Pflaumensägewespe (sehr stark)

Anfang Mai. Apfel, Beginn der Blüte
Birne, Beginn der Blüte

20. Mai. Hederich in Frucht

Anfang Juni. Wein, Beginn der Blüte

Juni. Hafer, Flugbrand
Johannisbeere, Blattflecken
Süßkirsche, Beginn der Ernte
Luzerne, Gallmücken

Juli. Gerste, Flugbrand
Gerste, Hartbrand
Gerste, Streifenkrankheit
Hafer, Flugbrand
Weizen, Steinbrand
Kartoffel, Krautfäule
Stachelbeere, Stachelbeerblattwespe
Stachelbeere, amerikanischer Mehltau
Sauerkirsche, Beginn der Ernte

Stachelbeere, Beginn der Ernte

Johannisbeere, Beginn der Ernte

15. Juli. Friedrichswerther Wintergerste, Beginn der Ernte

2. August. Petkuser Winterroggen, Beginn der Ernte

Sommergerste (Heils Franken), Beginn der Ernte

7. August. Kartoffel, Schwarzbeinigkeit

19. August. Winterweizen, Criewener, Beginn der Ernte

21. August. Hafer (Kirsches Gelbhafer), Beginn der Ernte

Erbse, Mahndorfer, Beginn der Ernte

Ackerbohne, Strubes, Beginn der Ernte

August. Birne, Beginn der Ernte

Apfel, Schorf, (sehr stark)

Apfel, Polsterschimmel

Apfel, Mehltau

Apfel, Obstmade

Birne, Schorf

Birne, Polsterschimmel

Birne, Obstmade

September. Wein, Beginn der Ernte

Apfel, Beginn der Ernte

Pflaume, Beginn der Ernte .

Hauszwetsche, Beginn der Ernte

20. September. Kartoffel (Industrie), Beginn der Ernte

14. Oktober. Rübe, Zuckerrübe, Beginn der Ernte

Erfurt
(Beob. Landwirtschaftliche Schule)

23. März. Schneeglöckchen, Beginn der Blüte

25. März. Kohlweißling, erster Falter

27. März. Erster Wasserfrosch

31. März. Huflattich, Beginn der Blüte

20. April. Anemone, Beginn der Blüte

Salweide, Beginn der Blüte

24. April. Stachelbeere, Beginn der Laubentfaltung

4. Mai. Dotterblume, Beginn der Blüte

Johannisbeere, Beginn der Blüte

6. Mai. Süßkirsche, Beginn der Blüte

8. Mai. Buche, Beginn der Laubentfaltung

Weizen, Getreideblumenfliege

Roggen, Getreideblumenfliege

10. Mai. Erste Maikäfer

Birne, Beginn der Blüte

Apfel, Beginn der Blüte

11. Mai. Roßkastanie, Beginn der Laubentfaltung

Buchenhochwald grün

12. Mai. Roggen, Schneeschimmel

15. Mai. Flieder, Beginn der Blüte

Kiefer, erste Maitriebe

Fichte, erste Maitriebe

16. Mai. Ackersenf

17. Mai. Roßkastanie, Beginn der Laubentfaltung

19. Mai. Erbse, Wolfsmilch

Eichenhochwald grün

25. Mai. Winterroggen, Beginn des Schossens

Roggen, Berberitzenrost

Erbse, Erbsenrost

Goldregen, Beginn der Blüte

Ende Mai. Raps, Rapsglanzkäfer

Raps, Rapserdfloh

2. Juni. Petkuser Winterroggen, Beginn der Ernte

6. Juni. Erste Frostspanner an Probeleimringen (Raupen)

10. Juni. Holunder, Beginn der Blüte

15. Juni. Falscher Jasmin, Beginn der Blüte

20. Juni. Winterweizen, Beginn des Schossens

Sommerlinde, Beginn der Blüte

Winterlinde, Beginn der Blüte

24. Juni. Winterweizen, Beginn der Blüte

30. Juni. Weizen, Flugbrand

Anfang Juli. Apfel, Schorf
    Erste schwarze Blattläuse an Saubone
5. Juli. Johannisbeere, Beginn der
    Fruchtreife
8. Juli. Gerste, Streifenkrankheit
10. Juli. Roggen, Mutterkorn
    Hafer, Weißrippigkeit
12. Juli. Gerste, Hartbrand
27. Juli. Winterroggen, Beginn der Ernte
1. August. Weizen, Steinbrand
2. August. Winterweizen, Beginn der
    Ernte
5. August. Kartoffel, Schwarzbeinigkeit
    Zuckerrübe, Runkelfliege
    Runkelrübe, Runkelfliege
Anfang August. Apfel, Polsterschimmel
30. August. Kartoffel, Krautfäule
Ende August. Pflaume, Taschenkrankheit
    Zwetsche, Taschenkrankheit
Ende September. Roßkastanie, Beginn
    der Fruchtreife
Mitte Oktober. Roßkastanie, allgemeine
    Laubverfärbung
    Buche, allgemeine Laubverfärbung
Ende Oktober. Eiche, allgemeine Laub-
    verfärbung

Jena (Thüringen)
(Beob. Landwirtschaftliches Institut)

28. September 1923. Petkuser Winter-
    roggen, Aussaat
30. Oktober 1923. (Winterweizen, Crie-
    wener 104). Aussaat
März. Hederich, Keimpflänzchen
2. März. Ackersenf in Frucht
31. März. Schlanstedter Sommerweizen,
    Austrieb
3. April. Hafer (Lochows Gelbhafer),
    Austrieb
10. April. Ackerbohne, Echendorfer, Aus-
    trieb
    Johannisbeere, Beginn der Blüte
11. April. Erbse, Austrieb

30. April. Stachelbeere, Beginn der Blüte
2. Mai. Wein, Austrieb
4. Mai. Süßkirsche, Beginn der Blüte
    Sauerkirsche, Beginn der Blüte
6. Mai. Birne, Beginn der Blüte
9 Mai. Kartoffel (Silesia), Austrieb
10. Mai. Pflaume, Beginn der Blüte
    Zwetsche, Beginn der Blüte
    Apfel, Beginn der Blüte
15. Mai. Hafer, Fritfliege
Mai. Roggen, Fritfliege
17. Mai. Süßkirsche, Ende der Blüte
    Sauerkirsche, Ende der Blüte
20. Mai. Birne, Ende der Blüte
30. Mai. Ackerbohne, Ende der Blüte
    Winterroggen, Beginn der Blüte
31. Mai. Gerste, Streifenkrankheit
Anfang Juni. Gerste, Flugbrand
Juni. Kartoffel, Schwarzbeinigkeit
7. Juni. Erbse, Beginn der Blüte
9. Juni. Winterroggen, Ende der Blüte
10. Juni. Ackerbohne, schwarze Blattlaus
15. Juni. Runkelrübe, Runkelfliege
    Zuckerrübe, Runkelfliege
23. Juni. Hafer, Weißrippigkeit
25. Juni. Weizen, Steinbrand
    Weizen, Flugbrand
26. Juni. Sommerweizen, Beginn der
    Blüte
27. Juni. Hafer, Flugbrand
29. Juni. Winterweizen, Beginn der
    Blüte
30. Juni. Sommerweizen, Ende der Blüte
    Hafer, Beginn der Blüte
    Ackerbohne, Ende der Blüte
Juli. Windhalm in Blüte
2. Juli. Roggen, Schwarzrost
    Roggen, Braunrost
4. Juli. Winterweizen, Ende der Blüte
5. Juli. Wein, Beginn der Blüte
6. Juli. Erbse, Ende der Blüte
8. Juli. Kartoffel, Beginn der Blüte
10. Juli. Wein, Ende der Blüte

22. Juli. Winterroggen, Beginn der Ernte

27. Juli. Erbse, Beginn der Ernte

8. August. Hafer, Beginn der Ernte

12. August. Winterweizen, Beginn der Ernte

16. August. Ackerbohne, Beginn der Ernte

18. August. Kartoffel, Krautfäule

20. August. Sommerweizen, Beginn der Ernte

3. September. Kartoffel, Beginn der Blüte

30. September. Wein, Beginn der Ernte

7. Oktober. Kartoffel, Beginn der Ernte

Gera-Reuß
(Beob. Heino Lonitz)

21. März. Schneeglöckchen, Beginn der Blüte

15. April. Stachelbeere, Beginn der Laubentfaltung

18. April. Huflattich, Beginn der Blüte
Anemone, Beginn der Blüte
Salweide, Beginn der Blüte

20. April. Dotterblume, Beginn der Blüte

26. April. Johannisbeere, Beginn der Blüte

28. April. Roßkastanie, Beginn der Laubentfaltung

1. Mai. Kohlweißling, erster Falter

3. Mai. Süßkirsche, Beginn der Blüte

5. Mai. Buche, Beginn der Laubentfaltung

6. Mai. Sommerlinde, Beginn der Laubentfaltung

7. Mai. Schlehe, Beginn der Blüte

8. Mai. Williams Christbirne, Beginn der Blüte

10. Mai. Kiefer, erste Maitriebe
Fichte, erste Maitriebe

11. Mai. Buchenhochwald, grün

12. Mai. Apfel (Goldparmäne), Beginn der Blüte

Winterlinde, Beginn der Laubentfaltung
Tanne, erste Maitriebe

13. Mai. Erste Maikäfer

14. Mai. Roßkastanie, Beginn der Blüte

15. Mai. Flieder, Beginn der Blüte

18. Mai. Goldregen, Beginn der Blüte
Eichenhochwald grün

19. Mai. Eberesche, Beginn der Blüte

29. Mai. Erste schwarze Blattlaus an Saubohne

2. Juni. Holunder, Beginn der Blüte

8. Juni. Schneebeere, Beginn der Blüte

9. Juni. Winterroggen, Beginn der Blüte

20. Juni. Sommerlinde, Beginn der Blüte

25. Juni. Winterweizen, Beginn der Blüte

29. Juni. Winterlinde, Beginn der Blüte
Johannisbeere, Beginn der Fruchtreife

2. Juli. Weiße Lilie, Beginn der Blüte

5. Juli. Eiche, erste Johannistriebe

10. Juli. Eberesche, erste Johannistriebe

20. Juli. Eberesche, Beginn der Fruchtreife

22. Juli. Heide, Beginn der Blüte

25. Juli. Schneebeere, Beginn der Fruchtreife

27. Juli. Winterroggen, Beginn der Ernte

9. August. Winterweizen, Beginn der Ernte

18. August. Holunder, Beginn der Fruchtreife

20. August. Birke, Beginn der Fruchtreife

6. September. Grummetreife

12. September. Buche, Beginn der Fruchtreife

13. September. Eiche, Beginn der Fruchtreife

14. September. Herbstzeitlose, Beginn der
Blüte
Liguster, Beginn der Fruchtreife
18. September. Roßkastanie, Beginn der
Fruchtreife
25. September. Efeu, Beginn der Blüte
29. September. Roßkastanie, allgemeine
Laubverfärbung
Buche, allgemeine Laubverfärbung
1. Oktober. Eiche, allgemeine Laubverfärbung

Schwarzbach bei Roda, Post Ottendorf
(Beob. Die Schule)

6. März. Ankunft der Stare
14. März. Schneeglöckchen, Beginn der
Blüte
20. März. Salweide, Beginn der Blüte
1. April. Huflattich, Beginn der Blüte
15. April. Anemone, Beginn der Blüte
18. April. Stachelbeere, Beginn der Laubentfaltung
20. April. Ankunft der Schwalben
26. April. Erster Wasserfrosch
28. April. Dotterblume, Beginn der Blüte
4. Mai. Kuckuck, erster Ruf
6. Mai. Schlehe, Beginn der Blüte
7. Mai. Süßkirsche, Beginn der Blüte
8. Mai. Johannisbeere, Beginn der
Blüte
Roßkastanie, Beginn der Laubent-
entfaltung
Buche, Beginn der Laubentfaltung
9. Mai. Peters Butterbirne, Beginn der
Blüte
13. Mai. Goldregen, Beginn der Blüte
14. Mai. Apfel, Beginn der Blüte
Fichte, erste Maitriebe
15. Mai. Sommerlinde, Beginn der
Laubentfaltung
17. Mai. Kiefer, erste Maitriebe
18. Mai. Flieder, Beginn der Blüte
19. Mai. Tanne, erste Maitriebe

20. Mai. Winterroggen, Beginn des
Schossens
21. Mai. Eberesche, Beginn der Blüte
22. Mai. Roßkastanie, Beginn der Blüte
6. Juni. Winterroggen, Beginn der
Blüte
15. Juni. Winterweizen, Beginn des
Schossens
16. Juni. Falscher Jasmin, Beginn der
Blüte
17. Juni. Holunder, Beginn der Blüte
21. Juni. Schneebeere, Beginn der Blüte
1. Juli. Erste Maikäfer
3. Juli. Winterweizen, Beginn der Blüte
6. Juli. Eiche, Entwicklung von Johannistrieben
8. Juli. Eberesche, Entwicklung von Johannistrieben
8. Juli. Sommerlinde, Beginn der Blüte
10. Juli. Weiße Lilie, Beginn der Blüte
14. Juli. Johannisbeere, Beginn der
Fruchtreife
22. Juli. Winterroggen, Beginn der Ernte
28. Juli. Heide, Beginn der Blüte
12. August. Eberesche, Beginn der Fruchtreife
13. August. Winterweizen, Beginn der
Ernte
17. August. Schneebeere, Beginn der
Fruchtreife
22. August. Winterlinde, Beginn der
Blüte
23. August. Grummetreife
8. September. Herbstzeitlose, Beginn der
Blüte
9. September. Eiche, Beginn der Fruchtreife
11. September. Holunder, Beginn der
Fruchtreife
14. September. Buche, Beginn der
Fruchtreife
15. September. Fortzug der Schwalben
Roßkastanie, Beginn der Fruchtreife

30. September. Liguster, Beginn der Fruchtreife
6. Oktober. Buche, Beginn der Laubverfärbung
13. Oktober. Roßkastanie, Beginn der Laubverfärbung
16. Oktober. Eiche, Beginn der Laubverfärbung
21. Oktober. Fortzug der Stare

Zeitz (Prov. Sachsen)
(Beob. Dr. Berg)

18. August. Winterraps, Aussaat
8. September. Wintergerste, Aussaat
15. September. Winterroggen, Aussaat
29. September, Winterweizen, Aussaat
Kartoffel, Beginn der Ernte
6. Oktober. Runkelrübe, Beginn der Ernte

Heuckewalde, Kr. Zeitz
(Beob. O. Biehler, Lehrer)

4. März. Schneeglöckchen, Beginn der Blüte
24. März. Stachelbeere, Beginn der Laubentfaltung
29. März. Salweide, Beginn der Blüte
12. April. Anemone, Beginn der Blüte
20. April. Dotterblume, Beginn der Blüte
25. April. Kohlweißling, erster Falter
26. April. Erster Wasserfrosch
29. April. Apfel, Beginn der Blüte
1. Mai. Johannisbeere, Beginn der Blüte
Süßkirsche, Beginn der Blüte
6. Mai. Schlehe, Beginn der Blüte
Birne, Beginn der Blüte
Buche, Beginn der Laubentfaltung
8. Mai. Roßkastanie, Beginn der Laubentfaltung
Roßkastanie, Beginn der Blüte

10. Mai. Sommerlinde, Beginn der Laubentfaltung
13. Mai. Erste Maikäfer
14. Mai. Flieder, Beginn der Blüte
31. Mai. Winterroggen, Beginn der Blüte
8. Juni. Schneebeere, Beginn der Blüte
9. Juni. Holunder, Beginn der Blüte
18. Juni. Winterweizen, Beginn der Blüte
21. Juni. Eiche, erste Johannistriebe
4. Juli. Sommerlinde, Beginn der Blüte
Winterlinde, Beginn der Blüte
Johannisbeere, Beginn der Fruchtreife
24. Juli. Winterroggen, Beginn der Ernte
11. August. Winterweizen, Beginn der Ernte
27. August. Grummetreife
14. September. Herbstzeitlose, Beginn der Blüte
16. September. Roßkastanie, Beginn der Fruchtreife
25. September. Roßkastanie, allgemeine Laubverfärbung
29. September. Buche, allgemeine Laubverfärbung
Eiche, allgemeine Laubverfärbung

Borna bei Leipzig
(Beob. Thümmel)

2. Februar. Schneeglöckchen, Beginn der Blüte
25. April. Roßkastanie, Beginn der Laubentfaltung
29. April. Sommerlinde, Beginn der Laubentfaltung
Erster Wasserfrosch
1. Mai. Birne, Beginn der Blüte
3. Mai. Stachelbeere, Beginn der Laubentfaltung
Kohlweißling, erster Falter

4. Mai. Apfel, Beginn der Blüte

6. Mai. Dotterblume, Beginn der Blüte

8. Mai. Johannisbeere, Beginn der Blüte
Süßkirsche, Beginn der Blüte

10. Mai. Traubenkirsche, Beginn der Blüte

12. Mai. Kornelkirsche, Beginn der Blüte

13. Mai. Flieder, Beginn der Blüte

14. Mai. Roßkastanie, Beginn der Blüte

18. Mai. Anemone, Beginn der Blüte

19. Mai. Schlehe, Beginn der Blüte

20. Mai. Goldregen, Beginn der Blüte
Eberesche, Beginn der Blüte

1. Juni. Winterroggen, Beginn der Blüte

3. Juni. Holunder, Beginn der Blüte

7. Juni. Schneebeere, Beginn der Blüte

25. Juni. Sommerlinde, Beginn der Blüte
Winterlinde, Beginn der Blüte

28. Juni. Winterweizen, Beginn der Blüte
Weiße Lilie, Beginn der Blüte

1. Juli. Johannisbeere, Beginn der Fruchtreife

15. Juli. Eberesche, Beginn der Fruchtreife

17. Juli. Winterroggen, Beginn der Ernte

28. Juli. Winterweizen, Beginn der Ernte

4. August. Schneebeere, Beginn der Fruchtreife

10. August. Holunder, Beginn der Fruchtreife

14. September Grummetreife
Roßkastanie, Beginn der Fruchtreife

25. September. Roßkastanie, allgemeine Laubverfärbung

1. Oktober. Eiche, allgemeine Laubverfärbung

Rochlitz i. Sachsen

(Beob. Prof. Dr. Wolf, Oberstudiendirektor)

23. März. Schneeglöckchen, Beginn der Blüte

24. März. Salweide, Beginn der Blüte

14. April. Stachelbeere, Beginn der Laubentfaltung

15. April. Anemone, Beginn der Blüte
Kornelkirsche, Beginn der Blüte

17. April. Dotterblume, Beginn der Blüte

26. April. Roßkastanie, Beginn der Laubentfaltung

3. Mai. Johannisbeere, Beginn der Blüte

4. Mai. Süßkirsche, Beginn der Blüte
Sommerlinde, Beginn der Laubentfaltung

5. Mai. Schlehe, Beginn der Blüte

9. Mai. Traubenkirsche, Beginn der Blüte
Birne, Beginn der Blüte

10. Mai. Winterlinde, Beginn der Laubentfaltung

11. Mai. Buche, Beginn der Laubentfaltung

12. Mai. Apfel, Beginn der Blüte

14. Mai. Buchenhochwald grün

15. Mai. Roßkastanie, Beginn der Blüte
Flieder, Beginn der Blüte

16. Mai. Eberesche, Beginn der Blüte
Eichenhochwald grün

21. Mai. Goldregen, Beginn der Blüte

29. Mai. Winterroggen, Beginn der Blüte

3. Juni. Holunder, Beginn der Blüte

7. Juni. Schneebeere, Beginn der Blüte

8. Juni. Falscher Jasmin, Beginn der Blüte

26. Juni. Sommerlinde, Beginn der Blüte
Winterlinde, Beginn der Blüte

27. Juni. Winterweizen, Beginn der Blüte

Johannisbeere, Beginn der Frucht=
reife

1. Juli. Weiße Lilie, Beginn der Blüte

15. Juli. Winterroggen, Beginn der
Ernte

27. Juli. Schneebeere, Beginn der Frucht=
reife

1. August. Heide, Beginn der Blüte

3. August. Eberesche, Beginn der Frucht=
reife

4. August. Winterweizen, Beginn der
Ernte

21. August. Holunder, Beginn der Frucht=
reife

4. September. Efeu, Beginn der Blüte

16. September. Roßkastanie, Beginn der
Fruchtreife

17. September. Liguster, Beginn der
Fruchtreife

26. September. Roßkastanie, allgemeine
Laubverfärbung

12. Oktober. Buche, allgemeine Laub=
verfärbung

14. Oktober. Eiche, allgemeine Laubver=
färbung

Ebersbach bei Geithain
(Beob. Alfred Hahn)

Anfang April. Stachelbeere, Beginn der
Laubentfaltung
Johannisbeere, Beginn der Laubent=
faltung

27. April. Stachelbeere, Beginn der Blüte
Süßkirsche, Beginn der Blattentfal=
tung
Johannisbeere, Beginn der Blüte

1. Mai. Birne (Gute Luise), Beginn des
Austriebs
Sauerkirsche (Ostheimer Weichsel=
kirsche), Beginn des Austriebs

3. Mai. Apfel (Landsberger Renette),
Beginn des Austriebs

4. Mai. Zwetsche (Honigpflaume), Be=
ginn des Austriebs

6. Mai. Süßkirsche, Beginn der Blüte

8. Mai. Rotklee, Beginn des Auflaufens

10. Mai. Petkuser Winterroggen, Beginn
des Schossens
Wintergerste, Beginn des Schossens

11. Mai. Sauerkirsche, Beginn der Blüte

12. Mai. Birne, Beginn der Blüte
Zwetsche, Beginn der Blüte
Stachelbeere, Ende der Blüte
Johannisbeere, Ende der Blüte
Süßkirsche, Zweigdürre
Sauerkirsche, Zweigdürre

14. Mai. Apfel, Beginn der Blüte

16. Mai. Winterweizen (Kirsches Dick=
kopf), Beginn des Schossens
Wein, Beginn des Austriebs
Süßkirsche, Ende der Blüte

18. Mai. Erdbeere, Beginn der Blüte
Birne, Ende der Blüte
Zwetsche, Ende der Blüte

20. Mai. Sauerkirsche, Ende der Blüte

21. Mai. Rübe, Eckendorfer, Beginn des
Auflaufens
Ackersenf in Blüte

22. Mai. Kartoffel (Up to date), Beginn
des Auflaufens

24. Mai. Sommergerste, Beginn des
Schossens
Apfel, Ende der Blüte

30. Mai. Hafer (Leutewitzer Gelbhafer),
Beginn des Schossens

1. Juni. Winterroggen, Beginn der
Blüte

10. Juni. Erdbeere, Ende der Blüte

12. Juni. Klee, Beginn der Blüte

16. Juni. Erdbeere, Beginn der Ernte

18. Juni. Winterroggen, Ende der Blüte
Gerste, Flugbrand

21. Juni. Winterweizen, Beginn der
Blüte

2. Juli. Kartoffel, Beginn der Blüte

3. Juli. Wein, Beginn der Blüte

4. Juli. Winterweizen, Ende der Blüte
Johannisbeere, Beginn der Ernte

6. Juli. Klee, Ende der Blüte
Süßkirsche, Beginn der Ernte
Hafer, Weißrippigkeit

8. Juli. Wintergerste, Beginn der Ernte

12. Juli. Wein, Ende der Blüte
Sauerkirsche, Beginn der Ernte

16. Juli. Roggen, Mutterkorn (Sklerotium)

20. Juli. Stachelbeere, Beginn der Ernte
Apfel, Schorf

24. Juli. Winterroggen, Beginn der Ernte

27. Juli. Sommergerste, Beginn der Ernte

1. August. Winterweizen, Beginn der Ernte

6. August. Hafer, Beginn der Ernte
Apfel, Obstmade

10. August. Birne, Obstmade

12. August. Runkelrübe, schwarze Blattlaus
Zuckerrübe, schwarze Blattlaus

4. September. Birne, Schorf

18. September. Birne, Beginn der Ernte

21. September. Pflaume, Pflaumenwickler
Zwetsche, Pflaumenwickler

22. September. Zwetsche, Beginn der Ernte

24. September. Kartoffel, Beginn der Ernte

25. September. Wein, Beginn der Ernte

Gröblitz
(Beob. Oskar Hentschel)

23. März. Schneeglöckchen, Beginn der Blüte

4. April. Anemone, Beginn der Blüte

5. April. Kohlweißling, erster Falter

27. April. Erste Maikäfer

29. April. Dotterblume, Beginn der Blüte

1. Mai. Süßkirsche, Beginn der Blüte

3. Mai. Sommerlinde, Beginn der Laubentfaltung

4. Mai. Schlehe, Beginn der Blüte

7. Mai. Winterlinde, Beginn der Laubentfaltung

10. Mai. Winterroggen, Beginn des Schossens

12. Mai. Birne, Beginn der Blüte

13. Mai. Apfel, Beginn der Blüte

14. Mai. Flieder, Beginn der Blüte

15. Mai. Roßkastanie, Beginn der Blüte

20. Mai. Winterweizen, Beginn des Schossens

24. Mai. Eichenhochwald grün

3. Juni. Petkuser Winterroggen, Beginn der Blüte

24. Juni. Holunder, Beginn der Blüte

28. Juni. Sommerlinde, Beginn der Blüte
Winterlinde, Beginn der Blüte

30. Juni. Johannisbeere, Beginn der Fruchtreife

1. Juli. Schwed. Panzerweizen, Beginn der Blüte

20. Juli. Winterroggen, Beginn der Ernte

3. August. Winterweizen, Beginn der Ernte

23. Oktober. Eiche, Beginn der Fruchtreife

3. November. Eiche, allgemeine Laubverfärbung

Altenburg i. Sa.
(Beob. Dr. Thost, Amtsgerichtsrat)

9. März. Erster Star

23. März. Erste Lerche
Erster Buchfink

8. April. Erste Bachstelze
Erstes Rotschwänzchen

25. April. Erste Schwalbe
Märzbecher, Beginn der Blüte

2. Mai. Seidelbast, Beginn der Blüte
8. Mai. Erster Kuckuck
12. Mai. Erste Grasmücke
Erste Rauchschwalbe
19. Mai. Kirsche, Beginn der Blüte
Roßkastanie, Beginn der Laubentfaltung

20. Mai. Löwenzahn, Beginn der Blüte
27. Mai. Roßkastanie, Beginn der Blüte
2. Juni. Flieder, Beginn der Blüte
9. Juni. Kartoffel, Beginn des Austriebs
12. Juni. Erster Scheidenstreifling
28. Juni. Jasmin, Beginn der Blüte

III d. Lausitzer Kreis 1924

Calau
(Beob. O. Ermel)

Anfang März. Schneeglöckchen, Beginn der Blüte
16. April. Ersten Wasserfrosch gehört
17. April. Kohlweißling, erster Falter
19. April. Ersten Wasserfrosch gesehen
22. April. Stachelbeere, Beginn der Laubentfaltung
24. April. Roßkastanie, Beginn der Laubentfaltung
26. April. Sommerlinde, Beginn der Laubentfaltung
28. April. Dotterblume, Beginn der Blüte
29. April. Johannisbeere, Beginn der Blüte
3. Mai. Süßkirsche, Beginn der Blüte
4. Mai. Kiefer, erste Maitriebe
Winterroggen, Beginn des Schossens
6. Mai. Erste Maikäfer
7. Mai. Fichte, erste Maitriebe
9. Mai. Tanne, erste Maitriebe
12. Mai. Butterbirne, Beginn der Blüte
Grüne Renette, Beginn der Blüte
Winterlinde, Beginn der Laubentfaltung
Buche, Beginn der Laubentfaltung
13. Mai. Schlehe, Beginn der Blüte
15. Mai. Roßkastanie, Beginn der Blüte
Flieder, Beginn der Blüte
18. Mai. Eberesche, Beginn der Blüte
Winterroggen, erste Ähren
Eichenhochwald grün
Winterweizen, Beginn des Schossens

20. Mai. Goldregen, Beginn der Blüte
29. Mai. Petkuser Winterroggen, Beginn der Blüte
1. Juni. Holunder, Beginn der Blüte
2. Juni. Weiße Lilie, Beginn der Blüte
5. Juni. Schneebeere, Beginn der Blüte
10. Juni. Winterweizen, erste Ähren
19. Juni. Criewener Winterweizen, Beginn der Blüte
Sommerlinde, Beginn der Blüte
29. Juni. Johannisbeere, Beginn der Fruchtreife
1. Juli. Winterlinde, Beginn der Blüte
12. Juli. Eberesche, Beginn der Fruchtreife
14. Juli. Winterroggen, Beginn der Ernte
4. August. Winterweizen, Beginn der Ernte
10. August. Schneebeere, Beginn der Fruchtreife
12. August. Heide, Beginn der Blüte
24. August. Holunder, Beginn der Fruchtreife
Grummetreife
4. September. Roßkastanie, Beginn der Fruchtreife
10. September. Eiche, Beginn der Fruchtreife
21. September. Roßkastanie, allgemeine Laubverfärbung
2. Oktober. Buche, allgemeine Laubverfärbung

12. Oktober. Eiche, allgemeine Laubverfärbung

Wilhelmsthal bei Spremberg
(Beob. Obergärtner Härtel)

18. März. Kornelkirsche, Beginn der Blüte
Salweide, Beginn der Blüte

10. April. Pfirsich, Beginn des Austriebs
Schneeglöckchen, Beginn der Blüte

13. April. Süßkirsche, Beginn des Austriebs

13. April. Sauerkirsche, Beginn des Austriebs
Pflaume, Beginn des Austriebs

15. April. Stachelbeere, Beginn des Austriebs
Erster Wasserfrosch

16. April. Huflattich, Beginn der Blüte
Anemone, Beginn der Blüte

18. April. Johannisbeere, Beginn des Austriebs

20. April. Birne, Beginn des Austriebs
Zwetsche, Beginn des Austriebs
Erdbeere, Beginn des Austriebs
Erster Grasfrosch

22. April. Stachelbeere, Beginn der Laubentfaltung

28. April. Stachelbeere, Beginn der Blüte

30. April. Apfel, Beginn des Austriebs

4. Mai. Erbse, Beginn des Auflaufens
Wein, Beginn des Austriebs

5. Mai. Erster Kohlweißling

9. Mai. Johannisbeere, Beginn der Blüte

10. Mai. Stachelbeere, Ende der Blüte

10. Mai. Pfirsich, Beginn der Blüte

12. Mai. Winterroggen, Beginn des Schossens
Wintergerste, Beginn des Schossens
Lupine, Beginn des Auflaufens

12. Dotterblume, Beginn der Blüte
Schlehe, Beginn der Blüte

14. Mai. Süßkirsche, Beginn der Blüte
Pfirsich, Ende der Blüte
Roßkastanie, Beginn der Laubentfaltung

15. Mai. Erdbeere, Beginn der Blüte

16. Mai. Sauerkirsche, Beginn der Blüte
Sommerlinde, Beginn der Laubentfaltung

18. Mai. Winterweizen, Beginn des Schossens
Birne, Beginn der Blüte
Pflaume, Beginn der Blüte
Zwetsche, Beginn der Blüte
Roßkastanie, Beginn der Blüte
Erster Maikäfer
Hederich, Keimpflänzchen

19. Mai. Apfel (Boskoop), Beginn der Blüte
Süßkirsche, Ende der Blüte
Johannisbeere, Ende der Blüte

20. Mai. Kartoffel, Beginn des Auflaufens
Rübe, Beginn des Auflaufens
Ackerbohne, Beginn des Auflaufens
Flieder, Beginn der Blüte
Holunder, Beginn der Blüte
Schneebeere, Beginn der Blüte
Winterlinde, Beginn der Laubentfaltung
Buchenhochwald grün, allgemeine Belaubung
Pfirsich, Kräuselkrankheit
Stachelbeere, amerikanischer Mehltau

21. Mai. Raps, Rapserdfloh

22. Mai. Sauerkirsche, Ende der Blüte

23. Mai. Birne, Ende der Blüte

25. Mai. Pflaume, Ende der Blüte
Zwetsche, Ende der Blüte
Apfel, Ende der Blüte
Erdbeere, Ende der Blüte
Erbse, Beginn der Blüte

28. Mai. Goldregen, Beginn der Blüte
Eberesche, Beginn der Blüte

Eichenhochwald grün, allgemeine Belaubung

Kiefer, Maitriebe

Weinrebe, einbindiger Heu- und Sauerwurm

Weinrebe, bekreuzter Heu- und Sauerwurm

30. Mai. Winterroggen, Beginn der Blüte

1. Juni. Wein, Beginn der Blüte
Wintergerste, Beginn der Blüte

2. Juni. Fichte, erste Maitriebe
Tanne, erste Maitriebe
Erste Blattläuse an Saubohnen

5. Juni. Winterweizen, Beginn der Blüte
Nachtfröste während der Blüte
Wintergerste, Ende der Blüte
Falscher Jasmin, Beginn der Blüte
Rauhaarige Wicke in Frucht
Hederich in Frucht
Runkel- und Zuckerrüben, Rost
Süß- und Sauerkirsche, Zweigdürre

8. Juni. Wein, Ende der Blüte
Hafer, Beginn der Blüte

9. Juni. Winterroggen, Ende der Blüte

10. Juni. Winterweizen, Ende der Blüte

11. Juni. Ackerbohne, Beginn der Blüte

12. Juni. Hafer, Ende der Blüte

15. Juni. Kartoffel, Beginn der Blüte
Erdbeere, Beginn der Ernte

18. Juni. Spitzahorn, erste Johannistriebe
Süßkirsche, Beginn der Ernte

20. Juni. Kartoffel, Ende der Blüte
Erbse, Ende der Blüte
Johannisbeere, Beginn der Ernte
Eberesche, erste Johannistriebe

25. Juni. Eiche, erste Johannistriebe

30. Juni. Sauerkirsche, Beginn der Ernte

10. Juli. Apfel, Mehltau

15. Juli. Stachelbeere, Beginn der Ernte
Ackerbohne, Ende der Blüte

18. Juli. Johannisbeere, Blattflecken
Sommer- und Winterlinde, Beginn der Blüte

20. Juli. Apfel, Schorf an Blatt oder Frucht

28. Juli. Apfel, Obstmade

30. Juli. Heide, Beginn der Blüte
Weiße Lilie, Beginn der Blüte

12. August. Winterroggen, Beginn der Ernte
Sommerroggen, Beginn der Ernte

13. August. Lupine, Beginn der Blüte

15. August. Winterweizen, Beginn der Ernte
Wintergerste, Beginn der Ernte
Holunder, Beginn der Fruchtreife

18. August. Birke, Beginn der Fruchtreife

20. August. Sommergerste, Beginn der Ernte
Eberesche, Beginn der Fruchtreife
Schneebeere, Beginn der Fruchtreife

25. August. Ackerbohne, Rost
Apfel, Polsterschimmel an der Frucht

30. August. Pflaume und Zwetsche, Taschenkrankheit
Pfirsich, Beginn der Ernte

1. September. Grummetreife
Winterweizen, Beginn der Ernte
Sommerweizen, Beginn der Ernte

3. September. Birne, Beginn der Ernte

8. September. Pflaume, Beginn der Ernte

10. September. Hafer, Beginn der Ernte

13. September. Efeu, Beginn der Blüte

15. September. Lupine, Ende der Blüte

16. September. Herbstzeitlose, Beginn der Blüte

18. September. Apfel, Beginn der Ernte

20. September. Zwetsche, Beginn der Ernte

4. Oktober. Roßkastanie, Beginn der Fruchtreife

8. Oktober. Wein, Beginn der Ernte

16. Oktober. Liguster, Beginn der Fruchtreife

20. Oktober. Buche, Beginn der Fruchtreife
Eiche, Beginn der Fruchtreife
Roßkastanie, allgemeine Laubverfärbung
24. Oktober. Buche, allgemeine Laubverfärbung
Eiche, allgemeine Laubverfärbung

Spremberg
(Beob. H. Jurisch)

18. März. Salweide, Beginn der Blüte
8. April. Schneeglöckchen, Beginn der
Blüte
12. April. Sauerkirsche, Beginn des Austriebs
13. April. Süßkirsche, Beginn des Austriebs
14. April. Huflattich, Beginn der Blüte
15. April. Anemone, Beginn der Blüte
Stachelbeere, Beginn des Austriebs
18. April. Johannisbeere, Beginn des
Austriebs
Erster Wasserfrosch
20. April. Birne, Beginn des Austriebs
Erdbeere, Beginn des Austriebs
21. April. Stachelbeere, Beginn der Laubentfaltung
23. April. Pflaume, Beginn des Austriebs
26. April. Stachelbeere, Beginn der Blüte
28. April. Apfel, Beginn des Austriebs
1. Mai. Erster Kohlweißlingsfalter
6. Mai. Johannisbeere, Beginn der
Blüte
8. Mai. Stachelbeere, Ende der Blüte
9. Mai. Johannisbeere, Beginn der
Blüte
10. Mai. Winterroggen, Beginn des
Schossens
Sommerroggen, Beginn des Schossens
Dotterblume, Beginn der Blüte
11. Mai. Süßkirsche, Beginn der Blüte

12. Mai. Schlehe, Beginn der Blüte
14. Mai. Winterweizen, Beginn des
Schossens
Hafer, Beginn des Schossens
Schneebeere, Beginn der Blüte
15. Mai. Süßkirsche, Beginn der Blüte
Johannisbeere, Ende der Blüte
16. Mai. Sommerlinde, Beginn der Laubentfaltung
Birne, Beginn der Blüte
Erdbeere, Beginn der Blüte
17. Mai. Apfel, Beginn der Blüte
18. Mai. Sauerkirsche, Beginn der Blüte
20. Mai. Rübe, Beginn des Auflaufens
Ackerbohne, Beginn des Auflaufens
Süßkirsche, Ende der Blüte
Flieder, Beginn der Blüte
21. Mai. Birne, Ende der Blüte
22. Mai. Sauerkirsche, Ende der Blüte
Pflaume, Beginn der Blüte
23. Apfel, Ende der Blüte
24. Mai. Kartoffel, Beginn des Auflaufens
25. Mai. Eberesche, Beginn der Blüte
26. Mai. Goldregen, Beginn der Blüte
27. Mai. Pflaume, Ende der Blüte
28. Mai. Erdbeere, Ende der Blüte
Kiefer, erste Maitriebe
Winterroggen, Beginn der Blüte
30. Mai. Sommerroggen, Beginn der
Blüte
3. Juni. Fichte, erste Maitriebe,
Tanne, erste Maitriebe
4. Juni. Falscher Jasmin, Beginn der
Blüte
6. Juni. Hafer, Beginn der Blüte
Winterroggen, Ende der Blüte
7. Juni. Winterweizen, Beginn der
Blüte
8. Juni. Hafer, Ende der Blüte
9. Juni. Sommerroggen, Ende der
Blüte
11. Juni. Ackerbohne, Beginn der Blüte

13. Juni. Erdbeere, Beginn der Ernte

14. Juni. Winterweizen, Ende der Blüte
Spitzahorn, erste Johannistriebe
Eberesche, erste Johannistriebe

17. Juni. Johannisbeere, Beginn der Ernte

18. Juni. Süßkirsche, Beginn der Ernte

20. Juni. Kartoffel, Beginn der Blüte

22. Juni. Sauerkirsche, Beginn der Ernte

24. Juni. Eiche, erste Johannistriebe

25. Juni. Kartoffel, Ende der Blüte

13. Juli. Stachelbeere, Beginn der Ernte

15. Juli. Ackerbohne, Ende der Blüte

10. August. Winterroggen, Beginn der Ernte

15. August. Sommerroggen, Beginn der Ernte

1. September. Birne, Beginn der Ernte

8. September. Hafer, Beginn der Ernte

11. September. Winterweizen, Beginn der Ernte

17. September. Apfel, Beginn der Ernte

19. September. Pflaume, Beginn der Ernte

Jocksdorf bei Triebel (Niederlausitz)
(Beob. Walter Lehmann)

16. April. Stachelbeere, Beginn des Austriebs

18. April. Johannisbeere, Beginn des Austriebs

22. April. Lupine, Beginn des Auflaufens

25. April. Hederich, Kleimpflänzchen

27. April. Süßkirsche, Beginn des Austriebs.

28. April. Apfel (Wintergoldparmäne), Beginn des Austriebs

29. April. Zwetsche, Beginn des Austriebs

30. April. Sauerkirsche, Beginn des Austriebs

30. April. Birne (Gute Luise), Beginn des Austriebs

1. Mai. Klee, Beginn des Auflaufens

2. Mai. Pflaume, Beginn des Austriebs
Stachelbeere, Beginn der Blüte

3. Mai. Pfirsich, Beginn des Austriebs

4. Mai. Johannisbeere, Beginn der Blüte

6. Mai. Süßkirsche, Beginn der Blüte

7. Mai. Wein, Beginn des Austriebs

8. Mai. Zwetsche, Beginn der Blüte

9. Mai. Pfirsich, Beginn der Blüte

10. Mai. Sauerkirsche, Beginn der Blüte
Stachelbeere, Ende der Blüte

11. Mai. Johannisbeere, Ende der Blüte

12. Mai. Zwetsche, Ende der Blüte

14. Mai. Süßkirsche, Ende der Blüte
Birne (Gute Luise), Beginn der Blüte
Pflaume, Beginn der Blüte

15. Mai. Apfel, (Wintergoldparmäne), Beginn der Blüte
Erdbeere, Beginn der Blüte

16. Mai. Sauerkirsche, Ende der Blüte

17. Mai. Pfirsich, Ende der Blüte

18. Mai. Pflaume, Ende der Blüte

19. Mai. Winterroggen, Beginn des Schossens

21. Mai. Birne (Gute Luise), Ende der Blüte

22. Mai. Apfel (Wintergoldparmäne), Ende der Blüte

23. Mai. Kartoffel, Beginn des Auflaufens

24. Mai. Roggen, Schwarz- und Braunrost

31. Mai. Winterroggen, Beginn der Blüte

2. Juni. Erdbeere, Ende der Blüte

10. Juni. Süßkirsche, Beginn der Ernte
Winterweizen, Beginn des Schossens

15. Juni. Windhalm in Blüte.

20. Juni. Winterroggen, Ende der Blüte

21. Juni. Winterweizen, Beginn der Blüte

22. Juni. Stachelbeere, Stachelbeerblatt=
wespe, erste erwachsene Larve

29 Juni. Hafer, Beginn des Schossens

1. Juli. Wein, Beginn der Blüte

10. Juli. Sauerkirsche, Beginn der Ernte

Gr. Tauchel, Kr. Sorau (Niederlausitz)
(Beob. Wilhelm Schmidt, Landwirt)

27. März. Schneeglöckchen, Beginn der
Blüte

29. März. Huflattich, Beginn der Blüte

10. April. Salweide, Beginn der Blüte

14. April. Dotterblume, Beginn der
Blüte

15. April. Stachelbeere, Beginn der
Laubentfaltung
1. Wasserfrosch

24. April. Winterroggen, Beginn des
Schossens

1. Mai. Stachelbeere, Beginn der Blüte

3. Mai. Winterweizen, Beginn des
Schossens

5. Mai. Johannisbeere, Beginn der Blüte
Frühpflaume, Beginn der Blüte

9. Mai. Sommerlinde, Beginn der
Laubentfaltung

9. Mai. Fichte, erste Maitriebe

10. Mai. Roßkastanie, Beginn der Laub=
entfaltung

11. Mai. Kiefer, erste Maitriebe

12. Mai. Schlehe, Beginn der Blüte
Birne (Hofrats Williams Christbirne),
Beginn der Blüte
Winterlinde, Beginn der Laubent=
faltung

15. Mai. Buche, Beginn der Laubent=
faltung
Apfel (Hanner. Prinzeßchen, Titowka),
Beginn der Blüte

18. Mai. Roßkastanie, Beginn der Blüte
Flieder, Beginn der Blüte
Buchenhochwald, grün, allgemeine
Belaubung

Eichenhochwald grün, allgemeine Be=
laubung

22. Mai. Eberesche, Beginn der Blüte

29. Mai. Winterroggen Petkufer, Be=
ginn der Blüte

7. Juni. Falscher Jasmin, Beginn der
Blüte

11. Juni. Holunder, Beginn der Blüte

13. Juni. Erster Kohlweißling

14. Juni. Schneebeere, Beginn der Blüte

16. Juni. Erster Grasfrosch

22. Juni. Winterweizen, Criewener 104,
Beginn der Blüte

25. Juni. Sommer= und Winterlinde,
Beginn der Blüte
Eiche, erste Johannistriebe

2. Juli. Johannisbeere, Beginn der
Fruchtreife

15. Juli. Winterroggen, Beginn der Ernte

5. August. Winterweizen, Beginn der
Ernte

8. August. Eberesche, Beginn der Frucht=
reife

10. August. Schneebeere, Beginn der
Fruchtreife
Heide, Beginn der Blüte

15. August. Holunder, Beginn der Frucht=
reife

20. August. Grummetreife

6. September. Ahorn, Beginn der Frucht=
reife

8. September. Eiche, Beginn der Frucht=
reife

12. September. Roßkastanie, Beginn der
Fruchtreife

14. September. Roßkastanie, allgemeine
Laubverfärbung

Sorau (Niederlausitz)
(Beob. Landwirtschaftliche Schule)

26. März. Schneeglöckchen, Beginn der
Blüte

2. April. Erster Wasserfrosch
Hederich, Keimpflänzchen

6. April. Huflattich, Beginn der Blüte

15. April. Anemone, Beginn der Blüte

17. April. Salweide, Beginn der Blüte

25. April. Kornelkirsche, Beginn der Blüte
Ackersenf

26. April. Dotterblume, Beginn der Blüte

28. April. Stachelbeere, Beginn der Laubentfaltung

30. April. Birne, Beginn des Austriebs

2. Mai. Lupine, Beginn des Auflaufens
Apfel, Beginn des Austriebs

3. Mai. Erbse, Wolfsmilch

4. Mai. Erbse, Beginn des Auflaufens

5. Mai. Johannisbeere, Beginn der Blüte
Pfirsich, Beginn der Blüte

6. Mai. Pflaume, Beginn des Austriebs

8. Mai. Erster Kohlweißling
Pflaume, Beginn der Blüte
Johannisbeere, Beginn der Blüte

9. Mai. Stachelbeere, Beginn der Blüte

10. Mai. Süßkirsche, Beginn der Blüte
Zwetsche, Beginn der Blüte
Süßkirsche, Beginn der Blüte
Schlehe, Beginn der Blüte

12. Mai. Roßkastanie, Beginn der Laubentfaltung
Pfirsich, Ende der Blüte

13. Mai. Sauerkirsche, Beginn der Blüte
Buche, Beginn der Laubentfaltung

14. Mai. Birne, Beginn der Blüte

15. Mai. Erdbeere, Beginn der Blüte
Pflaume, Ende der Blüte
Buchenhochwald grün, allgemeine Belaubung
Rübe, Beginn des Auflaufens

16. Mai. Johannisbeere, Ende der Blüte

17. Mai. Roßkastanie, Beginn der Blüte
Zwetsche, Ende der Blüte

18. Mai. Stachelbeere, Ende der Blüte

Apfel, Beginn der Blüte
Eichenhochwald grün, allgemeine Belaubung
Apfel, Beginn der Blüte

19. Mai. Winterroggen, Beginn des Schossens
Flieder, Beginn der Blüte
Winterroggen, Petkuser, Beginn des Schossens
Süßkirsche, Ende der Blüte

20. Mai. Eberesche, Beginn der Blüte

21. Mai. Kiefer, erste Maitriebe

22. Mai. Kartoffel (Wohltmann), Beginn des Auflaufens

24. Mai. Goldregen, Beginn der Blüte

25. Mai. Erdbeere, Ende der Blüte

26. Mai. Winterroggen, Petkuser, Beginn der Blüte

2. Juni. Runkelrübe, Runkelfliege, sehr stark

5. Juni. Wintergerste, Friedrichswerter, Beginn des Schossens
Schneebeere, Beginn der Blüte

10. Juni. Winterroggen, Petkuser, Ende der Blüte

12. Juni. Winterweizen, Strubes, Beginn des Schossens

14. Juni. Lupine, Mehltau

15. Juni. Kartoffel, Rhyzoktonia viol.
Holunder, Beginn der Blüte
Erdbeere, Beginn der Ernte
Hafer, Wirchenblatter, Beginn des Schossens

18. Juni. Weizen, Mehltau

19. Juni. Gerste, Flugbrand

21. Juni. Erbse, Beginn der Blüte

22. Juni. Kartoffeln, Erdraupenlarve
Falscher Jasmin, Beginn der Blüte
Sommer- und Winterlinde, Beginn der Blüte

24. Juni. Lupine, Beginn der Blüte

25. Juni. Sommerlinde, Beginn der Laubentfaltung

29. Juni. Winterweizen, Strubes, Beginn der Blüte

30. Juni. Windhalm in Blüte

1. Juli. Hafer, Wirchenblatter, Beginn der Blüte
Hederich in Frucht

3. Juli. Wintergerste, Friedrichswerter, Beginn der Blüte

9. Juli. Kartoffeln, Schwarzbeinigkeit

10. Juli. Johannisbeere, Beginn der Fruchtreife
Johannisbeere, Beginn der Ernte

11. Juli. Weizen, Flugbrand
Roggen, Schwarz- und Braunrost

12. Juli. Roggen, Mutterkorn, Honigtaustadium
Süßkirsche, Beginn der Ernte

15. Juli. Eberesche, Beginn der Fruchtreife
Weizen, Steinbrand
Wintergerste, Friedrichswerter, Beginn der Ernte
Runkelrübe, schwarze Blattlaus

16. Juli. Hafer, Flugbrand

19. Juli. Roggen, Mutterkorn, Sklerotium
Lupine, Ende der Blüte
Winterroggen, Petkuser, Beginn der Ernte
Sauerkirsche, Beginn der Ernte

20. Juli. Ackerbohne, schwarze Blattlaus

21. Juli. Stachelbeere, Beginn der Ernte
Gerste, Hartbrand

22. Juli. Weiße Lilie, Beginn der Blüte

25. Juli. Heide, Beginn der Blüte
Holunder, Beginn der Fruchtreife

26. Juli. Flachs, Flachsseide

27. Juli. Sommergerste (Danubia), Beginn der Ernte

30. Juli. Birne, Beginn der Ernte

1. August. Schneebeere, Beginn der Fruchtreife

10. August. Hafer, Wirchenblatter, Beginn der Ernte

12. August. Pflaume, Beginn der Ernte

19. August Lupine, Beginn der Ernte

25. August. Pfirsich, Beginn der Ernte

12. September. Roßkastanie, Beginn der Fruchtreife

14. September. Zwetsche, Beginn der Ernte

18. September. Eiche, Beginn der Fruchtreife

14. Oktober. Buche, allgemeine Laubverfärbung

16. Oktober. Roßkastanie, allgemeine Laubverfärbung

Frauendorf
(Beob. Pehla)

20. August (1923). Raps, Aussaat

15. September (1923). Winterroggen, Petkuser, Aussaat

5. Oktober (1923). Winterweizen, Aussaat

9. März. Erbse, Aussaat

12. März. Sommergerste (Hanna), Aussaat

20. März. Hafer, Petkuser, Aussaat
Rübe, Eckendorfer, Aussaat

April. Kartoffel, Wohltmanns-, Aussaat

7. April. Erdbeere, Beginn des Austriebes

10. April. Lupine, Gelbe, Beginn des Austriebs
Pflaume, Beginn des Austriebs
Zwetsche, Beginn des Austriebs
Pfirsich, Beginn des Austriebs

13. April. Birne (Gute Luise), Beginn des Austriebs

14. April. Süßkirsche, Beginn des Austriebs
Sauerkirsche, Beginn des Austriebs

15. April. Apfel, Gravensteiner, Beginn des Austriebs

Stachelbeere, Rote Triumph-, Beginn
des Austriebs
Johannisbeere, Rote Kirsch-, Beginn
des Austriebs

18. April. Stachelbeere, Beginn der Blüte

23. April. Stachelbeere, Ende der Blüte

24. April. Johannisbeere, Beginn der
Blüte

Ende April. Roggen, Fritfliege
Gerste, Fritfliege

Anfang Mai. Hederich, Keimpflänzchen

Mai. Roggen, Getreideblumenfliege.
Gerste, Getreideblumenfliege

4. Mai. Pfirsich, Beginn der Blüte

5. Mai. Johannisbeere, Ende der Blüte

8. Mai. Pflaume, Beginn der Blüte
Zwetsche, Beginn der Blüte
Erbse, Beginn der Blüte

12. Mai. Süßkirsche, Beginn der Blüte
Sauerkirsche, Beginn der Blüte

13. Mai. Wein, August-, Austrieb

15. Mai. Rotklee, Aussaat
Apfel, Beginn der Blüte
Birne, Beginn der Blüte
Raps, Beginn der Blüte
Erdbeere, Beginn der Blüte
Pfirsich, Ende der Blüte
Raps, Rapsglanzkäfer

18. Mai. Pflaume, Ende der Blüte
Zwetsche, Ende der Blüte

19. Mai. Süßkirsche, Ende der Blüte
Sauerkirsche, Ende der Blüte

20. Mai. Klee, Beginn der Blüte
Raps, Ende der Blüte
Erbse, Ende der Blüte

21. Mai. Birne, Ende der Blüte

26. Mai. Apfel, Ende der Blüte

30. Mai. Erdbeere, Ende der Blüte

Juni. Kartoffel, Krautfäule
Ackerbohne, schwarze Blattlaus

5. Juni. Winterroggen, Beginn der
Blüte
Roggen, Mutterkorn

16. Juni. Winterroggen, Ende der Blüte

22. Juni. Hafer, Beginn der Blüte

25. Juni. Wein, Beginn der Blüte
Hafer, Flugbrand

28. Juni. Winterweizen, Beginn der
Blüte

Juli. Zuckerrübe, schwarze Blattlaus
Runkelrübe, schwarze Blattlaus

1. Juli. Lupine, Beginn der Blüte

2. Juli. Hafer, Ende der Blüte

5. Juli. Wein, Ende der Blüte
Johannisbeere, Beginn der Ernte

6. Juli. Kartoffel, Beginn der Blüte

10. Juli. Stachelbeere, Beginn der Ernte
Raps, Beginn der Ernte
Winterweizen, Ende der Blüte

11. Juli. Kartoffel, Ende der Blüte

14. Juli. Winterroggen, Beginn der Ernte

30. Juli. Lupine, Ende der Blüte

Ende Juli. Süßkirsche, Beginn der Ernte
Sauerkirsche, Beginn der Ernte

10. August. Erbse, Beginn der Ernte

14. August. Winterweizen, Beginn der
Ernte

15. August. Hafer, Beginn der Ernte

20. August. Wein, Beginn der Ernte

26. August. Sommergerste, Beginn der
Ernte

20. September. Pflaume, Beginn der
Ernte
Zwetsche, Beginn der Ernte

22. September. Kartoffel, Beginn der
Ernte

25. September. Pfirsich, Beginn der
Ernte

Ende September. Birne, Beginn der
Ernte

5. Oktober. Lupine, Beginn der Ernte

Anfang Oktober. Apfel, Beginn der
Ernte

15. Oktober. Rübe, Beginn der Ernte

10. Juni. Erdbeere, Beginn der Ernte

15. Juni. Klee, Beginn der Ernte

III e. Kreis der mittelschlesischen Ackerebene 1924

Liegnitz
120 m ü. M.
(Beob. Alfred Schneider)

8. April. Hasel, Beginn der Blüte

21. April. Salweide, Beginn der Blüte

23. April. Scharbockskraut, Beginn der Blüte
Goldflieder, Beginn der Blüte

28. April. Roßkastanie, Beginn der Laubentfaltung

1. Mai. Birke, Beginn der Laubentfaltung

4. Mai. Sommerlinde, Beginn der Laubentfaltung

7. Mai. Schlehe, Beginn der Blüte

14. Mai. Akazie, Beginn der Laubentfaltung
Flieder, Beginn der Blüte

15. Mai. Roßkastanie, Beginn der Blüte

18. Mai. Goldregen, Beginn der Blüte

21. Mai. Weißdorn, Beginn der Blüte

23. Mai. Besenginster, Beginn der Blüte

30. Mai. Akazie, Beginn der Blüte

5. Juni. Holunder, Beginn der Blüte

21. Juni. Sommerlinde, Beginn der Blüte

28. August. Holunder, Beginn der Fruchtreife

Liegnitz
(Beob. Dupke)

8. März. Erdbeere, Beginn des Austriebs

10. April. Johannisbeere, Beginn der Blüte

22. April. Erdbeere, Beginn der Blüte

3. Mai. Süßkirsche, Beginn der Blüte

12. Mai. Apfel, Beginn der Blüte

14. Mai. Süßkirsche, Ende der Blüte

15. Mai. Apfel, Ende der Blüte

10. Juni. Erdbeere, Beginn der Ernte

12. Juni. Winterroggen, Beginn der Blüte

20. Juni. Süßkirsche, Beginn der Ernte

28. Juni. Johannisbeere, Beginn der Ernte

10. Juli. Winterroggen, Beginn der Ernte

15. September. Apfel, Beginn der Ernte

Neumarkt (Oberniederung)
(Beob. Neuhaus)

30. März. Schneeglöckchen, Beginn der Blüte

9. April. Salweide, Beginn der Blüte

14. April. Kornelkirsche, Beginn der Blüte

16. April. Huflattich, Beginn der Blüte

19. April. Anemone, Beginn der Blüte

20. April. Dotterblume, Beginn der Blüte
Stachelbeere, Beginn der Laubentfaltung

2. Mai. Johannisbeere, Beginn der Blüte

3. Mai. Roßkastanie, Beginn der Laubentfaltung

5. Mai. Erster Grasfrosch

6. Mai. Sommerlinde, Beginn der Laubentfaltung
Hederich, Keimpflänzchen

7. Mai. Süßkirsche, Beginn der Blüte

8. Mai. Buche, Beginn der Laubentfaltung

10. Mai. Schlehe, Beginn der Blüte
Fritfliege, Larve
Getreideblumenfliege

12. Mai. Birne, Beginn der Blüte
Erster Kohlweißling

13. Mai. Apfel, Beginn der Blüte
Roßkastanie, Beginn der Blüte

14. Mai. Erster Maikäfer

15. Mai. Flieder, Beginn der Blüte

16. Mai. Roggen, Schwarz-, Braunrost
Buchenhochwald grün
Eichenhochwald grün

18. Mai. Winterroggen, Petkuser, Beginn des Schossens

20. Mai. Stachelbeerspanner.
Kiefer, erste Maitriebe
Fichte, erste Maitriebe
Tanne, erste Maitriebe
Schneebeere, Beginn der Blüte

22. Mai. Goldregen, Beginn der Blüte

2. Juni. Winterroggen, Petkuser, Beginn der Blüte
Klee, Kleeseide

6. Juni. Holunder, Beginn der Blüte

8. Juni. Runkelrübe, Rübenfliegenlarve

10. Juni. Falscher Jasmin, Beginn der Blüte

12. Juni. Eiche, erste Johannistriebe

13. Juni. Winterweizen (Criewener 104), Beginn des Schossens

18. Juni. Winterweizen (Criewener 104), Beginn der Blüte

22. Juni. Weizen, Flugbrand

24. Juni. Heide, Beginn des Schossens.

25. Juni. Erbse, Erbsenrost
Erbse, Wolfsmilch mit Rost

26. Juni. Runkelrübe, schwarze Blattlaus

28. Juni. Johannisbeere, Beginn der Fruchtreife
Hafer, Flugbrand

29. Juni. Erbse, Brennfleckenkrankheit

1. Juli. Ackerbohne, schwarze Blattlaus

2. Juli. Sommer- und Winterlinde, Beginn der Blüte

3. Juli. Kartoffel, Schwarzbeinigkeit

4. Juli. Schneebeere, Beginn der Fruchtreife

5. Juli. Weiße Lilie, Beginn der Blüte

6. Juli. Weizen, Gelbe Halmfliege, Fraß am Schaft

7. Juli. Roggen, Mutterkorn, Sklerotium

8. Juli. Gerste, Flugbrand
Gerste, Hartbrand
Hafer, Weißrippigkeit

10. Juli. Windhalm, in Blüte
Hederich in Frucht
Ackersenf
Gerste, Streifenkrankheit
Viersamige Wicke in Frucht

13. Juli. Weizen, Steinbrand

14. Juli. Winterroggen, Petkuser, Beginn der Ernte
Wintergerste, Beginn der Ernte

19. Juli. Apfel, wurmstichiges Obst, Obstmade
Birne, wurmstichiges Obst, Obstmade

21. Juli. Sommergerste, Beginn der Ernte

26. Juli. Winterweizen (Criewener 104), Beginn der Ernte

27. August. Eberesche, Beginn der Fruchtreife

29. August. Holunder, Beginn der Fruchtreife

26. September. Roßkastanie, Beginn der Fruchtreife

29. September. Eiche, Beginn der Fruchtreife

18. Oktober. Roßkastanie, allgemeine Laubverfärbung
Eiche, allgemeine Laubverfärbung
Buche, allgemeine Laubverfärbung

Namslau
(Beob. Ocklitz)

12. April. Salweide, Beginn der Blüte

24. April. Huflattich, Beginn der Blüte

27. April. Schneeglöckchen, Beginn der Blüte
Dotterblume, Beginn der Blüte

28. April. Anemone, Beginn der Blüte

12. Mai. Schlehe, Beginn der Blüte
Stachelbeere, Beginn der Laubentfaltung

14 Mai. Johannisbeere, Beginn der Blüte
Süßkirsche, Beginn der Blüte

15. Mai. Birne, Beginn der Blüte

16. Mai. Kiefer, erste Maitriebe
Fichte, erste Maitriebe
Tanne, erste Maitriebe
18. Mai. Sommerlinde, Beginn der Laubentfaltung
19. Mai. Apfel, Beginn der Blüte
20. Mai. Roßkastanie, Beginn der Laubentfaltung
22. Mai. Flieder, Beginn der Blüte
Winterroggen, Beginn des Schossens
23. Mai. Roßkastanie, Beginn der Blüte
1. Juni. Schneebeere, Beginn der Blüte
6. Juni. Winterweizen, Beginn des Schossens
10. Juni. Holunder, Beginn der Blüte
Falscher Jasmin, Beginn der Blüte
15. Juni. Sommer- und Winterlinde, Beginn der Blüte
Eiche, erste Johannistriebe
Spitzahorn, erste Johannistriebe
Eberesche, erste Johannistriebe
28. Juni. Winterweizen (Criewener 104), Beginn der Blüte

31. Juni. Winterroggen, Petkuser, Beginn der Blüte
8. Juli. Johannisbeere, Beginn der Fruchtreife
16. Juli. Winterroggen, Beginn der Ernte
28. Juli. Eberesche, Beginn der Fruchtreife
10. August. Heide, Beginn der Blüte
Winterweizen, Beginn der Ernte
15. August. Schneebeere, Beginn der Fruchtreife
Holunder, Beginn der Fruchtreife
5. September. Grummetreife
10. September. Roßkastanie, Beginn der Fruchtreife
17. September. Herbstzeitlose, Beginn der Blüte
20. Oktober. Roßkastanie, allgemeine Laubverfärbung
25. Oktober. Buche, allgemeine Laubverfärbung
Eiche, allgemeine Laubverfärbung

Mittel= und Süddeutsches Gebirgsland mit seinen Höhenzonen.

IV. Klimabezirk des Berg= und Hügellandes = Laubwaldregion

IVa. Eifelkreis 1924

Aachen
(Beob. A. Simmert, Assistent am Met. Observ.)

31. März. Schneeglöckchen, Beginn der Blüte

6. April. Huflattich, Beginn der Blüte

10. April. Anemone, Beginn der Blüte

28. April. Kornelkirsche, Beginn der Blüte

30. April. Stachelbeere, Beginn der Laubentfaltung

2. Mai. Roßkastanie, Beginn der Laubentfaltung

3. Mai. Sommerlinde, Beginn der Laubentfaltung
Dotterblume, Beginn der Blüte
Johannisbeere, Beginn der Blüte

4. Mai. Buche, Beginn der Laubentfaltung

6. Mai. Birne, Beginn der Blüte

7. Mai. Apfel, Beginn der Blüte

14. Mai. Buchenhochwald grün

16. Mai. Roßkastanie, Beginn der Blüte

18. Mai. Flieder, Beginn der Blüte
Kiefer, erste Maitriebe
Fichte, erste Maitriebe
Tanne, erste Maitriebe

20. Mai. Eichenhochwald, grün

21. Mai. Goldregen, Beginn der Blüte

22. Mai. Eberesche, Beginn der Blüte

3. Juni. Holunder, Beginn der Blüte

4. Juni. Schneebeere, Beginn der Blüte

27. Juni. Johannisbeere, Beginn der Fruchtreife

30. Juni. Sommer= und Winterlinde, Beginn der Blüte

20. Juli. Eberesche, Beginn der Fruchtreife

31. Juli. Schneebeere, Beginn der Fruchtreife

Ende August. Winterroggen, Beginn der Ernte
Winterweizen, Beginn der Ernte

3. September. Holunder, Beginn der Fruchtreife

7. September. Herbstzeitlose, Beginn der Blüte

16. September. Roßkastanie, Beginn der Fruchtreife

18. September. Efeu, Beginn der Blüte

4. Oktober. Roßkastanie, Beginn der Laubverfärbung

5. Oktober. Buche, Beginn der Laubverfärbung

6. Oktober. Eiche, Beginn der Fruchtreife

10. Oktober. Eiche, Beginn der Laubverfärbung

IVb. Hunsrückkreis 1924

Simmern
(Beob. Dir. Schweickert)

8. April. Birne, Beginn des Austriebs
Süßkirsche, Beginn des Austriebs
Pflaume, Beginn des Austriebs

10. April. Zwetsche, Beginn des Austriebs
Stachelbeere, Beginn des Austriebs
Johannisbeere, Beginn des Austriebs

13. April. Apfel, Beginn des Austriebs

20. April. Wintergerste, Beginn des
Schossens
Erdbeere, Beginn des Austriebs

25. April. Petkuser Winterroggen, Beginn des Schossens

30. April. Rübe, Eckendorfer, Beginn des
Auflaufens
Hederich, Keimpflänzchen
Ackersenf

5. Mai. Erbse, Beginn des Auflaufens
Süßkirsche, Beginn der Blüte
Stachelbeere, Beginn der Blüte
Johannisbeere, Beginn der Blüte

9. Mai. Raps, Beginn der Blüte

12. Mai. Birne, Beginn der Blüte
Sauerkirsche, Beginn der Blüte
Pflaume, Beginn der Blüte

15. Mai. Klee, Beginn des Auflaufens
Zwetsche, Beginn der Blüte

18. Mai. Süßkirsche, Ende der Blüte
Apfel, Beginn der Blüte

20. Mai. Siegerländer Winterweizen, Be-
ginn des Schossens
Pflaume, Ende der Blüte
Zwetsche, Ende der Blüte
Stachelbeere, Ende der Blüte
Johannisbeere, Ende der Blüte
Gerste, Fritfliege
Hafer, Fritfliege

22. Mai. Sauerkirsche, Ende der Blüte
Birne, Ende der Blüte

23. Mai. Erdbeere, Beginn der Blüte

30. Mai. Raps, Ende der Blüte
Apfel, Ende der Blüte

5. Juni. Sommergerste (Hannagerste),
Beginn des Schossens
Kartoffel, Industrie-, Beginn des Auf-
laufens

10. Juni. Winterroggen, Beginn der
Blüte
Hafer, Beginn des Schossens
Erbse, Beginn der Blüte

15. Juni. Klee, Beginn der Blüte
Winterroggen, Ende der Blüte

20. Juni. Erdbeere, Ende der Blüte

25. Juni. Sommergerste, Beginn der
Blüte

26. Juni. Winterweizen, Beginn der
Blüte

1. Juli. Apfel, Mehltau
Süßkirsche, Zweigdürre
Sauerkirsche, Zweigdürre

5. Juli. Sommergerste, Ende der Blüte
Winterweizen, Ende der Blüte
Erbse, Erbsenwickler
Birne, Schorf
Stachelbeere, Stachelbeerblattwespe

9. Juli. Gerste, Flugbrand

10. Juli. Hafer, Beginn der Blüte

14. Juli. Stachelbeere, Beginn der Ernte

15. Juli. Klee, Ende der Blüte
Erbse, Ende der Blüte
Erdbeere, Beginn der Ernte
Flachs, Flachsseide
Kartoffel, Beginn der Blüte

20. Juli. Hafer, Ende der Blüte
Wintergerste, Beginn der Ernte
Raps, Beginn der Ernte
Süßkirsche, Beginn der Ernte
Johannisbeere, Beginn der Ernte
Sauerkirsche, Beginn der Ernte
Apfel, Schorf

28. Juli. Winterroggen, Beginn der Ernte

30. Juli. Sauerkirsche, Beginn der Ernte

August. Apfel, Obstmade
Birne, Obstmade

1. August. Ackerbohne, Rost

8. August. Sommergerste, Beginn der
Ernte

10. August. Kartoffel, Krautfäule

15. August. Winterweizen, Beginn der
Ernte

20. August. Hafer, Beginn der Ernte
Pflaume, Beginn der Ernte

25. August. Apfel, Polsterschimmel

30. August. Kartoffel, Schwarzbeinigkeit

10. September. Kartoffel, Beginn der Ernte
Zwetsche, Beginn der Ernte

28. September. Rübe, Beginn der Ernte

10. Oktober. Apfel, Beginn der Ernte
Birne, Beginn der Ernte

Schmalfelderhof bei Alsenz
(Beob. Lehrer Günter)

10. August. Herbstzeitlose, Beginn der Blüte

Kettenheim (Rheinhessen)
(Beob. H. Müller)

26. September 1923. Pfälzer Winterroggen, Beginn der Aussaat

8. April. Pfälzer Sommergerste, Beginn der Aussaat

13. April. Luzerne, Beginn des Austriebes

15. April. Hederich, Keimpflänzchen
Strubes Hafer, Beginn der Aussaat

22. April. Pastorenbirne, Beginn des Austriebes

24. April. Hauszwetsche, Beginn des Austriebes

25. April. Apfel, Schöner von Boskoop, Beginn des Austriebes

26. April. Eckendorfer Runkelrübe, Beginn des Auflaufens

28. April. Kl. Wansleber Zuckerrübe, Beginn des Auflaufens

1. Mai. Wein (Silvaner), Beginn des Austriebes

7. Mai. Kartoffel, Industrie, Beginn des Auflaufens

12. Mai. Pastorenbirne, Beginn der Blüte

13. Mai. Hauszwetsche, Beginn der Blüte

14. Mai. Stachelbeere, Stachelbeerblattwespe

15. Mai. Apfel, Schöner von Boskoop, Beginn der Blüte

30. Mai. Stachelbeere, amerikanischer Mehltau

2. Juni. Pflaume, Taschenkrankheit
Zwetsche, Taschenkrankheit

3. Juni. Apfel, Mehltau

5. Juni. Pfälzer Winterroggen, Beginn der Blüte

8. Juni. Kartoffel, Schwarzbeinigkeit

11. Juni. Runkelrübe, Runkelfliege
Zuckerrübe, Runkelfliege

13. Juni. Weinrebe, falscher Mehltau
Gerste, Flugbrand

15. Juni. Pfälzer Winterroggen, Ende der Blüte

20. Juni. Wein, Silvaner, Beginn der Blüte

24. Juni. Luzerne, Beginn der Ernte

3. Juli. Wein, Silvaner, Ende der Blüte

29. Juli. Weinrebe, echter Mehltau

4. August. Pfälzer Winterroggen, Beginn der Ernte

7. August. Pfälzer Sommergerste, Beginn der Ernte

14. August. Strubes Hafer, Beginn der Ernte

26. September. Apfel, Schöner von Boskoop, Beginn der Ernte

30. September. Hauszwetsche, Beginn der Ernte

4. Oktober. Eckendorfer Runkelrübe, Beginn der Ernte

9. Oktober. Wein, Silvaner, Beginn der Ernte

18. Oktober. Kartoffel, Industrie, Beginn der Ernte

20. Oktober. Pastorenbirne, Beginn der Ernte

5. November. Kl. Wanzleber Zuckerrübe, Beginn der Ernte

IVc. Sauerland-Westerwaldkreis 1924

Hügel bei Essen-Ruhr
(Beob. Strobel)

28. März. Schneeglöckchen, Beginn der Blüte

2. April. Huflattich, Beginn der Blüte

4. April. Kohlweißling, erster Falter

14. April. Kornelkirsche, Beginn der Blüte

20. April. Salweide, Beginn der Blüte

21. April. Stachelbeere, Beginn der Laubentfaltung

23. April. Kuckuck, erster Ruf

27. April. Johannisbeere, Beginn der Blüte

28. April. Buche, Beginn der Laubentfaltung

29. April. Süßkirsche, Beginn der Blüte

2. Mai. Roßkastanie, Beginn der Laubentfaltung

5. Mai. Herzogin v. Angoulème, Beginn der Blüte

7. Mai. Dotterblume, Beginn der Blüte

8. Mai. Buchenhochwald grün

9. Mai. Sommerlinde, Beginn der Laubentfaltung

10. Mai. Fichte, erste Maitriebe

12. Mai. Apfel, (Gravensteiner, Beginn der Blüte
Pfirsichroter Sommerapfel, Beginn der Blüte
Kiefer, erste Maitriebe

14. Mai. Eichenhochwald grün

15. Mai. Roßkastanie, Beginn der Blüte

16. Mai. Flieder, Beginn der Blüte

18. Mai. Eberesche, Beginn der Blüte

20. Mai. Goldregen, Beginn der Blüte

2. Juni. Erste Maikäfer

4. Juni. Falscher Jasmin, Beginn der Blüte

5. Juni. Holunder, Beginn der Blüte

6. Juni. Schneebeere, Beginn der Blüte

22. Juni. Erste schwarze Blattlaus an Saubohne

24. Juni. Johannisbeere, Beginn der Fruchtreife

26. Juni. Sommerlinde, Beginn der Blüte
Winterlinde, Beginn der Blüte

Barmen-Lichtenplatz
350 m N. N.
(Beob. Friedrich Kellermeier, dipl. agr.)

22. März. Schneeglöckchen, Beginn der Blüte

27. März. Huflattich, Beginn der Blüte

5. April. Anemone, Beginn der Blüte

8. April. Kornelkirsche, Beginn der Blüte

2. Mai. Stachelbeere, Beginn der Laubentfaltung

4. Mai. Dotterblume, Beginn der Blüte

15. Mai. Süßkirsche, Beginn der Blüte
Birne, Beginn der Blüte

19. Mai. Apfel, Beginn der Blüte

22. Mai. Roßkastanie, Beginn der Blüte

24. Mai. Flieder, Beginn der Blüte
Eberesche, Beginn der Blüte

7. Oktober. Buche, Beginn der Laubverfärbung

10. Oktober. Eiche, Beginn der Laubverfärbung

Lennep
(Beob. Lupus, Dir. der Landwirtschaftl. Schule)

12. April. Huflattich

Mitte April. Klee, Beginn des Schossens
Stachelbeere, Beginn des Austriebs
Johannisbeere, Beginn des Austriebs

Ende April. Apfel, Beginn des Austriebs
Birne, Beginn des Austriebs
Süßkirsche, Beginn des Austriebs
Sauerkirsche, Beginn des Austriebs
Pflaume, Beginn des Austriebs
Zwetsche, Beginn des Austriebs

Mai. Gerste, Streifenkrankheit

Anfang Mai. Apfel, Beginn der Blüte
Birne, Beginn der Blüte
Süßkirsche, Beginn der Blüte
Sauerkirsche, Beginn der Blüte
Pflaume, Beginn der Blüte
Zwetsche, Beginn der Blüte
Stachelbeere, Beginn der Blüte

Mai. Kartoffel, Erdraupe

16. Mai. Hederich, Keimpflänzchen

Mitte Mai. Stachelbeere, Ende der Blüte
Johannisbeere, Beginn der Blüte

24. Mai. Stachelbeerblattwespe an Stachelbeere

25. Mai. Stachelbeerblattwespe an Johannisbeere

Ende Mai. Johannisbeere, Ende der Blüte
Apfel, Ende der Blüte
Birne, Ende der Blüte
Süßkirsche, Ende der Blüte
Sauerkirsche, Ende der Blüte
Pflaume, Ende der Blüte
Zwetsche, Ende der Blüte

Anfang Juni. Kartoffel, Industrie-, Beginn des Auflaufens
Rübe, Beginn des Pflanzens
Erdbeere, Beginn der Blüte

Mitte Juni. Erdbeere, Ende der Blüte
Apfel, Mehltau

20. Juni. Gerste, Flugbrand

23. Juni. Hafer, Flugbrand

Ende Juni. Erdbeere, Beginn der Ernte

Anfang Juli. Wintergerste, Friedrichs-werter, Beginn der Ernte

2. Juli. Hafer, Petkuser Gelb-, Beginn des Schossens

10. Juli. Hafer, Beginn der Blüte

Mitte Juli. Winterroggen, Petkuser, Beginn der Ernte

Ende Juli. Winterweizen, Strubes, Beginn der Ernte
Johannisbeere, Beginn der Ernte

2. August. Kartoffel, Schwarzbeinigkeit

Mitte August. Hafer, Beginn der Ernte

Ende September. Kartoffel, Beginn der Ernte
Birne, Beginn der Ernte

Anfang Oktober. Apfel, Beginn der Ernte

Mitte Oktober. Rübe, Beginn der Ernte
Ackerschnecke (im Herbst stark)

Iserlohn
(Beob. F. Exsternbrink)

16. März. Huflattich, Beginn der Blüte

26. März. Kornelkirsche, Beginn der Blüte

28. März. Schneeglöckchen, Beginn der Blüte

1. April. Salweide, Beginn der Blüte

9. April. Anemone, Beginn der Blüte

15. April. Stachelbeere, Beginn der Laub-entfaltung

25. April. Johannisbeere, Beginn der Blüte

27. April. Roßkastanie, Beginn der Laub-entfaltung

29. April. Dotterblume, Beginn der Blüte

4. Mai. Buche, Beginn der Laub-entfaltung

9. Mai. Süßkirsche, Beginn der Blüte

10. Mai. Schlehe, Beginn der Blüte

11. Mai. Birne, Beginn der Blüte

12. Mai. Sommerlinde, Beginn der Laub-entfaltung
Erste Maikäfer

13. Mai. Kohlweißling, erster Falter

14. Mai. Apfel, Beginn der Blüte

15. Mai. Roßkastanie, Beginn der Blüte

16. Mai. Flieder, Beginn der Blüte
Buchenhochwald grün
Kiefer, erste Maitriebe
Fichte, erste Maitriebe

19. Mai. Eberesche, Beginn der Blüte

20. Mai. Winterlinde, Beginn der Laub-entfaltung

Eichenhochwald grün
Tanne, erste Maitriebe
22. Mai. Goldregen, Beginn der Blüte
25. Mai. Winterroggen, Beginn des Schossens
 4. Juni. Winterroggen, Petkuser, Beginn der Blüte
12. Juni. Falscher Jasmin, Beginn der Blüte
14. Juni. Winterweizen, Beginn des Schossens
19. Juni. Holunder, Beginn der Blüte
20. Juni. Schneebeere, Beginn der Blüte
Eiche, erste Johannistriebe
22. Juni. Spitzahorn, erste Johannistriebe
25. Juni. Eberesche, erste Johannistriebe
Winterweizen, (Dickkopf), Beginn der Blüte
Schwarze Blattlaus an Saubohne
26. Juni. Sommerlinde, Beginn der Blüte
Winterlinde, Beginn der Blüte
20. Juli. Johannisbeere, Beginn der Fruchtreife
25. Juli. Weiße Lilie, Beginn der Blüte
 1. August. Heide, Beginn der Blüte
 4. August. Winterroggen, Beginn der Ernte
10. August. Eberesche, Beginn der Fruchtreife
13. August. Schneebeere, Beginn der Fruchtreife
24. August. Winterweizen, Beginn der Ernte
 1. September. Roßkastanie, Beginn der Fruchtreife
 5. September. Holunder, Beginn der Fruchtreife
10. September. Herbstzeitlose, Beginn der Blüte
15. September. Liguster, Beginn der Fruchtreife

20. September. Grummetreife
28. September. Buche, Beginn der Fruchtreife
29. September. Eiche, Beginn der Fruchtreife
 1. Oktober. Buche, Beginn der Laubverfärbung
Eiche, Beginn der Laubverfärbung
 3. Oktober. Roßkastanie, Beginn der Laubverfärbung

Soest
(Beob. Ökonomierat Schulz)

 7. März. Schneeglöckchen, Beginn der Blüte
 6. April. Kornelkirsche, Beginn der Blüte
 7. April. Stachelbeere, Beginn der Laubentfaltung
Johannisbeere, Beginn der Laubentfaltung
16. April. Huflattich, Beginn der Blüte
17. April. Stachelbeere, Beginn der Laubentfaltung
18. April. Anemone, Beginn der Blüte
23. April. Sauerkirsche (Schattenmorelle), Beginn des Austriebs
Pflaume, Beginn des Austriebs
Sauerkirsche, Beginn der Blüte
25. April. Johannisbeere, Beginn der Blüte
Birne, Beginn der Laubentfaltung
Stachelbeere, Beginn der Blüte
Johannisbeere, Beginn der Blüte
27. April. Roßkastanie, Beginn der Laubentfaltung
30. April. Erster Maikäfer
 1. Mai. Herz-Süßkirsche, Beginn der Laubentfaltung
Dotterblume, Beginn der Blüte
Sommerlinde, Beginn der Laubentfaltung
 4. Mai. Pfirsich, Beginn der Blüte

5. Mai. Stachelbeere, Stachelbeerblatt-
wespe
Süßkirsche, Beginn der Blüte
Buche, Beginn der Laubentfaltung
Raps, Beginn der Blüte

7. Mai. Stachelbeere, Ende der Blüte

10. Mai. Birne, Beginn der Blüte

12. Mai. Pflaume, Ende der Blüte

13. Mai. Apfel, Beginn der Blüte

14. Mai. Erdbeere, Beginn der Blüte

15. Mai. Sauerkirsche, Ende der Blüte
Pfirsich, Ende der Blüte
Roßkastanie, Beginn der Blüte
Flieder, Beginn der Blüte
Hederich, Keimpflänzchen
Ackersenf

16. Mai. Winterroggen, Petkuser, Beginn des Schossens
Rübe, Kleine Wanzlebener, Beginn
des Auflaufens

17. Mai. Süßkirsche, Ende der Blüte

19. Mai. Wintergerste, Eckendorfer, Be-
ginn des Schossens
Kartoffel, Industrie-, Beginn des Auf-
laufens
Ackerbohne, Beginn der Blüte
Goldregen, Beginn der Blüte

21. Mai. Birne, Ende der Blüte

25. Mai. Apfel, Ende der Blüte

26. Mai. Wintergerste, Beginn der Blüte

27. Mai. Erbse, Beginn der Blüte

28. Mai. Raps, Ende der Blüte

30. Mai. Winterroggen, Beginn der Blüte

3. Juni. Wintergerste, Ende der Blüte

4. Juni. Klee, Beginn der Blüte

8. Juni. Sommerroggen, Petkuser, Beginn des Schossens

10. Juni. Winterroggen, Ende der Blüte
Erdbeere, Beginn der Ernte

17. Juni. Erste schwarze Blattlaus an
Saubohne
Schwarze Blattlaus an Ackerbohne
Sommerroggen, Beginn der Blüte

18. Juni. Winterweizen, (Jeverson), Be-
ginn des Schossens
Sommergerste, Heines Vierzeilige,
Beginn des Schossens

19. Juni. Kartoffel, Schwarzbeinigkeit

20. Juni. Runkelrübe, Runkelfliege
Zuckerrübe, Runkelfliege

21. Juni. Winterweizen, Beginn der
Blüte
Sommergerste, Beginn der Blüte

22. Juni. Sommerlinde, Beginn der
Blüte
Winterlinde, Beginn der Blüte

25. Juni. Hafer, Petkuser Gelb-, Beginn
des Schossens

28. Juni. Sommerroggen, Ende der Blüte
Gerste, Streifenkrankheit

Juli. Apfel, Schorf (stark)
Birne, Schorf (sehr stark)
Birne, Polsterschimmel (mittel)

2. Juli. Winterweizen, Ende der Blüte
Kartoffel, Beginn der Blüte

3. Juli. Johannisbeere, Beginn der
Fruchtreife
Sommerweizen, Beginn der Blüte

4. Juli. Wintergerste, Beginn der Ernte

5. Juli. Hafer, Beginn der Blüte

8. Juli. Hafer, Ende der Blüte
Hafer, Beginn der Ernte

12. Juli. Weizen, Steinbrand

15. Juli. Roggen, Mutterkorn (Sklerotium)

19. Juli. Winterroggen, Beginn der Ernte

1. August. Heide, Beginn der Blüte

August. Klee, Stengelbrenner (stark)
Apfel, Obstmade (stark)

Bruchhausen bei Hüsten, Kr. Arnsberg
(Beob. Jos. Dransfeld)

15. März. Schneeglöckchen, Beginn der
Blüte

20. März. Erster Wasserfrosch

23. März. Huflattich, Beginn der Blüte

25. März. Erster Grasfrosch
2. April. Salweide, Beginn der Blüte
5. April. Anemone, Beginn der Blüte
10. April. Stachelbeere, Beginn der Laubentfaltung
20. April. Kohlweißling, erster Falter
2. Mai. Johannisbeere, Beginn der
Blüte
5. Mai. Schlehe, Beginn der Blüte
Sommerlinde, Beginn der Laubentfaltung
10. Mai. Dotterblume, Beginn der Blüte
Süßkirsche, Beginn der Blüte
Winterlinde, Beginn der Laubentfaltung
Buche, Beginn der Laubentfaltung
12. Mai. Pastorenbirne, Beginn der Blüte
Roßkastanie, Beginn der Laubentfaltung
15. Mai. Sommerapfel, Beginn der Blüte
Buchenhochwald grün
Erste Maikäfer
17. Mai. Fichte, erste Maitriebe
20. Mai. Kiefer, erste Maitriebe
Flieder, Beginn der Blüte
Eberesche, Beginn der Blüte
Eichenhochwald grün
Tanne, erste Maitriebe
1. Juni. Winterroggen, Beginn des
Schossens
5. Juni. Winterweizen, Beginn des
Schossens
10. Juni. Roßkastanie, Beginn der Blüte
15. Juni. Holunder, Beginn der Blüte
20. Juni. Winterroggen, Beginn der Blüte
25. Juni. Winterweizen, Beginn der Blüte
1. Juli. Falscher Jasmin, Beginn der
Blüte
Spitzahorn, erste Johannistriebe
Sommerlinde, Beginn der Blüte
Winterlinde, Beginn der Blüte
Johannisbeere, Beginn der Frucht-
reife

5. Juli. Eberesche, erste Johannistriebe
10. Juli. Eiche, erste Johannistriebe
Weiße Lilie, Beginn der Blüte
5. August. Heide, Beginn der Blüte
10. August. Winterroggen, Beginn der
Ernte
20. August. Winterweizen, Beginn der
Ernte
30. August. Eberesche, Beginn der Fruchtreife
10. September. Buche, Beginn der
Fruchtreife
15. September. Holunder, Beginn der
Fruchtreife
Herbstzeitlose, Beginn der Blüte
Roßkastanie, Beginn der Fruchtreife
18. September. Eiche, Beginn der Fruchtreife
20. September. Efeu, Beginn der Blüte
Liguster, Beginn der Fruchtreife
25. September. Grummetreife
15. Oktober. Roßkastanie, Beginn der
Laubverfärbung
20. Oktober. Buche, Beginn der Laubverfärbung
25. Oktober. Eiche, Beginn der Laubverfärbung

Altastenberg (Westfalen)
(Beob. Gerke)

13. März. Erster Star
16. März. Erste Kaninchen
19. März. Erstes Rotschwänzchen
24. März. Erster Marienkäfer
27. März. Schneeglöckchen, Beginn der
Blüte
4. April. Froschlaich
Erster Wasserfrosch
15. April. Erster Kuckuck
2. Mai. Dotterblume, Beginn der Blüte
10. Mai. Johannisbeere, Beginn der
Blüte

12. Mai. Huflattich, Beginn der Blüte
Stachelbeere, Beginn der Laubentfaltung

13. Mai. Buche, Beginn der Laubentfaltung

15. Mai. Roßkastanie, Beginn der Laubentfaltung
Buchenhochwald grün

16. Mai. Löwenzahn, Beginn der Blüte

18. Mai. Fichte, erste Maitriebe
Tollkirsche, Beginn der Blüte

19. Mai. Süßkirsche, Beginn der Blüte

20. Mai. Sommerlinde, Beginn der Laubentfaltung

22. Mai. Maiglöckchen, Beginn der Blüte

24. Mai. Erdbeere, Beginn der Blüte

30. Mai. Himbeere, Beginn der Blüte

31. Mai. Ginster, Beginn der Blüte

18. Juni. Holunder, Beginn der Fruchtreife

19. Juni. Weiße Lilie, Beginn der Blüte

15. August. Johannisbeere, Beginn der Fruchtreife

Anfang September. Herbstzeitlose, Beginn der Blüte

8. September. Buche, Beginn der Laubverfärbung

10. September. Eberesche, Beginn der Fruchtreife

10. Oktober. Buche, Beginn der Fruchtreife

Waldbröl (Rheinland)
(Beob. Alb. Schumacher)

20. März. Schneeglöckchen, Beginn der Blüte

30. März. Huflattich, Beginn der Blüte

14. April. Salweide, Beginn der Blüte

18. April. Kornelkirsche, Beginn der Blüte

20. April. Anemone, Beginn der Blüte

24. April. Erster Wasserfrosch

25. April. Stachelbeere, Beginn der Laubentfaltung
Salix aurica, Beginn der Blüte

26. April. Salix fragilis, Beginn der Laubentfaltung
Dotterblume, Beginn der Laubentfaltung

1. Mai. Erster Grasfrosch

3. Mai. Buche, Beginn der Laubentfaltung

4. Mai. Kohlweißling, erster Falter

5. Mai. Johannisbeere, Beginn der Blüte

6. Mai. Süßkirsche, Beginn der Blüte
Roßkastanie, Beginn der Laubentfaltung

10. Mai. Sommerlinde, Beginn der Laubentfaltung
Kiefer, erste Maitriebe
Buchenhochwald grün

14. Mai. Erste Maikäfer
Schlehe, Beginn der Blüte
Winterlinde, Beginn der Laubentfaltung
Fichte, erste Maitriebe

15. Mai. Birne, Beginn der Blüte

17. Mai. Apfel, Schöner von Boskoop, Beginn der Blüte

18. Mai. Roßkastanie, Beginn der Blüte

20. Mai. Eberesche, Beginn der Blüte
Eichenhochwald grün
Winterroggen, Beginn des Schossens

21. Mai. Flieder, Beginn der Blüte

23. Mai. Goldregen, Beginn der Blüte

25. Mai. Winterweizen, Beginn des Schossens

3. Juni. Falscher Jasmin, Beginn der Blüte

12. Juni. Petkuser Winterroggen, Beginn der Blüte

17. Juni. Holunder, Beginn der Blüte

4. Juli. Sommerlinde, Beginn der Blüte
Winterlinde, Beginn der Blüte

12. Juli. Johannisbeere, Beginn der Fruchtreife

14. Juli. Weiße Lilie, Beginn der Blüte

1. August. Heide, Beginn der Blüte
Grummetreife

6. August. Eberesche, Beginn der Fruchtreife

7. August. Winterroggen, Beginn der
Ernte

10. August. Schneebeere, Beginn der
Fruchtreife

20. August. Birke, Beginn der Fruchtreife

22. August. Winterweizen, Beginn der
Ernte

5. September. Herbstzeitlose, Beginn
der Blüte

7. September. Holunder, Beginn der
Fruchtreife

14. September. Buche, Beginn der
Fruchtreife

18. September. Roßkastanie, Beginn der
Fruchtreife

20. September. Eiche, Beginn der Fruchtreife

28. September. Liguster, Beginn der
Fruchtreife

5. Oktober. Roßkastanie, Beginn der
Laubverfärbung

14. Oktober. Buche, Beginn der Laubverfärbung

21. Oktober. Eiche, Beginn der Laubverfärbung

Limburg a. Lahn
(Beob. W. Janicaud)

8. März. Schneeglöckchen, Beginn der
Blüte

1. April. Huflattich, Beginn der Blüte

8. April. Anemone, Beginn der Blüte

10. April. Stachelbeere, Beginn der Laubentfaltung

14. April. Roßkastanie, Beginn der Laubentfaltung

15. April. Kornelkirsche, Beginn der Blüte
Salweide, Beginn der Blüte

20. April. Dotterblume, Beginn der Blüte

25. April. Johannisbeere, Beginn der
Blüte
Schlehe, Beginn der Blüte

30. April. Sommerlinde, Beginn der
Laubentfaltung

2. Mai. Süßkirsche, Beginn der Blüte

4. Mai. Erster Maikäfer

6. Mai. Frühe Birne, Beginn der Blüte
Winterlinde, Beginn der Laubentfal-
tung
Buche, Beginn der Laubentfaltung

8. Mai. Apfel, Beginn der Blüte

10. Mai. Kohlweißling, erster Falter
Buchenhochwald grün
Fichte, erste Maitriebe
Tanne, erste Maitriebe

12. Mai. Roßkastanie, Beginn der Blüte

15. Mai. Winterroggen, Beginn des
Schossens

16. Mai. Schwarze Blattläuse an Saubohne
Flieder, Beginn der Blüte

20. Mai. Goldregen, Beginn der Blüte

25. Mai. Eberesche, Beginn der Blüte

28. Mai. Eichenhochwald grün
Winterweizen, Beginn des Schossens

2. Juni. Holunder, Beginn der Blüte
Schneebeere, Beginn der Blüte

6. Juni. Falscher Jasmin, Beginn der
Blüte

12. Juni. Petkuser Winterroggen, Beginn der Blüte

22. Juni. Criewener 104, Beginn der
Blüte
Sommerlinde, Beginn der Blüte
Winterlinde, Beginn der Blüte

23. Juni. Spitzahorn, erste Johannistriebe

25. Juni. Eberesche, erste Johannistriebe

26. Juni. Eiche, erste Johannistriebe
Johannisbeere, Beginn der Fruchtreife

28. Juni. Eberesche, Beginn der Fruchtreife
Schneebeere, Beginn der Fruchtreife

2. Juli. Holunder, Beginn der Fruchtreife

4. Juli. Birke, Beginn der Fruchtreife

15. Juli. Weiße Lilie, Beginn der Blüte

20. Juli. Heide, Beginn der Blüte

26. Juli. Winterroggen, Beginn des
Schnittes

10. August. Winterweizen, Beginn des
Schnittes

10. September. Grummetreife
Herbstzeitlose, Beginn der Blüte

20. September. Roßkastanie, Beginn der
Fruchtreife

25. September. Liguster, Beginn der
Fruchtreife

3. Oktober. Buche, Beginn der Fruchtreife
Roßkastanie, allgemeine Laubverfärbung

10. Oktober. Buche, allgemeine Laubverfärbung
erste Frostspanner an Probeleimringen

20. Oktober. Eiche, Beginn der Fruchtreife

25. Oktober. Eiche, allgemeine Laubverfärbung

Bad Homburg v. d. H.

(Beob. M. Hotop, Kreisobstbauinspektor)

27. Februar. Schneeglöckchen, Beginn der
Blüte

7. April. Huflattich, Beginn der Blüte

9. April. Anemone, Beginn der Blüte
Salweide, Beginn der Blüte

10. April. Kornelkirsche, Beginn der Blüte

15. April. Narzisse, Beginn der Blüte

16. April. Erster Grasfrosch

18. April. Stachelbeere, Beginn der Laubentfaltung
Erster Wasserfrosch

24. April. Dotterblume, Beginn der Blüte

26. April. Johannisbeere, Beginn der
Blüte

27. April. Roßkastanie, Beginn der Laubentfaltung

28. April. Buche, Beginn der Laubentfaltung
Süßkirsche, Beginn der Blüte

3. Mai. Schlehe, Beginn der Blüte

8. Mai. Birne, Beginn der Blüte
Sommerlinde, Beginn der Laubentfaltung

9. Mai. Buchenhochwald grün

11. Mai. Winterlinde, Beginn der Laubentfaltung

12. Mai. Roßkastanie, Beginn der Blüte

15. Mai. Apfel, Beginn der Blüte

16. Mai. Flieder, Beginn der Blüte

17. Mai. Fichte, erste Maitriebe

18. Mai. Erste Maikäfer
Kohlweißling, erster Falter

19. Mai. Eberesche, Beginn der Blüte
Winterroggen, Beginn des Schossens

22. Mai. Goldregen, Beginn der Blüte

24. Mai. Eichenhochwald grün

28. Mai. Winterweizen, Beginn des
Schossens

30. Mai. Winterroggen, Beginn der Blüte

3. Juni. Schneebeere, Beginn der Blüte

6. Juni. Holunder, Beginn der Blüte
Erdbeere, Beginn der Fruchtreife

8. Juni. Kiefer, erste Maitriebe

9. Juni. Falscher Jasmin, Beginn der
Blüte
Winterweizen, Beginn der Blüte
Sommerweizen, Beginn der Blüte

13. Juni. Erste schwarze Blattläuse an
Saubohne

14. Juni. Hafer, Beginn der Blüte

17. Juni. Heubirne, Beginn der Ernte

20. Juni. Sommerweizen, Ende der Blüte

21. Juni. Sommerlinde, Beginn der
Blüte
Winterlinde, Beginn der Blüte

24. Juni. Hafer, Ende der Blüte

1. Juli. Weiße Lilie, Beginn der Blüte

 3. Juli. Johannisbeere, Beginn der Fruchtreife

15. Juli. Zuckerbirne, Beginn der Ernte

17. Juli. Frühe Kartoffel, Beginn der Ernte
Mirabelle von Flotow, Beginn der Ernte

20. Juli. Weißer Clarapfel, Beginn der Ernte

25. Juli. Erbse, Beginn der Ernte

28. Juli. Wintergerste, Beginn der Ernte
Eberesche, Beginn der Fruchtreife

29. Juli. Heide, Beginn der Blüte

31. Juli. Winterrogen, Beginn der Ernte

 2. August. Ackerbohne, Beginn der Ernte

 4. August. Winterweizen, Beginn der Ernte

17. August. Schneebeere, Beginn der Fruchtreife

19. August. Frühe Mirabelle, Beginn der Ernte

21. August. Holunder, Beginn der Fruchtreife

28. August. Zwetsche, Zimmers Frühe, Beginn der Ernte

20. September. Efeu, Beginn der Blüte

24. September. Roßkastanie, Beginn der Fruchtreife

27. September. Herbstzeitlose, Beginn der Blüte

12. Oktober. Buche, Beginn der Fruchtreife
Winterweizen, Beginn der Aussaat

14. Oktober. Grummetreife

15. Oktober. Winterroggen, Beginn der Aussaat

20. Oktober. Eiche, Beginn der Fruchtreife

21. Oktober. Wintergerste, Beginn der Aussaat
Roßkastanie, allgemeine Laubverfärbung

25. Oktober. Buche, allgemeine Laubverfärbung

30. Oktober. Eiche, allgemeine Laubverfärbung

IVe. Subhercynisch-Nordwestfälischer Berg- und Hügellandkreis 1924

Osnabrück
(Beob. Heinr. Freund)

23. März. Schneeglöckchen, Beginn der Blüte

29. März. Kornelkirsche, Beginn der Blüte

30. März. Huflattich, Beginn der Blüte

16. April. Salweide, Beginn der Blüte

24. April. Stachelbeere, Beginn der Laubentfaltung

26. April. Dotterblume, Beginn der Blüte

30. April. Johannisbeere, Beginn der Blüte
Roßkastanie, Beginn der Laubentfaltung

 5. Mai. Süßkirsche, Beginn der Blüte
Buche, Beginn der Laubentfaltung

10. Mai. Fichte, erste Maitriebe

11. Mai. Sommerlinde, Beginn der Laubentfaltung

13. Mai. Birne, Beginn der Blüte

14. Mai. Winterlinde, Beginn der Laubentfaltung

15. Mai. Erste Maikäfer
Buchenhochwald grün

16. Mai. Roßkastanie, Beginn der Blüte
Eichenhochwald grün
Kiefer, erste Maitriebe
Tanne, erste Maitriebe
Apfel, Beginn der Blüte
Flieder, Beginn der Blüte

20. Mai. Goldregen, Beginn der Blüte
Eberesche, Beginn der Blüte

29. Mai. Winterroggen, Beginn des Schossens

8. Juni. Holunder, Beginn der Blüte
Falscher Jasmin, Beginn der Blüte

10. Juni. Kohlweißling, erster Falter

13. Juni. Schneebeere, Beginn der Blüte

16. Juni. Winterroggen, Beginn der Blüte
Erste schwarze Blattläuse an Saubohne

20. Juni. Winterweizen, Beginn des Schossens

24. Juni. Eiche, Entwicklung von Johannistrieben

26. Juni. Winterweizen, Beginn der Blüte
Sommerlinde, Beginn der Blüte
Winterlinde, Beginn der Blüte

4. Juli. Weiße Lilie, Beginn der Blüte

12. Juni. Johannisbeere, Beginn der Fruchtreife

14. Juli. Eberesche, Beginn der Fruchtreife

28. Juli. Winterroggen, Beginn der Ernte

30. Juli. Heide, Beginn der Blüte

4. August. Schneebeere, Beginn der Fruchtreife

24. August. Holunder, Beginn der Fruchtreife

25. August. Winterweizen, Beginn der Ernte

30. August. Herbstzeitlose, Beginn der Blüte

1. Oktober. Roßkastanie, Beginn der Fruchtreife
Liguster, Beginn der Fruchtreife

4. Oktober. Buche, Beginn der Fruchtreife

6. Oktober. Eiche, Beginn der Fruchtreife

8. Oktober. Roßkastanie, Beginn der Laubverfärbung

12. Oktober. Buche, Beginn der Laubverfärbung

14. Oktober. Eiche, Beginn der Laubverfärbung

Hameln a. Weser
(Beob. Murken)

22. März. Schneeglöckchen, Beginn der Blüte

27. März. Huflattich, Beginn der Blüte

10. April. Anemone, Beginn der Blüte

16. April. Kornelkirsche, Beginn der Blüte

19. April. Salweide, Beginn der Blüte

23. April. Stachelbeere, Beginn der Laubentfaltung

2. Mai. Erster Grasfrosch
Johannisbeere, Beginn der Blüte
Roßkastanie, Beginn der Laubentfaltung
Buche, Beginn der Laubentfaltung

4. Mai. Süßkirsche, Beginn der Blüte
Sommerlinde, Beginn der Laubentfaltung
Erste Maikäfer

10. Mai. Schlehe, Beginn der Blüte
Winterlinde, Beginn der Laubentfaltung
Buchenhochwald grün

11. Mai. Birne, Beginn der Blüte

15. Mai. Apfel, Beginn der Blüte

16. Mai. Roßkastanie, Beginn der Blüte
Flieder, Beginn der Blüte

20. Mai. Eichenhochwald grün

22. Mai. Goldregen, Beginn der Blüte
Eberesche, Beginn der Blüte

24. Mai. Fichte, erste Maitriebe
Tanne, erste Maitriebe
Kiefer, erste Maitriebe

1. Juni. Winterroggen, Beginn der Blüte

4. Juni. Holunder, Beginn der Blüte

6. Juni. Falscher Jasmin, Beginn der Blüte

16. Juni. Sommerlinde, Beginn der Blüte
Winterlinde, Beginn der Blüte

20. Juni. Eiche, Entwicklung von Johannistrieben

29. Juni. Johannisbeere, Beginn der Fruchtreife

18. Juli. Winterroggen, Beginn der Ernte

23. Juli. Heide, Beginn der Blüte

1. August. Eberesche, Begin der Fruchtreife

10. August. Birke, Beginn der Fruchtreife

16. August. Winterweizen, Beginn der Ernte

24. August. Holunder, Beginn der Fruchtreife

14. September. Roßkastanie, Beginn der Fruchtreife

Oberförsterei Winnefeld
(Beob. Steinhoff, Forstmeister)

23. März. Schneeglöckchen, Beginn der Blüte

18. April. Anemone, Beginn der Blüte
Salweide, Beginn der Blüte

26. April. Stachelbeere, Beginn der Laubentfaltung

29. April. Huflattich, Beginn der Blüte

5. Mai. Roßkastanie, Beginn der Laubentfaltung

6. Mai. Buche, Beginn der Laubentfaltung

12. Mai. Buchenhochwald grün

13. Mai. Süßkirsche, Beginn der Blüte

14. Mai. Johannisbeere, Beginn der Blüte

18. Mai. Birne, Beginn der Blüte

22. Mai. Eichenhochwald grün

23. Mai. Roßkastanie, Beginn der Blüte
Apfel, Beginn der Blüte

24. Mai. Eberesche, Beginn der Blüte

25. Mai. Schlehe, Beginn der Blüte

26. Mai. Flieder, Beginn der Blüte

10. Juni. Winterroggen, Beginn des Schossens

15. Juni. Petkuser Winterroggen, Beginn der Blüte

20. Juni. Goldregen, Beginn der Blüte

24. Juni. Schneebeere, Beginn der Blüte
Falscher Jasmin, Beginn der Blüte

27. Juni. Holunder, Beginn der Blüte

5. Juli. Winterweizen, Beginn des Schossens

7. Juli. Winterweizen, Beginn der Blüte

24. Juli. Johannisbeere, Beginn der Fruchtreife

8. August. Heide, Beginn der Blüte

13. August. Winterroggen, Beginn der Ernte

7. September. Winterweizen, Beginn der Ernte

10. September. Eberesche, Beginn der Fruchtreife
Grummetreife

19. September. Herbstzeitlose, Beginn der Blüte

21. September. Roßkastanie, Beginn der Laubverfärbung

30. September. Buche, Beginn der Laubverfärbung

10. Oktober. Eiche, Beginn der Laubverfärbung

12. Oktober. Holunder, Beginn der Fruchtreife

Bursfelde (Hannover)
(Beob. Kühle, Lehrer)

20. März. Erster Grasfrosch

25. März. Schneeglöckchen, Beginn der Blüte

12. April. Salweide, Beginn der Blüte

24. April. Stachelbeere, Beginn der Laubentfaltung

26. April. Roßkastanie, Beginn der Laubentfaltung

28. April. Sommerlinde, Beginn der Laubentfaltung
Buche, Beginn der Laubentfaltung

2. Mai. Johannisbeere, Beginn der Blüte

5. Mai. Süßkirsche, Beginn der Blüte

8. Mai. Schlehe, Beginn der Blüte
Buchenhochwald grün

10. Mai. Erste Maikäfer

12. Mai. Birne, Beginn der Blüte
Winterlinde, Beginn der Laubentfaltung

16. Mai. Apfel, Beginn der Blüte
Fichte, erste Maitriebe
Tanne, erste Maitriebe

18. Mai. Eichenhochwald grün

19. Mai. Roßkastanie, Beginn der Blüte
Flieder, Beginn der Blüte

22. Mai. Kiefer, erste Maitriebe
Winterroggen, Beginn des Schossens

10. Juni. Winterroggen, Beginn der Blüte

12. Juni. Winterweizen, Beginn des Schossens

15. Juni. Schneebeere, Beginn der Blüte

22. Juni. Sommerlinde, Beginn der Blüte

26. Juni. Holunder, Beginn der Blüte

1. Juli. Winterweizen, Beginn der Blüte

5. Juli. Kohlweißling, erster Falter

10. Juli. Winterlinde, Beginn der Blüte

22. Juli. Johannisbeere, Beginn der Fruchtreife

31. Juli. Heide, Beginn der Blüte

4. August. Winterroggen, Beginn der Ernte

10. August. Eberesche, Beginn der Fruchtreife
Schneebeere, Beginn der Fruchtreife

14. August. Birke, Beginn der Fruchtreife

25. August. Grummetreife

29. August. Winterweizen, Beginn der Ernte

8. September. Holunder, Beginn der Fruchtreife

10. September. Herbstzeitlose, Beginn der Blüte

14. September. Roßkastanie, Beginn der Fruchtreife

25. September. Roßkastanie, Beginn der Laubverfärbung

4. Oktober. Eiche, Beginn der Fruchtreife

6. Oktober. Buche, Beginn der Laubverfärbung

13. Oktober. Eiche, Beginn der Laubverfärbung

Rodenberg (Deister)
(Beob. Direktor Honold)

3. März. Schneeglöckchen, Beginn der Blüte

25. März. Winterroggen, Petkuser, Beginn des Schossens
Winterweizen, Dickkopf, Beginn des Schossens

1. April. Huflattich, Beginn der Blüte

3. April. Roggen, Fritfliege, Larve

7. April. Klee, Schlesischer Rotklee, Beginn des Auflaufens

10. April. Weizen, Fritfliege, Larve
Anemone, Beginn der Blüte
Kornelkirsche, Beginn der Blüte

14. April. Ackerbohne, Halberstädter, Beginn des Auflaufens

16. April. Erbse, Grüne Viktoria, Beginn des Auflaufens
Süßkirsche, Eltonkirsche, Beginn des Austriebs

17. April. Rauhhaarige Wicke in Frucht

18. April. Wintergerste, Friedrichswerter, Beginn des Schossens
Zwetsche, Hauszwetsche, Beginn des Austriebs

19. April. Hafer, Strubes, Beginn des Schossens

20. April. Salweide, Beginn der Blüte
Pflaume, Rote Viktoria, Beginn des Austriebs
Johannisbeere, Große rote Holländer, Beginn des Austriebs
Dotterblume, Beginn der Blüte

Erdbeere, Monatserdbeere, Beginn des Austriebs

25. April. Hederich, Keimpflänzchen (Spritztermin)
Stachelbeere, Beginn der Laubentfaltung

27. April. Apfel, Charlamowsky, Beginn des Austriebs
Sauerkirsche, Nordkirsche, Beginn des Austriebs

28. April. Stachelbeere, Gelbe, Beginn des Austriebs

30. April. Rübe, Rote Eckendorfer, Beginn des Auflaufens
Birne, Gute Graue, Beginn des Austriebs

1. Mai. Süßkirsche, Beginn der Blüte
Wasserfrosch, zuerst gesehen

2. Mai. Pfirsich, Hales frühe, Beginn des Austriebs

3. Mai. Johannisbeere, Beginn der Blüte
Wein, Gutedel, Beginn des Austriebs
Ackersenf

4. Mai. Falscher Jasmin, Beginn der Blüte

6. Mai. Schlehe, Beginn der Blüte
Hederich, in Frucht

8. Mai. Sommerweizen, Roter Schlanstedter, Beginn des Schossens

9. Mai. Sommergerste, Friedrichswerter, Beginn des Schossens

14. Mai. Erster Maikäfer

15. Mai. Flieder, Beginn der Blüte

16. Mai. Kartoffel, Gelbe Industrie, Beginn des Auflaufens
Holunder, Beginn der Blüte
Weizen, Steinbrand

20. Mai. Lupine, Gelbe, Beginn des Auflaufens
Weizen, Flugbrand
Roggen, Schwarzrost
Erbsenrost

Sommerlinde, Beginn der Laubentfaltung
Roßkastanie, Beginn der Blüte

24. Mai. Goldregen, Beginn der Blüte
Eberesche, Beginn der Blüte

25. Mai. Kiefer, erste Maitriebe
Saubohnen, erste schwarze Blattläuse
Klee, Schles. Rotklee, Beginn der Blüte

27. Mai. Roßkastanie, Beginn der Laubentfaltung

28. Mai. Buche, Beginn der Laubentfaltung

29. Mai. Fichte, erste Maitriebe

30. Mai. Winterlinde, Beginn der Laubentfaltung
Buchenhochwald grün, allgemeine Belaubung
Erbse, Grüne Viktoria, Beginn der Blüte

1. Juni. Eichenhochwald, grün
Tanne, erste Maitriebe
Ackerbohne, Rost

3. Juni. Ackerbohne, Halberstädter, Beginn der Blüte
Erbse, Brennfleckenkrankheit

5. Juni. Birne, Beginn der Blüte
Apfel, Beginn der Blüte
Apfel, Polsterschimmel an der Frucht

6. Juni. Kohlweißling, erster Falter
Nachtfrost

7. Juni. Sommerroggen, Petkuser, Beginn des Schossens
Pfirsich, Kräuselkrankheit
Sommergerste, Friedrichswerter, Beginn der Blüte

8. Juni. Sommerweizen, Schlanstedter, Beginn der Blüte
Apfel, Charlamowsky, Beginn der Blüte

10. Juni. Birne, Gute Graue, Beginn der Blüte
Süßkirsche, Eltonkirsche, Beginn der Blüte

13. Juni. Winterroggen, Petkuser, Beginn der Blüte

Sommerroggen, Petkuser, Beginn der Blüte

Winterroggen, Petkuser, Beginn der Blüte

Winterweizen, Dickkopf, Beginn der Blüte

15. Juni. Pflaume, Rote Viktoria, Beginn der Blüte

Zwetsche, Hauszwetsche, Beginn der Blüte

Apfel, Obstmade

16. Juni. Spitzahorn, erste Johannistriebe

Eberesche, erste Johannistriebe

Gerste, Streifenkrankheit

17. Juni. Apfel, Schorf

Zucker- und Runkelrübe, Rost

18. Juni. Wintergerste, Friedrichswerter, Beginn der Blüte

Eiche, erste Johannistriebe

20. Juni. Hafer, Strubes, Beginn der Blüte

Sauerkirsche, Nordkirsche, Beginn der Blüte

Erbse, Grüne Viktoria, Ende der Blüte

Ackerbohne, Halberstädter, Ende der Blüte

Windhalm in Blüte

Ackerbohne, schwarze Blattlaus

Birne, Gitterrost

21. Juni. Winterroggen, Petkuser, Beginn der Ernte

27. Juni. Sommergerste, Ende der Blüte

28. Juni. Sommerweizen, Roter Schlanstädter, Ende der Blüte

30. Juni. Roggenstengelbrand

Stachelbeere, Gelbe, Beginn der Blüte

Johannisbeere, Große rote Holländer, Beginn der Blüte

Erdbeere, Monatserdbeere, Beginn der Blüte

Sommerroggen, Petkuser, Ende der Blüte

Wintergerste, Friedrichswerter, Beginn der Ernte

2. Juli. Pfirsich, Hales frühe, Beginn der Blüte

3. Juli. Rübe, Rote Eckendorfer, Beginn der Blüte

Sommer- und Winterlinde, Beginn der Blüte

Birne, Obstmade

Winterroggen, Ende der Blüte

5. Juli. Wintergerste, Friedrichswerter, Ende der Blüte

7. Juli. Wein, Gutedel, Beginn der Blüte

Stachelbeere, Rost an der Frucht

8. Juli. Sommerroggen, Petkuser, Beginn der Ernte

10. Juli. Süß- und Sauerkirsche, Zweigdürre

Winterweizen, Beginn der Ernte

Sauerkirsche, Nordkirsche, Ende der Blüte

Pflaume, Rote Viktoria, Ende der Blüte

Zwetsche, Hauszwetsche, Ende der Blüte

Klee, Schlesischer Rotklee, Ende der Blüte

15. Juli. Stachelbeere, Gelbe, Ende der Blüte

Johannisbeere Große rote Holländer, Ende der Blüte

Winterweizen, Dickkopf, Ende der Blüte

Erdbeere, Blattfleckenkrankheit

17. Juli. Kartoffel, Gelbe Industrie, Beginn der Blüte

18. Juli. Johannisbeere, Blattflecken

20. Juli. Weiße Lilie, Beginn der Blüte

Johannisbeere, Beginn der Fruchtreife

Eberesche, Beginn der Fruchtreife
Winterweizen, Dickkopf, Beginn der
Ernte
Hafer, Strubes, Ende der Blüte

21. Juli. Hafer, Strubes, Beginn der
Ernte

28. Juli. Wein, Gutedel, Ende der Blüte
Apfel, Charlamowsky, Ende der Blüte
Birne, Gute Graue, Ende der Blüte
Süßkirsche, Eltonkirsche, Ende der
Blüte
Erdbeere, Monatserdbeere, Ende der
Blüte

30. Juli. Lupine, Gelbe, Beginn der
Blüte
Pfirsich, Hales früher, Ende der Blüte
Sommerweizen, Roter Schlanstädter,
Beginn der Ernte
Rübe, Rote Eckendorfer, Ende der
Blüte
Kartoffel, Krautfäule

1. August. Heide, Beginn der Blüte

3. August. Sommergerste, Friedrichswerter, Beginn der Ernte

17. August. Raps, Uckermärkischer, Beginn des Auflaufens
Weizen, Schneeschimmel

18. August. Kartoffel, Gelbe Industrie,
Beginn der Blüte

20. August. Raps, Uckermärkischer, Beginn der Ernte

1. September. Birke, Beginn der Fruchtreife

8. September. Lupine, Gelbe, Ende der
Blüte
Ackerbohne, Halberstädter, Beginn der
Ernte

10. August. Hollunder, Beginn der
Fruchtreife
Herbstzeitlose, Beginn der Blüte
Erbse, Grüne Viktoria, Beginn der
Ernte

12. September. Efeu, Beginn der Blüte

20. September. Kartoffel, Gelbe Industrie, Beginn der Ernte

25. September. Roßkastanie, Beginn der
Fruchtreife
Liguster, Beginn der Fruchtreife

30. September. Buche, Beginn der
Fruchtreife

3. Oktober. Eiche, Beginn der Frucht-
reife
Rübe, Rote Eckendorfer, Beginn der
Ernte
Lupine, Gelbe, Beginn der Ernte

4. Oktober. Eiche, allgemeine Laubverfärbung

5. Oktober. Buche, allgemeine Laubverfärbung

10. Oktober. Roßkastanie, allgemeine
Laubverfärbung

Salz-Gitter (Hannover)
(Beob. Leo Ruprecht, Lehrer)

11. März. Salweide, Beginn der Blüte

15. März. Huflattich, Beginn der Blüte

19. März. Schneeglöckchen, Beginn der
Blüte

22. März. Erster Grasfrosch

24. März. Erster Wasserfrosch

30. März. Anemone, Beginn der Blüte

6. April. Kohlweißling, erster Falter

15. April. Stachelbeere, Beginn der
Laubentfaltung

23. April. Kornelkirsche, Beginn der
Blüte

27. März. Dotterblume, Beginn der
Blüte

30. April. Johannisbeere, Beginn der
Blüte
Roßkastanie, Beginn der Laubentfal-
tung

6. Mai. Erste Maikäfer

8. Mai. Süßkirsche, Beginn der Blüte
Buche, Beginn der Laubentfaltung

9. Mai. Winterroggen, Beginn des
Schossens

10. Mai. Schlehe, Beginn der Blüte
Tanne, erste Maitriebe

11. Mai. Sommerlinde, Beginn der
Laubentfaltung
Buchenhochwald, grün

12. Mai. Kiefer, erste Maitriebe
Fichte, erste Maitriebe

14. Mai. Birne, Krummschnabel, Beginn
der Blüte

15. Mai. Winterlinde, Beginn der Laubentfaltung
Eichenhochwald, grün

16. Mai. Augustapfel, Beginn der Blüte

17. Mai. Flieder, Beginn der Blüte

18. Mai. Roßkastanie, Beginn der Blüte

21. Mai. Eberesche, Beginn der Blüte

22. Mai. Goldregen, Beginn der Blüte

23. Mai. Winterweizen, Beginn des
Schossens

3. Juni. Schneebeere, Beginn der Blüte

6. Juni. Winterroggen, Beginn der
Blüte

12. Juni. Holunder, Beginn der Blüte

22. Juni. Eiche, Entwicklung von Jo-
hannistrieben
Erste schwarze Blattlaus an Saubohne
Sommerlinde, Beginn der Blüte

23. Juni. Winterweizen, Beginn der
Blüte

5. Juli. Johannisbeere, Beginn der
Fruchtreife

7. Juli. Winterlinde, Beginn der Blüte

18. Juli. Eberesche, Beginn der Fruchtreife

25. Juli. Winterroggen, Beginn der
Ernte

30. Juli. Heide, Beginn der Blüte

12. August. Schneebeere, Beginn der
Fruchtreife

16. August. Winterweizen, Beginn der
Ernte

28. August. Holunder, Beginn der Fruchtreife

2. September. Efeu, Beginn der Blüte

7. September. Grummetreife

10. September. Roßkastanie, Beginn der
Fruchtreife

1. Oktober. Eiche, Beginn der Fruchtreife

6. Oktober. Roßkastanie, Beginn der
Laubverfärbung

7. Oktober. Buche, Beginn der Fruchtreife

20. Oktober. Eiche, Beginn der Laubverfärbung

23. Oktober. Buche, Beginn der Laubverfärbung

Braunschweig
(Beob. Dr. Ilse Esborn und Apotheker Kirchhoff)

21. März. Schneeglöckchen, Beginn der
Blüte

27. März. Winterlinde, Beginn der Blüte

4. April. Lungenkraut, Beginn der Blüte
Huflattich, Beginn der Blüte

5. April. Kornelkirsche, Beginn der Blüte

6. April. Erster Storch

7. April. Erste Heckenbraunelle

8. April. Erste Rauchschwalbe
Zweifarbige Weide, Beginn der Blüte
Stachelbeere, Beginn der Laub-
entfaltung

12. April. Salweide, Beginn der Blüte

15. April. Anemone, Beginn der Blüte
Scharbockskraut, Beginn der Blüte
Erster Girlitz
Diels Butterbirne, Beginn der Blüte

21. April. Erste Zaungrasmücke

25. April. Erster Wendehals
Haselwurz, Beginn der Blüte

26. April. Frühlingsadonis, Beginn der
Blüte
Frühlingsplatterbse, Beginn der Blüte
Spitzahorn, Beginn der Blüte
Erste Turmschwalbe

27. April. Erste Dorngrasmücke
Erster Baumpieper
Braunkehliger Wiesenschmätzer

28. April. Erster Trauerfliegenschnäpper
Alpenjohannisbeere, Beginn der Blüte
Blutrote Johannisbeere, Beginn der Blüte

1. Mai. Dotterblume, Beginn der Blüte
Erste Nachtigall
Erster Kuckuck

2. Mai. Johannisbeere, Beginn der Blüte

3. Mai. Prunus Myrobalana var. cerasifera, Beginn der Blüte

4. Mai. Erste Mönchgrasmücke
Erster Waldlaubvogel

5. Mai. Kohlweißling, erster Falter
Süßkirsche, Beginn der Blüte
Sommerlinde, Beginn der Laubentfaltung

6. Mai. Erster Gartenspötter
Winterlinde, Beginn der Laubentfaltung

7. Mai. Pirus salicifolia, Beginn der Blüte

9. Mai. Traubenkirsche, Beginn der Blüte

10. Mai. Buche, Beginn der Laubentfaltung

14. Mai. Waldwindröschen, Beginn der Blüte
Trollblume, Beginn der Blüte
Hängende Rotbuche, Beginn der Blüte
Roßkastanie, Beginn der Laubentfaltung

15. Mai. Roßkastanie, Beginn der Blüte

17. Mai. Flieder, Beginn der Blüte
Eberesche, Beginn der Blüte

18. Mai. Goldregen, Beginn der Blüte
Eichenhochwald grün
Winterroggen, Beginn des Schoßens

25. Mai. Schattenblume, Beginn der Blüte

26. Mai. Türkenbund, Beginn der Blüte
Schneeball, Beginn der Blüte
Gartenpfingstrose, Beginn der Blüte

3. Juni. Pfingstrose, Beginn der Blüte

4. Juni. Winterroggen, Beginn der Blüte
Gartensalbei, Beginn der Blüte

5. Juni. Esparsette, Beginn der Blüte

6. Juni. Holunder, Beginn der Blüte

7. Juni. Falscher Jasmin, Beginn der Blüte

23. Juni. Schneebeere, Beginn der Blüte
Sommerlinde, Beginn der Blüte
Winterlinde, Beginn der Blüte

10. Juli. Winterroggen, Beginn der Ernte

Elbingerode i. Harz
(Beob. H. Blumenberg jun.)

26. August. Colchicum autumnale, Beginn der Blüte

Delkassen bei Eschershausen
(Beob. E. Kühne, Förster)

24. März. Schneeglöckchen, Beginn der Blüte

10. April. Huflattich, Beginn der Blüte

20. April. Salweide, Beginn der Blüte

23. April. Anemone, Beginn der Blüte

27. April. Stachelbeere, Beginn der Laubentfaltung

4. Mai. Dotterblume, Beginn der Blüte

6 Mai. Roßkastanie, Beginn der Laubentfaltung
Buche, Beginn der Laubentfaltung

8. Mai. Johannisbeere, Beginn der Blüte
Süßkirsche, Beginn der Blüte

10. Mai. Schlehe, Beginn der Blüte
Buchenhochwald, grün

14. Mai. Tanne, erste Maitriebe

15. Mai. Forellenbirne, Beginn der Blüte
Gravensteiner Apfel, Beginn der Blüte
Kiefer, erste Maitriebe

16. Mai. Eichenhochwald, grün

17. Mai. Fichte, erste Maitriebe

19. Mai. Winterroggen, Beginn des Schossens

20. Mai. Roßkastanie, Beginn der Blüte

22. Mai. Flieder, Beginn der Blüte

6. Juni. Winterroggen, Beginn der Blüte

14. Juni. Holunder, Beginn der Blüte

16. Juni. Winterweizen, Beginn des Schossens

25. Juni. Winterweizen, Beginn der Blüte

27. Juni. Eiche, Entwicklung von Johannistrieben

30. Juni. Sommerlinde, Beginn der Blüte

10. Juli. Winterlinde, Beginn der Blüte

20. Juli. Johannisbeere, Beginn der Fruchtreife

30. Juli. Winterroggen, Beginn der Ernte

4. August. Heide, Beginn der Blüte

10. September. Herbstzeitlose, Beginn der Blüte

28. September. Roßkastanie, Beginn der Fruchtreife

4. Oktober. Buche, Beginn der Fruchtreife
Eiche, Beginn der Fruchtreife

Blankenburg (Harz)
(Beob. J. Ebhardt)

12. März. Schneeglöckchen, Beginn der Blüte

6. April. Erster Zitronenfalter

7. April. Seidelbast, Beginn der Blüte

18. April. Anemone, Beginn der Blüte
Salweide, Beginn der Blüte
Pulm. off., Beginn der Blüte

23. April. Forsythia, Beginn der Blüte

24. April. Kuckuck, erster Ruf

25. April. Stachelbeere, Beginn der Laubentfaltung

4. Mai. Buche, Beginn der Laubentfaltung

5. Mai. Johannisbeere, Beginn der Blüte

6. Mai. Ersten Segler gehört

7. Mai. Dotterblume, Beginn der Blüte

11. Mai. Schlehe, Beginn der Blüte

12. Mai. Roßkastanie, Beginn der Laubentfaltung

13. Mai. Buchenhochwald grün
Gute Luise, Beginn der Blüte
Napoleons Butterbirne, Beginn der Blüte,
Le Lectier, Beginn der Blüte
Muskatbirne, Beginn der Blüte

14. Mai. Apfel, Charlamowski, Beginn der Blüte
Apfel, Cellini, Beginn der Blüte
Erste Maikäfer

15. Mai. Grabensteiner, Beginn der Blüte
Landsberger Renette, Beginn der Blüte
Winterlinde, Beginn der Laubentfaltung
Roßkastanie, Beginn der Blüte
Winterroggen, Beginn des Schossens

16. Mai. Flieder, Beginn der Blüte

17. Mai. Fichte, erste Maitriebe

18. Mai. Sommerlinde, Beginn der Laubentfaltung
Eichenhochwald grün

20. Mai. Glyzinien, Beginn der Blüte

22. Mai. Goldregen, Beginn der Blüte

29. Mai. Holunder, Beginn der Blüte

8. Juni. Petkuser Winterroggen, Beginn der Blüte

15. Juni. Winterweizen, Beginn des Schossens
Schneebeere, Beginn der Blüte

17. Juni. Falscher Jasmin, Beginn der Blüte

29. Juni. Panzer-Winterweizen, Beginn der Blüte

1. Juli. Sommerlinde, Beginn der Blüte
Winterlinde, Beginn der Blüte

21. Juli. Winterroggen, Beginn der Ernte

10. August. Winterweizen, Beginn der Ernte

25. September. Roßkastanie, Beginn der Fruchtreife

Ende September. Efeu, Beginn der Blüte
Roßkastanie, allgemeine Laubverfärbung

1. Oktober. Gartenbirne, Beginn der Laubverfärbung

Anfang Oktober. Buche, Beginn der Laubverfärbung

5. Oktober. Edelkastanie, Beginn der Laubverfärbung
Eiche, Beginn der Laubverfärbung

21. Oktober. Lärche, Beginn der Laubverfärbung

1. November. Erste Frostspannermännchen

20. November. Erste Frostspannerweibchen

Sargstedt
(Beob. Max Weydemann)

15. Oktober 1923. Friedrichswerter Wintergerste, Beginn der Aussaat

18. Oktober 1923. Winterroggen, Beginn der Aussaat

29. Oktober 1923. Wintergerste, Beginn des Austriebes

15. November 1923. Winterweizen, Gen. v. Stocken, Beginn der Aussaat

10. März. Crokus, Beginn der Blüte

15. März. Schneeglöckchen, Beginn der Blüte

21. März. Erster Star

29. März. Haselnuß, Beginn der Blüte

5. April. Gartenveilchen, Beginn der Blüte
Erbse, Viktoria, Beginn der Aussaat

9. April. Erste Bachstelze

12. April. Salweide, Beginn der Blüte
Svalöfs Gold-Sommergerste, Beginn der Aussaat

14. April. Anemone, Beginn der Blüte

15. April. Kornelkirsche, Beginn der Blüte
Sommerweizen, Roter Schlanstedter, Beginn der Aussaat
Erste Schwalbe

17. April. Stachelbeere, Beginn der Laubentfaltung

21. April. Roßkastanie, Beginn der Laubentfaltung

24. April. Dotterblume, Beginn der Blüte

25. April. Den ersten Spargel gestochen
Hafer, Sieger, Beginn der Aussaat
Sommergerste, Beginn des Austriebes
Erbse, Beginn des Austriebs

29. April. Ackerbohne, Hallenstädter, Beginn der Aussaat

Anfang Mai. Erbse, Erbsenkäfer

2. Mai. Stachelbeere, Beginn der Blüte
Johannisbeere, Beginn der Blüte

4. Mai. Birke, Beginn der Blüte

6. Mai. Aprikose, Beginn der Blüte
Süßkirsche, Beginn der Blüte
Buche, Beginn der Laubentfaltung
Hafer, Beginn des Austriebes

8. Mai. Sommerlinde, Beginn der Laubentfaltung
Sommerweizen, Beginn des Austriebes

10. Mai. Sauerkirsche, Beginn der Blüte
Rübe, kleine Wanzlebener, Beginn der Aussaat

12. Mai. Schlehe, Beginn der Blüte
Kartoffel, Industrie, Beginn der Aussaat
Roßkastanie, Beginn der Blüte
Buchenhochwald grün

14. Mai. Birne, Beginn der Blüte
Pfirsich, Beginn der Blüte

15. Mai. Eberesche, Beginn der Blüte

16. April. Apfel, Beginn der Blüte
Erdbeere, Beginn der Blüte

17. Mai. Pflaume. Beginn der Blüte
Raps, Beginn der Blüte
Zwetsche, Beginn der Blüte
Flieder, Beginn der Blüte
Süßkirsche, Ende der Blüte
Sauerkirsche, Ende der Blüte

18. Mai. Pfirsich, Ende der Blüte

20. Mai. Birne, Ende der Blüte

21. Mai. Roggen, Ährenausbildung

24. Mai. Goldregen, Beginn der Blüte

28. Mai. Wintergerste, Ährenausbildung

31. Mai. Hederich in Blüte

5. Juni. Petkuser Winterroggen, Beginn der Blüte

6. Juni. Akazie, Beginn der Blüte
Felderbse, Beginn der Blüte

10. Juni. Erdbeere, Beginn der Ernte
Kornblume, Beginn der Blüte
Süßkirsche, Beginn der Ernte

12. Juni. Heckenrose, Beginn der Blüte

14. Juni. Rose, Beginn der Blüte
Winterroggen, Ende der Blüte

16. Juni. Ackerbohne, Beginn der Blüte

18. Juni. Klee, Beginn der Blüte
Ackersenf, Beginn der Blüte
Winterweizen, Rost
Wintergerste, Flugbrand

21. Juni. Sommerlinde, Beginn der Blüte
Winterlinde, Beginn der Blüte

28. Juni. Kartoffel, Beginn der Blüte

30. Juni. Winterweizen, Strubes Dickkopf, Beginn der Blüte
Sommerweizen, Flugbrand

Anfang Juli. Hafer, Weißrippigkeit

2. Juli. Birne, Beginn der Ernte
Süßkirsche, Beginn der Ernte
Sauerkirsche, Beginn der Ernte

5. Juli. Wintergerste, Beginn der Ernte

6. Juli. Weiße Lilie, Beginn der Blüte

8. Juli. Kartoffel, Beginn der Blüte

17. Juli. Johannisbeere, Beginn der Fruchtreife

24. Juli. Winterroggen, Beginn der Ernte

15. August. Winterweizen, Beginn der Ernte

20. August. Roßkastanie, Beginn der Fruchtreife

28. August. Ackerbohne, Beginn der Ernte

30. August. Herbstzeitlose, Beginn der Blüte

2. September. Roßkastanie, Beginn der Laubverfärbung

4. September. Grummetreife

15. September. Buche, Beginn der Laubverfärbung

17. September. Eiche, Beginn der Laubverfärbung

Quedlinburg
(Beob. Landwirtschaftliche Schule)

2. Juli. Raps, Beginn der Ernte

7. Juli. Wintergerste, Beginn der Ernte

15. Juli. Kartoffel, frühe, Beginn der Ernte

17. Juli. Winterroggen, Beginn der Ernte

20. Juli. Sommergerste, Beginn der Ernte

30. Juli. Hafer, Beginn der Ernte

2. August. Winterweizen, Beginn der Ernte.

15. August. Sommerweizen, Beginn der Ernte

10. September. Kartoffel, späte, Beginn der Ernte

15. September. Herbstäpfel, Beginn der Ernte
Birne, Beginn der Ernte

20. September. Zwetsche, Beginn der Ernte

Quedlinburg
(Beob. P. Huhn)

25. März. Schneeglöckchen, Beginn der Blüte
10. April. Salweide, Beginn der Blüte
16. April. Huflattich, Beginn der Blüte
18. April. Anemone, Beginn der Blüte
20. April. Kohlweißling, erster Falter
2. Mai. Johannisbeere, Beginn der Blüte
5. Mai. Stachelbeere, Beginn der Laubentfaltung
6. Mai. Süßkirsche, Beginn der Blüte
8. Mai. Schlehe, Beginn der Blüte
11. Mai. Birne, Beginn der Blüte
12. Mai. Roßkastanie, Beginn der Laubentfaltung
14. Mai. Apfel, Beginn der Blüte
Sommerlinde, Beginn der Laubentfaltung
Buche, Beginn der Laubentfaltung
Flieder, Beginn der Blüte
16. Mai. Winterlinde, Beginn der Laubentfaltung
Fichte, erste Maitriebe
Tanne, erste Maitriebe
18. Mai. Kiefer, erste Maitriebe
Roßkastanie, Beginn der Blüte
Erster Grasfrosch
Erster Wasserfrosch
20. Mai. Erste Maikäfer
Dotterblume, Beginn der Blüte
22. Mai. Buchenhochwald grün
Eichenhochwald grün
24. Mai. Goldregen, Beginn der Blüte
Eberesche, Beginn der Blüte
Winterroggen, Beginn des Schossens
8. Juni. Winterroggen, Beginn der Blüte
12. Juni. Falscher Jasmin, Beginn der Blüte
Holunder, Beginn der Blüte

18. Juni. Winterweizen, Beginn des Schossens
19. Juni. Schneebeere, Beginn der Blüte
20. Juni. Sommerlinde, Beginn der Blüte
Winterlinde, Beginn der Blüte
2. Juli. Winterweizen, Beginn der Blüte
3. Juli. Johannisbeere, Beginn der Fruchtreife
5. Juli. Weiße Lilie, Beginn der Blüte
19. Juli. Eiche, Entwicklung von Johannistrieben
Winterroggen, Beginn der Ernte
2. August. Heide, Beginn der Blüte
4. August. Eberesche, Entwicklung von Johannistrieben
6. August. Spitzahorn, Entwicklung von Johannistrieben
Eberesche, Beginn der Fruchtreife
18. August. Winterweizen, Beginn der Ernte
20. August. Schneebeere, Beginn der Fruchtreife
22. August. Grummetreife
25. August. Holunder, Beginn der Fruchtreife
5. September. Herbstzeitlose, Beginn der Blüte
6. September. Efeu, Beginn der Blüte
10. September. Roßkastanie, Beginn der Fruchtreife
15. September. Liguster, Beginn der Fruchtreife
1. Oktober. Roßkastanie, Beginn der Laubverfärbung
5. Oktober. Buche, Beginn der Fruchtreife
Eiche, Beginn der Fruchtreife
6. Oktober. Buche, Beginn der Laubverfärbung
Eiche, Beginn der Laubverfärbung

IVf. Kreis des Eder-Fuldabeckens 1924

Marburg a. Lahn
(Beob. Wenzel, stud. agr.)

21. März. Schneeglöckchen, Beginn der Blüte

7. April. Anemone, Beginn der Blüte

10. April. Salweide, Beginn der Blüte

17. April. Kornelkirsche, Beginn der Blüte
Stachelbeere, Beginn der Laubentfaltung

27. April. Johannisbeere, Beginn der Blüte

28. April. Buche, Beginn der Laubentfaltung

13. Mai. Süßkirsche, Beginn der Blüte

16. Mai. Flieder, Beginn der Blüte

4. Juli. Winterweizen, Dickkopf, Beginn der Blüte

5. Juli. Sommer- und Winterlinde, Beginn der Blüte

6. Juli. Johannisbeere, Beginn der Fruchtreife
Holunder, Beginn der Fruchtreife

Marburg a. Lahn
(Beob. Wiepken u. a.)

6. März. Schneeglöckchen, Beginn der Blüte

30. März. Huflattich, Beginn der Blüte

6. April. Anemone, Beginn der Blüte
Stachelbeere, Beginn der Laubentfaltung

12. April. Salweide, Beginn der Blüte

14. April. Kornelkirsche, Beginn der Blüte

25. Johannisbeere, Beginn der Blüte
Sommerlinde, Beginn der Laubentfaltung

27. April. Süßkirsche, Beginn der Blüte
Dotterblume, Beginn der Blüte

28. April. Buchenhochwald grün
Buche, Beginn der Laubentfaltung
Schlehe, Beginn der Blüte

Ende April. Fichte, erste Maitriebe
Tanne, erste Maitriebe

7. Mai. Birne, Beginn der Blüte

8. Mai. Eiche, Beginn der Laubentfaltung

13. Mai. Roßkastanie, Beginn der Blüte

14. Mai. Flieder, Beginn der Blüte
Apfel, Goldparmäne, Beginn der Blüte

18. Mai. Eberesche, Beginn der Blüte

1. Juni. Holunder, Beginn der Blüte
Winterroggen, Beginn der Blüte

2. Juni. Schneebeere, Beginn der Blüte

4. Juni. Falscher Jasmin, Beginn der Blüte
Goldregen, Beginn der Blüte
Eiche, erste Johannistriebe

21. Juni. Johannisbeere, Beginn der Fruchtreife

22. Juni. Sommer- und Winterlinde, Beginn der Blüte

2. Juli. Weiße Lilie, Beginn der Blüte

20. Juli. Heide, Beginn der Blüte

26. Juli. Winterroggen, Beginn der Ernte

5. September. Herbstzeitlose, Beginn der Blüte

18. September. Grummetreife

24. September. Efeu, Beginn der Blüte

19. Oktober. Frostspanner im Buchenwald

Marburg a. Lahn
(Beob. O. Wiepken)

6. März. Erste Blüte von Schneeglöckchen

22. März. Erste Blüte von Haselnuß

28. März. Erste Blüte von Leberblümchen

30. März. Erste Blüte von Lerchensporn
Erste Blüte von Scharbockskraut

7. April. Erste Blüte von Huflattich

8. April. Erste Blüte von Kornelkirsche

12. April. Erste Blüte von Salweide
Erste Blüte von Windröschen

16. April. Erste Blüte von Ackerschachtel=
halm

17. April. Erste Blüte von Goldflieder

20. April. Erste Blüte von Reiherschnabel

21. April. Erste Blüte von Immergrün

22. April. Erste Blüte von Spitzahorn

25. April. Erste Blüte von Johannisbeere
Erste Blüte von Stachelbeere

26. April. Erste Blüte von Sumpfdotter=
blume

27. April. Erste Blüte von Süßkirsche

28. April. Erste Blüte von Schlehe

29. April. Erste Blüte von Sauerklee
Erste Blüte von Löwenzahn

30. April. Erste Blüte von Wiesenschaum=
kraut
Erste Blüte von Rote Lichtnelke

6. Mai. Erste Blüte von Körnerstein=
brech

8. Mai. Erste Blüte von Apfel
Erste Blüte von Schöllkraut

9. Mai. Erste Blüte von Traubenkirsche
Erste Blüte von Birne
Erste Blüte von Mauerleinkraut

11. Mai. Erste Blüte von Knoblauchrauke

13. Mai. Erste Blüte von Roßkastanie

16. Mai. Erste Blüte von Flieder (Nägel=
chen)

18. Mai. Erste Blüte von Eberesche

20. Mai. Erste Blüte von Weißdorn

4. Juni. Erste Blüte von Goldregen
Erste Blüte von Falsche Akazie

Marburg a. Lahn
(Beob. O. Wiepken)

6. März. Galanthus nivalis, Beginn der
Blüte

22. März. Corylus avellana, Beginn der
Blüte

28. März. Hebatica triloba, Beginn der
Blüte

30. März. Corydalis solida, Beginn der
Blüte
Ranunculus ficaria, Beginn der Blüte

7. April. Tussilago farfara, Beginn der
Blüte

8. April. Cornus mas., Beginn der Blüte

12. April. Anemone nemorosa, Beginn
der Blüte
Arabis (alpina?), Beginn der Blüte
Salix Capr., Beginn der Blüte

16. April. Equisetum arvense, Beginn
der Blüte

17. April. Forsythia, Beginn der Blüte

20. April. Erodium cicutarium, Beginn
der Blüte

21. April. Vinca minor, Beginn der Blüte

22. April. Acer platanoides, Beginn der
Blüte

25. April. Ribes rubrum, Beginn der
Blüte
Ribes großularia, Beginn der Blüte

26. April. Caltha palustris, Beginn der
Blüte

27. April. Ribes aureum, Beginn der
Blüte
Prunus avium, Beginn der Blüte

28. April. Prunus spinosa, Beginn der
Blüte

29. April. Oxalis acetosella, Beginn der
Blüte
Taraxacum offic., Beginn der Blüte

30. April. Prunus persica, Beginn der
Blüte
Cardamine pratensis, Beginn der
Blüte
Melandryum rubrum, Beginn der
Blüte

4. Mai. Brassica napus, Beginn der
Blüte

6. Mai. Saxifraga granulata, Beginn
der Blüte

8. Mai. Pirus malus, Beginn der Blüte
Chelidonium majus, Beginn der Blüte

9. Mai. Linaria cymbalaria, Beginn
der Blüte
Pirus communis, Beginn der Blüte
Prunus Padus, Beginn der Blüte

11. Mai. Alliaria officinalis, Beginn der
Blüte

12. Mai. Sarothamnus scop., Beginn
der Blüte

13. Mai. Aesculus hippocastan, Beginn
der Blüte

15. Mai. Pirus malus (Goldparmäne),
Beginn der Blüte

16. Mai. Syringa vulgaris, Beginn der
Blüte

18. Mai. Sorbus aucuparia, Beginn der
Blüte

20. Mai. Crataegus oxyacantha, Beginn
der Blüte

1. Juni. Sambucus nigra, Beginn der
Blüte
Secale cereale hib., Beginn der Blüte

2. Juni. Symphoricarpus rac., Beginn
der Blüte

4. Juni. Robinia pseudac, Beginn der
Blüte
Sytisus laburnum, Beginn der Blüte

8. Juni. Centaurea cyanus, Beginn
der Blüte

Kirchhain

(Beob. O. Winter, Direktor der landw. Schule)

13. März. Schneeglöckchen, Beginn der
Blüte

20. März. Huflattich, Beginn der Blüte

30. März. Anemone, Beginn der Blüte

3. April. Stachelbeere, Beginn der Laubentfaltung
Stachelbeere, Beginn des Austriebes

4. April. Salweide, Beginn der Blüte

10. April. Erdbeere, Beginn des Austriebs.

18. April. Stachelbeere, Beginn der Blüte

25. April. Klee, Kleekrebs
Dotterblume, Beginn der Blüte

26. April. Weizen, Fritfliege
Johannisbeere, Beginn des Austriebs

30. April. Winterrübsen, Beginn des
Auflaufens

1. Mai. Johannisbeere, Beginn der
Blüte
Erbse, Beginn des Auflaufens

2. Mai. Süßkirsche, Beginn der Blüte

4. Mai. Roßkastanie, Beginn der Laubentfaltung
Winterrübsen, Beginn der Blüte

5. Mai. Süßkirsche, Beginn des Austriebs

6. Mai. Ackerbohne, Beginn des Auflaufens

7. Mai. Zwetsche, Beginn des Austriebs
Zwetsche, Beginn der Blüte

8. Mai. Birne, Bergamotte, Beginn der
Blüte
Schlehe, Beginn der Blüte
Sommerlinde, Beginn der Laubent-
faltung
Buche, Beginn der Laubentfaltung
Birne, Bergamotte, Beginn des Aus-
triebs
Heberich, Keimpflänzchen

10. Mai. Erdbeere, Beginn der Blüte
Buchenhochwald, grün
Winterrübsen, Ende der Blüte
Ackersenf
Süßkirsche, Beginn der Blüte

11. Mai. Zwetsche, Ende der Blüte

12. Mai. Birne, Bergamotte, Ende der
Blüte
Birne, Beginn der Blüte

13. Mai. Süßkirsche, Ende der Blüte

14. Mai. Rübe, Eckendorfer, Beginn des
Auflaufens
Roßkastanie, Beginn der Blüte

15. Mai. Apfel, Goldparmäne, Beginn
der Blüte

Apfel, Goldparmäne, Beginn des Austriebs

Klee, Schlef., Beginn des Auflaufens

17. Mai. Wasserfrosch, zuerst gesehen

20. Mai. Fichte, erste Maitriebe

Flieder, Beginn der Blüte

Winterroggen, Petkuser, Beginn des Schossens

Apfel, Goldparmäne, Ende der Blüte

21. Mai. Eichenhochwald grün

25. Mai. Kartoffel, Industrie, Beginn des Auflaufens

28. Mai. Winterroggen, Petkuser, Beginn der Blüte

2. Juni. Klee, Schlef., Beginn der Blüte

4. Juni. Klee, Beginn der Ernte (Grünfutter)

Winterroggen, Petkuser, Beginn der Blüte

6. Juni. Erdbeere, Ende der Blüte

Gerste, Flugbrand

7. Juni. Holunder, Beginn der Blüte

Stachelbeere, Stachelbeerblattwespe

8. Juni. Wintergerste, Friedrichsw. und Mammut, Beginn des Schossens

20. Juni. Erbse, Beginn der Blüte

Klee, Schlef. (Heu), Beginn der Ernte

Winterroggen, Petkuser, Ende der Blüte

22. Juni. Gerste, Streifenkrankheit

23. Juni. Winterweizen, Criewener 104, Beginn des Schossens

25. Juni. Sommergerste, Hanna, Beginn des Schossens

Kartoffel, Schwarzbeinigkeit

27. Juni. Roggenstengelbrand

Winterweizen, Criewener 104, Beginn der Blüte

30. Juni. Winterrübsen, Beginn der Ernte

Sommer- und Winterlinde, Beginn der Blüte

Heide, Beginn der Blüte

1. Juli. Kartoffel, Industrie, Beginn der Blüte

3. Juli. Hafer, Beseler I, Beginn des Schossens

10. Juli. Roggen, Berberitzenrost

Erbse, Erbsenrost

12. Juli. Wintergerste, Friedrichsw. und Mammut, Beginn der Ernte

15. Juli. Weiße Lilie, Beginn der Blüte

17. Juli. Klee, Kleeseide

18. Juli. Johannisbeere, Beginn der Fruchtreife

20. Juli. Eberesche, Beginn der Fruchtreife

Kartoffel, Krautfäule

28. Juli. Weizen, Steinbrand

Winterroggen, Petkuser, Beginn der Ernte

Winterweizen, Criewener 104, Beginn der Ernte

15. September. Efeu, Beginn der Blüte

18. September. Holunder, Beginn der Fruchtreife

20. September. Herbstzeitlose, Beginn der Blüte

28. September. Apfel, Goldparmäne, Beginn der Ernte

30. September. Roßkastanie, allgemeine Laubverfärbung

5. Oktober. Buche, allgemeine Laubverfärbung

6. Oktober. Buche, Beginn der Fruchtreife

10. Oktober. Roßkastanie, Beginn der Fruchtreife

12. Oktober. Eiche, allgemeine Laubverfärbung

25. Oktober. Roggen, Schneeschimmel

Schwarzenborn, Kr. Ziegenhain
(Beob. Thiel, Lehrer)

20. März. Bachstelze, Ankunft,

8. April. Schneeglöckchen, Beginn der Blüte

14. April. Huflattich, Beginn der Blüte
15. April. Seidelbast, Beginn der Blüte
24. April. Schwalbe, Ankunft
25. April. Anemone, Beginn der Blüte
Schlüsselblume, Beginn der Blüte
30. April. Salweide, Beginn der Blüte
Stachelbeere, Beginn der Laubentfaltung
7. Mai. Dotterblume, Beginn der Blüte
8. Mai. Turmschwalbe, Ankunft
Roßkastanie, Beginn der Laubentfaltung
9. Mai. Stachelbeere, Beginn der Blüte
10. Mai. Sommerlinde, Beginn der Laubentfaltung
Buche, Beginn der Laubentfaltung
12. Mai. Johannisbeere, Beginn der Blüte
15. Mai. Buchenhochwald grün
16. Mai. Süßkirsche, Beginn der Blüte
17. Mai. Schlehe, Beginn der Blüte
19. Mai. Birne, Beginn der Blüte
Eichenhochwald grün
22. Mai. Apfel, Frühsorte, Beginn der Blüte
25. Mai. Apfel, Spätsorten, Beginn der Blüte
Roßkastanie, Beginn der Blüte
2. Juni. Flieder, Beginn der Blüte
3. Juni. Eberesche, Beginn der Blüte
Winterroggen, Beginn des Schossens
7. Juni. Winterroggen, Besler, Beginn der Blüte
20. Juni. Winterweizen, Beginn der Blüte
21. Juni. Winterweizen, Beginn des Schossens
28. Juni. Holunder, Beginn der Blüte
21. Juli. Sommer- und Winterlinde, Beginn der Blüte
27. Juli. Johannisbeere, Beginn der Fruchtreife
5. August. Krimlinde, Beginn der Blüte

14. August. Winterroggen, Beginn der Ernte
15. August. Sommerweizen, Beginn der Ernte
Grummetreife
17. August. Heide, Beginn der Blüte
20. August. Winterweizen, Beginn der Ernte
25. September. Herbstzeitlose, Beginn der Blüte
28. September. Roßkastanie, Beginn der Fruchtreife
5. Oktober. Eiche, Beginn der Fruchtreife
7. Oktober. Holunder, Beginn der Fruchtreife
Buche, Beginn der Fruchtreife
13. Oktober. Roßkastanie, allgemeine Laubverfärbung
Buche, allgemeine Laubverfärbung
20. Oktober. Eiche, allgemeine Laubverfärbung

Bebra

(Beob. Hahn, Direktor der landwirtschaftl. Schule)

20. März. Schneeglöckchen, Beginn der Blüte
27. März. Huflattich, Beginn der Blüte
29. März. Stachelbeere, Beginn des Austriebs
Johannisbeere, Beginn des Austriebs
30. März. Klee, Kleekrebs
1. April. Birne, Beginn des Austriebs
5. April. Apfel, Wintergoldparmäne, Beginn des Austriebs
7. April. Zwetsche, Beginn des Austriebs
10. April. Raps, Lemkes, Beginn des Auflaufens
Anemone, Beginn der Blüte
Stachelbeere, Beginn der Laubentfaltung

Stachelbeere, Beginn der Blüte
Johannisbeere, Beginn der Blüte

14. April. Salweide, Beginn der Blüte

15. April. Roggen, Fritfliegenlarve

16. April. Dotterblume, Beginn der Blüte

17. April. Kornelkirsche, Beginn der Blüte

20. April. Stachelbeere, Ende der Blüte
Johannisbeere, Ende der Blüte

25. April. Zwetsche, Beginn der Blüte

28. April. Sommerlinde, Beginn der Laubentfaltung
Wintergerste, Friedrichsw., Beginn des Schossens

29. April. Raps, Beginn der Blüte

30. April. Hederich, Keimpflänzchen

1. Mai. Erbse, Gr. Folger, Beginn des Auflaufens
Buche, Beginn der Laubentfaltung
Klee, Rotklee, Beginn des Auflaufens
Ackerbohne, Beginn des Auflaufens

2. Mai. Birne, Beginn der Blüte

3. Mai. Zwetsche, Ende der Blüte
Süßkirsche, Beginn der Blüte

4. Mai. Apfel, Wintergoldparmäne, Beginn der Blüte

6. Mai. Erdbeere, Beginn der Blüte
Buchenhochwald grün

7. Mai. Schlehe, Beginn der Blüte
Raps, Rapsglanzkäferlarve

10. Mai. Roßkastanie, Beginn der Laubentfaltung
Winterlinde, Beginn der Laubentfaltung
Kiefer, erste Maitriebe

12. Mai. Fichte, erste Maitriebe
Tanne, erste Maitriebe
Winterroggen, Petkuser, Beginn des Schossens

15. Mai. Raps, Lembkes, Ende der Blüte
Birne, Ende der Blüte

16. Mai. Rübe, Eckendorfer, Beginn des Auflaufens
Roßkastanie, Beginn der Blüte

18. Mai. Eberesche, Beginn der Blüte
Eichenhochwald grün

20. Mai. Flieder, Beginn der Blüte
Apfel, Wintergoldparmäne, Ende der Blüte

22. Mai. Kartoffel, Industrie, Beginn des Auflaufens

25. Mai. Erster Maikäfer

1. Juni. Gerste, Streifenkrankheit
Erdbeere, Ende der Blüte

2. Juni. Roggen, Mutterkorn, Honigtaustabium
Wintergerste, Friedrichswerter, Beginn der Blüte

6. Juni. Stachelbeere, Stachelbeerblattwespe, erste erw. Larve
Winterroggen, Petkuser, Beginn der Blüte

8. Juni. Klee, Rotklee, Beginn der Blüte
Falscher Jasmin, Beginn der Blüte

10. Juni. Winterweizen, Criewener, Beginn des Schossens
Wintergerste, Friedrichsw., Ende der Blüte
Windhalm in Blüte

14. Juni. Schneebeere, Beginn der Blüte
Erdbeere, Beginn der Ernte

15. Juni. Sommergerste, Beginn des Schossens
Hafer, Beseler II, Beginn des Schossens

16. Juni. Holunder, Beginn der Blüte

17. Juni. Erbse, Gr. Folge, Beginn der Blüte

20. Juni. Ackerbohne, Landsorte, Beginn der Blüte
Sommer- und Winterlinde, Beginn der Blüte

25. Juni. Winterweizen, Beginn der Blüte

Sommergerste, Beginn der Blüte
Winterweizen, Criewener, Beginn der Blüte
Winterroggen, Petkuser, Ende der Blüte

26. Juni. Johannisbeere, Beginn der Fruchtreife
Viersamige Wicke in Frucht

28. Juni. Weiße Lilie, Beginn der Blüte
Kartoffel, Industrie, Beginn der Blüte

29. Juni. Stachelbeere, Beginn der Ernte
Johannisbeere, Beginn der Ernte

4. Juli. Apfel, Schorf
Birne, Schorf
Sommergerste, Ende der Blüte

6. Juli. Kartoffel, Schwarzbeinigkeit

9. Juli. Ackerbohne, schwarze Blattlaus

10. Juli. Sommergerste, Flugbrand
Kartoffel, Erdraupenlarve
Weizen, Flugbrand
Raps, Lemkes, Beginn der Ernte
Hafer, Beseler II, Beginn der Blüte

12. Juli. Hafer, Flugbrand

15. Juli. Erbse, Gr. Folger, Ende der Blüte
Winterweizen, Criewener, Ende der Blüte

16. Juli. Wintergerste, Friedrichswerter, Beginn der Ernte

18. Juli. Roggenstengelbrand
Roggen, Schwarzrost und Braunrost
Hafer, Beseler II, Ende der Blüte
Heide, Beginn der Blüte

20. Juli. Ackerbohne, Landsorte, Ende der Blüte
Roggen, Mutterkorn, Sclerotium

22. Juli. Apfel, Obstmade
Birne, Obstmade

25. Juli. Rotklee, Ende der Blüte
Schneebeere, Beginn der Fruchtreife

27. Juli. Eberesche, Beginn der Fruchtreife

1. August. Winterroggen, Petkuser, Beginn der Ernte

3. August. Sommergerste, Beginn der Ernte
Weizen, Steinbrand

10. August. Erbse, Gr. Folger, Beginn der Ernte
Birke, Beginn der Fruchtreife

15. August. Winterweizen, Criewener, Beginn der Ernte
Hafer, Beseler II, Beginn der Ernte
Hederich in Frucht

20. August. Grummetreife
Holunder, Beginn der Fruchtreife

28. August. Ackerbohne, Landsorte, Beginn der Ernte

30. August. Kartoffel, Krautfäule

20. September. Kartoffel, Industrie, Beginn der Ernte
Herbstzeitlose, Beginn der Blüte

10. Oktober. Birne, Beginn der Ernte

15. Oktober. Apfel, Wintergoldparmäne, Beginn der Ernte
Rübe, Eckendorfer, Beginn der Ernte
Roßkastanie, Beginn der Fruchtreife

18. Oktober. Liguster, Beginn der Fruchtreife

20. Oktober. Buche, allgemeine Laubverfärbung

28. Oktober. Buche, Beginn der Fruchtreife

1. November. Eiche, allgemeine Laubverfärbung

Hersfeld
(Beob. Fürst)

29. März. Stachelbeere, Beginn der Austriebs
Johannisbeere, Beginn des Austriebs

1. April. Birne, Beginn des Austriebs

5. April. Apfel, Beginn des Austriebs

7. April. Zwetsche, Beginn des Austriebs

10. April. Stachelbeere, Beginn der Blüte

12. April. Johannisbeere, Beginn der Blüte
15. April. Raps, Lembkes, Beginn des Auflaufens
18. April. Roggen, Fritfliegenlarve
20. April. Stachelbeere, Ende der Blüte
22. April. Johannisbeere, Ende der Blüte
30. April. Rübe, Ecken- und Oberdorfer, Beginn der Blüte
Wintergerste, Friedrichswerter, Beginn des Schossens
Hederich, Keimpflänzchen
1. Mai. Erbse, Beginn des Auflaufens
Ackerbohne, Beginn des Auflaufens
7. Mai. Rapsglanzkäferlarve
10. Mai. Hederich in Frucht
Zwetsche, Beginn der Blüte
Klee, Rotklee, Beginn des Auflaufens
12. Mai. Birne, Beginn der Blüte
15. Mai. Erdbeere, Beginn der Blüte
Rübe, Eckendorfer u. Oberndorfer, Beginn des Auflaufens
16. Mai. Apfel, Beginn der Blüte
18. Mai. Winterroggen, Petkuser, Beginn des Schossens
20. Mai. Raps, Lembkes, Ende der Blüte
Zwetsche, Ende der Blüte
25. Mai. Birne, Ende der Blüte
27. Mai. Kartoffel, Industrie, Beginn des Auflaufens
30. Mai. Apfel, Ende der Blüte
1. Juni. Erdbeere, Ende der Blüte
Wintergerste, Friedrichswerter, Beginn der Blüte
Gerste, Streifenkrankheit
Roggen, Mutterkorn, Honigtaustadium
3. Juni. Winterroggen, Petkuser, Beginn der Blüte
5. Juni. Winterweizen, Criewener 104, Beginn des Schossens
Klee, Rotklee, Beginn der Blüte
Windhalm in Blüte

10. Juni. Wintergerste, Friedrichswerter, Ende der Blüte
Wintergerste, Flugbrand
Stachelbeere, Stachelbeerblattwespe, erste erwachsene Larve
Sommergerste, Beginn des Schossens
14. Juni. Erdbeere, Beginn der Ernte
15. Juni. Hafer, Petkuser, Beginn der Blüte
Erbse, Beginn der Blüte
18. Juni. Ackerbohne, Beginn der Blüte
Winterroggen, Petkuser, Ende der Blüte
20. Juni. Viersamige Wicke, in Frucht
Kartoffel, Schwarzbeinigkeit
Ackerbohne, schwarze Blattlaus
26. Juni. Winterweizen, Criewener 104, Beginn der Blüte
28. Juni. Sommergerste, Beginn der Blüte
Kartoffel, Industrie, Beginn der Blüte
3. Juli. Birne, Schorf
4. Juli. Apfel, Schorf
5. Juli. Sommergerste, Ende der Blüte
6. Juli. Hafer, Petkuser, Beginn der Blüte
12. Juli. Johannisbeere, Beginn der Ernte
Raps, Lembkes, Beginn der Ernte
Hafer, Flugbrand
15. Juli. Stachelbeere, Beginn der Ernte
Erbse, Ende der Blüte
Kartoffeln, Erdraupenlarve
16. Juli. Hafer, Petkuser, Ende der Blüte
Birne, Obst·ra‘e
18. Juli. Winterweizen, Criewener 104, Ende der Blüte
Wintergerste, Friedrichswerter, Beginn der Ernte
20. Juli. Roggen, Schwarz- u. Braunrost
Roggenstengelbrand
Apfel, Obstmade
Klee, Rotklee, Ende der Blüte
25. Juli. Ackerbohne, Ende der Blüte

Ende Juli. Winterroggen, Petkuser, Beginn der Ernte

30. Juli. Weizen, Steinbrand

Anfang August. Sommergerste, Beginn der Ernte

Mitte August. Winterweizen, Criewener 104, Beginn der Ernte
Hafer, Petkuser, Beginn der Ernte
Erbse, Beginn der Ernte

15. August. Ackersenf

25. August. Kartoffel, Krautfäule

Anfang September. Ackerbohne, Beginn der Ernte

15. September. Zwetsche, Beginn der der Ernte
Weizen, Flugbrand

Ende September. Kartoffel, Industrie, Beginn der Ernte

 1. Oktober. Rübe, Ecken- und Oberndorfer, Beginn der Ernte

20. Oktober. Klee, Kleekrebs

Hersfeld
(Beob. C. Friederich, Tierarzt)

15. März. Schneeglöckchen, Beginn der Blüte

16. April. Dotterblume, Beginn der Blüte
Salweide, Beginn der Blüte

17. April. Kornelkirsche, Beginn der Blüte

18. April. Stachelbeere, Beginn der Laubentfaltung

22. April. Huflattich, Beginn der Blüte

27. April. Johannisbeere, Beginn der Blüte

 1. Mai. Buche, Beginn der Laubentfaltung
Sommerlinde, Beginn der Laubentfaltung

 3. Mai. Roßkastanie, Beginn der Laubentfaltung
Birne, Beginn der Blüte

 4. Mai. Süßkirsche, Beginn der Blüte

 5. Mai. Schlehe, Beginn der Blüte

 6. Mai. Buchenhochwald grün

10. Mai. Winterlinde, Beginn der Laubentfaltung
Fichte, erste Maitriebe
Tanne, erste Maitriebe

13. Mai. Kiefer, erste Maitriebe

14. Mai. Eichenhochwald grün

15. Mai. Apfel, Beginn der Blüte

16. Mai. Roßkastanie, Beginn der Blüte

17. Mai. Eberesche, Beginn der Blüte

18. Mai. Flieder, Beginn der Blüte
Winterroggen, Beginn des Schossens

 4. Juni. Holunder, Beginn der Blüte

 5. Juni. Winterroggen, Beginn der Blüte

 8. Juni. Falscher Jasmin, Beginn der Blüte

12. Juni. Schneebeere, Beginn der Blüte

17. Juni. Winterweizen, Beginn des Schossens

20. Juni. Winterweizen, Beginn der Blüte
Sommer- und Winterlinde, Beginn der Blüte

26. Juni. Johannisbeere, Beginn der Fruchtreife

28. Juni. Weiße Lilie, Beginn der Blüte

18. Juli. Heide, Beginn der Blüte

22. Juli. Winterroggen, Beginn der Ernte

27. Juli. Ebereschen, Beginn der Fruchtreife

 1. August. Schneebeere, Beginn der Fruchtreife

29. August. Holunder, Beginn der Fruchtreife

17. September. Herbstzeitlose, Beginn der Blüte

Hünfeld
(Beob. Direktor Hügel)

 1. September 1923. Raps, Beginn des Auslaufens

20. März. Salweide, Beginn der Blüte

23. März. Schneeglöckchen, Beginn der Blüte

3. April. Huflattich, Beginn der Blüte

5. April. Kornelkirsche, Beginn der Blüte

10. April. Ackerbohne, kleine Thüringer, Beginn des Auflaufens

13. April. Anemone, Beginn der Blüte
Erster Kohlweißlingsfalter

15. April. Lupine, Blaue, Beginn des Auflaufens

18. April. Erbse, Viktoria, Beginn des Auflaufens

20. April. Stachelbeere, Beginn der Laubentfaltung

21. April. Dotterblume, Beginn der Blüte

25. April. Roßkastanie, Beginn der Laubentfaltung

2. Mai. Wintergerste, Mammut, Beginn des Schossens
Raps, Lembkes, Beginn der Blüte
Süßkirsche, Coburger, Beginn der Blüte

4. Mai. Sauerkirsche, Ostheimer Weichsel, Beginn der Blüte

5. Mai. Goldregen, Beginn der Blüte
Stachelbeere, w. Volltrag, Beginn der Blüte

6. Mai. Hederich, Keimpflänzchen
Schlehe, Beginn der Blüte
Buche, Beginn der Laubentfaltung

8. Mai. Pflaume, Johannispflaume, Beginn der Blüte
Johannisbeere, Holländische, Beginn der Blüte

10. Mai. Sommerlinde, Beginn der Laubentfaltung
Lupine, Blaue, Beginn der Blüte
Ackersenf

12. Mai. Erster Maikäfer
Zwetsche, Deutsche Hauszwetsche, Beginn der Blüte
Süßkirsche, Coburger, Ende der Blüte

Stachelbeere, w. Volltrag, Ende der Blüte
Buchenhochwald grün

13. Mai. Sauerkirsche, Ostheimer Weichsel, Ende der Blüte

14. Mai. Birne, Diehls Butterbirne, Beginn der Blüte

15. Mai. Apfel, Casseler Renette, Beginn der Blüte
Johannisbeere, Holländische, Ende der Blüte
Klee, Rotklee, Beginn der Blüte
Winterroggen, Petkuser, Beginn des Schossens
Winterlinde, Beginn der Laubentfaltung
Stachelbeere, Amerikanischer Mehltau

16. Mai. Roßkastanie, Beginn der Blüte

18. Mai. Eberesche, Beginn der Blüte
Rübe, Kirsches, Beginn des Auflaufens
Pflaume, Johannispflaume, Ende der Blüte

20. Mai. Raps, Lembkes, Ende der Blüte

21. Mai. Kartoffel, Industrie, Beginn des Auflaufens

23. Mai. Wasserfrosch, zuerst gehört
Birne, Diehls Butterbirne, Ende der Blüte

24. Mai. Kiefer, erste Maitriebe
Fichte, erste Maitriebe
Flieder, Beginn der Blüte

25. Mai. Erdbeere, Ananas, Beginn der Blüte
Apfel, Casseler Renette, Ende der Blüte
Zwetsche, Deutsche Hauszwetsche, Ende der Blüte
Hafer, Fritfliege

26. Mai. Tanne, erste Maitriebe

28. Mai. Eichenhochwald, grün
Raps, Rapsglanzkäfer

29. Mai. Schneebeere, Beginn der Blüte

30. Mai. Lupine, blaue, Ende der Blüte

2. Juni. Stachelbeere, Stachelbeerblattwespe, erste erw. Larve

5. Juni. Wintergerste, Mammuth, Beginn der Blüte
Roggen, Mutterkorn, Honigtaustadium

6. Juni. Winterroggen, Petkuser, Beginn der Blüte

10. Juni. Wintergerste, Mammuth, Ende der Blüte
Winterweizen, Beginn des Schossens
Ackerbohne, schwarze Blattlaus

12. Juni. Johannisbeere, Blattflecken

15. Juni. Ackerbohne, kleine Thüringer, Beginn der Blüte
Nachtfröste während der Blüte

18. Juni. Johannisbeere, Holländische, Beginn der Ernte
Winterroggen, Petkuser, Ende der Blüte

20. Juni. Stachelbeere, weiße Volltr., Beginn der Ernte
Erdbeere, Ananas, Ende der Blüte
Sommergerste, Bavaria, Beginn des Schossens

21. Juni. Winterweizen, Criewener, Beginn der Blüte
Weizen, Steinbrand

25. Juni. Erdbeere, Ananas, Beginn der Ernte

28. Juni. Hafer, Petkuser Gelbhafer, Beginn des Schossens
Windhalm, in Blüte

30. Juni. Hederich, in Frucht
Raps, Lembkes, Beginn der Ernte
Kartoffel, Industrie, Beginn der Blüte

1. Juli. Sommergerste, Bavaria, Beginn der Blüte
Erbse, Viktoria, Beginn der Blüte
Süßkirsche, Coburger, Beginn der Ernte

2. Juli. Gerste, Flugbrand

3. Juli. Sauerkirsche, Ostheimer Weichsel, Beginn der Ernte
Eiche, erste Johannistriebe

4. Juli. Spitzahorn, erste Johannistriebe

5. Juli. Sommer- und Winterlinde, Beginn der Blüte

7. Juli. Hafer, Petkuser, Gelbhafer, Beginn der Blüte

8. Juli. Sommergerste, Bavaria, Ende der Blüte

10. Juli. Holunder, Beginn der Blüte
Weizen, Flugbrand
Erdbeeren, Blattfleckenkrankheit

12. Juli. Eberesche, erste Johannistriebe

14. Juli. Johannisbeere, Beginn der Fruchtreife

15. Juli. Wintergerste, Mammuth, Beginn der Ernte
Süß- u. Sauerkirsche, Zweigdürre, Falscher Jasmin, Beginn der Blüte
Weiße Lilie, Beginn der Blüte
Erste schwarze Blattläuse an Saubohnen

18. Juli. Roggen, Mutterkorn, Sclerotium
Winterweizen, Criewener, Ende der Blüte

19. Juli. Hafer, Petkuser Gelbh., Ende der Blüte

20. Juli. Kartoffel, Industrie, Ende der Blüte
Heide, Beginn der Blüte
Birne, Obstmade

25. Juli. Eberesche, Beginn der Fruchtreife
Pflaume u. Zwetsche, Pflaumenwickler
Ackerbohne, Kl. Thüringer, Ende der Blüte

30. Juli. Pflaume u. Zwetsche, Taschenkrankheit
Erbse, Viktoria, Ende der Blüte
Hafer, Flugbrand

1. August. Winterroggen, Petkuser, Beginn der Ernte

3. August. Winterweizen, Criewener,
Beginn der Ernte

6. August. Kartoffel, Schwarzbeinigkeit

10. August. Sommergerste, Bavaria,
Beginn der Ernte
Lupine, Blaue, Beginn der Ernte

20. August. Grummetreife

25. August. Roßkastanie, Beginn der
Fruchtreife

28. August. Hafer, Petkuser Gelbhafer,
Beginn der Ernte

30. August. Apfel, Obstmade
Herbstzeitlose, Beginn der Blüte

10. September. Apfel, Schorf
Holunder, Beginn der Fruchtreife

15. September. Schneebeere, Beginn der
Fruchtreife
Birne, Schorf
Erbse, Viktoria, Beginn der Ernte

18. September. Ackerbohne, Kleine Thüringer, Beginn der Ernte

25. September. Zwetsche, deutsche Hauszwetsche, Beginn der Ernte

30. September. Kartoffel, Industrie,
Beginn der Ernte

1. Oktober. Liguster, Beginn der Fruchtreife

3. Oktober. Buche, Beginn der Fruchtreife

5. Oktober. Eiche, Beginn der Fruchtreife

10. Oktober. Apfel, Casseler Renette,
Beginn der Ernte
Rübe, Kirsches, Beginn der Ernte
Birne, Diehls Butterbirne, Beginn
der Ernte
Pflaume, Johannispflaume, Beginn
der Ernte

17. Oktober. Roßkastanie, allgemeine
Laubverfärbung

19. Oktober. Buche, allgemeine Laubverfärbung

20. Oktober. Roggen, Schneeschimmel

25. Oktober. Eiche, allgemeine Laubverfärbung

IVg. Hessischer Berglandkreis 1924

Kassel-Rothenditmold
(Beob. K. Schäfer)

Anfang März. Schneeglöckchen, Beginn
der Blüte

26. März. Huflattich, Beginn der Blüte

6. April. Anemone, Beginn der Blüte

7. April. Kornelkirsche, Beginn der Blüte

11. April. Salweide, Beginn der Blüte

20. April. Stachelbeere, Beginn der Laubentfaltung

26. April. Erster Kohlweißlingsfalter
(später sehr stark)

30. April. Johannisbeere, Beginn der
Blüte

2. Mai. Johannisbeere, Beginn der
Laubentfaltung

5. Mai. Jakobskreuzkraut, Aufgehen

6. Mai. Süßkirsche, Beginn der Blüte

7. Mai. Buche, Beginn der Laubentfaltung

8. Mai. Grasfrosch, zuerst gesehen
Apfel, Apfelwickler

9. Mai. Erster Maikäfer
Buchenhochwald grün

10. Mai. Schlehe, Beginn der Blüte

13. Mai. Birne, Gellerts B. B., Beginn
der Blüte

14. Mai. Winterlinde, Beginn der Laubentfaltung

16. Mai. Apfel, Landsberger, Beginn
der Blüte

17. Mai. Apfel, Rüsselkäfer

18. Mai. Roßkastanie, Beginn der Blüte

19. Mai. Erste Stachelbeerblattwespe

20. Mai. Fichte, erste Maitriebe

21. Mai. Flieder, Beginn der Blüte

23. Mai. Hederich, Keimpflänzchen
Kiefer, erste Maitriebe

25. Mai. Tanne, erste Maitriebe

27. Mai. Jakobskreuzkraut aufgeblüht.

28. Mai. Winterroggen, Beginn des
Schossens

29. Mai. Apfel, Mehltau

31. Mai. Goldregen, Beginn der Blüte

6. Juni. Winterroggen, Beginn der
Blüte

29. Juni. Zweite Stachelbeerblattwespe

2. Juli. Johannisbeere, Beginn der
Fruchtreife

4. Juli. Weiße Lilie, Beginn der Blüte

5. Juli. Birne, Obstmade, wurmstichiges
Obst

9. Juli. Holunder, Beginn der Blüte

10. Juli. Schneebeere, Beginn der Blüte
Winterweizen, Beginn der Blüte

12. Juli. Sommer- und Winterlinde,
Beginn der Blüte

19. Juli. Birne, Schorf

23. Juli. Apfel, Obstmade, wurmstichiges
Obst

26. Juli. Schneebeere, Beginn der Fruchtreife

27. Juli. Heide, Beginn der Blüte

28. Juli. Apfel, Schorf

16. September. Erbse, Wolfsmilch mit
Rost

Wolfsanger, Kr. Cassel
(Beob. Dir. Scheer)

17. März. Pfirsich, Amsden, Beginn
der Blüte

23. März. Erster Fuchsfalter
Schneeglöckchen, Beginn der Blüte
Krokus, Beginn der Blüte
Leberblümchen, Beginn der Blüte

25. März. Huflattich, Beginn der Blüte

1. April. Kornelkirsche, Beginn der Blüte

Johannisbeere, Rote Kirsche, Beginn
des Austriebs

3. April. Stachelbeere, frühe gelbe, Beginn des Austriebs

6. April. Johannisbeere, rote Kirsche,
Beginn der Blüte
Stachelbeere, frühe gelbe, Beginn
der Blüte

12. April. Pfirsich, Amsden, Beginn des
Austriebs

13. April. Erster Zitronenfalter

15. April. Salweide, Beginn der Blüte

16. April. Anemone, Beginn der Blüte

17. April. Aprikose, Beginn des Austriebs

19. April. Süßkirsche, Cahsius, Beginn
des Austriebs

21. April. Stachelbeere, Ende der Blüte
Johannisbeere, Ende der Blüte

22. April. Aprikose, Beginn der Blüte

25. April. Zwetsche, Hauszwetsche, Be-
ginn des Austriebs
Erdbeere, Beginn des Austriebs
Birne, Beginn des Austriebs
Erdbeere, Beginn der Blüte

26. April. Erster Kohlweißling
Stachelbeere, Beginn der Laubent-
faltung
Forsythia fortunei
Apfel, Beginn des Austriebs

27. April. Sommer- und Winterlinde,
Beginn der Laubentfaltung
Zwetsche, Hauszwetsche, Beginn der
Blüte
Erdbeere, Deutsch-Evern, Beginn des
Austriebs
Erbse, Beginn des Auflaufens
Ackerbohne, Beginn des Auflaufens

28. April. Süßkirsche, Beginn des Austriebs
Klee, Beginn des Auflaufens
Roßkastanie, Beginn der Laubentfaltung

29. April. Süßkirsche, Cahsius, Beginn der Blüte
Birne, Muskateller, Beginn der Blüte

1. Mai. Pfirsich, Beginn des Austriebs
Hederich, Keimpflänzchen
Ackersenf

2. Mai. Dotterblume, Beginn der Blüte
Pflaume, Beginn des Austriebs
Pfirsich, Amsden, Ende der Blüte
Buche, Beginn der Laubentfaltung
Klee, Kleekrebs

3. Mai. Acer negundo, Beginn der Blüte

4. Mai. Süßkirsche, Begin.n der Blüte

5. Mai. Sauerkirsche, Beginn des Austriebs
Pflaume, Beginn der Blüte

6. Mai. Laubwald wird grün
Kartoffel, Industrie, Beginn des Auflaufens

7. Mai. Wein, Früher Weißer, Beginn des Austriebs
Aprikose, Ende der Blüte

9. Mai. Erster Maikäfer

10. Mai. Wein, Beginn des Austriebs
Winterroggen, Petkufer, Beginn des Schossens
Rübe, Eckendorfer, Beginn des Auflaufens
Schlehe, Beginn der Blüte
Roßkastanie, Beginn der Blüte
Buchenhochwald, grün
Fichte, erste Maitriebe
Tanne, erste Maitriebe
Winterroggen, Beginn des Schossens

12. Mai. Flieder, Beginn der Blüte

15. Mai. Raps, Beginn der Blüte
Apfel, Kaiser Alexander, Beginn der Blüte
Eberesche, Beginn der Blüte
Süßkirsche, Ende der Blüte
Sauerkirsche, Ende der Blüte
Pflaume, Ende der Blüte
Zwetsche, Ende der Blüte

Apfel, Kaiser Alexander, Beginn des Austriebs
Hederich in Frucht
Süßkirsche, Cahsius, Ende der Blüte

17. Mai. Erdbeere, Deutsch-Evern, Ende der Blüte
Birne, Muskateller, Ende der Blüte

18. Mai. Eichenhochwald grün

19. Mai. Raps, Rapsglanzkäferlarve

20. Mai. Winterweizen, Beginn des Schossens
Klee, Beginn der Blüte

22. Mai. Birne, Ende der Blüte

25. Mai. Goldregen, Beginn der Blüte

29. Mai. Apfel, Ende der Blüte
Apfel, Kaiser Alexander, Beginn der Blüte

2. Juni. Wein, Früher Weißer, Beginn der Blüte

4.—5. Juni. Nachtfröste während der Blüte

5. Juni. Wintergerste, Mammut, Beginn der Blüte
Holunder, Beginn der Blüte
Gerste, Flugbrand
Raps, Ende der Blüte
Gerste, Streifenkrankheit

6. Juni. Winterroggen, Petkufer, Beginn der Blüte

8. Juni. Schneebeere, Beginn der Blüte

10. Juni. Falscher Jasmin, Beginn der Blüte

15. Juni. Erste schwarze Blattläuse an Saubohnen
Erdbeere, Ende der Blüte
Erbse, Beginn der Blüte
Ackerbohne, Beginn der Blüte

16. Juni. Ackerbohnen, schwarze Blattlaus

18. Juni. Sommerlinde, Beginn der Blüte

25. Juni. Winterlinde, Beginn der Blüte
Süßkirsche, Beginn der Ernte

1. Juli. Zucker- und Runkelrübe, Runkelfliege, erste Larve
Klee, Kleeseide
Stachelbeere, amerikanischer Mehltau
Erdbeere, Beginn der Ernte

5. Juli. Sauerkirsche, Beginn der Ernte

6. Juli. Weiße Lilie, Beginn der Blüte

8. Juli. Johannisbeere, Beginn der Fruchtreife
Erdbeere, Beginn der Ernte

9. Juli. Wintergerste, Mammut, Beginn der Ernte

10. Juli. Wein, Früher Weißer, Ende der Blüte
Weizen, Flugbrand
Kartoffel, Schwarzbeinigkeit
Windhalm in Blüte

15. Juli. Hafer, Flugbrand
Stachelbeere, Stachelbeerblattwespe

20. Juli. Roggen, Mutterkorn, Sclerotium
Stachelbeere, Ende der Blüte

25. Juli. Heide, Beginn der Blüte

Anfang August. Erbse, Beginn der Ernte

1. August. Winterroggen, Petkuser, Beginn der Ernte
Schneebeere, Beginn der Fruchtreife
Winterroggen, Beginn der Ernte
Apfel, Schorf, Polsterschimmel, Obstmade
Birne, Schorf, Polsterschimmel, Obstmade

8. August. Stachelbeere, Beginn der Ernte

15. August. Johannisbeere, Rote Kirsch-, Beginn der Ernte
Pfirsich, Amsden, Beginn der Ernte
Winterweizen, Beginn der Ernte
Eberesche, Beginn der Fruchtreife
Sommerroggen, Petkuser, Beginn der Ernte
Winterweizen, Strubes, Beginn der Ernte

17. August. Sommergerste, Beginn der Ernte

20. August. Hafer, Beseler II, Beginn der Ernte

1. September. Holunder, Beginn der Fruchtreife
Kartoffel, Krautfäule

15. September. Kartoffel, Industrie, Beginn der Ernte
Grummetreife
Aprikose, Beginn der Ernte

20. September. Ackerbohne, Beginn der Ernte

27. September. Wein, Früher Weißer, Beginn der Ernte

28. September. Eiche, Beginn der Fruchtreife

30. September. Herbstzeitlose, Beginn der Blüte
Roßkastanie, Beginn der Fruchtreife

1. Oktober. Rübe, Eckendorfer, Beginn der Ernte
Wein, Früher Weißer, Beginn der Ernte

15. Oktober. Zwetsche, Hauszwetsche, Beginn der Ernte
Roßkastanie, allgemeine Laubverfärbung
Erste Frostspanner an Probeleimringen

Witzenhausen
(Beob. Dr. Thiele, Direktor der landwirtschaftlichen Schule)

20. März. Schneeglöckchen, Beginn der Blüte

5. April. Huflattich, Beginn der Blüte

12. März. Almus glutinosa, Beginn der Blüte

13. April. Salweide, Beginn der Blüte

15. April. Anemone, Beginn der Blüte

28. April. Kornelkirsche, Beginn der Blüte

30. April. Stachelbeere, Beginn der Laubentfaltung

Apfel, Beginn der Laubentfaltung
Birne, Beginn der Laubentfaltung
Süßkirsche, Beginn der Laubentfaltung
Sauerkirsche, Beginn der Laubentfaltung
Anfang Mai. Stachelbeere, Beginn der Blüte
Johannisbeere, Beginn der Blüte
3. Mai. Buche, Beginn der Laubentfaltung
4. Mai. Roßkastanie, Beginn der Laubentfaltung
5. Mai. Dotterblume, Beginn der Blüte
Sommerlinde, Beginn der Laubentfaltung
Kohlweißling, erster Falter
Erbse, Beginn des Auflaufens
Ackerbohne, Beginn des Auflaufens
Pflaume, Beginn des Austriebes
Zwetsche, Beginn des Austriebes
7. Mai. Pfirsich, Beginn der Blüte
8. Mai. Süßkirsche, Beginn der Blüte
Schlehe, Beginn der Blüte
10. Mai. Sauerkirsche, Beginn der Blüte
Pflaume, Beginn der Blüte
Zwetsche, Beginn der Blüte
Hederich, Keimpflänzchen
12. Mai. Birne, Beginn der Blüte
14. Mai. Süßkirsche, Ende der Blüte
Sauerkirsche, Ende der Blüte
Pflaume, Ende der Blüte
Zwetsche, Ende der Blüte
Buchenhochwald grün
Fichte, erste Maitriebe
15. Mai. Kiefer, erste Maitriebe
Raps, Beginn der Blüte
Apfel, Beginn der Blüte
16. Mai. Erbse, Wolfsmilch
17. Mai. Süßkirsche, Zweigdürre
Sauerkirsche, Zweigdürre
Birne, Ende der Blüte
18. Mai. Flieder, Beginn der Blüte

Tanne, erste Maitriebe
Erdbeere, Beginn der Blüte
21. Mai. Winterroggen, Petkuser, Beginn des Schossens
22. Mai. Wintergerste, Beginn des Schossens
23. Mai. Winterweizen, Beginn des Schossens
24. Mai. Goldregen, Beginn der Blüte
25. Mai. Kartoffel, Beginn des Auflaufens
Klee, Beginn des Auflaufens
27. Mai. Rübe, Beginn des Auflaufens
28. Mai. Roßkastanie, Beginn der Blüte
Ende Mai. Ackersenf in Blüte
1. Juni. Gerste, Flugbrand
Petkuser Winterroggen, Beginn der Blüte
2. Juni. Holunder, Beginn der Blüte
Anfang Juni. Raps, Rapserdfloh
7. Juni. Schneebeere, Beginn der Blüte
10. Juni. Phytoptus vitis, Beginn der Blüte
20. Juni. Roggen, Schwarzrost
Roggen, Braunrost
27. Juni. Winterweizen, Beginn der Blüte
Eiche, Entwicklung von Johannistrieben
Winterweizen, Beginn der Blüte
28. Juni. Winterroggen, Ende der Blüte
29. Juni. Hafer, Beginn des Schossens
Ackerbohne, Beginn der Blüte
Sommerlinde, Beginn der Blüte
Winterlinde, Beginn der Blüte
Johannisbeere, Beginn der Fruchtreife
6. Juli. Lupine, Beginn der Blüte
7. Juli. Apfel, Schorf
8. Juli. Birne, Schorf
Rost an Riedgräsern
10. Juli. Holunder, Beginn der Fruchtreife
Roggen, Ochsenzunge

13. Juli. Birne, Gitterrost
20. Juli. Weizen, Flugbrand
22. Juli. Sommerweizen, Beginn der Blüte
24. Juli. Hafer, Beginn der Blüte
25. Juli. Windhalm
26. Juli. Weizen, Mehltau
28. Juli. Winterroggen, Beginn der Ernte
Hederich, Frucht
Ende Juli. Kartoffel, Beginn der Blüte
Anfang August. Sommergerste, Beginn der Ernte
Winterweizen, Beginn der Ernte
27. September. Roßkastanie, Beginn der Fruchtreife
Mitte September. Buche, Beginn der Fruchtreife
Roßkastanie, Beginn der Laubverfärbung
Buche, Beginn der Laubverfärbung
30. September. Herbstzeitlose, Beginn der Blüte
Oktober. Runkelrübe, Runkelfliege
Zuckerrübe, Runkelfliege
Ende Oktober. Zuckerrübe, Krebswucherungen
Erste Frostspanner an Probeleimringen

Schielo, Kr. Ballenstedt (Harz)
(Beob. Hauptstelle für Pflanzenschutz in Anhalt)
20. März. Schneeglöckchen, Beginn der Blüte
8. April. Huflattich, Beginn der Blüte
14. April. Stachelbeere, Beginn der Laubentfaltung

20. April. Anemone, Beginn der Blüte
22. April. Butterbirne, Beginn der Laubentfaltung
27. April. Roßkastanie, Beginn der Laubentfaltung
28. April. Sumpfdotterblume, Beginn der Blüte
29. April. Apfel, Beginn der Blüte
5. Mai. Johannisbeere, Beginn der Blüte
6. Mai. Buche, Beginn der Blüte
8. Mai. Linde, Beginn der Blüte
Vergißmeinnicht, Beginn der Blüte
10. Mai. Süßkirsche, Beginn der Blüte
14. Mai. Walderdbeere, Beginn der Blüte
Schlehe, Beginn der Blüte
Maikäfer
18. Mai. Roßkastanie, Beginn der Blüte
22. Mai. Flieder, Beginn der Blüte
29. Mai. Rotklee, Beginn der Blüte
1. Juni. Eberesche, Beginn der Blüte
3. Juni. Winterroggen, Beginn der Blüte
13. Juni. Holunder, Beginn der Blüte
23. Juni. Ackerwinde, Beginn der Blüte
25. Juni. Stachelbeerspanner, erster Falter
28. Juni. Linde, Beginn der Blüte
1. Juli. Heidelbeere, erste Frucht
3. Juli. Stachelbeere, Beginn der Fruchtreife
6. Juli. Johannisbeere, Beginn der Fruchtreife
30. Juli. Roggen, Beginn der Fruchtreife
17. August. Holunder, weiße Beeren
25. August. Eberesche, Beginn der Fruchtreife
31. August. Herbstzeitlose, Beginn der Blüte

IV h. Thüringisch-Sächsischer Berglandkreis 1924

Bad Suderode i. Harz
(Beob. Hauptlehrer Ehrke)
20. März. Schneeglöckchen, Beginn der Blüte
14. April. Huflattich, Beginn der Blüte

15. April. Anemone, Beginn der Blüte
Salweide, Beginn der Blüte
20. April. Stachelbeere, Beginn der Laubentfaltung
2. Mai. Dotterblume, Beginn der Blüte

4. Mai. Johannisbeere, Beginn der
Blüte
Roßkastanie, Beginn der Laubent-
faltung

5. Mai. Schlehe, Beginn der Blüte

6. Mai. Süßkirsche, Beginn der Blüte
Buche, Beginn der Laubentfaltung

8. Mai. Sommerlinde, Beginn der Laubentfaltung

12. Mai. Buchenhochwald grün
Williams Christbirne, Beginn der
Blüte

15. Mai. Danziger Kantapfel, Beginn
der Blüte
Roßkastanie, Beginn der Blüte
Fichte, erste Maitriebe

17. Mai. Flieder, Beginn der Blüte

22. Mai. Eberesche, Beginn der Blüte

24. Mai. Goldregen, Beginn der Blüte

9. Juni. Falscher Jasmin, Beginn der
Blüte

10. Juni. Holunder, Beginn der Blüte

12. Juni. Schneebeere, Beginn der Blüte

16. August. Weiße Lilie, Beginn der Blüte

21. August. Heide, Beginn der Blüte

12. September. Eberesche, Beginn der
Fruchtreife

14. September. Schneebeere, Beginn der
Fruchtreife

18. September. Roßkastanie, Beginn der
Fruchtreife

20. September. Holunder, Beginn der
Fruchtreife

27. September. Herbstzeitlose, Beginn der
Blüte

1. Oktober. Buche, Beginn der Fruchtreife

4. Oktober. Eiche, Beginn der Fruchtreife
Roßkastanie, allgemeine Laubverfärbung

12. Oktober. Buche, allgemeine Laubverfärbung

Reinstedt, Kr. Ballenstedt
(Beob. Hauptstelle für Pflanzenschutz in Anhalt)

22. März. Schneeglöckchen, Beginn der
Blüte

24. März. Erste Bachstelze

26. März. Salweide, Beginn der Blüte

28. März. Haselnuß, Beginn der Blüte

30. März. Helleborus, Beginn der Blüte

10. April. Stachelbeere, Beginn der
Laubentfaltung

20. April. Roßkastanie, Beginn der Laubentfaltung

24. April. Buche, Beginn der Laubentfaltung

26. April. Anemone, Beginn der Blüte
Schlehe, Beginn der Blüte

28. April. Johannisbeere, Beginn der
Laubentfaltung

3. Mai. Süßkirsche, Beginn der Blüte

6. Mai. Vergißmeinicht, Beginn der Blüte
Fichte, Beginn des Austriebs
Erste Schwalbe
Erster Kohlweißling

8. Mai. Wucherblume, Beginn der Blüte
Birne, Beginn der Blüte
Kiefer, Beginn des Austriebs

10. Mai. Rapsglanzkäfer

12. Mai. Apfel, Beginn der Blüte

16. Mai. Roßkastanie, Beginn der Blüte

17. Mai. Eberesche, Beginn der Blüte
Flieder, Beginn der Blüte

18. Mai. Erdbeere, Beginn der Blüte
Goldregen, Beginn der Blüte

20. Mai. Walnuß, Beginn der Blüte

23. Mai. Quitte, Beginn der Blüte

26. Mai. Goldregen, Beginn der Blüte

28. Mai. Akazie, Beginn der Blüte

30. Mai. Winterroggen, Beginn der Blüte

1. Juni. Rotklee, Beginn der Blüte

16. Juni. Ackerwinde, Beginn der Blüte

18. Juni. Holunder, Beginn der Blüte

22. Juni. Sommerlinde, Beginn der
Blüte

28. Juni. Ackerdistel, Beginn der Blüte
Weinrebe, Beginn der Blüte

3. Juli. Winterlinde, Beginn der Blüte

5. Juli. Stachelbeere, Beginn der Fruchtreife

6. Juli. Johannisbeere, Beginn der Fruchtreife

10. Juli. Wintergerste, Beginn der Fruchtreife

15. August. Ackerdistel, Beginn der Fruchtreife
Holunder, Beginn der Fruchtreife

20. August. Eberesche, Beginn der Fruchtreife

25. August. Birke, Beginn der Fruchtreife

30. August. Roßkastanie, Beginn der Fruchtreife

18. September. Efeu, Beginn der Fruchtreife

Unterwiederstedt bei Sandersleben
(Beob. Hauptstelle für Pflanzenschutz in Anhalt)

15. März. Schneeglöckchen, Beginn der Blüte

24. März. Huflattich, Beginn der Blüte
Sumpfdotterblume, Beginn der Blüte

29. März. Anemone, Beginn der Blüte

7. April. Johannisbeere, Beginn der Laubentfaltung

11. April. Napoleons Butterbirne, Beginn der Blüte

2. Mai. Erdbeere, Beginn der Blüte

5. Mai. Flieder, Beginn der Blüte

6. Mai. Fichte, Beginn des Austriebs

12. Mai. Kiefer, Beginn des Austriebs
Erster Maikäfer

19. Mai. Erster Kohlweißling

26. Mai. Wintergerste, Beginn der Blüte

29. Mai. Winterweizen, Beginn der Blüte

1. Juni. Rotklee, Beginn der Blüte

3. Juni. Holunder, Beginn der Blüte
Winterroggen, Beginn der Blüte

4. Juni. Weinrebe, Beginn der Blüte
Akazie, Beginn der Blüte
Goldregen, Beginn der Blüte

11. Juni. Ackerwinde, Beginn der Blüte

14. Juni. Linde, Beginn der Blüte

27. Juni. Vergißmeinicht, Beginn der Blüte

30. Juni. Zichorie, Beginn der Blüte
Johannisbeere, Beginn der Fruchtreife

11. Juli. Wintergerste, Beginn der Fruchtreife

15. Juli. Stachelbeere, Beginn der Fruchtreife

30. Juli. Schneebeere, Beginn der Fruchtreife

20. August. Eberesche, Beginn der Fruchtreife
Holunder, Beginn der Fruchtreife

7. September. Herbstzeitlose

Ende September. Birke, Beginn der Laubverfärbung

Anfang Oktober. Quitte, Beginn der Laubverfärbung
Buche, Beginn der Laubverfärbung

Mitte Oktober. Schlehe, Beginn der Laubverfärbung

Heyerode, Kr. Mühlhausen
(Beob. Franke)

März. Johannisbeere, Beginn der Blüte
Schlehe, Beginn der Blüte
Erster Grasfrosch
Schneeglöckchen, Beginn der Blüte
Huflattich, Beginn der Blüte
Anemone, Beginn der Blüte
Stachelbeere, Beginn der Laubentfaltung

April. Kornelkirsche, Beginn der Blüte
Dotterblume, Beginn der Blüte
Süßkirsche, Beginn der Blüte

Birne, Beginn der Blüte
Roßkastanie, Beginn der Laubentfaltung
Roßkastanie, Beginn der Blüte
Mai. Sommerlinde, Beginn der Laubentfaltung
Winterlinde, Beginn der Laubentfaltung
Buche, Beginn der Laubentfaltung
Flieder, Beginn der Blüte
Goldregen, Beginn der Blüte
Buchenhochwald grün
Winterroggen, Beginn des Schossens
Schneebeere, Beginn der Blüte
Sommerlinde, Beginn der Blüte
Winterlinde, Beginn der Blüte
Kohlweißling, erster Falter
Juni. Winterweizen, Beginn des Schossens
Holunder, Beginn der Blüte
Winterroggen, Beginn der Blüte
Winterweizen, Beginn der Blüte
Eiche, Entwicklung von Johannistrieben
Spitzahorn, Entwicklung von Johannistrieben
Eberesche, Entwicklung von Johannistrieben
Johannisbeere, Beginn der Fruchtreife
Eberesche, Beginn der Fruchtreife
Schneebeere, Beginn der Fruchtreife
Holunder, Beginn der Fruchtreife
Erste schwarze Blattlaus an Saubohne
Juli. Winterroggen, Beginn der Ernte
Winterweizen, Beginn der Ernte
September. Erste Frostspanner an Probeleimringen
Grummetreife
Oktober. Herbstzeitlose, Beginn der Blüte
Roßkastanie, Beginn der Fruchtreife

Buche, Beginn der Fruchtreife
Eiche, Beginn der Fruchtreife
Roßkastanie, Beginn der Laubverfärbung
Buche, Beginn der Laubverfärbung

Eigenrieden bei Mühlhausen
(Beob. Keuthahn, Hegemeister a. D.)

27. März. Schneeglöckchen, Beginn der Blüte
11. April. Huflattich, Beginn der Blüte
15. April. Anemone, Beginn der Blüte
23. April. Salweide, Beginn der Blüte
25. April. Stachelbeere, Beginn der Laubentfaltung
10. Mai. Dotterblume, Beginn der Blüte
11. Mai. Johannisbeere, Beginn der Blüte
Roßkastanie, Beginn der Laubentfaltung
Buche, Beginn der Laubentfaltung
Erster Maikäfer
14. Mai. Süßkirsche, Beginn der Blüte
Sommerlinde, Beginn der Laubentfaltung
Buchenhochwald grün
15. Mai. Schlehe, Beginn der Blüte
Kohlweißling, erster Falter
17. Mai. Kiefer, erste Maitriebe
Fichte, erste Maitriebe
19. Mai. Birne, Beginn der Blüte
20. Mai. Roßkastanie, Beginn der Blüte
Eichenhochwald grün
22. Mai. Apfel, Beginn der Blüte
25. Mai. Eberesche, Beginn der Blüte
26. Mai. Flieder, Beginn der Blüte
30. Mai. Winterroggen, Beginn des Schossens
4. Juni. Goldregen, Beginn der Blüte
16. Juni. Winterroggen, Beginn der Blüte
23. Juni. Schneebeere, Beginn der Blüte
Holunder, Beginn der Blüte

30. Juni. Winterweizen, Beginn des
Schossens

1. Juli. Johannisbeere, Beginn der
Fruchtreife

5. Juli. Winterweizen, Beginn der
Blüte

6. Juli. Erste schwarze Blattlaus an
Saubohne

9. Juli. Sommerlinde, Beginn der
Blüte
Winterlinde, Beginn der Blüte

1. August. Eiche, erste Johannistriebe

6. August. Beginn des Schnittes

7. August. Eberesche, Beginn der Fruchtreife

28. August. Schneebeere, Beginn der
Fruchtreife

4. September. Winterweizen, Beginn
der Ernte
Herbstzeitlose, Beginn der Blüte

12. September. Grummetreife

27. September. Buche, Beginn der
Fruchtreife

30. September. Roßkastanie, Beginn der
Fruchtreife

3. Oktober. Buche, Beginn der Laubverfärbung

4. Oktober. Eiche, Beginn der Fruchtreife

7. Oktober. Eiche, Beginn der Laubverfärbung

Schnepfenthal (Thüringen)
(Beob. J. Baarmann)

21. März. Schneeglöckchen, Beginn der
Blüte

12. April. Salweide, Beginn der Blüte

14. April. Kornelkirsche, Beginn der
Blüte

15. April. Anemone, Beginn der Blüte

19. April. Stachelbeere, Beginn der
Laubentfaltung

25. April. Erster Wasserfrosch

1. Mai. Roßkastanie, Beginn der Laubentfaltung

5. Mai. Süßkirsche, Beginn der Blüte

6. Mai. Dotterblume, Beginn der Blüte

8. Mai. Johannisbeere, Beginn der
Blüte

10. Mai. Sommerlinde, Beginn der
Laubentfaltung

11. Mai. Buche, Beginn der Laubentfaltung

12. Mai. Birne, Beginn der Blüte

13. Mai. Winterlinde, Beginn der Laubentfaltung

15. Mai. Apfel, Calvill, Beginn der
Blüte
Schlehe, Beginn der Blüte

16. Mai. Roßkastanie, Beginn der Blüte

17. Mai. Flieder, Beginn der Blüte

19. Mai. Tanne, erste Maitriebe
Fichte, erste Maitriebe
Kiefer, erste Maitriebe

20. Mai. Buchenhochwald grün

24. Mai. Eichenhochwald grün

26. Mai. Goldregen, Beginn der Blüte
Eberesche, Beginn der Blüte

28. Mai. Winterroggen, Beginn des
Schossens

29. Mai. Falscher Jasmin, Beginn der
Blüte

31. Mai. Winterweizen, Beginn des
Schossens

10. Juni. Winterroggen, Beginn der
Blüte

15. Juni. Holunder, Beginn der Blüte

17. Juni. Winterweizen, Beginn der
Blüte

4. Juli. Sommerlinde, Beginn der
Blüte

7. Juli. Weiße Lilie, Beginn der Blüte

8. Juli. Johannisbeere, Beginn der
Fruchtreife

11. Juli. Eberesche, Beginn der Fruchtreife

30. Juli. Winterroggen, Beginn der Ernte

11. August. Heide, Beginn der Blüte

20. August. Winterweizen, Beginn der Ernte

28. August. Grummetreife

6. September. Herbstzeitlose, Beginn der Blüte

14. September. Holunder, Beginn der Fruchtreife

Roßkastanie, Beginn der Fruchtreife

20. September. Buche, Beginn der Fruchtreife

Roßkastanie, Beginn der Laubverfärbung

24. September. Eiche, Beginn der Fruchtreife

2. Oktober. Buche, Beginn der Laubverfärbung

8. Oktober. Eiche, Beginn der Laubverfärbung

Hof a. d. Saale (Frankenwald), 500 m
(Beob. R. Schiefelbein)

20. April. Stachelbeere, Beginn der Laubentfaltung

25. April. Johannisbeere, Beginn der Laubentfaltung

2. Mai. Roßkastanie, Beginn der Laubentfaltung

3. Mai. Kohlweißling, erster Falter

5. Mai. Dotterblume, Beginn der Blüte

8. Mai. Johannisbeere, Beginn der Blüte

12. Mai. Süßkirsche, Beginn der Blüte

16. Mai. Birne, Beginn der Blüte

17. Mai. Apfel, Beginn der Blüte

21. Mai. Roßkastanie, Beginn der Blüte

16. Juli. Johannisbeere, Beginn der Fruchtreife

Mildenau (Erzgeb.), 620 m
(Beob. W. Hayeß, Lehrer)

10. April. Galanthus nivalis, Beginn der Blüte

12. April. Salix caprea, Beginn der Blüte

15. April. Tussilago farfara, Beginn der Blüte

20. April. Anemone nemorosa, Beginn der Blüte

25. April. Caltha palustris, Beginn der Blüte

26. April. Primula elatior, Beginn der Blüte

Ficaria verna, Beginn der Blüte

30. April. Gagea lutea, Beginn der Blüte

12. Mai. Ribes grossularia, Beginn der Laubentfaltung

Aesculus hippocast., Beginn der Laubentfaltung

13. Mai. Viola tricolor, Beginn der Blüte

14. Mai. Ranunculus acer, Beginn der Blüte

Prunus padus, Beginn der Blüte

Taraxacum officin., Beginn der Blüte

Tilia parviflora, Beginn der Laubentfaltung

15. Mai. Cardamine pratensis, Beginn der Blüte

16. Mai. Nasturtium vulgare, Beginn der Blüte

Ribes rubrum, Beginn der Blüte

Myosotis palustris, Beginn der Blüte

17. Mai. Prunus avium, Beginn der Blüte

Glechoma hederacea, Beginn der Blüte

18. Mai. Pirus communis, Beginn der Blüte

Prunus domestica, Beginn der Blüte

19. Mai. Fraxinus excelsior, Beginn der Laubentfaltung

20. Mai. Lamium purpur., Beginn der Blüte

22. Mai. Trifolium arvense, Beginn der Blüte

23. Mai. Aesculus hippocast., Beginn der Blüte

24. Mai. Pirus malus, Beginn der Blüte
Stellaria holostea, Beginn der Blüte
Geranium pratense, Beginn der Blüte
Alchemilla vulgare, Beginn der Blüte

25. Mai. Veronica chameadr., Beginn der Blüte
Polygonum bistorta, Beginn der Blüte

26. Mai. Polygala vulgaris, Beginn der Blüte

28. Mai. Rumex acer, Beginn der Blüte

29. Mai. Syringa vulgaris, Beginn der Blüte

30. Mai. Phyteuma nigrum, Beginn der Blüte
Sorbus aucuparia, Beginn der Blüte

3. Juni. Cytisus laburnum, Beginn der Blüte
Orchis maculata, Beginn der Blüte

5. Juni. Campanula rotund., Beginn der Blüte

6. Juni. Coronaria flos cuculi, Beginn der Blüte

10. Juni. Chrysanthemum lenc., Beginn der Blüte

12. Juni. Alectorolophus major, Beginn der Blüte

14. Juni. Winterroggen, Beginn der Blüte

18. Juni. Echium vulgare, Beginn der Blüte

25. Juni. Sambucus nigra, Beginn der Blüte
Beginn der Heuernte

30. Juni. Thymus vulgaris, Beginn der Blüte

1. Juli. Linaria vulgaris, Beginn der Blüte

3. Juli. Hypericum perforat., Beginn der Blüte

4. Juli. Epilobium angustifol., Beginn der Blüte

5. Juli. Tilia grandifolia, Beginn der Blüte

6. Juli. Arnica montana, Beginn der Blüte

10. Juli. Linum usitatiss., Beginn der Blüte
Ribes rubrum, Beginn der Fruchtreife

1. August. Calluna vulgaris, Beginn der Blüte

6. August. Winterroggen, Beginn der Ernte

15. August. Pirus aucuparia, Beginn der Fruchtreife

28. August. Winterweizen, Beginn der Ernte

14. September. Grummetreife

8. Oktober. Pirus aucuparia, Beginn der Laubverfärbung

10. Oktober. Aesculus hippocast., Beginn der Laubverfärbung

12. Oktober. Acer spec., Beginn der Laubverfärbung

Olbernhau i. Erzgeb.

8. März. Schneeglöckchen, Beginn der Blüte

20. April. Salweide, Beginn der Blüte

25. April. Anemone, Beginn der Blüte

26. April. Huflattich, Beginn der Blüte

30. April. Dotterblume, Beginn der Blüte

2. Mai, Kornelkirsche, Beginn der Blüte

4. Mai. Stachelbeere, Beginn der Laubentfaltung

11. Mai. Roßkastanie, Beginn der Laubentfaltung

12. Mai. Johannisbeere, Beginn der Blüte

13. Mai. Winterlinde, Beginn der Laubentfaltung
Buche, Beginn der Laubentfaltung

14. Mai. Süßkirsche, Beginn der Blüte

18. Mai. Buchenhochwald grün
Traubenkirsche, Beginn der Blüte

182

19. Mai. Birne, Beginn der Blüte
20. Mai. Sommerlinde, Beginn der Laubentfaltung
21. Mai. Apfel, Beginn der Blüte
23. Mai. Roßkastanie, Beginn der Blüte
24. Mai. Fichte, erste Maitriebe
25. Mai. Tanne, erste Maitriebe
26. Mai. Flieder, Beginn der Blüte
27. Mai. Eberesche, Beginn der Blüte
Eichenhochwald grün
1. Juni. Holunder, Beginn der Blüte
16. Juni. Winterroggen, Beginn der Blüte
21. Juni. Schneebeere, Beginn der Blüte
23. Juni. Jasmin, Beginn der Blüte
4. Juli. Winterweizen, Beginn der Blüte
6. Juli. Sommerlinde, Beginn der Blüte
20. Juli. Weiße Lilie, Beginn der Blüte
Johannisbeere, Beginn der Fruchtreife
25. Juli. Heide, Beginn der Blüte
6. August. Winterlinde, Beginn der Blüte
12. August. Winterroggen, Beginn der Ernte
16. August. Eberesche, Beginn der Fruchtreife
29. August. Winterweizen, Beginn der Ernte
7. September. Grummetreife
9. September. Holunder, Beginn der Fruchtreife
13. September. Herbstzeitlose, Beginn der Blüte
16. September. Roßkastanie, Beginn der Fruchtreife

Planitz bei Zwickau
(Beob. B. Reinhold, Oberlehrer)

21. März. Schneeglöckchen, Beginn der Blüte
27. März. Huflattich, Beginn der Blüte

8. April. Erster Grasfrosch
15. April. Kohlweißling, erster Falter
Anemone, Beginn der Blüte
Salweide, Beginn der Blüte
Stachelbeere, Beginn der Laubentfaltung
16. April. Kornelkirsche, Beginn der Blüte
19. April. Roßkastanie, Beginn der Laubentfaltung
26. April. Dotterblume, Beginn der Blüte
3. Mai. Johannisbeere, Beginn der Blüte
Anfang Mai. Sommerlinde, Beginn der Laubentfaltung
Winterlinde, Beginn der Laubentfaltung
4. Mai. Süßkirsche, Beginn der Blüte
8. Mai. Schlehe, Beginn der Blüte
Birne, Beginn der Blüte
Kiefer, Beginn des Treibens
10. Mai. Buche, Beginn der Laubentfaltung
Fichte, Beginn des Treibens
Tanne, Beginn des Treibens
13. Mai. Apfel, Beginn der Blüte
14. Mai. Roßkastanie, Beginn der Blüte
15. Mai. Erste Maikäfer
Buchenhochwald grün
16. Mai. Flieder, Beginn der Blüte
17. Mai. Winterroggen, Beginn der Ährenbildung
18. Mai. Eichenhochwald grün
19. Mai. Eberesche, Beginn der Blüte
21. Mai. Goldregen, Beginn der Blüte
Anfang Juni. Falscher Jasmin, Beginn der Blüte
3. Juni. Winterroggen, Beginn der Blüte
5. Juni. Holunder, Beginn der Blüte
8. Juni. Schneebeere, Beginn der Blüte
16. Juni. Winterweizen, Beginn des Schossens
24. Juni. Winterweizen, Beginn der Blüte

25. Juni. Sommerlinde, Beginn der
Blüte
Winterlinde, Beginn der Blüte

Ende Juni. Johannisbeere, Beginn der
Fruchtreife
Eberesche, Entwicklung von Johannis=
trieben
Spitzahorn, Entwicklung von Jo=
hannistrieben
Eiche, Entwicklung von Johannis=
trieben

1. Juli. Weiße Lilie, Beginn der Blüte

22. Juli. Winterroggen, Beginn der
Ernte

Ende Juli. Heide, Beginn der Blüte
Eberesche, Beginn der Fruchtreife

1. August. Schneebeere, Beginn der
Fruchtreife

8. August. Winterweizen, Beginn der
Ernte

Mitte August. Grummetreife

Ende August. Holunder, Beginn der
Fruchtreife
Birke, Beginn der Fruchtreife

28. August. Herbstzeitlose, Beginn der
Blüte

Anfang September. Roßkastanie, Beginn
der Fruchtreife
Roßkastanie, Beginn der Laubverfär=
bung

10. September. Buche, Beginn der
Fruchtreife

Mitte September. Buche, Beginn der
Laubverfärbung

14. September. Eiche, Beginn der Frucht=
reife

20. September. Liguster, Beginn der
Fruchtreife

21. September. Efeu, Beginn der Blüte

Anfang Oktober. Eiche, Beginn der Laub=
verfärbung

9. November. Erste Frostspanner an
Probeleimringen

Zwickau
(Beob. Dr. P. Dietel)

1. Juni. Winterroggen, Beginn der
Blüte

25. Juni. Roggen, Braunrost

1. Juli. Kartoffel, Beginn der Blüte
Windhalm in Blüte
Weizen, Mehltau

2. Juli. Winterweizen, Beginn der Blüte

5. Juli. Hafer, Flugbrand

13. Juli. Wintergerste, Beginn der Ernte

16. Juli. Weizen, Flugbrand

18. Juli. Roggen, Mutterkorn

21. Juli. Winterroggen, Beginn der Ernte

3. August. Hafer, Beginn der Ernte

Zwickau
(Beob. Herrmann)

10. März. Schneeglöckchen, Beginn der
Blüte

24. März. Huflattich, Beginn der Blüte

10. April. Salweide, Beginn der Blüte

14. April. Kornelkirsche, Beginn der Blüte

18. April. Anemone, Beginn der Blüte

20. April. Dotterblume, Beginn der Blüte

25. April. Roßkastanie, Beginn der Laub=
entfaltung

5. Mai. Süßkirsche, Beginn der Blüte
Buche, Beginn der Laubentfaltung

6. Mai. Johannisbeere, Beginn der
Blüte
Schlehe, Beginn der Blüte
Sommerlinde, Beginn der Laub=
entfaltung

9. Mai. Birne, Beginn der Blüte

11. Mai. Apfel, Beginn der Blüte

15. Mai. Flieder, Beginn der Blüte

17. Mai. Roßkastanie, Beginn der Blüte

19. Mai. Eberesche, Beginn der Blüte

2. Juni. Winterroggen, Beginn der
Blüte

3. Juni. Falscher Jasmin, Beginn der
Blüte

8. Juli. Sommerlinde, Beginn der Blüte
Winterlinde, Beginn der Blüte

20. Juli. Heide, Beginn der Blüte

17. August. Roßkastanie, Beginn der Fruchtreife

1. September. Roßkastanie, Beginn der Laubverfärbung

Zwickau
(Beob. Dr. Büttner)

27. März. Huflattich, Beginn der Blüte

13. April. Kornelkirsche, Beginn der Blüte

17. April. Anemone, Beginn der Blüte

22. April. Dotterblume, Beginn der Blüte

27. April. Roßkastanie, Beginn der Laubentfaltung

5. Mai. Süßkirsche, Beginn der Blüte

6. Mai. Johannisbeere, Beginn der Blüte.

8. Mai. Stachelbeere, Beginn der Blüte

13. Mai. Birne, Beginn der Blüte
Buchenhochwald grün
Kiefer, erste Maitriebe
Fichte, erste Maitriebe
Erste Maikäfer

15. Mai. Apfel, Beginn der Blüte

18. Mai. Roßkastanie, Beginn der Blüte

19. Mai. Flieder, Beginn der Blüte

4. Juni. Falscher Jasmin, Beginn der Blüte

10. Juni. Holunder, Beginn der Blüte

25. Juni. Sommerlinde, Beginn der Blüte
Winterlinde, Beginn der Blüte

1. Juli. Weiße Lilie, Beginn der Blüte

20. Juli. Heide, Beginn der Blüte

Rabenstein i. Sachsen
(Beob. Frau E. Fiedler)

21. März. Schneeglöckchen, Beginn der Blüte

29. März. Leucojum vernum, Beginn der Blüte

6. April. Huflattich, Beginn der Blüte

Chemnitz
(Beob. Otto Illing)

23. März. Schneeglöckchen, Beginn der Blüte

8. April. Huflattich, Beginn der Blüte

18. April. Kornelkirsche, Beginn der Blüte
Salweide, Beginn der Blüte

20. April. Anemone, Beginn der Blüte

25. April. Dotterblume, Beginn der Blüte
Stachelbeere, Beginn der Blattentfaltung

5. Mai. Johannisbeere, Beginn der Blüte

8. Mai. Süßkirsche, Beginn der Blüte

9. Mai. Roßkastanie, Beginn der Laubentfaltung
Sommerlinde, Beginn der Laubentfaltung

10. Mai. Schlehe, Beginn der Blüte

12. Mai. Diels Butterbirne, Beginn der Blüte
Winterlinde, Beginn der Laubentfaltung

14. Mai. Buche, Beginn der Laubentfaltung

15. Mai. Apfel, Charlamowsky, Beginn der Blüte

16. Mai. Buchenhochwald grün

18. Mai. Schneebeere, Beginn der Blüte
Falscher Jasmin, Beginn der Blüte

19. Mai. Roßkastanie, Beginn der Blüte
Fichte, erste Maitriebe
Flieder, Beginn der Blüte

20. Mai. Eichenhochwald grün
Winterroggen, Beginn der Blüte

22. Mai. Eberesche, Beginn der Blüte

23. Mai. Winterroggen, Beginn des Schossens

31. Mai. Goldregen, Beginn der Blüte

1. Juni. Winterweizen, Beginn des Schossens

15. Juni. Holunder, Beginn der Blüte

3. Juli. Eiche, Entwicklung von Johannistrieben

20. Juli. Johannisbeere, Beginn der Fruchtreife

3. August. Winterroggen, Beginn der Ernte

14. August. Winterweizen, Beginn der Ernte

15. August. Eberesche, Beginn der Fruchtreife

25. August. Holunder, Beginn der Fruchtreife

30. September. Roßkastanie, Beginn der Fruchtreife

10. Oktober. Buche, Beginn der Fruchtreife

18. Oktober. Buche, Beginn der Laubverfärbung

Muldenhütten bei Freiberg i. Sa.
(Beob. Dipl.-Ing. Mehlig)

April. Roggen, Schneeschimmel

19. April. Erbse, Beginn des Auflaufens

13. Mai. Stachelbeere, Beginn der Blüte
Johannisbeere, Beginn der Blüte

14. Mai. Süßkirsche, Beginn der Blüte
Pflaume, Beginn der Blüte

15. Mai. Hederich, Keimpflänzchen

16. Mai. Birne, Beginn der Blüte

17. Mai. Erdbeere, Beginn der Blüte
Apfel, Beginn der Blüte

18. Mai. Stachelbeere, Ende der Blüte

19. Mai. Johannisbeere, Ende der Blüte
Süßkirsche, Ende der Blüte
Pflaume, Ende der Blüte

20. Mai. Winterroggen, Beginn des Schossens
Rübe, Beginn des Auflaufens

22. Mai. Birne, Ende der Blüte

23. Mai. Apfel, Ende der Blüte

24. Mai. Wintergerste, Beginn des Schossens

29. Mai. Kartoffel, Beginn des Auflaufens

30. Mai. Wintergerste, Beginn der Blüte

Juni. Windhalm in Blüte

4. Juni. Winterroggen, Beginn der Blüte

5. Juni. Wintergerste, Ende der Blüte

10. Juni. Klee, Beginn der Blüte

12. Juni. Winterroggen, Ende der Blüte
Johannisbeere, Beginn der Ernte

20. Juni. Kartoffel, Beginn der Blüte
Stachelbeere, Beginn der Ernte

21. Juni. Sommergerste, Beginn des Schossens

22. Juni. Winterweizen, Beginn des Schossens
Erdbeere, Beginn der Ernte

24. Juni. Sommergerste, Beginn der Blüte

27. Juni. Winterweizen, Beginn der Blüte

28. Juni. Hafer, Beginn des Schossens
Sommergerste, Ende der Blüte

29. Juni. Süßkirsche, Beginn der Ernte

30. Juni. Sommerweizen, Beginn des Schossens

Juli. Roggen, Roggenstengelbrand (vereinzelt)
Kartoffel, Krautfäule
Weizen, gelbe Halmfliege (wenig)

Anfang Juli. Weizen, Flugbrand

3. Juli. Winterweizen, Ende der Blüte

5. Juli. Sommerweizen, Beginn der Blüte
Ackersenf

10. Juli. Hederich in Frucht

15. Juli. Sommerweizen, Ende der Blüte

20. Juli. Wintergerste, Beginn der Ernte

1. August. Rauhhaarige Wicke in Frucht
Winterroggen, Beginn der Ernte

3. August. Sommergerste, Beginn der Ernte

11. August. Viersamige Wicke, in Frucht

18. August. Hafer, Beginn der Ernte

19. August. Winterweizen, Beginn der Ernte

15. September. Sommerweizen, Beginn
der Ernte
Kartoffel, Ende der Blüte
 1. Oktober. Kartoffel, Beginn der Ernte
Pflaume, Beginn der Ernte
15. Oktober. Rübe, Beginn der Ernte
Birne, Beginn der Ernte
Apfel, Beginn der Ernte

Freiberg
(Beob. E. Gelbke, Ldw. Haushaltungsschule)

25. März. Schneeglöckchen, Beginn der
Blüte
20. April. Stachelbeere, Beginn der
Laubentfaltung
 1. Mai. Dotterblume, Beginn der Blüte
10. Mai. Johannisbeere, Beginn der
Blüte
Süßkirsche, Beginn der Blüte
25. Mai. Birne, Beginn der Blüte
27. Mai. Apfel, Beginn der Blüte
30. Mai. Flieder, Beginn der Blüte
Kiefer, erste Maitriebe
Fichte, erste Maitriebe
 2. Juni. Winterroggen, Beginn des
Schossens
Winterweizen, Beginn des Schossens
 3. Juni. Sommerlinde, Beginn der
Laubentfaltung
Buche, Beginn der Laubentfaltung
20. Juni. Winterroggen, Beginn der
Blüte
30. Juni. Winterweizen, Beginn der
Blüte
10. Juli. Sommerlinde, Beginn der Blüte
Winterlinde, Beginn der Blüte
12. Juli. Johannisbeere, Beginn der
Fruchtreife
15. Juli. Schneebeere, Beginn der Fruchtreife
 5. August. Winterroggen, Beginn der
Ernte
15. September. Grummetreife

20. September. Liguster, Beginn der
Fruchtreife

Roßwein
Beob. R. Hiller, Oberlehrer

 9. März. Salweide, Beginn der Blüte
10. März. Schneeglöckchen, Beginn der
Blüte
12. März. Kornelkirsche, Beginn der
Blüte
28. März. Huflattich, Beginn der Blüte
30. März. Stachelbeere, Beginn der
Laubentfaltung
31. März. Erster Grasfrosch
 4. April. Anemone, Beginn der Blüte
18. April. Birne, Beginn der Blüte
19. April. Johannisbeere, Beginn der
Blüte
20. April. Dotterblume, Beginn der
Blüte
21. April. Süßkirsche, Beginn der Blüte
23. April. Kohlweißling, erster Falter
24. April. Roßkastanie, Beginn der Laubentfaltung
26. April. Schlehe, Beginn der Blüte
 1. Mai. Erste Meikäfer
Buche, Beginn der Laubentfaltung
 5. Mai. Sommerlinde, Beginn der
Laubentfaltung
 8. Mai. Apfel, Beginn der Blüte
10. Mai. Buchenhochwald grün
Winterlinde, Beginn der Laubentfaltung
12. Mai. Roßkastanie, Beginn der Blüte
13. Mai. Flieder, Beginn der Blüte
15. Mai. Eichenhochwald grün
Fichte, erste Maitriebe
16. Mai. Winterweizen, Beginn des
Schossens
18. Mai. Winterroggen, Beginn des
Schossens
19. Mai. Eberesche, Beginn der Blüte
20. Mai. Kiefer, erste Maitriebe

21. Mai. Goldregen, Beginn der Blüte

5. Juni. Winterroggen, Beginn der Blüte

7. Juni. Holunder, Beginn der Blüte

1. Juli. Weiße Lilie, Beginn der Blüte
Johannisbeere, Beginn der Fruchtreife

3. Juli. Winterweizen, Beginn der Blüte
Eiche, Entwicklung von Johannistrieben
Sommerlinde, Beginn der Blüte

10. Juli. Heide, Beginn der Blüte

12. Juli. Winterlinde, Beginn der Blüte

18. Juli. Winterroggen, Beginn der Ernte

11. August. Winterweizen, Beginn der Ernte

15. August. Grummetreife

Riesa a. d. Elbe
(Beob. E. Fiedler)

8. März. Schneeglöckchen, Beginn der Blüte

9. April. Stachelbeere, Beginn der Laubentfaltung

14. April. Anemone, Beginn der Blüte
Kornelkirsche, Beginn der Blüte
Salweide, Beginn der Blüte

16. April. Dotterblume, Beginn der Blüte

25. April. Johannisbeere, Beginn der Blüte
Roßkastanie, Beginn der Laubentfaltung

26. April. Sommerlinde, Beginn der Laubentfaltung

28. April. Süßkirsche, Beginn der Blüte

3. Mai. Diels Butterbirne, Beginn der Blüte

4. Mai. Buche, Beginn der Laubentfaltung
Winterlinde, Beginn der Laubentfaltung

7. Mai. Fichte, erste Maitriebe

9. Mai. Schlehe, Beginn der Blüte

10. Mai. Weißer Klarapfel, Beginn der Blüte
Winterroggen, Beginn des Schossens

11. Mai. Roßkastanie, Beginn der Blüte

12. Mai. Flieder, Beginn der Blüte

17. Mai. Goldregen, Beginn der Blüte

18. Mai. Eberesche, Beginn der Blüte

24. Mai. Winterroggen, Beginn der Blüte

30. Mai. Holunder, Beginn der Blüte

3. Juni. Schneebeere, Beginn der Blüte

6. Juni. Falscher Jasmin, Beginn der Blüte

13. Juni. Holunder, Beginn der Fruchtreife

18. Juni. Sommerlinde, Beginn der Blüte
Johannisbeere, Beginn der Fruchtreife
Eberesche, Beginn der Fruchtreife

19. Juni. Schneebeere, Beginn der Fruchtreife

25. Juni. Eiche, Entwicklung von Johannistrieben

27. Juni. Spitzahorn, Entwicklung von Johannistrieben
Eberesche, Entwicklung von Johannistrieben
Winterlinde, Beginn der Blüte

30. Juni. Weiße Lilie, Beginn der Blüte

15. Juli. Winterroggen, Beginn der Ernte

23. Juli. Winterweizen, Beginn der Ernte

1. August. Heide, Beginn der Blüte

16. August. Eiche, Beginn der Fruchtreife
Grummetreife

25. August. Herbstzeitlose, Beginn der Blüte

1. September. Liguster, Beginn der Blüte

8. September. Efeu, Beginn der Blüte

12. September. Roßkastanie, Beginn der
Fruchtreife

23. September. Roßkastanie, allgemeine
Laubverfärbung

3. Oktober. Buche, allgemeine Laubverfärbung
Eiche, allgemeine Laubverfärbung

Westlich Dresden
(Beob. Johannes Richter, Lehrer)

20. März. Schneeglöckchen, Beginn der
Blüte

9. April. Kornelkirsche, Beginn der Blüte

13. April. Huflattich, Beginn der Blüte

14. April. Salweide, Beginn der Blüte

15. April. Anemone, Beginn der Blüte

25. April. Stachelbeere, Beginn der
Laubentfaltung

28. April. Dotterblume, Beginn der Blüte

3. Mai. Johannisbeere, Beginn der
Blüte

4. Mai. Süßkirsche, Beginn der Blüte

11. Mai. Schlehe, Beginn der Blüte

13. Mai. Birne, Beginn der Blüte

15. Mai. Flieder, Beginn der Blüte

16. Mai. Buchenhochwald grün
Winterroggen, Beginn des Schossens

18. Mai. Eberesche, Beginn der Blüte

20. Mai. Einzelne Eichen grün

23. Mai. Goldregen, Beginn der Blüte

30. Mai. Winterroggen, Beginn der
Blüte

2. Juni. Schneebeere, Beginn der Blüte

3. Juni. Holunder, Beginn der Blüte

7. Juni. Falscher Jasmin, Beginn der
Blüte

12. Juli. Roßkastanie, Beginn der Fruchtreife
Johannisbeere, Beginn der Fruchtreife

23. Juli. Eberesche, Beginn der Fruchtreife

28. Juli. Winterroggen, Beginn der
Ernte

30. Juli. Schneebeere, Beginn der Fruchtreife

6. August. Winterweizen, Beginn der
Ernte

Ende August. Holunder, Beginn der
Fruchtreife

3. September. Herbstzeitlose, Beginn
der Blüte

8. September. Grummetreife
Roßkastanie, Beginn der Fruchtreife

Mitte Oktober. Erste Frostspanner an
Probeleimringen

Dresden-Neustadt
(Beob. Windel)

25. März. Schneeglöckchen, Beginn der
Blüte

11. April. Stachelbeere, Beginn der
Laubentfaltung

18. April. Roßkastanie, Beginn der
Laubentfaltung

10. Mai. Roßkastanie, Beginn der Blüte

11. Mai. Apfel, Beginn der Blüte

13. Mai. Flieder, Beginn der Blüte

19. Mai. Goldregen, Beginn der Blüte

15. September. Roßkastanie, Beginn der
Fruchtreife

25. Oktober. Roßkastanie, Beginn der
Laubverfärbung

IVi. Subsudetisch-Oberschlesischer Berglandkreis 1924

Wahnsdorf bei Dresden
(Beob. Stark, Regierungssekretär)

23. März. Schneeglöckchen, Beginn der
Blüte

13. April. Stachelbeere, Beginn der
Laubentfaltung

15. April. Kornelkirsche, Beginn der Blüte
Kohlweißling, erster Falter

24. April. Anemone, Beginn der Blüte
27. April. Erster Grasfrosch
28. April. Roßkastanie, Beginn der Laubentfaltung
4. Mai. Johannisbeere, Beginn der
Blüte
6. Mai. Süßkirsche, Beginn der Blüte
12. Mai. Birne, Gute Luise, Beginn der
Blüte
13. Mai. Apfel, Beginn der Blüte
15. Mai. Roßkastanie, Beginn der Blüte
16. Mai. Flieder, Beginn der Blüte
28. Mai. Winterroggen, Beginn der
Blüte
5. Juni. Holunder, Beginn der Blüte
11. Juni. Schneebeere, Beginn der Blüte
25. Juni. Sommerlinde, Beginn der
Blüte
Winterlinde, Beginn der Blüte
29. Juni. Johannisbeere, Beginn der
Fruchtreife
17. Juli. Winterroggen, Beginn der
Ernte
6. August. Heide, Beginn der Blüte
18. August. Grummetreife
20. August. Holunder, Beginn der
Fruchtreife
25. September. Roßkastanie, Beginn der
Fruchtreife
19. Oktober. Roßkastanie, Beginn der
Laubverfärbung

Pillnitz
(Beob. Hans J. Kammeyer)

10. März. Schneeglöckchen, Beginn der
Blüte
27. März. Thalspi alp., Beginn der Blüte
3. April. Kornelkirsche, Beginn der
Blüte
5. April. Salweide, Beginn der Blüte
8. April. Stachelbeere, Beginn der
Laubentfaltung
10. April. Anemone, Beginn der Blüte

12. April. Huflattich, Beginn der Blüte
18. April. Roßkastanie, Beginn der Laubentfaltung
27. April. Sommerlinde, Beginn der
Laubentfaltung
Winterlinde, Beginn der Laubentfaltung
28. April. Dotterblume, Beginn der
Blüte
9. Mai. Süßkirsche, Beginn der Blüte
10. Mai. Johannisbeere, Beginn der
Blüte
Buche, Beginn der Laubentfaltung
12. Mai. Birne, Beginn der Blüte
Winter-Goldparmäne, Beginn der
Blüte
14. Mai. Buchenhochwald grün
16. Mai. Roßkastanie, Beginn der Blüte
Flieder, Beginn der Blüte
17. Mai. Eichenhochwald, grün
18. Mai. Eberesche, Beginn der Blüte
20. Mai. Goldregen, Beginn der Blüte
2. Juni. Holunder, Beginn der Blüte
3. Juni. Winterroggen, Beginn der
Blüte
8. Juni. Falscher Jasmin, Beginn der
Blüte
10. Juni. Schneebeere, Beginn der Blüte
21. Juni. Sommerlinde, Beginn der
Blüte
Winterlinde, Beginn der Blüte
1. Juli, Weiße Lilie, Beginn der Blüte
12. Juli. Johannisbeere, Beginn der
Fruchtreife

Rittergut Cummersdorf
(Beob. Keiser)

24. März. Schneeglöckchen, Beginn der
Blüte
27. März. Salweide, Beginn der Blüte
15. April. Stachelbeere, Beginn der
Laubentfaltung
Erster Grasfrosch

28. April. Dotterblume, Beginn der Blüte

 3. Mai. Süßkirsche, Beginn der Blüte
Winterlinde, Beginn der Laubentfaltung
Roßkastanie, Beginn der Laubentfaltung

 5. Mai. Johannisbeere, Beginn der Blüte

11. Mai. Schattenmorelle, Beginn der Blüte
Margaretenbirne, Beginn der Blüte
Erster Maikäfer

13. Mai. Apfel, Beginn der Blüte

14. Mai. Kohlweißling, erster Falter
Bergahorn, Beginn der Blüte

19. Mai. Flieder, Beginn der Blüte

25. Mai. Goldregen, Beginn der Blüte

26. Mai. Weißdorn, Beginn der Blüte

29. Mai. Wintergerste, Eckendorfer, Beginn der Blüte

30. Mai. Kornblume, Beginn der Blüte

 4. Juni. Petkuser Winterroggen, Beginn der Blüte

17. Juni. Pferdebohnen, Beginn der Blüte

18. Juni. Holunder, Beginn der Blüte

27. Juni. Winterweizen, Criewener 104, Beginn der Blüte

 3. Juli. Johannisbeere, Beginn der Fruchtreife

 8. Juli. Wintergerste, Beginn der Ernte

22. Juli. Winterroggen, Beginn der Ernte

 6. August. Winterweizen, Beginn der Ernte

26. August. Grummetreife

28. August. Holunder, Beginn der Fruchtreife

 3. September. Roßkastanie, Beginn der Fruchtreife

21. September. Herbstzeitlose, Beginn der Blüte

 5. Oktober. Roßkastanie, Beginn der Laubverfärbung
Buche, Beginn der Laubverfärbung
Eiche, Beginn der Laubverfärbung

Obergebelzig (Oberlausitz)
(Beob. W. Schulze, Lehrer)

 3. März. Erster Star

14. März. Schneeglöckchen, Beginn der Blüte

19. März. Haselnuß, Beginn der Blüte

23. März. Huflattich, Beginn der Blüte

 1. April. Erste Schwalbe

 5. April. Goldstern, Beginn der Blüte

 6. April. Seidelbast, Beginn der Blüte
Anemone, Beginn der Blüte

13. April. Dotterblume, Beginn der Blüte

15. April. Kornelkirsche, Beginn der Blüte
Salweide, Beginn der Blüte

16. April. Lungenkraut, Beginn der Blüte

27. April. Stachelbeere, Beginn der Laubentfaltung

 1. Mai. Kohlweißling, erster Falter

 2. Mai. Kuckuck, erster Ruf
Löwenzahn, Beginn der Blüte

 3. Mai. Spitzahorn, Beginn der Blüte

 5. Mai. Johannisbeere, Beginn der Blüte

 7. Mai. Süßkirsche, Beginn der Blüte

11. Mai. Schlehe, Beginn der Blüte

13. Mai. Erste Maikäfer

14. Mai. Birne, Gute Luise, Beginn der Blüte

15. Mai. Apfel, Gravensteiner, Beginn der Blüte
Roßkastanie, Beginn der Blüte

19. Mai. Eberesche, Beginn der Blüte

20. Mai. Flieder, Beginn der Blüte

27. Mai. Goldregen, Beginn der Blüte

28. Mai. Kornblume, Beginn der Blüte

31. Mai. Winterroggen, Beginn der Blüte

10. Juni. Holunder, Beginn der Blüte

24. Juni. Winterweizen, Beginn der Blüte

4. Juli. Weiße Lilie, Beginn der Blüte

5. Juli. Johannisbeere, Beginn der Fruchtreife

6. Juli. Sommerlinde, Beginn der Blüte

Winterlinde, Beginn der Blüte

23. Juli. Winterroggen, Beginn der Ernte

6. August. Winterweizen, Beginn der Ernte

Lauban
(Beob. Direktor Voellmer)

20. März. Schneeglöckchen, Beginn der Blüte

12. April. Huflattich, Beginn der Blüte

14. April. Anemone, Beginn der Blüte

Salweide, Beginn der Blüte

17. April. Kornelkirsche, Beginn der Blüte

20. April. Stachelbeere, Beginn der Laubentfaltung

23. April. Dotterblume, Beginn der Blüte

Anfang Mai. Roßkastanie, Beginn der Laubentfaltung

4. Mai. Johannisbeere, Beginn der Blüte

7. Mai. Süßkirsche, Beginn der Blüte

10. Mai. Buche, Beginn der Laubentfaltung

Raps, Rapsglanzkäfer

Stachelbeere, Stachelbeerblattwespe

12. Mai. Hederich, Keimpflänzchen

Birne, Beginn der Blüte

Mitte Mai. Winterroggen, Beginn des Schossens

Wintergerste, Friedrichswerter, Beginn des Schossens

Rübe, Beginn des Auflaufens

Sommerlinde, Beginn der Laubentfaltung

Kiefer, erste Maitriebe

Tanne, erste Maitriebe

15. Mai. Roßkastanie, Beginn der Blüte

Buchenhochwald grün

16. Mai. Apfel, Beginn der Blüte

18. Mai. Kartoffel, Beginn des Auflaufens

20. Mai. Flieder, Beginn der Blüte

Ende Mai. Winterweizen, Beginn des Schossens

23. Mai. Goldregen, Beginn der Blüte

Anfang Juni. Kartoffel, Krautfäule

1. Juni. Petkuser Winterroggen, Beginn der Blüte

8. Juni. Holunder, Beginn der Blüte

Mitte Juni. Hafer, Beginn des Schossens

Sommergerste, Beginn des Schossens

19. Juni. Winterweizen, Beginn der Blüte

28. Juni. Winterroggen, Ende der Blüte

Ende Juni. Hafer, Flugbrand

Weizen, Flugbrand

Falscher Jasmin, Beginn der Blüte

Anfang Juli. Johannisbeere, Beginn der Fruchtreife

Kartoffel, Schwarzbeinigkeit

Kartoffel, Beginn der Blüte

4. Juli. Sommerlinde, Beginn der Blüte

Winterlinde, Beginn der Blüte

20. Juli. Winterroggen, Beginn der Ernte

Mitte August. Winterweizen, Beginn der Ernte

Ende August. Hafer, Beginn der Ernte

15. September. Kartoffel, Beginn der Ernte

Ende September. Roßkastanie, Beginn der Fruchtreife

Eiche, Beginn der Laubverfärbung

1. April. Schneeglöckchen, Beginn der Blüte

Hermsdorf (U. K.)
(Beob. Neugebauer, Forstassistent)

Anfang April. Sommerlinde, Beginn der Laubentfaltung

Mitte April. Huflattich, Beginn der Blüte

15. April. Anemone, Beginn der Blüte

Ende April. Salweide, Beginn der Blüte
Stachelbeere, Beginn der Laubentfaltung
Dotterblume, Beginn der Blüte
Winterlinde, Beginn der Laubentfaltung

Anfang Mai. Johannisbeere, Beginn der Blüte
Süßkirsche, Beginn der Blüte
Buche, Beginn der Laubentfaltung

1. Mai. Schlehe, Beginn der Blüte

Mitte Mai. Birne, Beginn der Blüte
Apfel, Beginn der Blüte
Roßkastanie, Beginn der Laubentfaltung
Roßkastanie, Beginn der Blüte
Flieder, Beginn der Blüte

Ende Mai. Kiefer, erste Maitriebe
Fichte, erste Maitriebe
Tanne, erste Maitriebe
Winterroggen, Beginn des Schossens
Kohlweißling, erster Falter
Erster Maikäfer

Anfang Juni. Eberesche, Beginn der Blüte
Winterweizen, Beginn des Schossens
Erster Wasserfrosch

Mitte Juni. Buchenhochwald grün

Ende Juni. Holunder, Beginn der Blüte

Anfang Juli. Johannisbeere, Beginn der Fruchtreife

Mitte Juli. Winterroggen, Beginn der Blüte
Winterweizen, Beginn der Blüte
Eiche, erste Johannistriebe
Spitzahorn, erste Johannistriebe
Eberesche, erste Johannistriebe

Sommerlinde, Beginn der Blüte
Birke, Beginn der Fruchtreife

Ende Juli. Winterroggen, Beginn der Ernte

Anfang August. Winterweizen, Beginn der Ernte

Mitte August. Heide, Beginn der Blüte

Ende August. Schneebeere, Beginn der Fruchtreife

Anfang September. Eberesche, Beginn der Fruchtreife

Mitte September. Roßkastanie, Beginn der Fruchtreife
Buche, Beginn der Laubverfärbung

Ende September. Holunder, Beginn der Fruchtreife
Grummetreife
Buche, Beginn der Fruchtreife
Roßkastanie, Beginn der Laubverfärbung

Anfang Oktober. Liguster, Beginn der Fruchtreife
Eiche, Beginn der Fruchtreife

Herischdorf
(Beob. Landwirtschaftliche Schule)

Anfang April. Hederich, Keimpflänzchen

Ende April. Stachelbeere, Beginn der Laubentfaltung
Johannisbeere, Beginn der Laubentfaltung

Anfang Mai. Klee, Beginn des Auflaufens
Erbse, Beginn des Auflaufens
Birne, Beginn der Blüte
Pfirsich, Beginn der Blüte
Stachelbeere, Beginn der Blüte
Winterroggen, Beginn des Schossens

Mitte Mai. Winterweizen, Beginn des Schossens
Rübe, Beginn des Auflaufens
Raps, Beginn der Blüte
Apfel, Beginn der Blüte

Süßkirsche, Beginn der Blüte
Sauerkirsche, Beginn der Blüte
Pflaume, Beginn der Blüte
Zwetsche, Beginn der Blüte
Johannisbeere, Beginn der Blüte
Erdbeere, Beginn der Blüte
Stachelbeere, Ende der Blüte
Ackersenf
Raps, Rapsglanzkäfer
Stachelbeere, Stachelbeerblattwespe

Ende Mai. Zuckerrübe, Runkelfliege
Runkelrübe, Runkelfliege
Kartoffel, Beginn des Auflaufens
Apfel, Ende der Blüte
Birne, Ende der Blüte
Raps, Ende der Blüte
Süßkirsche, Ende der Blüte
Sauerkirsche, Ende der Blüte
Zwetsche, Ende der Blüte
Pflaume, Ende der Blüte
Pfirsich, Ende der Blüte
Johannisbeere, Ende der Blüte

Anfang Juni. Hederich in Frucht
Sommerweizen, Beginn des Schossens
Hafer, Beginn des Schossens

2. Juni. Winterroggen, Beginn der Blüte

6. Juni. Winterroggen, Nachtfröste während der Blüte

9. Juni. Klee, Beginn der Blüte

10. Juni. Wintergerste, Beginn der Blüte
Wintergerste, Flugbrand

20. Juni. Sommergerste, Beginn der Blüte
Sommergerste, Flugbrand

Mitte Juni. Windhalm in Blüte
Roggen, Roggenstengelbrand
Erdbeere, Beginn der Ernte

22. Juni. Winterweizen, Beginn der Blüte

26. Juni. Sommerroggen, Beginn der Blüte

30. Juni. Hafer, Flugbrand

Ende Juni. Weizen, gelbe Halmfliege
Kartoffel, Beginn der Blüte
Süßkirsche, Beginn der Ernte

Anfang Juli. Winterroggen, Ende der Blüte
Sauerkirsche, Beginn der Ernte
Stachelbeere, Beginn der Ernte
Johannisbeere, Beginn der Ernte
Weizen, Flugbrand
Zuckerrübe, schwarze Blattlaus
Runkelrübe, schwarze Blattlaus

1. Juli. Gerste, Streifenkrankheit

3. Juli. Hafer, Beginn der Blüte
Kartoffel, Schwarzbeinigkeit
Weizen, Steinbrand

4. Juli. Rauhhaarige Wicke in Frucht

14. Juli. Raps, Beginn der Ernte

15. Juli. Wintergerste, Beginn der Ernte

Mitte Juli.. Roggen, Mutterkorn
Birne, Beginn der Ernte

23. Juli. Winterroggen, Beginn der Ernte

Ende Juli. Kartoffel, Beginn der Ernte

1. August. Sommergerste, Beginn der Ernte

Anfang August. Pfirsich, Beginn der Ernte

4. August. Hafer, Beginn der Ernte

7. August. Winterweizen, Beginn der Ernte

12. August. Sommerroggen, Beginn der Ernte

19. August. Sommerweizen, Beginn der Ernte

Mitte August. Apfel, Beginn der Ernte

Ende August. Erbse, Beginn der Ernte

Anfang September. Klee, Beginn der Ernte
Ackerbohne, Beginn der Ernte
Pflaume, Beginn der Ernte

Arnsdorf (Riesengeb.)
(Beob. F. Prescher)

3. April. Schneeglöckchen, Beginn der Blüte

8. April. Salweide, Beginn der Blüte

16. April. Anemone, Beginn der Blüte

2. Mai. Huflattich, Beginn der Blüte

5. Mai. Stachelbeere, Beginn der Laubentfaltung

10. Mai. Dotterblume, Beginn der Blüte

11. Mai. Johannisbeere, Beginn der
Blüte

12. Mai. Süßkirsche, Beginn der Blüte
Birne, Beginn der Blüte
Roßkastanie, Beginn der Laubent-
faltung
Buche, Beginn der Laubentfaltung

13. Mai. Apfel, Beginn der Blüte

14. Mai. Sommerlinde, Beginn der
Laubentfaltung

15. Mai. Fichte, erste Maitriebe

17. Mai. Buchenhochwald grün

20. Mai. Roßkastanie, Beginn der Blüte
Flieder, Beginn der Blüte

24. Mai. Goldregen, Beginn der Blüte

13. Juli. Johannisbeere, Beginn der
Fruchtreife

14. Juli. Sommerlinde, Beginn der
Blüte
Winterlinde, Beginn der Blüte

Oberförsterei Ullersdorf b. Liebau
(Riesengeb.), 540 m
(Beob. K. H. Dauster, Forstbeflissener)

28. März. Schneeglöckchen, Beginn der
Blüte

20. April. Haselnuß, Beginn der Blüte

24. April. Anemone, Beginn der Blüte

25. April. Huflattich, Beginn der Blüte
Salweide, Beginn der Blüte
Stachelbeere, Beginn der Laubent-
faltung
Erster Grasfrosch
Erster Wasserfrosch

6. Mai. Dotterblume, Beginn der Blüte
Kohlweißling, erster Falter

10. Mai. Roßkastanie, Beginn der Laubentfaltung

12. Mai. Buche, Beginn der Laubentfaltung

15. Mai. Johannisbeere, Beginn der
Blüte
Schlehe, Beginn der Blüte

16. Mai. Süßkirsche, Beginn der Blüte

17. Mai. Erste Maikäfer
Winterlinde, Beginn der Laubentfaltung

20. Mai. Süßkirsche, Zweigdürre
Sauerkirsche, Zweigdürre
Birne, Gute Luise, Beginn der Blüte
Roßkastanie, Beginn der Blüte
Buchenhochwald grün

22. Mai. Tanne, erste Maitriebe

24. Mai. Fichte, erste Maitriebe
Eberesche, Beginn der Blüte

25. Mai. Apfel, Beginn der Blüte

27. Mai. Flieder, Beginn der Blüte
Stachelbeere, Stachelbeerspanner
(Raupe)

10. Juni. Goldregen, Beginn der Blüte

12. Juni. Stachelbeere, amerikanischer
Stachelbeermehltau

16. Juni. Winterroggen, Beginn der Blüte

18. Juni. Holunder, Beginn der Blüte

19. Juni. Falscher Jasmin, Beginn der
Blüte

20. Juni. Schneebeere, Beginn der Blüte

1. Juli. Eberesche, erste Johannistriebe

15. Juli. Johannisbeere, Beginn der
Fruchtreife.

21. Juli. Weiße Lilie, Beginn der Blüte

23. Juli. Sommerlinde, Beginn der
Blüte
Winterlinde, Beginn der Blüte

25. Juli. Hafer, Flugbrand
Weizen, Flugbrand

6. August. Heide, Beginn der Blüte

16. August. Eberesche, Beginn der Fruchtreife

20. August. Winterroggen, Beginn der
Ernte
10. September. Grummetreife
20. September. Roßkastanie, Beginn der
Fruchtreife
Apfel, Obstmade
Birne, Obstmade
 1. Oktober. Buche, Beginn der Fruchtreife
Birne, Gitterrost
Apfel, Schorf
Birne, Schorf
 4. Oktober. Roßkastanie, allgemeine
Laubverfärbung
 8. Oktober. Buche, allgemeine Laubverfärbung
15. Oktober. Eiche, allgemeine Laubverfärbung
16. Oktober. Erste Frostspanner

Reimswaldau
(Beob. Fierling, Lehrer)

29. März. Schneeglöckchen, Beginn der
Blüte
10. April. Huflattich, Beginn der Blüte
12. April. Anemone, Beginn der Blüte
18. April. Salweide, Beginn der Blüte
27. April. Dotterblume, Beginn der Blüte
28. April. Stachelbeere, Beginn der Laubentfaltung
10. Mai. Kohlweißling, erster Falter
Roßkastanie, Beginn der Laubentfaltung
12. Mai. Sommerlinde, Beginn der
Laubentfaltung
15. Mai. Buchenhochwald grün
18. Mai. Buche, Beginn der Laubentfaltung
20. Mai. Erster Grasfrosch
Erster Wasserfrosch
Johannisbeere, Beginn der Blüte
Süßkirsche, Beginn der Blüte

Birne, Beginn der Blüte
Fichte, erste Maitriebe
24. Mai. Apfel, Beginn der Blüte
26. Mai. Roßkastanie, Beginn der Blüte
28. Mai. Flieder, Beginn der Blüte
Falscher Jasmin, Beginn der Blüte
Winterroggen, Beginn des Schossens
Winterweizen, Beginn des Schossens
30. Mai. Eberesche, Beginn der Blüte
Schneebeere, Beginn der Blüte
10. Juni. Hederich, Keimpflänzchen
20. Juni. Winterroggen, Beginn der
Blüte
21. Juni. Stachelbeere, amerikanischer
Mehltau
29. Juni. Holunder, Beginn der Blüte
Juli. Süßkirsche, Zweigdürre
Sauerkirsche, Zweigdürre
 5. Juli. Sommerlinde, Beginn der Blüte
Winterlinde, Beginn der Blüte
15. Juli. Spitzahorn, erste Johannistriebe
Johannisbeere, Beginn der Fruchtreife
Eberesche, erste Johannistriebe
31. Juli. Johannisbeere, Beginn der
Fruchtreife
 8. August. Winterroggen, Beginn der
Ernte
20. August. Heide, Beginn der Blüte
30. August. Buche, Beginn der Fruchtreife
31. August. Winterweizen, Beginn der
Ernte
 3. September. Roßkastanie, Beginn der
Fruchtreife
 8. September. Holunder, Beginn der
Fruchtreife
20. September. Grummetreife
Herbstzeitlose, Beginn der Blüte
Efeu, Beginn der Blüte
10. Oktober. Roßkastanie, allgemeine
Laubverfärbung
Buche, allgemeine Laubverfärbung
Birne, Schorf
Stachelbeere, Stachelbeerblattwespe

Goldberg i. Schlef.
(Beob. v. Paczenski und Tenczin)

Ende März. Schneeglöckchen, Beginn der Blüte

10. April. Salweide, Beginn der Blüte

15. April. Anemone, Beginn der Blüte

20. April. Huflattich, Beginn der Blüte

25. April. Dotterblume, Beginn der Blüte
Stachelbeere, Beginn der Laubentfaltung

5. Mai. Roßkastanie, Beginn der Laubentfaltung
Buche, Beginn der Laubentfaltung

7. Mai. Johannisbeere, Beginn der Blüte
Süßkirsche, Beginn der Blüte
Birne, Beginn der Blüte

12. Mai. Schlehe, Beginn der Blüte

15. Mai. Apfel, Beginn der Blüte
Flieder, Beginn der Blüte

20. Mai. Roßkastanie, Beginn der Blüte
Goldregen, Beginn der Blüte

Landeshut
(Beob. Landwirtschaftliche Schule)

10. März. Hederich, Keimpflänzchen

13. März. Apfel, Beginn des Austriebs

24. März. Ackersenf

29. März. Salweide, Beginn der Blüte

2. April. Schneeglöckchen, Beginn der Blüte
Erster Wasserfrosch

6. Mai. Kohlweißling, erster Falter
Huflattich, Beginn der Blüte

8. April. Anemone, Beginn der Blüte

12. April. Stachelbeere, Beginn der Laubentfaltung
Roggen, Schneeschimmel

18. April. Johannisbeere, Beginn der Laubentfaltung

29. April. Roggen, Fritfliege

12. Mai. Kartoffel, Parnassia, Beginn des Auflaufens
Johannisbeere, Beginn der Blüte

14. Mai. Süßkirsche, Beginn der Blüte

15. Mai. Stachelbeere, Beginn der Blüte

16. Mai. Winterroggen, Beginn des Schossens
Kartoffel, Erdraupen

18. Mai. Rübe, Beginn des Auflaufens
Apfel, Beginn der Blüte

25. Mai. Erste Maikäfer

26. Mai. Roßkastanie, Beginn der Laubentfaltung
Sommerlinde, Beginn der Laubentfaltung
Fichte, erste Maitriebe

28. Mai. Winterweizen, Beginn des Schossens

30. Mai. Stachelbeere, Ende der Blüte
Johannisbeere, Ende der Blüte

12. Juni. Roßkastanie, Beginn der Blüte
Eberesche, Beginn der Blüte

15. Juni. Flieder, Beginn der Blüte
Winterroggen, Champagner, Beginn der Blüte und des Schossens
Apfel, Ende der Blüte
Viersamige Wicke in Frucht

16. Juni. Roggen, Schwarzrost
Roggen, Braunrost

18. Juni. Runkelrübe, Runkelfliege
Zuckerrübe, Runkelfliege

22. Juni. Rotklee, Beginn der Blüte

2. Juli. Johannisbeere, Beginn der Fruchtreife
Sommergerste, Hanna, Beginn des Schossens

7. Juli. Hafer, Sieger, Beginn des Schossens
Kartoffel, Schwarzbeinigkeit

12. Juli. Winterroggen, Ende der Blüte
Sommerlinde, Beginn der Blüte
Winterlinde, Beginn der Blüte
Gerste, Hartbrand

18. Juli. Sommergerste, Beginn der Blüte
Winterweizen, Beginn der Blüte
Windhalm in Blüte

22. Juli. Hafer, Beginn der Blüte

24. Juli. Sommergerste, Ende der Blüte

25. Juli. Stachelbeere, Beginn der Ernte
Johannisbeere, Beginn der Ernte
Klee, Kleeseide

26. Juli. Weizen, Steinbrand
Gerste, Streifenkrankheit

29. Juli. Hafer, Ende der Blüte

2. August. Hafer, Flugbrand

5. August. Winterroggen, Beginn der Ernte

14. August. Hafer, Weißrippigkeit

15. August. Roßkastanie, Beginn der Fruchtreife

18. August. Apfel, Obstmade
Winterweizen, Beginn der Ernte

20. August. Sommergerste, Beginn der Ernte
Heberich in Frucht

22. August. Liguster, Beginn der Fruchtreife

2. September. Hafer, Beginn der Ernte

22. September. Apfel, Beginn der Ernte

26. September. Kartoffel, Beginn der Ernte

30. September. Rübe, Cimbals, Beginn der Ernte

2. Oktober. Roßkastanie, Beginn der Laubverfärbung

10. Oktober. Raps, Beginn der Ernte

20. Oktober. Grummetreife

Reichenbach
(Beob. E. Müller, Landwirtschaftslehrer)

25. März. Schneeglöckchen, Beginn der Blüte

1. April. Huflattich, Beginn der Blüte

5. April. Kornelkirsche, Beginn der Blüte
Salweide, Beginn der Blüte

10. April. Anemone, Beginn der Blüte

22. April. Johannisbeere, Beginn der Blüte

25. April. Ackerbohne, Janetzki, Beginn des Austriebs
Roggen, Fritfliege

26. April. Stachelbeere, Beginn der Laubentfaltung

28. April. Dotterblume, Beginn der Blüte
Erbse, Viktoria, Beginn des Auflaufens

1. Mai. Raps, Rapsglanzkäfer
Rübe, Beginn des Auflaufens

5. Mai. Raps, Beginn der Blüte

6. Mai. Roßkastanie, Beginn der Laubentfaltung
Heberich, Keimpflänzchen

7. Mai. Winterroggen, Petkufer, Beginn des Schossens

8. Mai. Schlehe, Beginn der Blüte

10. Mai. Süßkirsche, Beginn der Blüte
Sommerlinde, Beginn der Laubentfaltung

11. Mai. Erste Maikäfer

12. Mai. Birne, Beginn der Blüte
Wintergerste, Friedrichswerter, Beginn des Schossens

17. Mai. Wintergerste, Beginn der Blüte
Kartoffel, Beginn des Auflaufens

20. Mai. Apfel, Beginn der Blüte

21. Mai. Winterroggen, Beginn der Blüte

22. Mai. Raps, Ende der Blüte
Erbse, Beginn der Blüte
Stachelbeere, amerikanischer Mehltau

23. Mai. Ackerbohne, Beginn der Blüte

25. Mai. Wintergerste, Ende der Blüte

30. Mai. Flieder, Beginn der Blüte

31. Mai. Winterroggen, Ende der Blüte

1. Juni. Roßkastanie, Beginn der Blüte

2. Juni. Runkelrübe, Runkelfliege
Zuckerrübe, Runkelfliege

12. Juni. Sommergerste, Beginn des Schossens

15. Juni. Johannisbeere, Beginn der Fruchtreife

20. Juni. Winterweizen, Beginn des Schossens
Sommergerste, Beginn der Blüte

22. Juni. Holunder, Beginn der Blüte

24. Juni. Ackerbohne, Ende der Blüte

27. Juni. Sommergerste, Ende der Blüte

28. Juni. Erbse, Ende der Blüte

1. Juli. Sommerweizen, Beginn des Schossens
Wintergerste, Beginn der Ernte

2. Juli. Raps, Beginn der Ernte

3. Juli. Weizen, gelbe Halmfliege

4. Juli. Kartoffel, Schwarzbeinigkeit
Erste schwarze Blattlaus an Saubohne

5. Juli. Weizen, Flugbrand
Roggen, Roggenstengelbrand
Winterweizen, Beginn der Blüte
Windhalm in Blüte
Hafer, Flugbrand

6. Juli. Hafer, Beginn des Schossens

8. Juli. Roggen, Mutterkorn
Hafer, Weißrippigkeit

10. Juli. Rauhhaarige Wicke in Frucht
Ackersenf
Gerste, Flugbrand
Ackerbohne, schwarze Blattlaus
Erdbeere, Blattfleckenkrankheit

11. Juli. Weizen, Steinbrand

12. Juli. Hederich in Frucht
Sommerweizen, Beginn der Blüte

13. Juli. Hafer, Beginn der Blüte

14. Juli. Winterweizen, Ende der Blüte

20. Juli. Sommerweizen, Ende der Blüte
Hafer, Ende der Blüte
Winterroggen, Beginn der Ernte
Apfel, Obstmade

28. Juli. Sommergerste, Beginn der Ernte

4. August. Hafer, Beginn der Ernte

5. August. Winterweizen, Beginn der Ernte

10. August. Kohlweißling, erster Falter

15. August. Erbse, Beginn der Ernte

20. August. Ackerbohne, Beginn der Ernte
Sommerweizen, Beginn der Ernte

25. August. Runkelrübe, schwarze Blattlaus
Zuckerrübe, schwarze Blattlaus

30. August. Holunder, Beginn der Fruchtreife

5. September. Eberesche, Beginn der Fruchtreife

10. September. Kartoffel, Beginn der Ernte
Grummetreife

15. September. Herbstzeitlose, Beginn der Blüte

1. Oktober. Rübe, Beginn der Ernte

12. Oktober. Buche, Beginn der Laubverfärbung

20. Oktober. Roßkastanie, Beginn der Fruchtreife

23. Oktober. Roßkastanie, Beginn der Laubverfärbung

25. Oktober. Eiche, Beginn der Fruchtreife
Eiche, Beginn der Laubverfärbung

Reichenbach i. Schles.
(Beob. Schneider)

27. März. Schneeglöckchen, Beginn der Blüte

29. März. Huflattich, Beginn der Blüte

2. April. Salweide, Beginn der Blüte

12. April. Anemone, Beginn der Blüte

18. April. Johannisbeere, Beginn der Blüte

20. April. Ackerbohne, Beginn des Auflaufens

25. April. Erbse, Beginn des Auflaufens

28. April. Stachelbeere, Beginn der Laubentfaltung

1. Mai. Rübe, Beginn des Auflaufens

2. Mai. Raps, Rapsglanzkäfer
Raps, Beginn der Blüte
Dotterblume, Beginn der Blüte

5. Mai. Roßkastanie, Beginn der Laubentfaltung

6. Mai. Schlehe, Beginn der Blüte

7. Mai. Hederich, Keimpflänzchen

8. Mai. Sommerlinde, Beginn der
Laubentfaltung

10. Mai. Winterroggen, Petkuser, Beginn des Schossens
Erste Maikäfer

12. Mai. Süßkirsche, Beginn der Blüte
Wintergerste, Beginn des Schossens

15. Mai. Wintergerste, Beginn der Blüte
Kartoffel, Beginn des Auflaufens

18. Mai. Winterroggen, Beginn der
Blüte
Birne, Beginn der Blüte

22. Mai. Apfel, Beginn der Blüte
Wintergerste, Ende der Blüte

25. Mai. Stachelbeere, amerikanischer
Stachelbeermehltau
Erbse, Beginn der Blüte
Ackerbohne, Beginn der Blüte
Raps, Ende der Blüte

28. Mai. Winterroggen, Ende der Blüte
Flieder, Beginn der Blüte

Ende Mai. Zucker- und Runkelrübe, Runkelfliege

1. Juni. Roßkastanie, Beginn der Blüte

12. Juni. Johannisbeere, Beginn der
Fruchtreife

15. Juni. Sommergerste, Beginn des
Schossens

18. Juni. Holunder, Beginn der Blüte

20. Juni. Winterweizen, Beginn des
Schossens
Sommergerste, Beginn der Blüte

25. Juni. Sommergerste, Ende der
Blüte

26. Juni. Erbse, Ende der Blüte

28. Juni. Ackerbohne, Ende der Blüte

29. Juni. Windhalm in Blüte

1. Juli. Sommerweizen, Beginn des
Schossens

2. Juli. Hederich in Frucht
Ackersenf
Wintergerste, Beginn der Ernte
Raps, Beginn der Ernte

4. Juli. Winterweizen, Beginn der Blüte

5. Juli. Erste schwarze Blattläuse an
Saubohne
Weizen, Gelbe Halmfliege

6. Juli. Hafer, Beginn des Schossens

8. Juli. Rauhhaarige Wicke in Frucht
Hafer, Weißrippigkeit

10. Juli. Viersamige Wicke in Frucht
Roggen, Roggenstengelbrand
Weizen, Flugbrand
Hafer, Beginn der Blüte
Hafer, Flugbrand

12. Juli. Sommerweizen, Beginn der
Blüte

15. Juli. Winterweizen, Ende der Blüte
Roggen, Berberritzenrost
Weizen, Steinbrand
Gerste, Flugbrand
Erdbeere, Brennfleckenkrankheit

17. Juli. Hafer, Ende der Blüte

18 Juli. Ackerbohne, schwarze Blattlaus

20. Juli. Roggen, Mutterkorn

22. Juli. Winterroggen, Beginn der
Ernte
Apfel, Obstmade

28. Juli. Sommerweizen, Ende der Blüte
Sommergerste, Beginn der Ernte

2. August. Hafer, Beginn der Ernte

3. August. Winterweizen, Beginn der
Ernte

10. August. Birne, Schorf

12 August. Kohlweißling, erster Falter
Erbse, Beginn der Ernte

20. August. Sommerweizen, Beginn der
Ernte
Ackerbohne, Beginn der Ernte

25. August. Raps, Beginn des Auflaufens
Holunder, Beginn der Fruchtreife

28. August. Eberesche, Beginn der Frucht-
reife
Zuckerrübe, schwarze Blattlaus
Runkelrübe, schwarze Blattlaus

10. September. Kartoffel, Beginn der
Ernte
Grummetreife

12. September. Herbstzeitlose, Beginn
der Blüte

Ende September. Rübe, Beginn der
Ernte

15. Oktober. Buche, Beginn der Laubverfärbung

18. Oktober. Roßkastanie, Beginn der
Fruchtreife

20. Oktober. Eiche, Beginn der Fruchtreife

24. Oktober. Roßkastanie, Beginn der
Laubverfärbung

Zobten
(Beob. Netz)

11. April. Huflattich, Beginn der Blüte

19. April. Dotterblume, Beginn der
Blüte

24. April. Johannisbeere, Beginn der
Blüte

30. April. Süßkirsche, Beginn der Blüte

7. Mai. Schlehe, Beginn der Blüte
Sommerlinde, Beginn der Laubentfaltung

8. Mai. Birne, Beginn der Blüte

12. Mai. Winterlinde, Beginn der Laub-
entfaltung
Buche, Beginn der Laubentfaltung
Kiefer, erste Maitriebe

13. Mai. Apfel, Charlamowsky, Beginn
der Blüte
Roßkastanie, Beginn der Blüte

14. Mai. Fichte, erste Maitriebe

15 Mai. Flieder, Beginn der Blüte
Winterroggen, Beginn des Schossens

16. Mai. Buchenhochwald grün

19. Mai. Eberesche, Beginn der Blüte

21. Mai. Eichenhochwald grün

24. Mai. Roßkastanie, Beginn der Laubentfaltung

29. Mai Winterroggen, Beginn der Blüte

2. Juni. Holunder, Beginn der Blüte

12. Juni. Winterweizen, Beginn des
Schossens

16. Juni. Winterweizen, Beginn der
Blüte

17. Juni. Sommerlinde, Beginn der
Blüte

21. Juni. Johannisbeere, Beginn der
Fruchtreife

2. Juli. Winterlinde, Beginn der Blüte

12. Juli. Winterroggen, Beginn der
Ernte

15. Juli. Eberesche, Beginn der Fruchtreife

28. Juli. Heide, Beginn der Blüte

29. Juli. Winterweizen, Beginn der Ernte

2. August Grummetreife

16. August. Schneebeere, Beginn der
Fruchtreife

17. August. Holunder, Beginn der Fruchtreife

21. August. Buche, Beginn der Laubverfärbung

27. August. Eiche, Beginn der Laubverfärbung

Ende August. Eiche, erste Johannistriebe

Anfang September. Eberesche, erste Johannistriebe

21. September. Herbstzeitlose, Beginn
der Blüte

25. Oktober. Roßkastanie, Beginn der
Fruchtreife

Neustadt O. Schl.
Beob. Landwirtsch. Schule.

5. Mai. Stachelbeere, Beginn der Blüte

8. Mai. Johannisbeere, Beginn der
Blüte

10. Mai. Süßkirsche, Beginn der Blüte
Pfirsich, Beginn der Blüte

14. Mai. Raps, Beginn der Blüte

15. Mai. Rübenaussaat

20. Mai. Williams Christbirne, Beginn der Blüte
Schattenmorelle, Beginn der Blüte
Pflaume, Beginn der Blüte

25. Mai. Apfel, Baumanns Renette, Beginn der Blüte

30. Mai. Erdbeere, Beginn der Blüte

1. Juli. Weizen, gelbe Halmfliege
Weizen, Steinbrand

5. Juli. Raps, Beginn der Ernte
Hederich in Frucht

10. Juli. Wintergerste, Beginn der Ernte
Rauhhaarige Wicke in Frucht
Viersamige Wicke in Frucht
Birne, Gitterrost

15. Juli. Winterroggen, Beginn der Ernte

20. Juli. Apfel, Obstmade

Ende Juli—Anfang August. Roggen, Mutterkorn, Sclerotium. sehr zahlreich)

5. August. Sommergerste, Beginn der Ernte

10. August. Winterweizen, Beginn der Ernte
Frühkartoffel und Futterrüben, Erdraupe
Hafer, Beginn der Ernte
Pfirsich, Beginn der Ernte

14. August. Sommerweizen, Beginn der Ernte

15. August. Charlamowski, Beginn der Ernte

20. August. Winterraps, Beginn der Aussaat
Kartoffel, Beginn der Ernte

25. August. Williams Christbirne, Beginn der Ernte

10. September. Birne, Klapps Liebling, Beginn der Ernte

15. September. Wintergerste, Beginn der Ernte

20. September. Pflaume, Marianne, Beginn der Ernte
Kartoffel, Beginn der Ernte
Goldparmäne, Beginn der Ernte

25. September. Winterroggen, Beginn der Aussaat
Rübe, Beginn der Ernte

1. Oktober. Winterweizen, Beginn der Aussaat

Glatz (Glatzer Bergland)
(Beob. Pander)

14. März. Schneeglöckchen, Beginn der Blüte

28. März. Huflattich, Beginn der Blüte

20. April. Dotterblume, Beginn der Blüte

26. April. Anemone, Beginn der Blüte

27. April. Roßkastanie, Beginn der Laubentfaltung

28. April. Stachelbeere, Beginn der Laubentfaltung
Johannisbeere, Beginn der Blüte

2. Mai. Süßkirsche, Beginn der Blüte

3. Mai. Birne, Beginn der Blüte

12. Mai. Fichte, erste Maitriebe

13. Mai. Apfel, Beginn der Blüte
Sommerlinde, Beginn der Laubentfaltung
Schlehe, Beginn der Blüte
Kiefer, erste Maitriebe

14. Mai. Buche, Beginn der Laubentfaltung

20. Mai. Roßkastanie, Beginn der Blüte
Flieder, Beginn der Blüte
Buchenhochwald grün
Eichenhochwald grün

21. Mai. Goldregen, Beginn der Blüte

23. Mai. Eberesche, Beginn der Blüte

7. Juni. Holunder, Beginn der Blüte
Winterroggen, Beginn der Blüte

12. Juni. Falscher Jasmin, Beginn der Blüte

15. Juni. Schneebeere, Beginn der Blüte

28. Juni. Sommerlinde, Beginn der Blüte
Winterlinde, Beginn der Blüte

1. Juli. Eberesche, erste Johannistriebe

2. Juli. Johannisbeere, Beginn der Fruchtreife

28. Juli. Winterroggen, Beginn der Ernte

3. August. Heide, Beginn der Blüte

6. August. Winterweizen, Beginn der Ernte

10. August. Eberesche, Beginn der Fruchtreife

11. August. Schneebeere, Beginn der Fruchtreife
Holunder, Beginn der Fruchtreife

27. August. Herbstzeitlose, Beginn der Blüte

7. September. Roßkastanie, Beginn der Fruchtreife
Eiche, Beginn der Fruchtreife

15. September. Buche, Beginn der Fruchtreife

20. September. Efeu, Beginn der Blüte
Liguster, Beginn der Fruchtreife

27. Oktober. Eiche, allgemeine Laubverfärbung

29. Oktober. Buche, allgemeine Laubverfärbung

30. Oktober. Roßkastanie, allgemeine Laubverfärbung

Neu-Gersdorf, Kr. Habelschwerdt
(Reichensteiner Geb.)
(Beob. Wagner, Hauptlehrer)

15. März. Schneeglöckchen, Beginn der Blüte

25. März. Huflattich, Beginn der Blüte

30. März. Anemone, Beginn der Blüte

20. April. Salweide, Beginn der Blüte
Erster Wasserfrosch

28. April. Stachelbeere, Beginn der Laubentfaltung

30. April. Dotterblume, Beginn der Blüte

2. Mai. Johannisbeere, Beginn der Blüte

7. Mai. Kohlweißling, erster Falter

10. Mai. Süßkirsche, Beginn der Blüte
Vogelkirsche, Beginn der Blüte
Birne, Beginn der Blüte

12. Mai. Apfel, Beginn der Blüte

14. Mai. Roßkastanie, Beginn der Laubentfaltung

16. Mai. Sommerlinde, Beginn der Laubentfaltung
Winterlinde, Beginn der Laubentfaltung
Buche, Beginn der Laubentfaltung

20. Mai. Weißdorn, Beginn der Blüte

21. Mai. Roßkastanie, Beginn der Blüte
Flieder, Beginn der Blüte

24. Mai. Goldrute, Beginn der Blüte

25. Mai. Eberesche, Beginn der Blüte

2. Juni. Buchenhochwald grün

4. Juni. Holunder, Beginn der Blüte

8. Juni. Schneebeere, Beginn der Blüte

20. Juni. Falscher Jasmin, Beginn der Blüte

21. Juni. Petkufer Winterroggen, Beginn der Blüte

24. Juni. Winterweizen, Beginn der Blüte

26. Juni. Spitzahorn, erste Johannistriebe
Eiche, erste Johannistriebe
Eberesche, erste Johannistriebe

30. Juni. Erste Maikäfer

1. Juli. Sommerlinde, Beginn der Blüte
Winterlinde, Beginn der Blüte

20. Juli. Heide, Beginn der Blüte

26. Juli. Erste schwarze Blattlaus an Weide

4. August. Weiße Lilie, Beginn der Blüte

10. August. Johannisbeere, Beginn der Fruchtreife

20. August. Eberesche, Beginn der Frucht=
reife
Winterroggen, Beginn der Ernte

25. August. Winterweizen, Beginn der
Ernte

10. September. Flockenblume, Beginn
der Blüte
Wollblume, Beginn der Blüte

20. September. Grummetreife

24. September. Roßkastanie, Beginn der
Fruchtreife

1. Oktober. Haselnuß, Beginn der Frucht=
reife

5. Oktober. Eisbeere, Beginn der Frucht=
reife

10. Oktober. Holunder, Beginn der Frucht=
reife

14. Oktober. Roßkastanie, allgemeine
Laubverfärbung

20. Oktober. Buche, allgemeine Laub=
verfärbung

30. Oktober. Eiche, allgemeine Laub=
verfärbung

2. November. Erste Frostspanner an
Probeleimringen

Katscher (Schles.)
(Beob. August Englisch)

19. März. Huflattich, Beginn der Blüte

20. März. Salweide, Beginn der Blüte

22. März. Schneeglöckchen, Beginn der
Blüte

23. März. Kornelkirsche, Beginn der Blüte

16. April. Stachelbeere, Beginn der Laub=
entfaltung

22. April. Erster Grasfrosch

24. April. Ackersenf

29. April. Dotterblume, Beginn der Blüte

3. Mai. Pflaume, Beginn des Aus=
triebs
Stachelbeere, Beginn der Blüte

5. Mai. Birne, Beginn des Austriebs

6. Mai. Apfel, Beginn des Austriebs
Roßkastanie, Beginn der Laubent=
faltung

7. Mai. Sommerlinde, Beginn der
Laubentfaltung

8. Mai. Süßkirsche, Beginn der Blüte
Raps, Beginn der Blüte

10. Mai. Pflaume, Beginn der Blüte

12. Mai. Rübe, Beginn des Auflaufens
Wein, Beginn des Austriebs
Sauerkirsche, Beginn der Blüte
Birne, Beginn der Blüte
Winterlinde, Beginn der Laubentfal=
tung
Buche, Beginn der Laubentfaltung

13. Mai. Johannisbeere, Beginn der
Blüte
Schlehe, Beginn der Blüte
Raps, Rapsglanzkäfer

14. Mai. Roßkastanie, Beginn der Blüte
Erste Maikäfer
Zwetsche, Beginn der Blüte

15. Mai. Apfel, Beginn der Blüte

16. Mai. Erdbeere, Beginn der Blüte
Fichte, erste Maitriebe
Tanne, erste Maitriebe

17. Mai. Winterroggen, Beginn des
Schossens

19. Mai. Flieder, Beginn der Blüte

20. Mai. Goldregen, Beginn der Blüte
Kiefer, erste Maitriebe
Kohlweißling, erster Falter
Erste schwarze Blattlaus an Saubohne

26. Mai. Stachelbeere, amerikanischer
Stachelbeermehltau

30. Mai. Winterroggen, Bullendorfer,
Beginn der Blüte

3. Juni. Holunder, Beginn der Blüte
Falscher Jasmin, Beginn der Blüte

6. Juni. Schneebeere, Beginn der Blüte

9. Juni. Süßkirsche, Beginn der Ernte

14. Juni. Winterweizen, Mettes Dick=
kopf, Beginn des Schossens

17. Juni. Winterweizen, Beginn der Blüte

18. Juni. Sommergerste, Bavaria, Beginn des Schossens

20. Juni. Sommergerste, Beginn der Blüte

21. Juni. Sommerlinde, Beginn der Blüte
Winterlinde, Beginn der Blüte

23. Juni. Gerste, Hartbrand

24. Juni. Windhalm in Blüte

28. Juni. Hafer, Strubes, Beginn des Schossens

2. Juli. Weiße Lilie, Beginn der Blüte
Roggen, Mutterkorn

3. Juli. Hafer, Flugbrand

5. Juli. Hafer, Weißrippigkeit

6. Juli. Ackerbohne, schwarze Blattlaus

8. Juli. Raps, Beginn der Ernte

10. Juli. Johannisbeere, Beginn der Fruchtreife

11. Juli. Weizen, Steinbrand

13. Juli. Weizen, gelbe Halmfliege

17. Juli. Kartoffel, Erdraupen

21. Juli. Winterroggen, Bullendorfer, Beginn der Ernte
Kartoffel, Schwarzbeinigkeit

23. Juli. Roggen, Ochsenzunge mit Rost

25. Juli. Eberesche, Beginn der Fruchtreife
Sommergerste, Beginn der Ernte

27. Juli. Schneebeere, Beginn der Fruchtreife

28. Juli. Pflaume, Taschenkrankheit
Zwetsche, Taschenkrankheit

5. August. Winterweizen, Beginn der Ernte

6. August. Apfel, Obstmade

11. August. Hafer, Beginn der Ernte

12. August. Sommerweizen, Beginn der Ernte
Birne, Schorf

15. August. Birne, Obstmade
Birne, Beginn der Ernte

20. August. Pflaume, Beginn der Ernte

23. August. Holunder, Beginn der Fruchtreife

24. August. Apfel, Beginn der Ernte

26. August. Rauhhaarige Wicke in Frucht

7. September. Herbstzeitlose, Beginn der Blüte

17. September. Roßkastanie, Beginn der Fruchtreife

26. September. Roßkastanie, Beginn der Laubverfärbung

IVl. Kreis des Lothringischen Stufenlandes und der Untervogesen 1924

Althornbach (Pfalz)
(Beob. Schenkenberger)

Anfang März. Schneeglöckchen, Beginn der Blüte

13. März. Huflattich, Beginn der Blüte

Ende März. Salweide, Beginn der Blüte
Erster Wasserfrosch

Anfang April. Anemone, Beginn der Blüte

April. Hederich, Keimpflänzchen
Kohlweißling, erster Falter
Erste Maikäfer

Mitte April. Stachelbeere, Beginn der Laubentfaltung
Dotterblume, Beginn der Blüte

Ende April. Johannisbeere, Beginn der Blüte
Süßkirsche, Beginn der Blüte
Schlehe, Beginn der Blüte
Birne, Beginn der Blüte
Roßkastanie, Beginn der Laubentfaltung
Winterroggen, Beginn des Schossens

Anfang Mai. Sommerlinde, Beginn der Laubentfaltung

Winterlinde, Beginn der Laubentfaltung

Buche, Beginn der Laubentfaltung

Winterweizen, Beginn des Schossens

4. Mai. Apfel, Beginn der Blüte

10. Mai. Buchenhochwald grün

15. Mai. Eichenhochwald grün

20. Mai. Fichte, erste Maitriebe

Tanne, erste Maitriebe

21. Mai. Kiefer, erste Maitriebe

Mitte Mai. Roßkastanie, Beginn der Blüte

Flieder, Beginn der Blüte

Ende Mai. Holunder, Beginn der Blüte

Schneebeere, Beginn der Blüte

Winterroggen, Beginn der Blüte

Anfang Juni. Winterweizen, Beginn der Blüte

Stachelbeere, Stachelbeerspanner

Ende Juni. Sommerlinde, Beginn der Blüte

Winterlinde, Beginn der Blüte

Anfang Juli. Weiße Lilie, Beginn der Blüte

2. Juli. Hederich in Frucht

Ackersenf

9. Juli. Rauhhaarige Wicke in Frucht

Viersamige Wicke in Frucht

Roggen, Mutterkorn (Sclerotium)

Gerste, Flugbrand

10. Juli. Johannisbeere, Beginn der Fruchtreife

28. Juli. Winterroggen, Beginn der Ernte

29. Juli. Stachelbeere, Rost

4. August. Weizen, Steinbrand

6. August. Winterweizen, Beginn der Ernte

10. August. Apfel, Obstmade

Birne, Obstmade

12. August. Pfirsich, Kräuselkrankheit

14. August. Heide, Beginn der Blüte

Pflaume, Pflaumenwickler

Zwetsche, Pflaumenwickler

Apfel, Schorf

20. August. Zuckerrübe, schwarze Blattlaus

Runkelrübe, schwarze Blattlaus

27. August. Herbstzeitlose, Beginn der Blüte

1. September. Holunder, Beginn der Fruchtreife

11. September. Grummetreife

15. September. Roßkastanie, Beginn der Fruchtreife

27. September. Efeu, Beginn der Blüte

1. Oktober. Eiche, Beginn der Fruchtreife

10. Oktober. Kartoffel, Krautfäule

Kartoffel, Schwarzbeinigkeit

16. Oktober. Roßkastanie, Beginn der Laubverfärbung

Buche, Beginn der Laubverfärbung

Langwieden
(Beob. Wacker)

15. März. Haselnuß, Beginn der Blüte

17. März. Schneeglöckchen, Beginn der Blüte

28. März. Hafer, Aussaat

7. April. Salweide, Beginn der Blüte

10. April. Erbse, Aussaat

23. April. Birke, Beginn der Laubentfaltung

24. April. Stachelbeere, Beginn der Blüte

26. April. Johannisbeere, Beginn der Blüte

Roßkastanie, Beginn der Laubentfaltung

Birne, Beginn der Laubentfaltung

Apfel, Beginn der Laubentfaltung

27. April. Kirsche, Beginn der Blüte

Birke, Beginn der Blüte

Birne, frühe, Beginn der Blüte

30. April. Buche, Beginn der Laubentfaltung

3. Mai. Heidelbeere, Beginn der Blüte

6. Mai. Kartoffel, Beginn der Aussaat

10. Mai. Linde, Beginn der Laubentfaltung

12. Mai. Apfel, früher, Beginn der Blüte

16. Mai. Flieder, Beginn der Blüte
Erdbeere, Beginn der Blüte
Bohne, Beginn der Aussaat

17. Mai. Roßkastanie, Beginn der Blüte

24. Mai. Erbse, Beginn der Blüte

1. Juni. Roggen, Beginn der Blüte

12. Juni. Erdbeere, Beginn der Fruchtreife
Edelkastanie, Beginn der Blüte

14. Juni. Holunder, Beginn der Blüte

18. Juni. Beginn der Heuernte

26. Juni. Sommerlinde, Beginn der Blüte

28. Juni. Weizen, Beginn der Blüte

30. Juni. Hafer, Beginn der Blüte

2. Juli. Kirsche, Beginn der Fruchtreife

3. Juli. Stachelbeere, Beginn der Fruchtreife

4. Juli. Johannisbeere, Beginn der Fruchtreife

5. Juli. Große weiße Lilie, Beginn der Blüte

58. Juli. Bohne, Beginn der Blüte

1. Juli. Roggen, Beginn der Ernte

21. Juli. Birne, Beginn der Fruchtreife

23. Juli. Apfel, Beginn der Fruchtreife

28. Juli. Hafer, Beginn der Ernte

2. August. Kartoffel, Beginn der Ernte
Winterraps, Beginn der Aussaat

11. August. Weizen, Beginn der Ernte

24. August. Mirabelle, Beginn der Fruchtreife

8. September. Roggen, Beginn der Aussaat

6. Oktober. Linde, Beginn der Laubverfärbung

8. Oktober. Kirsche, Beginn der Laubverfärbung

Mirabelle, Beginn der Laubverfärbung
Birne, Beginn der Laubverfärbung

14. Oktober. Weizen, Beginn der Aussaat

15. Oktober. Apfel, Beginn der Laubverfärbung

16. Oktober. Buche, Beginn der Laubverfärbung
Eiche, Beginn der Laubverfärbung

21. Oktober. Birke, Beginn der Laubverfärbung

Kaiserslautern
(Beob. Reuther, Kreisackerbauschule)

16. März. Schneeglöckchen, Beginn der Blüte

29. März. Huflattich, Beginn der Blüte

31. März. Löwenzahn, Beginn der Blüte

2. April. Stachelbeere, Beginn der Laubentfaltung

7. April. Anemone, Beginn der Blüte

16. April. Salweide, Beginn der Blüte

18. April. Dotterblume, Beginn der Blüte

19. April. Lungenkraut, Beginn der Laubentfaltung

25. April. Johannisbeere, Beginn der Blüte
Roßkastanie, Beginn der Laubentfaltung
Hainbuche, Beginn der Laubentfaltung

27. April. Kirsche, Beginn der Blüte

28. April. Schlehe, Beginn der Blüte
Sommerlinde, Beginn der Laubentfaltung

4. Mai. Birne, Beginn der Blüte

5. Mai. Winterlinde, Beginn der Laubentfaltung

7. Mai. Roßkastanie, Beginn der Blüte

8. Mai. Erste Maikäfer

10. Mai. Erster Grasfrosch

11. Mai. Buchenhochwald grün

12. Mai. Flieder, Beginn der Blüte

14. Mai. Apfel, Beginn der Blüte

16. Mai. Kohlweißling, erster Falter

18. Mai. Goldregen, Beginn der Blüte

21. Mai. Eberesche, Beginn der Blüte
Eichenhochwald grün
Fichte, erste Maitriebe
Winterroggen, Beginn des Schossens

22. Mai. Kiefer, erste Maitriebe

3. Juni. Holunder, Beginn der Blüte

4. Juni Falscher Jasmin, Beginn der Blüte

5. Juni. Schneebeere, Beginn der Blüte

9. Juni. Winterroggen, Beginn der Blüte

11. Juni. Winterweizen, Ackerm. Bayernkönig, Beginn des Schossens

13. Juni. Sommerlinde, Beginn der Blüte
Winterlinde, Beginn der Blüte

15. Juni. Winterweizen, Beginn der Blüte

27. Juni. Weiße Lilie, Beginn der Blüte
Erste schwarze Blattlaus an Saubohne

29. Juni. Johannisbeere, Beginn der Fruchtreife

1. Juli. Hafer, Beginn der Blüte

19. Juli. Winterroggen, Beginn der Ernte

25. Juli. Heide, Beginn der Blüte

10. August. Hafer, Beginn der Ernte

14. August. Winterweizen, Beginn der Ernte

15. August. Eberesche, Beginn der Fruchtreife

25. August. Schneebeere, Beginn der Fruchtreife
Herbstzeitlose, Beginn der Blüte

28. August. Efeu, Beginn der Blüte

29. August. Holunder, Beginn der Fruchtreife

3. September. Roßkastanie, Beginn der Fruchtreife

5. September. Roßkastanie, allgemeine Laubverfärbung

10. September. Grummetreife

27. September. Buche, allgemeine Laubverfärbung

5. Oktober. Eiche, allgemeine Laubverfärbung

Zweibrücken
(Beob. Max Schuler)

22. August. Colchicum autumnale, Beginn der Blüte

Pirmasens
(Beob. O. Scheerer, Gärtner)

9. März. Salweide, Beginn der Blüte

12. März. Schneeglöckchen, Beginn der Blüte

28. März. Kohlweißling, erster Falter
Erster Zitronenfalter
Erster großer Fuchs

7. April. Stachelbeere, Beginn der Laubentfaltung

15. April. Dotterblume, Beginn der Blüte
Huflattich, Beginn der Blüte

17. April. Erster Wasserfrosch

20. April. Anemone, Beginn der Blüte
Johannisbeere, Beginn der Blüte
Roßkastanie, Beginn der Laubentfaltung

23. April. Winterlinde, Beginn der Laubentfaltung

24. April. Birke, Beginn der Laubentfaltung

25. April. Schlehe, Beginn der Blüte
Gravensteiner, Beginn der Blüte
Sommerlinde, Beginn der Laubentfaltung

27. April. Süßkirsche, Beginn der Blüte

28. April. Buche, Beginn der Laubentfaltung

1. Mai. Diels Butterbirne, Beginn der Blüte

2. Mai. Eberesche, Beginn der Blüte

6. Mai. Buchenhochwald grün

9. Mai. Erste Maikäfer

10. Mai. Eichenhochwald grün

11. Mai. Roßkastanie, Beginn der Blüte
Fichte, erste Maitriebe

12. Mai. Flieder, Beginn der Blüte

15. Mai. Tanne, erste Maitriebe
Winterroggen, Beginn des Schoffens

17. Mai. Goldregen, Beginn der Blüte
Winterweizen, Beginn des Schoffens

18. Mai. Stachelbeere, Stachelbeerblatt=
wespe

21. Mai. Kiefer, erste Maitriebe

1. Juni. Falscher Jasmin, Beginn der
Blüte

5. Juni. Holunder, Beginn der Blüte

8. Juni. Winterroggen, Beginn der Blüte
Winterweizen, Beginn der Blüte

12. Juni. Erste schwarze Blattlaus an
Saubohne

25. Juni. Johannisbeere, Beginn der
Fruchtreife
Holunder, Beginn der Fruchtreife

5. Juli. Weiße Lilie, Beginn der Blüte

10. Juli. Sommerlinde, Beginn der Blüte

15. Juli. Winterlinde, Beginn der Blüte
Eberesche, Beginn der Fruchtreife

Ende Juli. Winterroggen, Beginn der
Ernte

10. August. Heide, Beginn der Blüte

Mitte August. Winterweizen, Beginn der
Ernte

Anfang September. Liguster, Beginn der
Fruchtreife

Mitte September. Grummetreife

20. September. Herbstzeitlose, Beginn der
Blüte

Ende September. Efeu, Beginn der Blüte
Roßkastanie, Beginn der Fruchtreife

1. Oktober. Eiche, Beginn der Fruchtreife

10. Oktober. Buche, Beginn der Frucht=
reife

15. Oktober. Buche, allgemeine Laub=
verfärbung

20. Oktober. Roßkastanie, allgemeine
Laubverfärbung

25. Oktober. Eiche, allgemeine Laubver=
färbung
Viel Junikäfer

IV m. Neckarbergland=Unterschwarzwaldkreis 1924

Jbach, Post Oppenau (Baden)
(Beob. Ludwig Ziegler)

18. April. Dotterblume, Beginn der
Blüte

22. April. Süßkirsche, Beginn der Blüte

2. Mai. Kohlweißling, erster Falter
Buche, Beginn der Laubentfaltung

5. Mai. Birne, Beginn der Blüte

7. Mai. Buchenhochwald, grün

10. Mai. Roßkastanie, Beginn der Blüte
Fichte, erste Maitriebe
Tanne, erste Maitriebe

12. Mai. Apfel, Beginn der Blüte
Erste Maikäfer

13. Mai. Eichenhochwald, grün

14. Mai. Flieder, Beginn der Blüte

Wolfach im Kinzigtal (262 m)
(Beob. Kurt Wagner)

13. März. Schneeglöckchen, Beginn der
Blüte

16. März. Erster Star

21. März. Hausrotschwänzchen, erster
Ruf

25. März. Stachelbeere, Beginn der
Laubentfaltung

4. April. Dotterblume, Beginn der
Blüte

8. April. Erste Rauchschwalbe

23. April. Johannisbeere, Vollblüte
Schwarzplättchen, erster Ruf
Roßkastanie Beginn der Laubent=
faltung

Sommerlinde, Beginn der Laubentfaltung
Buche, Beginn der Laubentfaltung
25. April. Süßkirsche, Beginn der Blüte
Schlehe, Beginn der Blüte
27. April. Birne, Beginn der Blüte
30. April. Anemone, Beginn der Blüte
6. Mai. Buchenhochwald, grün
8. Mai. Fichte, erste Maitriebe
Tanne, erste Maitriebe
9. Mai. Roßkastanie, Beginn der Blüte
Flieder, Beginn der Blüte
Apfel, Beginn der Blüte
20. Mai. Goldregen, Beginn der Blüte
28. Mai. Winterroggen, Beginn der Blüte
7. Juni. Holunder, Beginn der Blüte
12. Juni. Schneebeere, Beginn der Blüte
20. Juni. Sommerlinde, Beginn der Blüte
27. Juni. Weiße Lilie, Beginn der Blüte
Eberesche, Beginn der Fruchtreife

Sinsheim (Elsenz)
(Beob. Römer)

25. März. Stachelbeere, Beginn der Laubentfaltung
27. März. Salweide, Beginn der Blüte
3. April. Dotterblume, Beginn der Blüte
8. April. Anemone, Beginn der Blüte
12. April. Johannisbeere, Beginn der Blüte
16. April. Birne, Beginn der Blüte
18. April. Roßkastanie, Beginn der Laubentfaltung
20. April. Schlehe, Beginn der Blüte
Buche, Beginn der Laubentfaltung
4. Mai. Roßkastanie, Beginn der Blüte
5. Mai. Tanne, erste Maitriebe
6. Mai. Süßkirsche, Beginn der Blüte
7. Mai. Sommerlinde, Beginn der Laubentfaltung
8. Mai. Buchenhochwald grün
10. Mai. Winterlinde, Beginn der Laubentfaltung

11. Mai. Flieder, Beginn der Blüte
13. Mai. Eichenhochwald grün
Winterroggen, Beginn des Schossens
16. Mai. Kiefer, erste Maitriebe
Fichte, erste Maitriebe
25. Mai. Holunder, Beginn der Blüte
Apfel, Beginn der Blüte
30. Mai. Falscher Jasmin, Beginn der Blüte
1. Juni. Erdbeere, Beginn des Austriebs
10. Juni. Winterroggen, Beginn der Blüte
20. Juni. Winterweizen, Beginn der Blüte
23. Juni. Sommerlinde, Beginn der Blüte
26. Juni. Weiße Lilie, Beginn der Blüte
Johannisbeere, Beginn der Fruchtreife
2. Juli. Kohlweißling, erster Falter
Winterlinde, Beginn der Blüte
4. Juli. Kartoffel, Beginn der Blüte
Mohn, Beginn der Blüte
6. Juli. Winterroggen, Beginn der Ernte
Wintergerste, Beginn der Ernte
12. Juli. Raps, Beginn der Ernte
Johannisbeere, Beginn der Ernte
17. Juli. Sommerroggen, Beginn der Ernte
18. Juli. Erbse, Beginn der Ernte
20. Juli. Stachelbeere, Beginn der Ernte
1. August. Winterweizen, Beginn der Ernte
5. August. Pflaume, Beginn der Ernte
10. August. Holunder, Beginn der Fruchtreife
Hafer, Beginn der Ernte
20. August. Zwetsche, Beginn der Ernte

St. Märgen b. Freiburg i. Br.
(Beob. K. Faller)

Mai. Apfel, Beginn des Austriebs
Birne, Beginn des Austriebs

Süßkirsche, Beginn des Austriebs
Sauerkirsche, Beginn des Austriebs
Hauspflaume, Beginn des Austriebs
Stachelbeere, Beginn des Austriebs
Großfrüchtige Johannisbeere, Beginn
des Austriebs

Juni. Stachelbeere, amerikanischer Mehltau, häufig

Juli. Apfel, Schorf

Ende August. Winterroggen, Beginn der
Ernte
Sommerroggen, Beginn der Ernte
Wintergerste, Beginn der Ernte
Hederich, häufig
Roggen, Schneeschimmel, sehr stark

Balingen, Württemberg (Schwäb. Jura)
(Beob. Landwirtschaftsinspektor Göß)

15. März. Salweide, Beginn der Blüte

25. März. Schneeglöckchen, Beginn der
Blüte

5. April. Huflattich, Beginn der Blüte

20. April. Stachelbeere, Beginn der Laubentfaltung

25. April. Dotterblume, Beginn der Blüte
Roßkastanie, Beginn der Laubentfaltung

5. Mai. Schlehe, Beginn der Blüte

6. Mai. Süßkirsche, Beginn der Blüte

9. Mai. Winterlinde, Beginn der Laubentfaltung

10. Mai. Erste Maikäfer
Buche, Beginn der Laubentfaltung

12. Mai. Birne, Beginn der Blüte

14. Mai. Roßkastanie, Beginn der Blüte

15. Mai. Sommerlinde, Beginn der Laubentfaltung

17. Mai. Flieder, Beginn der Blüte

18. Mai. Apfel, Renette, Beginn der Blüte
Fichte, erste Maitriebe
Tanne, erste Maitriebe

19. Mai. Winterroggen, Beginn der Ährenbildung

25. Mai. Buchenhochwald grün

15. Juni. Petkufer Winterroggen, Beginn der Blüte

25. Juni. Winterweizen, Beginn der
Ährenbildung
Siegerländer Winterweizen, Beginn
der Blüte

3. August. Winterroggen, Beginn der
Ernte

15. August. Winterweizen, Beginn der
Ernte

Agenbach, Post Oberkollwangen
(Beob. Hans Wolf)

20. März. Schneeglöckchen, Beginn der
der Blüte

2. April. Roggen, Schneeschimmel

12. April. Stachelbeere, Beginn der Laubentfaltung

15. April. Johannisbeere, Beginn der
Laubentfaltung

16. April. Pflaume, Beginn der Laubentfaltung
Anemone, Beginn der Blüte

18. April. Weinbirne, Beginn der Blüte
Süßkirsche, Beginn der Blüte
Sauerkirsche, Beginn der Blüte

22. April. Erbse, Beginn des Auflaufens

24. April. Apfel, Goldparmäne, Beginn
des Austriebs

26. April. Salweide, Beginn der Blüte

28. April. Dotterblume, Beginn der Blüte

2. Mai. Johannisbeere, Beginn der
Blüte

3. Mai. Kohlweißling, erster Falter

4. Mai. Zwetsche, Beginn des Austriebs

6. Mai. Stachelbeere, Beginn der Blüte

7. Mai. Buche, Beginn der Laubentfaltung
Hederich, Keimpflänzchen

8. Mai. Kartoffel, Beginn des Auflaufens

9. Mai. Süßkirsche, Beginn der Blüte
Rotklee, Beginn des Auflaufens

10. Mai. Sommerlinde, Beginn der Laub-
entfaltung
Schlehe, Beginn der Blüte
Buchenhochwald, grün
Erste Maikäfer

11. Mai. Roßkastanie, Beginn der Blüte
Pflaume, Beginn der Blüte

12. Mai. Winterroggen, Beginn des
Schossens
Sauerkirsche, Beginn der Blüte

13. Mai. Birne, Beginn der Blüte

15. Mai. Erdbeere, Beginn der Blüte

16. Mai. Apfel, Beginn der Blüte

17. Mai. Raps, Beginn der Blüte

18. Mai. Zwetsche, Beginn der Blüte
Süßkirsche, Ende der Blüte

20. Mai. Sommerroggen, Beginn des
Schossens
Apfel, Ende der Blüte
Birne, Ende der Blüte
Pflaume, Ende der Blüte

23. Mai. Zwetsche, Ende der Blüte
Stachelbeere, Ende der Blüte

24. Mai. Roßkastanie, Beginn der
Blüte

25. Mai. Johannisbeere, Ende der
Blüte

26. Mai. Eberesche, Beginn der Blüte

1. Juni. Raps, Ende der Blüte

15. Juni. Birne, Obstmade

20. Juni. Klee, Beginn der Blüte

25. Juni. Holunder, Beginn der Blüte
Kartoffel, Beginn der Blüte

26. Juni. Ackerbohne, Beginn der Blüte

27. Juni. Petkuser Winterweizen, Beginn der Blüte

2. Juli. Kartoffel, Schwarzbeinigkeit
Stachelbeere, amerik. Mehltau

8. Juli. Winterroggen, Ende der Blüte

10. Juli. Süßkirsche, Beginn der Ernte

11. Juli. Sommerroggen, Beginn der
Blüte
Sommerlinde, Beginn der Blüte
Winterlinde, Beginn der Blüte

12. Juli. Kartoffel, Ende der Blüte

14. Juli. Johannisbeere, Beginn der
Fruchtreife

15. Juli. Klee, Ende der Blüte

19. Juli. Erbse, Ende der Blüte

20. Juli. Johannisbeere, Beginn der
Ernte
Sommerroggen, Ende der Blüte

27. Juli. Stachelbeere, Beginn der Ernte

4. August. Grummetreife

5. August. Heide, Beginn der Blüte

6. August. Winterroggen, Beginn der
Ernte

8. August. Raps, Beginn der Ernte

18. August. Hafer, Beginn der Ernte

20. August. Sommerroggen, Beginn der
Ernte

3. September. Kartoffel, Beginn der
Ernte

5. September. Buche, Beginn der
Fruchtreife

Anfang Oktober. Buche, allgemeine
Laubverfärbung
Eiche, allgemeine Laubverfärbung

Mitte Oktober. Holunder, Beginn der
Laubverfärbung

Schönbronn
(Beob. H. Stockinger)

30. März. Schneeglöckchen, Beginn der
Blüte

10. April. Salweide, Beginn der Blüte

23. April. Stachelbeere, Beginn der Laubentfaltung

2. Mai. Dotterblume, Beginn der
Blüte
Johannisbeere, Beginn der Blüte

3. Mai. Erbse, Beginn des Auflaufens

5. Mai. Birne, Beginn der Blüte

6. Mai. Ackerbohne, Beginn des Auflaufens
Stachelbeere, Beginn der Blüte

7. Mai. Sommerlinde, Beginn der
Laubentfaltung

8. Mai. Apfel, Beginn der Blüte

10. Mai. Heberich, Keimpflänzchen
Winterroggen, Beginn des Schossens
Kartoffel, Wohltmann, Beginn des
Auflaufens
Stachelbeere, Nachtfrost während der
Blüte
Johannisbeere, Nachtfrost während
der Blüte

11. Mai. Süßkirsche, Beginn der Blüte

13. Mai. Raps, Beginn der Blüte

14. Mai. Rauhaarige Wicke in Frucht
Tanne, erste Maitriebe
Pflaume, Beginn der Blüte
Zwetsche, Beginn der Blüte
Stachelbeere, Ende der Blüte
Johannisbeere, Ende der Blüte

16. Mai. Zeiners Frankgerste, Beginn
des Schossens
Fichte, erste Maitriebe

22. Mai. Süßkirsche, Ende der Blüte

24. Mai. Birne, Ende der Blüte

25. Mai. Raps, Ende der Blüte
Pflaume, Ende der Blüte
Zwetsche, Ende der Blüte

29. Mai. Apfel, Ende der Blüte

1. Juni. Winterweizen, Strubes Dickkopf, Beginn des Schossens

5. Juni. Petkuser Hafer, Beginn des
Schossens
Winter-Landroggen, Beginn der Blüte

15. Juni. Erste schwarze Blattlaus an
Saubohne
Ackerbohne, schwarze Blattlaus

17. Juni. Erbse, Beginn der Blüte

24. Juni. Winterweizen, Strubes Dickkopf, Beginn der Blüte

26. Juni. Ackerbohne, Beginn der Blüte

27. Juni. Landroggen, Ende der Blüte

10. Juli. Kartoffel, Wohltmann, Beginn
der Blüte

14. Juli. Süßkirsche, Beginn der Ernte

20. Juli. Strubes Dickkopfweizen, Ende
der Blüte
Stachelbeere, Amerikanischer Mehltau
Erbse, Ende der Blüte

21. Juli. Weizen, Steinbrand

24. Juli. Ackerbohne, Ende der Blüte

25. Juli. Roggen, Mutterkorn (Honigtaustadium)
Johannisbeere, Beginn der Ernte

2. August. Landroggen, Beginn der
Ernte

4. August. Kartoffel, Wohltmann, Ende
der Blüte

7. August. Stachelbeere, Beginn der
Ernte

9. August. Zeiners Frankgerste, Beginn
der Ernte

14. August. Winterweizen, Beginn der
Ernte

17. August. Erbse, Beginn der Ernte

20. August. Grummetreife

27. August. Petkuser Hafer, Beginn der
Ernte
Birne, Beginn der Ernte
Herbstzeitlose, Beginn der Blüte

17. September. Kartoffel, Wohltmann,
Beginn der Ernte
Apfel, Beginn der Ernte

1. Oktober. Ackerbohne, Beginn der
Ernte

2. Oktober. Buche, allgemeine Laubverfärbung

Ergenzingen (Württemberg), 330 m
(Beob. Notar Greiner)

23. August. Herbstzeitlose, Beginn der
Blüte

IV n. Schwäbisch-Fränkischer Stufenlandkreis 1924

Münnerstadt (Unterfranken)
(Beob. Karl Tinklage)

15. März. Dotterblume, Beginn der Blüte

20. März. Schneeglöckchen, Beginn der Blüte

28. März. Huflattich, Beginn der Blüte

6. April. Salweide, Beginn der Blüte

9. April. Anemone, Beginn der Blüte
Stachelbeere, Beginn der Laubentfaltung

23. April. Roßkastanie, Beginn der Laubentfaltung

25. April. Winterlinde, Beginn der Laubentfaltung
Buche, Beginn der Laubentfaltung

Ende April. Erster Wasserfrosch

1. Mai. Johannisbeere, Beginn der Blüte

2. Mai. Süßkirsche, Beginn der Blüte
Schlehe, Beginn der Blüte

5. Mai. Erste Maikäfer

7. Mai. Buchenhochwald grün

9. Mai. Birne, Beginn der Blüte

13. Mai. Flieder, Beginn der Blüte

14. Mai. Apfel, Beginn der Blüte
Eichenhochwald grün

16. Mai. Roßkastanie, Beginn der Blüte
Kiefer, erste Maitriebe
Fichte, erste Maitriebe

19. Mai. Eberesche, Beginn der Blüte
Winterroggen, Beginn des Schossens
Winterweizen, Beginn des Schossens

20. Mai. Tanne, erste Maitriebe

22. Mai. Goldregen, Beginn der Blüte

2. Juni. Winterroggen, Beginn der Blüte

8. Juni. Holunder, Beginn der Blüte
Schneebeere, Beginn der Blüte

9. Juni. Falscher Jasmin, Beginn der Blüte

23. Juni. Sommerlinde, Beginn der Blüte
Winterlinde, Beginn der Blüte

28. Juni. Weiße Lilie, Beginn der Blüte

10. Juli. Johannisbeere, Beginn der Fruchtreife

15. Juli. Heide, Beginn der Blüte
Winterroggen, Beginn der Ernte

Anfang September. Herbstzeitlose, Beginn der Blüte

Ende September. Buche, Beginn der Laubverfärbung

Anfang Oktober. Eiche, Beginn der Laubverfärbung

Ballingshausen, Post Stadtlauringen
(Beob. A. Schmitt, Lehrer)

26. Februar. Star, Ankunft

13. März. Feldlerche, Ankunft

18. März. Buchfink, Ankunft

28. März. Bachstelze, Ankunft

6. April. Hausrotschwanz, Ankunft

25. April. Kuckuck, Ankunft

Coburg
(Beob. Schumann)

21. März. Schneeglöckchen, Beginn der Blüte

15. April. Anemone, Beginn der Blüte
Salweide, Beginn der Blüte

16. April. Kornelkirsche, Beginn der Blüte

17. April. Dotterblume, Beginn der Blüte

21. April. Stachelbeere, Beginn der Laubentfaltung

1. Mai. Roßkastanie, Beginn der Laubentfaltung

5. Mai. Johannisbeere, Beginn der Blüte

7. Mai. Süßkirsche, Beginn der Blüte
Schlehe, Beginn der Blüte

8. Mai. Buche, Beginn der Laubentfaltung

9. Mai. Sommerlinde, Beginn der Laubentfaltung

10. Mai. Erste Maikäfer

11. Mai. Birne, Beginn der Blüte

12. Mai. Traubenkirsche, Beginn der Blüte
Buchenhochwald grün

14. Mai. Winterlinde, Beginn der Laubentfaltung

15. Mai. Eichenhochwald grün

16. Mai. Apfel, Beginn der Blüte
Roßkastanie, Beginn der Blüte

17. Mai. Flieder, Beginn der Blüte

22. Mai. Eberesche, Beginn der Blüte

25. Mai. Goldregen, Beginn der Blüte

8. Juni. Winterroggen, Beginn der Blüte

10. Juni. Falscher Jasmin, Beginn der Blüte

11. Juni. Holunder, Beginn der Blüte

24. Juni. Sommerlinde, Beginn der Blüte

25. Juni. Schneebeere, Beginn der Blüte
Winterweizen, Beginn der Blüte

26. Juni. Spitzahorn, erste Johannistriebe

1. Juli. Eiche, erste Johannistriebe
Eberesche, erste Johannistriebe

5. Juli. Weiße Lilie, Beginn der Blüte

8. Juli. Winterlinde, Beginn der Blüte

11. Juli. Johannisbeere, Beginn der Fruchtreife

28. Juli. Winterroggen, Beginn der Ernte

30. Juli. Eberesche, Beginn der Fruchtreife

3. August. Schneebeere, Beginn der Fruchtreife

13. August. Seide, Beginn der Blüte

18. August. Holunder, Beginn der Fruchtreife

29. August. Herbstzeitlose, Beginn der Blüte

10. September. Grummetreife

12. September. Roßkastanie, Beginn der Fruchtreife

21. September. Roßkastanie, Beginn der Laubverfärbung

23. September. Buche, Beginn der Laubverfärbung

25. September. Eiche, Beginn der Laubverfärbung

Ebertsbronn, O.-A. Mergentheim
(Beob. Willy Mönikheim)

12. April. Stachelbeere, Beginn der Laubentfaltung

20. April. Johannisbeere, Beginn der Laubentfaltung
Stachelbeere, Beginn der Blüte

23. April. Rübe, Beginn des Auflaufens

24. April. Süßkirsche, Beginn der Laubentfaltung

25. April. Luzerne, Beginn des Auflaufens
Sauerkirsche, Beginn der Blattentfaltung
Johannisbeere, Beginn der Blüte

26. April. Erbse, Beginn des Auflaufens
Birne, Beginn des Austriebs
Pflaume, Beginn des Austriebs
Zwetsche, Beginn des Austriebs

28. April. Kartoffel, Beginn des Auflaufens
Windhalm in Blüte
Rauhhaarige Wicke in Frucht

29. April. Hederich in Blüte
Apfel, Beginn der Laubentfaltung

1. Mai. Viersamige Wicke in Frucht
Pfirsich, Beginn der Laubentfaltung

2. Mai. Sauerkirsche, Beginn der Blüte
Pflaume, Beginn der Blüte

3. Mai. Wein, Beginn des Austriebs
Süßkirsche, Beginn der Blüte

5. Mai. Stachelbeere, Ende der Blüte
Ackersenf

6. Mai. Hederich in Frucht
Pfirsich, Beginn der Blüte

8. Mai. Birne, Beginn der Blüte
Johannisbeere, Ende der Blüte

11. Mai. Süßkirsche, Ende der Blüte
Sauerkirsche, Ende der Blüte

12. Mai. Zwetsche, Beginn der Blüte
Pflaume, Ende der Blüte

13. Mai. Apfel, Beginn der Blüte

15. Mai. Pfirsich, Ende der Blüte
Gerste, Streifenkrankheit

16. Mai. Zwetsche, Ende der Blüte
Birne, Ende der Blüte

17. Mai. Champagner Winterroggen, Beginn des Schossens

18. Mai. Gerste, Mehltau

21. Mai. Apfel, Ende der Blüte

30. Mai. Wein, falscher Mehltau

31. Mai. Winterroggen, Beginn der Blüte

5. Juni. Roggen, Mutterkorn (Honigtaustadium)
Pflaume, Polsterschimmel
Zwetsche, Polsterschimmel

6. Juni. Birne, Gitterrost
Pflaume, Pflaumenwickler
Zwetsche, Pflaumenwickler
Winterroggen, Ende der Blüte

8. Juni. Pflaume, Taschenkrankheit
Zwetsche, Taschenkrankheit
Apfel, Obstmade

10. Juni. Birne, Obstmade
Johannisbeere, Blattflecken
Pflaume, Pflaumensägewespe
Zwetsche, Pflaumensägewespe
Stachelbeere, Rost
Roggen, Schwarzrost
Roggen, Braunrost
Luzerne, Beginn der Blüte

12. Juni. Stachelbeere, amerikanischer Mehltau
Birne, Schorf
Sommergerste, Beginn des Schossens

15. Juni. Süßkirsche, Zweigdürre
Sauerkirsche, Zweigdürre
Apfel, Schorf
Gerste, Fritfliege
Wein, Beginn der Blüte

16. Juni. Winterweizen, Beginn des Schossens
Roggen, Berberitzenrost

17. Juni. Erbse, Beginn der Blüte

18. Juni. Wein, Rebstichler

20. Juni. Gerste, Flugbrand
Luzerne, Ende der Blüte

21. Juni. Sommergerste, Beginn der Blüte

23. Juni. Süßkirsche, Beginn der Ernte

25. Juni. Hafer, Beginn des Schossens
Winterweizen, Beginn der Blüte
Gerste, Hartbrand
Wein, Einbindiger Heu- und Sauerwurm

26. Juni. Wein, Bekreuzter Heu- und Sauerwurm
Sommergerste, Ende der Blüte

27. Juni. Wein, Ende der Blüte
Kartoffel, Schwarzbeinigkeit

28. Juni. Erbse, Ende der Blüte

1. Juli. Sommerweizen, Beginn des Schossens
Winterweizen, Ende der Blüte

2. Juli. Hafer, Beginn der Blüte
Hafer, Fritfliege

3. Juli. Roggen, Mutterkorn (Sclerotium)

7. Juli. Sommerweizen, Beginn der Blüte

8. Juli. Hafer, Ende der Blüte

10. Juli. Johannisbeere, Beginn der Ernte
Kartoffel, Beginn der Blüte

12. Juli. Kartoffel, Krautfäule
Sommerweizen, Ende der Blüte
Stachelbeere, Beginn der Ernte

13. Juli. Sauerkirsche, Beginn der Ernte

15. Juli. Wein, echter Mehltau

16. Juli. Hafer, Flugbrand

20. Juli. Kartoffel, Ende der Blüte
Luzerne, Beginn der Ernte
Weizen, Steinbrand
Weizen, gelbe Halmfliege
Hafer, Weißrippigkeit
Kartoffel, Erdraupen

26. Juli. Winterroggen, Beginn der Ernte

28. Juli. Sommergerste, Beginn der Ernte

29. Juli. Apfel, Polsterschimmel

1. August. Erbse, Beginn der Ernte

5. August. Hafer, Beginn der Ernte

6. August. Winterweizen, Beginn der Ernte
Pflaume, Beginn der Ernte

25. August. Sommerweizen, Beginn der Ernte

18. September. Pfirsich, Beginn der Ernte

20. September. Zwetsche, Beginn der Ernte

25. September. Kartoffel, Beginn der Ernte

28. September. Apfel, Beginn der Ernte

1. Oktober. Birne, Beginn der Ernte

8. Oktober. Wein, Beginn der Ernte

10. Oktober. Rübe, Beginn der Ernte

Bernsfelden
(Beob. J. Pfeifer)

10. März. Schneeglöckchen, Beginn der Blüte

6. April. Anemone, Beginn der Blüte

10. April. Klee, Beginn des Austriebes
Erbse, Beginn des Austriebes

21. April. Stachelbeere, Beginn der Laubentfaltung

23. April. Dotterblume, Beginn der Blüte

25. April. Rauhhaarige Wicke in Frucht

27. April. Johannisbeere, Beginn der Blüte

28. April. Buche, Beginn der Laubentfaltung

1. Mai. Süßkirsche, Beginn der Blüte
Schlehe, Beginn der Blüte

2. Mai. Apfel, Beginn des Austriebes

4. Mai. Roßkastanie, Beginn der Laubentfaltung

5. Mai. Hederich in Frucht
Sommerlinde, Beginn der Laubentfaltung

7. Mai. Buchenhochwald grün

10. Mai. Kohlweißling, erster Falter
Viersamige Wicke in Frucht
Gerste, Streifenkrankheit
Roßkastanie, Beginn der Blüte

15. Mai. Flieder, Beginn der Blüte

20. Mai. Eichenhochwald grün

28. Mai. Fichte, erste Maitriebe

30. April. Apfel, Beginn der Blüte

2. Juni. Petkuser Winterroggen, Beginn des Schossens

8. Juni. Winterweizen, Heils Dickkopf, Beginn des Schossens

10. Juni. Rübe, Heils., Beginn des Austriebes
Sommergerste, Heils Franken, Beginn des Schossens
Goldparmäne, Ende der Blüte

15. Juni. Zinners Gelbhafer, Beginn des Schossens
Luzerne, Beginn der Blüte

16. Juni. Roggen, Berberitzenrost
Erbse, Beginn der Blüte

18. Juni. Winterroggen, Beginn der Blüte

19. Juni. Sommergerste, Beginn der Blüte

22. Juni. Holunder, Beginn der Blüte

25. Juni. Winterweizen, Heils Dickkopf, Beginn der Blüte
Sommergerste, Heils Franken, Ende der Blüte

5. Juli. Zinners Gelbhafer, Beginn der Blüte

8. Juli. Winterweizen, Heils Dickkopf, Ende der Blüte

10. Juli. Hafer, Flugbrand
Petkufer Winterroggen, Ende der Blüte

15. Juli. Kartoffel, Pepo, Beginn des Austriebes

16. Juli. Weizen, Steinbrand

20. Juli. Luzerne, Ende der Blüte
Luzerne, Beginn der Ernte
Kartoffel, Schwarzbeinigkeit

28. Juli. Winterroggen, Beginn der Ernte

2. August. Zinners Gelbhafer, Beginn der Blüte

3. August. Sommergerste, Heils Franken, Beginn der Ernte

10. August. Kartoffel, Pepo, Beginn der Blüte
Winterweizen, Beginn der Ernte

18. August. Zinners Gelbhafer, Beginn der Ernte

20. August. Kartoffel, Pepo, Ende der Blüte
Erbse, Beginn der Ernte

25. August. Grummetreife

30. September. Goldparmäne, Beginn der Ernte

5. Oktober. Roßkastanie, Beginn der Fruchtreife

10. Oktober. Kartoffel, Pepo, Beginn der Ernte
Buche, Beginn der Fruchtreife
Eiche, Beginn der Fruchtreife

20. Oktober. Rübe, Heils, Beginn der Ernte

5. November. Buche, Beginn der Laubverfärbung

20. November. Eiche, Beginn der Laubverfärbung

Niederstetten
(Beob. Robert Obenhuber)

29. Juli 1923. Winterraps, Beginn der Aussaat.

15. März. Schneeglöckchen, Beginn der Blüte

10. April. Sauerkirsche, Beginn des Austriebes
Stachelbeere, gelbe, rote, Beginn des Austriebes

20. April. Dotterblume, Beginn der Blüte

23. April. Johannisbeere, Beginn des Austriebes
Johannisbeere, rote, Beginn der Blüte

25. April. Luzerne, Beginn des Auflaufens
Grüne Volkererbse, Beginn des Auflaufens
Große Herzkirsche, Beginn des Austriebes
Stachelbeere, Beginn der Blüte

26. April. Kleine Ackerbohne, Beginn des Auflaufens
Birne, Beginn des Austriebes

29. April. Sauerkirsche, Beginn der Blüte

30. April. Buche, Beginn der Laubentfaltung
Windhalm in Blüte

Ende April. Rauhhaarige Wicke in Frucht

Anfang Mai. Viersamige Wicke in Frucht
Hederich in Frucht
Ackersenf

3. Mai. Stachelbeere, Ende der Blüte
Zwetsche, Lokalsorte, Beginn des Austriebes

4. Mai. Große Herzkirsche, Beginn der Blüte

5. Mai. Schlehe, Beginn der Blüte
Apfel, Goldparmäne, Beginn des Austriebs
Johannisbeere, Ende der Blüte
Buchenhochwald grün

9. Mai. Zwetsche, Beginn der Blüte

10. Mai. Obendorfer Rübe, Beginn des
Auflaufens
Wein, Weißer Junker, Beginn des
Austriebs
Roßkastanie, Beginn der Laubent-
faltung

13. Mai. Gerste, Streifenkrankheit
Große Herzkirsche, Ende der Blüte

14. Mai. Winterraps, Beginn der Blüte
Birne, Beginn der Blüte
Sauerkirsche, Ende der Blüte

15. Mai. Roßkastanie, Beginn der Blüte
Kohlweißling, erster Falter
Champagner Winterroggen, Beginn
des Schossens

17. Mai. Gerste, Mehltau
Gerste, Fritfliege

20. Mai. Winterraps, Ende der Blüte
Birne, Ende der Blüte
Zwetsche, Ende der Blüte

22. Mai. Goldparmäne, Beginn der
Blüte

25. Mai. Goldparmäne, Ende der Blüte
Flieder, Beginn der Blüte

28. Mai. Wein, Falscher Mehltau

28. Mai. Wein, Beginn der Blüte
Kartoffel, Industrie, Beginn des Auflaufens

29. Mai. Champagner Winterroggen,
Beginn der Blüte
Eichenhochwald grün

30. Mai. Fichte, erste Maitriebe

3. Juni. Pflaume, Polsterschimmel
Zwetsche, Polsterschimmel
Pflaume, Pflaumenwickler
Zwetsche, Pflaumenwickler

5. Juni. Apfel, Obstmade
Birne, Gitterrost
Roggen, Mutterkorn, Honigtaustadium
Wein, Weißer Junker, Ende der Blüte

7. Juni. Pflaume, Taschenkrankheit
Zwetsche, Taschenkrankheit

9. Juni. Birne, Obstmade

10. Juni. Stachelbeere, Rost
Luzerne, Beginn der Blüte

12. Juni. Pflaume, Pflaumensägewespe
Zwetsche, Pflaumensägewespe
Roggen, Schwarzrost
Roggen, Braunrost
Gerste, Hartbrand

14. Juni. Johannisbeere, Blattflecken

15. Juni. Winterweizen, Beginn des
Schossens

18. Juni. Sommergerste, Heils Franken,
Beginn des Schossens

19. Juni. Champagner Winterroggen,
Ende der Blüte
Roggen, Berberitzenrost

20. Juni. Süßkirsche, Zweigdürre
Sauerkirsche, Zweigdürre
Gerste, Flugbrand

24. Juni. Wein, Rebstichler

25. Juni. Wein, Einbindiger Heu- und
Sauerwurm
Holunder, Beginn der Blüte
Gelbhafer, Beginn des Schossens
Große Herzkirsche, Beginn der Ernte

26. Juni. Wein, Bekreuzter Heu- und
Sauerwurm

28. Juni. Kleine Ackerbohne, Beginn der
Blüte
Ackerbohne, Schwarze Blattlaus

29. Juni. Grüne Völkererbse, Beginn der
Blüte

2. Juli. Schlanstädter Sommerweizen,
Beginn des Schossens
Kartoffel, Industrie, Beginn der Blüte

3. Juli. Winterweizen, Hohenh. Dickkopf, Beginn der Blüte

4. Juli. Roggen, Mutterkorn (Sclerotium)

5. Juli. Winterweizen, Hohenh. Dickkopf, Ende der Blüte
Gelbhafer, Beginn der Blüte

6. Juli. Kleine Ackerbohne, Ende der
Blüte

7. Juli. Winterraps, Beginn der Ernte

8. Juli. Schlanstädter Sommerweizen, Beginn der Blüte
Grüne Völkererbse, Ende der Blüte

10. Juli. Gelbhafer, Ende der Blüte

13. Juli. Wein, echter Mehltau
Apfel, Schorf

14. Juli. Hafer, Flugbrand
Schlanstädter Sommerweizen, Ende der Blüte

15. Juli. Gerste, Heils Franken, Beginn der Blüte
Sauerkirsche, Beginn der Ernte
Stachelbeere, Beginn der Ernte
Johannisbeere, Beginn der Ernte

19. Juli. Winterroggen, Beginn der Ernte

20. Juli. Kartoffel, Industrie, Ende der Blüte

22. Juli. Sommergerste, Heils Franken, Ende der Blüte
Weizen, Steinbrand

23. Juli. Hafer, Weißrippigkeit.
Kartoffel, Erdraupen

25. Juli. Luzerne, Ende der Blüte
Weizen, gelbe Halmfliege

30. Juli. Apfel, Polsterschimmel

1. August. Sommergerste, Heils Franken, Beginn der Ernte

2. August. Schlanstädter Sommerweizen, Beginn der Ernte

9. August. Gelbhafer, Beginn der Ernte

13. August. Grüne Völkererbse, Beginn der Ernte

20. August. Winterweizen, Hohenh. Dickkopf, Beginn der Ernte

23. August. Kartoffel, Industrie, Beginn der Ernte

Ende August. Grummetreife

10. September. Rüben, Obendorfer, Beginn der Ernte

12. September. Kleine Ackerbohne, Beginn der Ernte

24. September. Zwetsche, Beginn der Ernte

30. September. Goldparmäne, Beginn der Ernte

5. Oktober. Birne, Beginn der Ernte

10. Oktober. Roßkastanie, Beginn der Fruchtreife

15. Oktober. Wein, Weißer Junker, Beginn der Ernte
Buche, Beginn der Fruchtreife
Eiche, Beginn der Fruchtreife

10. November. Buche, allgemeine Laubverfärbung

25. November. Eiche, allgemeine Laubverfärbung

Creglingen
(Beob. Fritz Gerlinger)

20. März. Schneeglöckchen, Beginn der Blüte

30. März. Stachelbeere, Beginn des Austriebes

14. April. Johannisbeere, Beginn des Austriebes

20. April. Süßkirsche, Beginn des Austriebes
Johannisbeere, Beginn der Blüte

22. April. Wasserbirne, Beginn des Austriebes

24. April. Sauerkirsche, Beginn des Austriebes
Salweide, Beginn der Blüte

25. April. Apfel, v. Croncels, Beginn des Austriebes
Schlehe, Beginn der Blüte
Buche, Beginn der Laubentfaltung

26. April. Süßkirsche, Beginn der Blüte
Roßkastanie, Beginn der Laubentfaltung
Grüne Volkererbse, Beginn des Auflaufens

27. April. Hederich, Keimpflänzchen

28. April. Wasserbirne, Beginn der Blüte
Stachelbeere, Beginn der Blüte

29. April. Sommerlinde, Beginn der Laubentfaltung
Sauerkirsche, Beginn der Blüte

2. Mai. Friedrichswerter Rübe, Beginn des Auflaufens
Wein, Beginn des Auftriebes
Buchenhochwald grün

4. Mai. Tanne, erste Maitriebe

5. Mai. Eichenhochwald grün

7. Mai. Erste Maikäfer

8. Mai. Fichte, erste Maitriebe

9. Mai. Eberesche, Beginn der Blüte

13. Mai. Apfel, v. Croncels, Beginn der Blüte

14. Mai. Erdbeere, Beginn der Blüte
Roßkastanie, Beginn der Blüte
Flieder, Beginn der Blüte

16. Mai. Petkuser Winterroggen, Beginn des Schossens

20. Mai. Weinrebe, falscher Mehltau

21. Mai. Kohlweißling, erster Falter

22. Mai. Kartoffel, Deodara, Beginn des Auflaufens

24. Mai. Petkuser Winterroggen, Beginn der Blüte

28. Mai. Friedrichswerter Berggerste, Beginn des Schossens
Holunder, Beginn der Blüte

29. Mai. Weizen, Gelbrost

2. Juni. Gerste, Streifenkrankheit
Heils Frankengerste, Beginn des Schossens
Luzerne, Beginn der Blüte

4. Juni. Gerste, Flugbrand
Kartoffel, Schwarzbeinigkeit

7. Juni. Winterweizen, Beginn des Schossens

10. Juni. Schlanstädter Sommerweizen, Beginn des Schossens

12. Juni. Grüne Vollererbse, Beginn der Blüte

14. Juni. Heils Frankengerste, Beginn der Blüte

18. Juni. Lochows Gelbhafer, Beginn des Schossens
Heils Dickkopfwinterweizen, Beginn der Blüte

20. Juni. Schlanstädter Sommerweizen, Beginn der Blüte

23. Juni. Wein, Beginn der Blüte

29. Juni. Lochows Gelbhafer, Beginn der Blüte

2. Juli. Roggen, Berberitzenrost
Kartoffel, Deodara, Beginn der Blüte

6. Juli. Weiße Lilie, Beginn der Blüte

12. Juli. Roggen, Mutterkorn (Honigtaustadium)

14. Juli. Johannisbeere, Beginn der Fruchtreife

18. Juli. Petkuser Winterroggen, Beginn der Ernte

23. Juli. Friedrichswerter Berggerste, Beginn der Ernte

14. August. Weizen, gelbe Halmfliege

21. August. Heils Dickkopfwinterweizen, Beginn der Ernte

16. September. Weizen, Steinbrand

1. Oktober. Roßkastanie, Beginn der Fruchtreife

5. Oktober. Holunder, Beginn der Fruchtreife

8. Oktober. Buche, allgemeine Laubverfärbung

18. Oktober. Runkelrübe, Runkelfliege
Zuckerrübe, Runkelfliege

Unterregenbach a. Jagst
Post Langenburg
(Beob. Pfarrer H. Mürdel)

11. März. Schneeglöckchen, Beginn der Blüte

20. März. Dotterblume, Beginn der Blüte

30. März. Anemone, Beginn der Blüte

31. März. Stachelbeere, Beginn der Laubentfaltung
10. April. Kornelkirsche, Beginn der Blüte
20. April. Kohlweißling, erster Falter
26. April. Süßkirsche, Beginn der Blüte
Erster Wasserfrosch)
27. April. Johannisbeere, Beginn der
Blüte
Schlehe, Beginn der Blüte
Roßkastanie, Beginn der Laubentfaltung
28. April. Erste Maikäfer
30. April. Buche, Beginn der Laubentfaltung
3. Mai. Sommerlinde, Beginn der Laubentfaltung
4. Mai. Birne, Beginn der Blüte
Apfel, Beginn der Blüte
Buchenhochwald grün
7. Mai. Winterlinde, Beginn der Laubentfaltung
12. Mai. Roßkastanie, Beginn der Blüte
13. Mai. Flieder, Beginn der Blüte
14. Mai. Fichte, erste Maitriebe
15. Mai. Winterweizen, Beginn des
Schossens
18. Mai. Winterroggen, Beginn des
Schossens
Eichenhochwald grün
20. Juni. Weiße Lilie, Beginn der Blüte
1. Juli. Johannisbeere, Beginn der
Fruchtreife
6. Juli. Winterlinde, Beginn der Blüte
16. Juli. Hafer, Weißrippigkeit
20. Juli. Johannisbeere, Beginn der
Fruchtreife
Winterlinde, Beginn der Blüte
21. Juli. Weiße Lilie, Beginn der Blüte
Stachelbeere, Beginn der Ernte
25. Juli. Johannisbeere, Beginn der
Ernte
26. Juli. Kartoffel, Frühe Rosen, Beginn der Ernte

2. August. Winterroggen, Beginn der
Ernte
4. August. Grummetreife
25. August. Sauerkirsche, Schattmann,
Beginn der Ernte
7. September. Winterweizen, Beginn
der Ernte
8. September. Petkuser Gelbhafer, Beginn der Ernte
9. September. Viktoriapflaume, Beginn der Ernte
12. September. Herbst-Calvill, Beginn
der Ernte
13. September. Birne, Beginn der Ernte
15. September. Buche, allgemeine Laubverfärbung
20. September. Pfirsich, Beginn der
Ernte
25. September. Abreise der Schwalben
7. Oktober. Abreise der Stare
29. Oktober. Kohlrübe, Beginn der Ernte

Rothenburg o. Tauber
(Beob. Haagen, Arum-Gesellschaft)

20. März. Schneeglöckchen, Beginn der
Blüte
25. März. Huflattich, Beginn der Blüte
7. April. Kornelkirsche, Beginn der
Blüte
10. April. Salweide, Beginn der Blüte
15. April. Dotterblume, Beginn der
Blüte
17. April. Anemone, Beginn der Blüte
23. April. Stachelbeere, Beginn der
Laubentfaltung
1. Mai. Johannisbeere, Beginn der
Blüte
Apfel, Beginn der Blüte
4. Mai. Süßkirsche, Beginn der Blüte
Birne, Beginn der Blüte
Roßkastanie, belaubt
5. Mai. Schlehe, Beginn der Blüte
Hederich, Keimpflänzchen

8. Mai. Buche, Beginn der Laubent=
faltung

9. Mai. Sommerlinde, Beginn der
Laubentfaltung

10. Mai. Buchenhochwald grün

15. Mai. Roßkastanie, Beginn der Blüte
Kiefer, erste Maitriebe
Fichte, erste Maitriebe

16. Mai. Flieder, Beginn der Blüte

17. Mai. Eberesche, Beginn der Blüte

6. Juni. Winterroggen, Beginn des
Schossens

10. Juni. Holunder, Beginn der Blüte

13. Juni. Schneebeere, Beginn der Blüte

20. Juni. Winterweizen, Beginn des
Schossens
Falscher Jasmin, Beginn der Blüte
Winterroggen, Beginn der Blüte
Gerste, Streifenkrankheit

22. Juni. Sommerlinde, Beginn der
Blüte
Winterlinde, Beginn der Blüte

25. Juni. Hederich in Frucht

30. Juni. Pflaume, Taschenkrankheit
Zwetsche, Taschenkrankheit

1. Juli. Winterweizen, Heils K. III,
Beginn der Blüte

5. Juli. Stachelbeere, Stachelbeerblatt=
wespe

6. Juli. Johannisbeere, Beginn der
Fruchtreife

9. Juli. Weiße Lilie, Beginn der Blüte

15. Juli. Weizen, Steinbrand
Hafer, Flugbrand

25. Juli. Eberesche, Beginn der Fruchtreife
Schneebeere, Beginn der Fruchtreife

30. Juli. Kartoffel, Schwarzbeinigkeit

1. August. Winterroggen, Beginn der
Ernte

16. August. Winterweizen, Beginn der
Ernte

20. August. Herbstzeitlose, Beginn der
Blüte

24. August. Grummetreife

10. September. Roßkastanie, Beginn der
Fruchtreife

Blaufelden, O.-A. Gerabronn
(Beob. Landwirtschaftliche Schule)

22. März. Schneeglöckchen, Beginn der
Blüte

4. April. Anemone, Beginn der Blüte

18. April. Stachelbeere, Beginn der
Laubentfaltung

2. Mai. Roßkastanie, Beginn der Laub=
entfaltung

4. Mai. Dotterblume, Beginn der Blüte

8. Mai. Sommerlinde, Beginn der
Laubentfaltung

10. Mai. Erste Maikäfer
Johannisbeere, Beginn der Blüte
Viktoriaerbse, Beginn des Auflaufens
Ackerbohne, Beginn des Auflaufens

12. Mai. Schlehe, Beginn der Blüte
Buche, Beginn der Laubentfaltung
Petkuser Winterroggen, Beginn des
Schossens

13. Mai. Birne, Beginn der Blüte

16. Mai. Apfel, Beginn der Blüte
Hederich, Keimpflänzchen

18. Mai. Roßkastanie, Beginn der Blüte
Fichte, erste Maitriebe

21. Mai. Flieder, Beginn der Blüte

28. Mai. Kartoffel, Beginn des Auf=
laufens

Juni. Hafer, Fritfliege (stark)

Ende Juni. Kartoffel, Schwarzbeinigkeit

Juli. Windhalm in Blüte

Anfang Juli. Weizen, Steinbrand
Weizen, Flugbrand

1. Juli. Sommerlinde, Beginn der Blüte
Winterlinde, Beginn der Blüte

3. Juli. Dickkopfweizen, Beginn der
Blüte

7. Juli. Gerste, Streifenkrankheit

Mitte Juli. Weizen, gelbe Halmfliege

Anfang August. Apfel, Obstmade

1. August. Winterroggen, Beginn der Ernte

7. August. Winterweizen, Beginn der Ernte

Elpershofen
(Beob. Friedr. Junker)

10. März. Schneeglöckchen, Beginn der Blüte

15. März. Kornelkirsche, Beginn der Blüte

19. März. Salweide, Beginn der Blüte

25. März. Dotterblume, Beginn der Blüte

30. März Huflattich, Beginn der Blüte

2. April. Erster Wasserfrosch

4. April. Oberndorfer Rübe, Beginn des Auflaufens

5. April. Anemone, Beginn der Blüte

8. April. Stachelbeere, Beginn der Laubentfaltung

12. April. Kohlweißling, erster Falter

15. April. Süßkirsche, Beginn der Blüte

18. April. Kartoffel (Industrie), Beginn des Auflaufens

20. April. Birne, Beginn der Blüte
Roßkastanie, Beginn der Laubentfaltung
Ackerbohne, Beginn des Austriebes

22. April. Stachelbeere, Beginn der Blüte

26. April. Kleine Viktoriaerbse, Beginn des Auflaufens
Süßkirsche, Ende der Blüte

28. April. Johannisbeere, Beginn der Blüte
Schlehe, Beginn der Blüte

30. April. Sommerlinde, Beginn der Laubentfaltung
Sauerkirsche, Beginn der Blüte
Stachelbeere, Ende der Blüte

1. Mai. Rotklee, Beginn des Auflaufens

3. Mai. Buchenhochwald grün
Pflaume, Beginn der Blüte

5. Mai. Buche, Beginn der Laubentfaltung
Hederich, Keimpflänzchen
Kiefer, erste Maitriebe
Fichte, erste Maitriebe
Roßkastanie, Beginn der Blüte
Sauerkirsche, Ende der Blüte

6. Mai. Johannisbeere, Ende der Blüte

8. Mai. Apfel, Beginn der Blüte
Zwetsche, Beginn der Blüte
Goldregen, Beginn der Blüte
Tanne, erste Maitriebe
Erste Maikäfer

10. Mai. Flieder, Beginn der Blüte
Eberesche, Beginn der Blüte
Erdbeere, Beginn der Blüte

12. Mai. Pflaume, Ende der Blüte

15. Mai. Zwetsche, Ende der Blüte
Eichenhochwald grün

18. Mai. Champagner-Winterroggen, Beginn des Schossens
Schweizer Wasserbirne, Ende der Blüte

23. Mai. Mammut-Wintergerste, Beginn des Schossens

25. Mai. Apfel, Ende der Blüte
Sommerlinde, Beginn der Blüte
Winterlinde, Beginn der Blüte

30. Mai. Eberesche, Entwicklung von Johannistrieben
Erdbeere, Ende der Blüte

2. Juni. Mammut-Wintergerste, Beginn der Blüte
Eiche, Entwicklung von Johannistrieben
Spitzahorn, Entwicklung von Johannistrieben

5. Juni. Champagner-Winterroggen, Beginn der Blüte

9. Juni. Holunder, Beginn der Blüte

10. Juni. Hohenheimer Dickkopfweizen, Beginn des Schossens

12. Juni. Zinners Frankengerste, Beginn
des Schossens

15. Juni. Rotklee, Beginn der Blüte

Neuhaus b. Crailsheim
(Beob. Fr. Fach)

3. März. Salweide, Beginn der Blüte

10. März. Weizen, Schneeschimmel

11. März. Roggen, Schneeschimmel

15. März. Schneeglöckchen, Beginn der
Blüte

20. März. Anemone, Beginn der Blüte

28. März. Huflattich, Beginn der Blüte
Stachelbeere, Beginn der Laubentfaltung

2. April. Kornelkirsche, Beginn der
Blüte

12. April. Johannisbeere, Beginn der
Laubentfaltung

14. April. Dotterblume, Beginn der
Blüte

15. April. Stachelbeere, Beginn des Austriebes
Johannisbeere, Beginn der Blüte
Roßkastanie, Beginn der Laubentfaltung

18. April. Kohlweißling, erster Falter

19. April. Stachelbeere, Beginn der
Blüte

20. April. Süßkirsche, Beginn der Blüte

25. April. Sauerkirsche, Beginn des Austriebes

27. April. Sommerlinde, Beginn der
Laubentfaltung
Johannisbeere, Ende der Blüte

28. April. Apfel, Beginn der Blüte
Pflaume, Beginn des Austriebes
Erdbeere, Beginn des Austriebes
Stachelbeere, Ende der Blüte

29. April. Große Zuckerbirne, Beginn des
Austriebes
Schlehe, Beginn der Blüte

Buche, Beginn der Laubentfaltung
Erster Grasfrosch

30. April. Birne, Beginn der Blüte

1. Mai. Goldregen, Beginn der Blüte

2. Mai. Erster Wasserfrosch
Roßkastanie, Beginn der Blüte
Holunder, Beginn der Blüte
Goldparmäne, Beginn des Austriebes
Zwetsche, Beginn des Austriebes
Heberich, Keimpflänzchen
Roggen, Getreideblumenfliege

3. Mai. Rotklee, Beginn des Auflaufens
Sauerkirsche, Beginn der Blüte

3. Mai. Buchenhochwald grün

4. Mai. Ackersenf, Keimpflänzchen
Flieder, Beginn der Blüte

6. Mai. Pflaume, Beginn der Blüte

7. Mai. Eberesche, Beginn der Blüte
Weizen, Getreideblumenfliege

8. Mai. Winterroggen, Beginn des
Schossens
Roggen, Fritfliege

9. Mai. Grünbl. Volkererbse, Beginn
des Auflaufens

10. Mai. Erdbeere, Beginn der Blüte
Schneebeere, Beginn der Blüte
Zwetsche, Beginn der Blüte
Fichte, erste Maitriebe

12. Mai. Sauerkirsche, Ende der Blüte

13. Mai. Tanne, erste Maitriebe

14. Mai. Erste Maikäfer

15. Mai. Kiefer, erste Maitriebe
Falscher Jasmin, Beginn der Blüte
Hafer, Fritfliege
Wintergerste, Beginn des Schossens
Kartoffel (Hindenburg), Beginn des
Auflaufens

16. Mai. Goldparmäne, Beginn der
Blüte
Pflaume, Ende der Blüte
Weizen, Fritfliege

18. Mai. Eichenhochwald grün
Zwetsche, Ende der Blüte

19. Mai. Gerste, Getreideblumenfliege

20. Mai. Champagner-Winterroggen, Beginn der Blüte

21. Mai. Große Zuckerbirne, Ende der Blüte

23. Mai. Gerste, Fritfliege
Wintergerste, Beginn der Blüte

27. Mai. Erdbeere, Ende der Blüte

28. Mai. Apfel, Ende der Blüte
Hannasommergerste, Beginn des Schossens

2. Juni. Kartoffel (Hindenburg), Beginn der Blüte

4. Juni. Spitzahorn, Entwicklung von Johannistrieben
Champagner-Winterroggen, Ende der Blüte

5. Juni. Erdbeere, Blattfleckenkrankheit

7. Juni. Eiche, Entwicklung von Johannistrieben

8. Juni. Wetterauer Winterweizen, Beginn der Blüte
Hannagerste, Beginn der Blüte
Roggen, Mutterkorn (Honigtaustadium)

10. Juni. Wintergerste, Ende der Blüte

12. Juni. Eberesche, Entwicklung von Johannistrieben

15. Juni. Wetterauer Winterweizen, Beginn der Blüte

22. Juni. Runkelrübe, Runkelfliege
Zuckerrübe, Runkelfliege

23. Juni. Kartoffel, Erdraupen
Hannagerste, Ende der Blüte
Wetterauer Winterweizen, Ende der Blüte

25. Juni. Hohenheimer Sommerweizen, Beginn des Schossens

26. Mai. Süßkirsche, Zweigdürre
Sauerkirsche, Zweigdürre

28. Juni. Gerste, Streifenkrankheit
Erbse, Erbsenrost

29. Juni. Ackerbohne, schwarze Blattlaus

1. Juli. Lochows Goldhafer, Beginn des Schossens

4. Juli. Gerste, Flugbrand

5. Juli. Roggen, Mutterkorn (Sklerotium)
Hafer, Flugbrand
Kartoffel, Hindenburg, Ende der Blüte

7. Juli. Ackerbohne, Rost
Hohenheimer Sommerweizen, Beginn der Blüte

8. Juli. Erdbeere, Beginn der Ernte
Runkelrübe, Rost
Zuckerrübe, Rost
Johannisbeere, Blattflecken

10. Juli. Rauhaarige Wicke in Frucht
Kartoffel, Krautfäule

11. Juli. Zuckerrübe, schwarze Blattlaus
Runkelrübe, schwarze Blattlaus

12. Juli. Lochows Goldhafer, Beginn der Blüte
Wintergerste, Ende der Blüte
Stachelbeere, Stachelbeerblattwespe

13. Juli. Gerste, Hartbrand
Johannisbeere, Beginn der Ernte

15. Juli. Viersamige Wicke in Frucht

17. Juli. Stachelbeere, Stachelbeerblattspanner
Erbse, Wolfsmilch)

18. Juli. Sommerlinde, Beginn der Blüte
Winterlinde, Beginn der Blüte
Kartoffel, Schwarzbeinigkeit
Hederich in Frucht
Hohenheimer Sommerweizen, Ende der Blüte

20. Juli. Weizen, Gelbe Halmfliege

21. Juli. Apfel, Obstmade
Champagner-Winterroggen, Beginn der Ernte

24. Juli. Lochows Goldhafer, Ende der Blüte
Weizen, Steinbrand

25. Juli. Heide, Beginn der Blüte

26. Juli. Schneebeere, Beginn der Fruchtreife

27. Juli. Weizen, Flugbrand

28. Juli. Windhalm in Blüte
Wetterauer Winterweizen, Beginn der Blüte
Birne, Obstmade

3. August. Stachelbeere, Rost
Hannagerste, Beginn der Ernte

5. August. Holunder, Beginn der Fruchtreife

10. August. Lochows Goldhafer, Beginn der Ernte

12. August. Hohenheimer Sommerweizen Beginn der Ernte

13. August. Pflaume, Beginn der Ernte

18. August. Stachelbeere, Beginn der Ernte

20. August. Sauerkirsche, Beginn der Ernte

5. September. Pflaume, Polsterschimmel
Zwetsche, Polsterschimmel

7. September. Pflaume, Pflaumensägewespe
Zwetsche, Pflaumensägewespe

10. September. Zwetsche, Beginn der Ernte

25. September. Birne, Gitterrost

26. September. Grummetreife

28. September. Efeu, Beginn der Blüte
Buche, Beginn der Fruchtreife

30. September. Apfel, Schorf
Eiche, Beginn der Fruchtreife

2. Oktober. Birne, Schorf

5. Oktober. Apfel, Polsterschimmel
Herbstzeitlose, Beginn der Blüte

8. Oktober. Große Zuckerbirne, Beginn der Ernte

10. Oktober. Kartoffel, Hindenburg, Beginn der Ernte

12. Oktober. Goldparmäne, Beginn der Ernte

13. Oktober. Buche, Allgemeine Laubverfärbung

15. Oktober. Roßkastanie, Beginn der Fruchtreife

16. Oktober. Eiche, Allgemeine Laubverfärbung

24. Oktober. Erste Frostspanner an Probeleimringen

25. Oktober. Roßkastanie, Allgemeine Laubverfärbung

Birkelbach
(Beob. W. Wagenländer)

5. April. Schneeglöchen, Beginn der Blüte

7. April. Johannisbeere, fleischfarbige Champagner, Beginn des Austriebes
Erdbeere, Beginn des Austriebes

9. April. Rote Stachelbeere, Beginn des Austriebes

10. April. Bohnenapfel, Beginn des Austriebes

11. April. Große Bratbirne, Beginn des Austriebes

13. April. Weiße Tafelkirsche, Beginn des Austriebes

15. April. Huflattich, Beginn der Blüte

16. April. Amorellenkirsche, Beginn des Austriebes

20. April. Gelbe Eierpflaume, Beginn des Austriebes
Dattelzwetsche, Beginn des Austriebes
Anemone, Beginn der Blüte

23. April. Salweide, Beginn der Blüte

25. April. Rauhaarige Wicke in Frucht

1. Mai. Buche, Beginn der Laubentfaltung

2. Mai. Roggen, Fritfliege

3. Mai. Weizen, Fritfliege
Buchenhochwald grün

5. Mai. Weiße Tafelkirsche, Beginn der Blüte

6. Mai. Eichenhochwald grün
Johannisbeere, fleischfarbige Champagner, Beginn der Blüte

8. Mai. Große Bratbirne, Beginn der
Blüte
Erdbeere, Beginn der Blüte

9. Mai. Amorellenkirsche, Beginn der
Blüte

10. Mai. Apfel, Bohnenapfel, Beginn der
Blüte
Kiefer, erste Maitriebe
Hederich, Keimpflänzchen

11. Mai. Viktoriaerbse, Beginn des Auflaufens
Rote Stachelbeere, Beginn der Blüte

12. Mai. Gelbe Eierpflaume, Beginn der
Blüte
Dattelzwetsche, Beginn der Blüte
Weiße Tafelkirsche, Ende der Blüte
Tanne, erste Maitriebe
Ackersenf

13. Mai. Fichte, erste Maitriebe

14. Mai. Hederich in Frucht

15. Mai. Schlehe, Beginn der Blüte
Hafer, Fritfliege

17. Mai. Amorellenkirsche, Ende der Blüte
Johannisbeere, fleischfarbige Champagner, Ende der Blüte

18. Mai. Erdbeere, Ende der Blüte

19. Mai. Jäger's Champagner-Winterroggen, Beginn des Schossens

20. Mai. Klee, Kleeteufel
Bohnenapfel, Ende der Blüte
Gelbe Eierpflaume, Ende der Blüte

22. Mai. Große Bratbirne, Ende der
Blüte
Dattelzwetsche, Ende der Blüte

23. Mai. Rote Stachelbeere, Ende der
Blüte

25. Mai. Roggen, Mutterkorn, Honigtaustadium
Sommerlinde, Beginn der Laubentfaltung

27. Mai. Kartoffel, Professor Gerlach,
Beginn des Auflaufens

2. Juni. Roggen, Roggenstengelbrand
Wein, Einbindiger Heu- und Sauerwurm

3. Juni. Jäger's Champagner-Winterroggen, Beginn der Blüte

9. Juni. Siegerländer Winterweizen,
Beginn des Schossens

10. Juni. Rotklee, Beginn der Blüte
Johannisbeere, Blattflecken

11. Juni. Sommergerste, Heils Frankengerste, Beginn der Blüte

12. Juni. Eiche, erste Johannistriebe

15. Juni. Jäger's Champagner-Winter-
roggen, Ende der Blüte
Weiße Tafelkirsche, Beginn der Ernte
Weizen, gelbe Halmfliege

21. Juni. Heils Frankengerste, Beginn
der Blüte

25. Juni. Siegerländer Winterweizen,
Beginn der Blüte
Lochows Gelbhafer, Beginn des
Schossens
Erbse, Erbsenrost

27. Juni. Gerste, Streifenkrankheit

30. Juni. Weizen, Steinbrand

3. Juli. Weizen, Flugbrand

6. Juli. Erbse, Brennfleckenkrankheit

7. Juli. Pflaume, Taschenkrankheit
Zwetsche, Taschenkrankheit

8. Juli. Amorettenkirsche, Beginn der
Ernte

10. Juli. Gerste, Flugbrand
Gerste, Hartbrand

11. Juli. Sommergerste, Heils Frankengerste, Ende der Blüte

15. Juli. Viktoriaerbse, Beginn der Blüte

16. Juli. Siegerländer Winterweizen,
Ende der Blüte
Kartoffel, Professor Gerlach, Beginn
der Blüte
Johannisbeere, Beginn der Fruchtreife

20. Juli. Johannisbeere, Fleischfarbiger Champagner, Beginn der Ernte

23. Juli. Erdbeere, Beginn der Ernte

28. Juli. Rote Stachelbeere, Beginn der Ernte

30. Juli. Jäger's Champagner-Winterroggen, Beginn der Ernte
Runkelrübe, Rost
Zuckerrübe, Rost
Zuckerrübe, Runkelfliege
Runkelrübe, Runkelfliege

2. August. Kartoffel, Professor Gerlach, Ende der Blüte

5. August. Kartoffel, Erdraupen

12. August. Sommergerste, Heils Frankengerste, Beginn der Ernte

13. August. Siegerländer Winterweizen, Beginn der Ernte

15. August. Apfel, Obstmade
Birne, Schorf
Birne, Obstmade
Pflaume, Polsterschimmel
Zwetsche, Polsterschimmel

18. August. Kartoffel, Schwarzbeinigkeit

20. August. Grummetreife

25. August. Kartoffel, Krautfäule

28. August. Rotklee, Beginn der Ernte

31. August. Große Bratbirne, Beginn der Ernte

4. September. Apfel, Schorf

13. September. Herbstzeitlose, Beginn der Blüte

19. September. Kartoffel, Professor Gerlach, Beginn der Ernte

25. September. Eiche, Beginn der Fruchtreife
Erster Wasserfrosch

30. September. Erster Grasfrosch

5. Oktober. Buche, Beginn der Fruchtreife

10. Oktober. Bohnenapfel, Beginn der Ernte
Buche, allgemeine Laubverfärbung
Eiche, allgemeine Laubverfärbung

Satteldorf bei Crailsheim
(Beob. H. Dollinger)

5. März. Erdbeere, Beginn des Austriebs

9. März. Stachelbeere, Beginn des Austriebs

11. März. Johannisbeere, Beginn des Austriebs

22. März. Hederich, Keimpflänzchen

24. März. Luxemburger Birne, Beginn des Austriebs

27. März. Bietigheimer Apfel, Beginn des Austriebs

28. März. Zwetsche, Beginn des Austriebs
Süßkirsche, Beginn des Austriebs

30. März. Pflaume, Beginn des Austriebs

2. April. Stachelbeere, Beginn der Blüte

3. April. Johannisbeere, Beginn der Blüte

5. April. Süßkirsche, Beginn der Blüte

10. April. Ackerbohne, Beginn des Auflaufens
Pflaume, Beginn der Blüte

12. April. Stachelbeere, Ende der Blüte

14. April. Johannisbeere, Ende der Blüte

18. April. Zwetsche, Beginn der Blüte
Süßkirsche, Ende der Blüte

22. April. Pflaume, Ende der Blüte

30. April. Zwetsche, Ende der Blüte

12. Mai. Luxemburger Birne, Ende der Blüte

13. Mai. Kleine Viktoriaerbse, Beginn des Auflaufens

15. Mai. Bietigheimer Apfel, Beginn der Blüte

17. Mai. Kartoffel, Industrie, Beginn des Auflaufens

19. Mai. Oberndorfer Rübe, Beginn des Auflaufens

21. Mai. Petkuser Winterroggen, Beginn des Schossens

22. Mai. Luxemburger Birne, Ende der Blüte

25. Mai. Erdbeere, Beginn der Blüte

27. Mai. Bietigheimer Apfel, Ende der Blüte

Friedrichswerter Wintergerste, Beginn des Schossens

Gerste, Flugbrand

30. Mai. Petkuser Winterroggen, Beginn der Blüte

Roggen, Getreideblumenfliege

3. Juni. Erdbeere, Ende der Blüte

Friedrichswerter Wintergerste, Beginn der Blüte

4. Juni. Süßkirsche, Zweigdürre

Sauerkirsche, Zweigdürre

13. Juni. Friedrichswerter Wintergerste, Ende der Blüte

19. Juni. Petkuser Winterroggen, Ende der Blüte

20. Juni. Kartoffel, Schwarzbeinigkeit

21. Juni. Ackerbohne, Beginn der Blüte

22. Juni. Süßkirsche, Beginn der Ernte

23. Juni. Hohenheimer Dickkopfweizen, Beginn des Schossens

Klee, Kleeseide

24. Juni. Johannisbeere, Blattflecken

Gerste, Streifenkrankheit

Hohenheimer Dickkopfweizen, Beginn der Blüte

25. Juni. Kleine Viktoriaerbse, Beginn der Blüte

Erdbeere, Beginn der Ernte

26. Juni. Roggen, Mutterkorn, Honigtaustadium

Zeuners Sommergerste, Beginn des Schossens

30. Juni. Zeuners Gerste, Beginn der Blüte

2. Juli. Ackerbohne, schwarze Blattlaus

3. Juli. Zuckerrübe, Rost

Runkelrübe, Rost

Erdbeere, Blattfleckenkrankheit

4. Juli. Viersamige Wicke in Frucht

6. Juli. Hohenheimer Dickkopfweizen, Ende der Blüte

10. Juli. Lochows Gelbhafer, Beginn des Schossens

Weizen, Flugbrand

Kartoffel, Krautfäule

12. Juli. Kartoffel, Industrie, Beginn der Blüte

Zeuners Sommergerste, Ende der Blüte

14. Juli. Lochows Gelbhafer, Beginn der Blüte

Kleine Viktoriaerbse, Ende der Blüte

15. Juli. Friedrichswerter Wintergerste, Beginn der Ernte

Roggen, Mutterkorn (Sclerotium)

17. Juli. Apfel, Obstmaden

Ackerbohne, Ende der Blüte

Stachelbeere, Beginn der Ernte

18. Juli. Johannisbeere, Beginn der Ernte

Roggen, Schwarzrost

Roggen, Braunrost

Hafer, Weißrippigkeit

20. Juli. Lochows Gelbhafer, Ende der Blüte

22. Juli. Petkuser Winterroggen, Beginn der Ernte

Birne, Obstmade

23. Juli. Hafer, Flugbrand

26. Juli. Erbse, Erbsenrost

27. Juli. Weizen, Steinbrand

29. Juli. Roggen, Roggenstengelbrand

3. August. Weizen, Gelbe Halmfliege

Stachelbeere, Rost

10. August. Kartoffel, Industrie, Ende der Blüte

Zeuners Sommergerste, Beginn der Ernte

12. August. Pflaume, Beginn der Ernte

15. August. Hohenheimer Dickkopfweizen, Beginn der Ernte

Kleine Viktoriaerbse, Beginn der Ernte

17. August. Lochows Gelbhafer, Beginn
der Ernte

18. August. Hederich in Frucht

20. August. Gerste, Hartbrand

22. August. Apfel, Schorf

23. August. Pflaume, Polsterschimmel,
Zwetsche, Polsterschimmel

24. August. Kartoffel, Erdraupe

28. August. Ackerbohne, Beginn der Ernte

20. September. Kartoffel, Industrie, Beginn der Ernte
Luxemburger Birne, Beginn der Ernte

24. September. Zwetsche, Beginn der
Ernte

26. September. Bietigheimer Apfel, Beginn der Ernte

18. Oktober. Oberndorfer Rübe, Beginn
der Ernte

Waldtann

(Beob. G. Schöppler)

3. März. Salweide, Beginn der Blüte

5. März. Schneeglöckchen, Beginn der
Blüte

18. März. Anemone, Beginn der Blüte

24. März. Huflattich, Beginn der Blüte
Stachelbeere, Beginn der Laubentfaltung

1. April. Kornelkirsche, Beginn der Blüte

4. April. Erster Wasserfrosch
Roggen, Schneeschimmel

10. April. Weizen, Schneeschimmel

11. April. Johannisbeere, Beginn des
Austriebs

12. April. Erster Grasfrosch

14. April. Stachelbeere, Beginn des Austriebs

16. April. Kohlweißling, erster Falter
Dotterblume, Beginn der Blüte

17. April. Johannisbeere, Beginn der
Blüte

22. April. Stachelbeere, Beginn der Blüte

23. April. Roßkastanie, Beginn der Laubentfaltung

25. April. Buche, Beginn der Laubentfaltung

26. April. Sauerkirsche, Beginn des Austriebs

28. April. Sommerlinde, Beginn der
Laubentfaltung
Johannisbeere, Ende der Blüte

30. April. Stachelbeere, Ende der Blüte
Erdbeere, Beginn des Austriebs

2. Mai. Süßkirsche, Beginn der Blüte
Große Zuckerbirne, Beginn des Austriebs

4. Mai. Zwetsche, Beginn des Austriebs
Schlehe, Beginn der Blüte
Holunder, Beginn der Blüte
Hederich, Keimpflänzchen
Roggen, Getreideblumenfliege

6. Mai. Goldparmäne, Beginn des
Austriebs
Ackersenf, Keimpflänzchen
Birne, Beginn der Blüte
Buchenhochwald grün

8. Mai. Roggen, Fritfliege
Weizen, Getreideblumenfliege

10. Mai. Apfel, Beginn der Blüte
Goldregen, Beginn der Blüte
Tanne, erste Maitriebe
Schneebeere, Beginn der Blüte

11. Mai. Sauerkirsche, Beginn der Blüte

12. Mai. Rotklee, Beginn des Austriebs
Zwetsche, Beginn der Blüte
Erdbeere, Beginn der Blüte
Eberesche, Beginn der Blüte
Fichte, erste Maitriebe

13. Mai. Kiefer, erste Maitriebe

14. Mai. Hafer, Fritfliege
Erste Maikäfer

15. Mai. Roßkastanie, Beginn der Blüte
Falscher Jasmin, Beginn der Blüte

16. Mai. Weizen, Fritfliege
Sauerkirsche, Ende der Blüte

18. Mai. Champagner Winterroggen, Beginn des Schossens
Zwetsche, Ende der Blüte
Gerste, Getreideblumenfliege
Eichenhochwald grün

20. Mai. Flieder, Beginn der Blüte
Gerste, Fritfliege
Kartoffel, Wohltmann, Beginn des Auflaufens

22. Mai. Champagner-Winterroggen, Beginn der Blüte

23. Mai. Große Zuckerbirne, Ende der Blüte

26. Mai. Goldparmäne, Ende der Blüte

28. Mai. Erdbeere, Ende der Blüte

4. Juni. Zeuners Frankengerste, Beginn des Schossens

5. Juni. Champagner-Winterroggen, Ende der Blüte
Erdbeere, Blattfleckenkrankheit

6. Juni. Spitzahorn, erste Johannistriebe

10. Juni. Roggen, Mutterkorn (Honigtaustadium)
Eiche, erste Johannistriebe

14. Juni. Zeuners Frankengerste, Beginn der Blüte
Eberesche, erste Johannistriebe

15. Juni. Ackermanns Winterweizen, Beginn des Schossens

20. Juni. Kartoffel, Erdraupen
Gerste, Streifenkrankheit
Runkelrübe, Runkelfliege
Zuckerrübe, Runkelfliege

22. Juni. Ackermanns Winterweizen, Beginn der Blüte
Rotklee, Beginn der Blüte

26. Juni. Erbse, Erbsenrost

28. Juni. Zeuners Frankengerste, Ende der Blüte
Ackermanns Winterweizen, Ende der Blüte

30. Juni. Ackerbohne, schwarze Blattlaus

2. Juli. Kartoffel, Wohltmann, Beginn der Blüte

4. Juli. Lochows Gelbhafer, Beginn des Schossens
Roggen, Mutterkorn (Sclerotium)
Hafer, Flugbrand

6. Juli. Holunder, Beginn der Fruchtreife
Zuckerrübe, Rost
Runkelrübe, Rost
Gerste, Flugbrand

8. Juli. Erdbeere, Beginn der Ernte
Ackerbohne, Rost
Johannisbeere, Blattflecken

10. Juli. Runkelrübe, schwarze Blattlaus
Zuckerrübe, schwarze Blattlaus

12. Juli. Rauhhaarige Wicke in Frucht
Gerste, Hartbrand
Kartoffel, Krautfäule

13. Juli. Johannisbeere, Beginn der Ernte
Stachelbeere, Stachelbeerblattwespe

14. Juli. Kartoffel, Schwarzbeinigkeit

16. Juli. Erbse, Wolfsmilch
Stachelbeere, Stachelbeerblattspanner
Viersamige Wicke in Frucht
Gelbhafer, Beginn der Blüte

17. Juli. Sommerlinde, Beginn der Blüte
Winterlinde, Beginn der Blüte

20. Juli. Hederich in Frucht
Apfel, Obstmade

22. Juli. Weizen, Gelbe Halmfliege

24. Juli. Süßkirsche, Zweigdürre
Sauerkirsche, Zweigdürre
Kartoffel, Wohltmann, Ende der Blüte

25. Juli. Schneebeere, Beginn der Fruchtreife

26. Juli. Heide, Beginn der Blüte
Birne, Obstmade
Windhalm in Blüte
Weizen, Steinbrand

28. Juli. Champagner = Winterroggen, Beginn der Ernte
Lochows Gelbhafer, Ende der Blüte
Sauerkirsche, Beginn der Ernte
Weizen, Flugbrand

30. Juli. Stachelbeere, Beginn der Ernte

2. August. Ackermanns Winterweizen, Beginn der Ernte

4. August. Stachelbeere, Rost

10. August. Zeuners Frankengerste, Beginn der Ernte

12. August. Grummetreife

15. August. Lochows Gelbhafer, Beginn der Ernte

4. September. Zwetsche, Polsterschimmel
Pflaume, Polsterschimmel

8. September. Pflaume, Pflaumen = sägewespe
Zwetsche, Pflaumensägewespe

10. September. Zwetsche, Beginn der Ernte

24. September. Birne, Gitterrost

28. September. Apfel, Schorf

29. September. Efeu, Beginn der Blüte

30. September. Buche, Beginn der Fruchtreife

2. Oktober. Eiche, Beginn der Fruchtreife

3. Oktober. Herbstzeitlose, Beginn der Blüte

4. Oktober. Birne, Schorf

6. Oktober. Apfel, Polsterschimmel

10. Oktober. Große Zuckerbirne, Beginn der Ernte

12. Oktober. Kartoffel, Wohltmann, Beginn der Ernte

14. Oktober. Goldparmäne, Beginn der Ernte
Buche, allgemeine Laubverfärbung

15. Oktober. Roßkastanie, Beginn der Fruchtreife

18. Oktober. Eiche, allgemeine Laubverfärbung

24. Oktober. Roßkastanie, allgemeine Laubverfärbung

25. Oktober. Erste Frostspanner an Probeleimringen

Mangoldtshausen bei Ellwangen
(Schwäb. Jura)
(Beob. E. Schmid)

28. März. Schneeglöckchen, Beginn der Blüte

10. April. Stachelbeere, Beginn der Laubentfaltung

24. April. Steyrischer Rotklee, Beginn des Auflaufens

25. April. Dotterblume, Beginn der Blüte

27. April. Eckendorfer Rübe, Beginn des Auflaufens
Amerikanische Stachelbeere, Beginn der Blüte

30. März. Rote Holländer Johannisbeere, Beginn des Austriebes

2. Mai. Viktoriaerbse, Beginn des Auflaufens

3. Mai. Rote Holländer Johannisbeere, Beginn der Blüte

5. Mai. Hedelfinger Süßkirsche, Beginn der Blüte
Flieder, Beginn der Blüte

7. Mai. Gelbe Eierpflaume, Beginn der Blüte

10. Mai. Buche, Beginn der Laubentfaltung

12. Mai. Schweizer Wasserbirne, Beginn der Blüte
Hedelfinger Süßkirsche, Ende der Blüte

14. Mai. Gelbe Eierpflaume, Ende der Blüte

15. Mai. Rote Holländer Johannisbeere, Ende der Blüte
Schlehe, Beginn der Blüte
Sommerlinde, Beginn der Laubentfaltung
Buchenhochwald grün

18. Mai. Schweizer Wasserbirne, Ende
der Blüte
Amerikanische Stachelbeere, Ende der
Blüte

20. Mai. Apfel, Beginn der Blüte
Hauszwetsche, Ende der Blüte
Roßkastanie, Beginn der Laubentfal=
tung

25. Mai. Petkuser Winterroggen, Beginn
des Schossens
Winterlinde, Beginn der Laubentfal=
tung

26. Mai. Kiefer, erste Maitriebe
Fichte, erste Maitriebe

28. Mai. Eichenhochwald grün

29. Mai. Tanne, erste Maitriebe
Apfel, Ende der Blüte

3. Juni. Kartoffel, Industrie, Beginn
des Auflaufens

11. Juni. Petkuser Winterroggen, Beginn
der Blüte

22. Juni. Hohenheimer Dickkopfwinter=
weizen, Beginn des Schossens
Holunder, Beginn der Blüte
Petkuser Winterroggen, Ende der Blüte

24. Juni. Sommerlinde, Beginn der Blüte
Winterlinde, Beginn der Blüte

29. Juni. Sommergerste, Beginn des
Schossens

2. Juli. Sommerweizen, Landweizen,
Beginn des Schossens

3. Juli. Johannisbeere, Beginn der
Fruchtreife

4. Juli. Hohenheimer Dickkopfweizen,
Beginn der Blüte

10. Juli. Fichtelgebirgshafer, Beginn
des Schossens
Landgerste, Beginn der Blüte

11. Juli. Rote holländische Johannis=
beere, Beginn der Ernte

12. Juli. Hedelfinger Süßkirsche, Beginn
der Ernte
Steyrischer Rotklee, Beginn der Ernte

15. Juli. Sommerweizen, Landweizen,
Beginn der Blüte

20. Juli. Apfel, Schorf
Amerikanische Stachelbeere, Beginn
der Ernte

21. Juli. Fichtelgebirgshafer, Beginn der
Blüte

25. Juli. Weiße Lilie, Beginn der Blüte

28. Juli. Petkuser Winterroggen, Beginn
der Ernte

10. August. Hohenheimer Dickkopfweizen,
Beginn der Ernte

15. August. Landgerste, Beginn der Ernte

25. August. Landweizen, Beginn der
Ernte

Rabenhof bei Ellwangen
(Schwäb. Jura)
(Beob. Friedrich Gock)

6. März. Schneeglöckchen, Beginn der
Blüte

9. April. Salweide, Beginn der Blüte

18. April. Erster Grasfrosch

22. April. Erster Wasserfrosch

25. April. Anemone, Beginn der Blüte

28. April. Süßkirsche, Beginn des Aus=
triebs

29. April. Dotterblume, Beginn der
Blüte

30. April. Rübe, Friedrichswerter Zucker=
walze, Beginn des Auflaufens

30. April. Stachelbeere, Beginn des Aus=
triebs

1. Mai. Johannisbeere, Beginn des
Austriebs

2. Mai. Süßkirsche, Beginn der Blüte

4. Mai. Roßkastanie, Beginn der Laub=
entfaltung
Stachelbeere, Beginn der Blüte

5. Mai. Schweizer Wasserbirne, Beginn
des Austriebs

6. Mai. Johannisbeere, Beginn der
Blüte

7. Mai. Stachelbeere, Ende der Blüte
Zwetsche, Beginn des Austriebs

8. Mai. Sommerlinde, Beginn der Laubentfaltung
Apfel, Beginn des Austriebs

9. Mai. Johannisbeere, Ende der Blüte
Schlehe, Beginn der Blüte

10. Mai. Kartoffel, Industrie, Beginn
des Auflaufens
Buche, Beginn der Laubentfaltung

11. Mai. Süßkirsche, Ende der Blüte

12. Mai. Viktoriaerbse, Beginn des Auflaufens

13. Mai. Schweizer Wasserbirne, Beginn
der Blüte

14. Mai. Zwetsche, Beginn der Blüte

15. Mai. Roßkastanie, Beginn der Blüte

16. Mai. Fichte, erste Maitriebe
Goldrenette von Blönheim, Beginn
der Blüte

17. Mai. Zwetsche, Ende der Blüte

18. Mai. Petkuser Winterroggen, Beginn
des Schossens
Hohenheimer Raps, Beginn der Blüte
Buchenhochwald grün

19. Mai. Tanne, erste Maitriebe

20. Mai. Schweizer Wasserbirne, Ende
der Blüte

28. Mai. Goldrenette von Blönheim,
Ende der Blüte

29. Mai. Raps, Rapserdfloh

30. Mai. Hohenheimer Raps, Ende der
Blüte

8. Juni. Petkuser Winterroggen, Beginn der Blüte

16. Juni. Holunder, Beginn der Blüte

17. Juni. Hohenloher Rotklee, Beginn der
Ernte

22. Juni. Friedrichswerter Goldweizen,
Beginn des Schossens
Viktoriaerbse, Beginn der Blüte

24. Juni. Hohenloher Rotklee, Beginn
der Blüte

26. Juni. Friedrichswerter Goldweizen,
Beginn der Blüte

28. Juni. Hohenheimer Sommerweizen,
Beginn des Schossens
Petkuser Winterroggen, Ende der Blüte

30. Juni. Zeiners Frankengerste, Beginn
des Schossens

2. Juli. Zeiners Frankengerste, Beginn
der Blüte

3. Juli. Lochows Gelbhafer, Beginn des
Schossens

4. Juli. Viktoriaerbse, Ende der Blüte

6. Juli. Hohenheimer Sommerweizen,
Beginn der Blüte

7. Juli. Hohenloher Rotklee, Ende der
Blüte
Süßkirsche, Beginn der Ernte

8. Juli. Lochows Gelbhafer, Beginn der
Blüte

9. Juli. Friedrichswerter Goldweizen,
Ende der Blüte

12. Juli. Zeiners Frankengerste, Ende der
Blüte

14. Juli. Hohenheimer Sommerweizen,
Ende der Blüte

15. Juli. Johannisbeere, Beginn der
Fruchtreife
Hohenheimer Raps, Beginn der Ernte

16. Juli. Lochows Gelbhafer, Ende der
Blüte
Kartoffel, Industrie, Beginn der Blüte

18. Juli. Johannisbeere, Beginn der Ernte

23. Juli. Stachelbeere, Beginn der Ernte

28. Juli. Petkuser Winterroggen, Beginn
der Ernte

2. August. Eberesche, Beginn der Fruchtreife

5. August. Friedrichswerter Goldweizen,
Beginn der Ernte

11. August. Kartoffel, Industrie, Ende
der Blüte

12. August. Sommergerste, Beginn der
Ernte

21. August. Viktoriaerbse, Beginn der Ernte
26. August. Grummetreife
8. September. Holunder, Beginn der Fruchtreife
Lochows Gelbhafer, Beginn der Ernte
14. September. Herbstzeitlose, Beginn der Blüte
21. September. Roßkastanie, Beginn der Fruchtreife
24. September. Kartoffel, Industrie, Beginn der Ernte

28. September. Buche, Beginn der Fruchtreife
5. Oktober. Goldrenette von Blönheim, Beginn der Ernte
9. Oktober. Schweizer Wasserbirne, Beginn der Ernte
12. Oktober. Eiche, Beginn der Fruchtreife
14. Oktober. Buche, allgemeine Laubverfärbung
22. Oktober. Roßkastanie, allgemeine Laubverfärbung
27. Oktober. Eiche, allgemeine Laubverfärbung

IVo. Obermain-Regnitzbeckenkreis (Fränkisches Becken) 1924

Nürnberg
(Beob. Otto Strauß)

23. März. Schneeglöckchen, Beginn der Blüte
Huflattich, Beginn der Blüte
Hahnenfuß, Beginn der Blüte
Salweide, Beginn der Blüte
27. März. Kornelkirsche, Beginn der Blüte
30. März. Stachelbeere, Beginn der Laubentfaltung
18. April. Dotterblume, Beginn der Blüte
4. Mai. Johannisbeere, Beginn der Blüte
7. Mai. Süßkirsche, Beginn der Blüte
11. Mai. Schlehe, Beginn der Blüte
Birne, Beginn der Blüte
Buche, Beginn der Laubentfaltung
18. Mai. Apfel. Beginn der Blüte
Roßkastanie, Beginn der Laubentfaltung
Sommerlinde, Beginn der Laubentfaltung
20. Mai. Roßkastanie, Beginn der Blüte
Flieder, Beginn der Blüte
29. Mai. Eberesche, Beginn der Blüte
Buchenhochwald, grün
1. Juni. Eichenhochwald grün

Alfeld bei Hersbruck
(Beob. Ferd. Eckardt)

25. März. Daphne mezereum, Beginn der Blüte
2. April. Huflattich, Beginn der Blüte
3. April. Salweide, Beginn der Blüte
6. April. Anemone pulsatilla. Beginn der Blüte
8. April. Anemone, Beginn der Blüte
18. April. Dotterblume, Beginn der Blüte
Kohlweißling, erster Falter
20. April. Johannisbeere, Beginn der Blüte
Süßkirsche, Beginn der Blüte
22. April. Stachelbeere, Beginn der Laubentfaltung
1. Mai. Schlehe, Beginn der Blüte
Erster Maikäfer
3. Mai. Buche, Beginn der Laubentfaltung
Erster Grasfrosch
8. Mai. Fichte, erste Maitriebe
10. Mai. Kiefer, erste Maitriebe
Roßkastanie, Beginn der Laubentfaltung
Holunder, Beginn der Blüte

12. Mai. Sommerlinde, Beginn der Blüte
Buchenhochwald, grün
Tanne, erste Maitriebe

15. Mai. Erster Wasserfrosch
Birne, Beginn der Blüte
Roßkastanie, Beginn der Blüte
Winterlinde, Beginn der Laubent=
faltung

18. Mai. Apfel, Beginn der Blüte
Flieder, Beginn der Blüte
Eberesche, Beginn der Blüte

20. Mai. Goldregen, Beginn der Blüte
Winterroggen, Beginn des Schossens
Schneebeere, Beginn der Blüte

22. Mai. Eichenhochwald, grün

25. Mai. Winterweizen, Beginn des Schossens

30. Mai. Falscher Jasmin, Beginn der Blüte

2. Juni. Winterroggen, Beginn der Blüte

10. Juni. Winterweizen, Beginn der Blüte

15. Juni. Eiche, erste Johannistriebe

18. Juni. Spitzahorn, erste Johannis= triebe

20. Juni. Eberesche, erste Johannis= triebe

12. Juli. Sommerlinde, Beginn der Blüte
Winterlinde, Beginn der Blüte

15. Juli. Heide, Beginn der Blüte

18. Luli. Weiße Lilie, Beginn der Blüte

20. Juli. Johannisbeere, Beginn der Fruchtreife

28. Juli. Winterroggen, Beginn der Ernte

8. August. Schneebeere, Beginn der Fruchtreife

10. August. Eberesche, Beginn der Frucht= reife

15. August. Holunder, Beginn der Frucht= reife
Winterweizen, Beginn der Ernte

20. August. Birke, Beginn der Frucht= reife
Grummetreife

25. August. Buche, Beginn der Frucht= reife

20. September. Liguster, Beginn der Fruchtreife

25. September. Efeu, Beginn der Ernte
Eiche, Beginn der Fruchtreife

28. September. Roßkastanie, Beginn der Fruchtreife

5. Oktober. Buche, allgemeine Laub= verfärbung

10. Oktober. Eiche, allgemeine Laub= verfärbung

15. Oktober. Herbstzeitlose, Beginn der Blüte

20. Oktober. Roßkastanie, allgemeine Laubverfärbung

IVp. Jurakreis 1924.

Bayreuth
(Beob. Dr. K. Beck)

27. August. Roßkastanie, Beginn der Fruchtreife

31. August. Herbstzeitlose, Beginn der Blüte

Loderbach bei Neumarkt
(Beob. Ökonomierat R. Frauenknecht)

1. August. Heide, Beginn der Blüte
Winterweizen, Beginn der Ernte

20. August. Eberesche, Beginn der Frucht= reife

10. September. Roßkastanie, Beginn der Fruchtreife

12. September. Herbstzeitlose, Beginn der Blüte

20. September. Roßkastanie, Beginn der Laubverfärbung

25. September. Holunder, Beginn der Fruchtreife

Eichstätt
(Beob. Prof. A. Knörzert)

23. März. Schneeglöckchen, Beginn der Blüte

9. April. Salweide, Beginn der Blüte

14. April. Anemone, Beginn der Blüte
Kornelkirsche, Beginn der Blüte

16. April. Roßkastanie, Beginn der Laubentfaltung

27. April. Schlehe, Beginn der Blüte

28. April. Sommerlinde, Beginn der Laubentfaltung
Buche, Beginn der Laubentfaltung
Süßkirsche, Beginn der Blüte

29. April. Johannisbeere, Beginn der Blüte
Stachelbeere, Beginn der Blüte

1. Mai. Sauerkirsche, Beginn der Blüte

3. Mai. Buchenhochwald grün

5. April. Birne, Beginn der Blüte

11. Mai. Apfel, Beginn der Blüte

12. Mai. Erste Maikäfer
Roßkastanie, Beginn der Blüte

15. Mai. Flieder, Beginn der Blüte

23. Mai. Goldregen, Beginn der Blüte

29. Mai. Winterroggen, Beginn der Blüte

4. Juni. Holunder, Beginn der Blüte
Falscher Jasmin, Beginn der Blüte

11. Juni. Erdbeere, Beginn der Ernte

16. Juni. Pflaume, Taschenkrankheit
Zwetsche, Taschenkrankheit

17. Juni. Süßkirsche, Beginn der Ernte

18. Juni. Schneebeere, Beginn der Blüte

23. Juni. Sommerlinde, Beginn der Laubentfaltung

27. Juni. Johannisbeere, Beginn der Ernte

4. Juli. Weiße Lilie, Beginn der Blüte

6. Juli. Winterlinde, Beginn der Blüte

9. Juli. Roggen, Schwarzrost
Roggen, Braunrost

16. Juli. Wintergerste, Beginn der Ernte

17. Juli. Wein, falscher Mehltau

18. Juli. Winterroggen, Beginn der Ernte

1. August. Sommergerste, Beginn der Ernte
Winterweizen, Beginn der Ernte

10. August. Hafer, Beginn der Ernte

25. August. Holunder, Beginn der Fruchtreife

3. September. Kartoffel, Krautfäule

13. September. Roßkastanie, Beginn der Fruchtreife

17. September. Roßkastanie, Beginn der Laubverfärbung

10. Oktober. Buche, Beginn der Laubverfärbung

Aalen (Schwäb. Jura)
(Beob. Ökonomierat Kurz)

28. März. Schneeglöckchen, Beginn der Blüte

Anfang April. Erster Wasserfrosch

15. April. Salweide, Beginn der Blüte

18. April. Huflattich, Beginn der Blüte

20. April. Anemone, Beginn der Blüte

23. April. Stachelbeere, Beginn der Laubentfaltung

30. April. Dotterblume, Beginn der Blüte

Anfang Mai. Hederich, Keimpflänzchen
Ackersenf

1. Mai. Stachelbeere, Beginn der Blüte

2. Mai. Johannisbeere, Beginn der Blüte

Süßkirsche, Beginn der Blüte
Roßkastanie, Beginn der Laubent=
faltung
Sommerlinde, Beginn der Laubent=
faltung

6. Mai. Schlehe, Beginn der Blüte
Buche, Beginn der Laubentfaltung
Zwetsche, Beginn der Blüte

7. Mai. Pflaume, Beginn der Blüte

11. Mai. Stachelbeere, Ende der Blüte
Johannisbeere, Ende der Blüte

12. Mai. Süßkirsche, Ende der Blüte
Birne, Beginn der Blüte

13. Mai. Apfel, Beginn der Blüte

15. Mai. Pflaume, Ende der Blüte
Kartoffel, Industrie, Beginn des Auf=
laufens

Mitte Mai. Erster Landfrosch
Erster Maikäfer
Hederich in Frucht
Stachelbeere, Stachelbeerblattwespe

16. Mai. Roßkastanie, Beginn der Blüte
Zwetsche, Ende der Blüte

18. Mai. Flieder, Beginn der Blüte

20. Mai. Eckendorfer Rübe, Beginn des
Auflaufens
Erdbeere, Beginn der Blüte

22. Mai. Birne, Ende der Blüte

25. Mai. Apfel, Ende der Blüte
Buchenhochwald grün

28. Mai. Goldregen, Beginn der Blüte

Ende Mai. Pflaume, Taschenkrankheit
Zwetsche, Taschenkrankheit

Anfang Juni. Rauhhaarige Wicke in
Frucht

12. Juni. Holunder, Beginn der Blüte

15. Juni. Petkuser Winterroggen, Beginn
des Schossens

Mitte Juni. Kohlweißling, erster Falter
Roggen, Mutterkorn (Honigtaustz=
dium)

22. Juni. Bavaria=Sommergerste, Be=
ginn des Schossens

26. Juni. Sommerlinde, Beginn der
Blüte
Winterlinde, Beginn der Blüte

27. Juni. Petkuser Winterroggen, Be=
ginn der Blüte

Ende Juni. Hohenheimer Bastardwinter=
weizen, Beginn des Schossens
Lochows Gelbhafer, Beginn des
Schossens

Anfang Juli. Hohenheimer Bastard=
winterweizen, Beginn der Blüte
Petkuser Winterroggen, Ende der
Blüte

6. Juli. Weiße Lilie, Beginn der Blüte

8. Juli. Johannisbeere, Beginn der
Fruchtreife

Mitte Juli. Lochows Gelbhafer, Beginn
der Blüte
Hohenheimer Bastardwinterweizen,
Ende der Blüte
Weizen, Steinbrand
Gerste, Flugbrand
Gerste, Streifenkrankheit
Hafer, Flugbrand

28. Juli. Johannisbeere, Beginn der
Ernte
Petkuser Winterroggen, Beginn der
Ernte

30. Juli. Stachelbeere, Beginn der
Ernte

Ende Juli. Kartoffel, Industrie, Beginn
der Blüte
Lochows Gelbhafer, Ende der Blüte
Roggen, Schwarzrost
Roggen, Braunrost

Anfang August. Kartoffel, Industrie,
Ende der Blüte

6. August. Pflaume, Beginn der Ernte

12. August. Bavaria=Sommergerste, Be=
ginn der Ernte

15. August. Hohenheimer Bastardwinter=
weizen, Beginn der Ernte

29. August. Grummetreife

Mitte August. Kartoffel, Schwarzbeinigkeit
    Apfel, Schorf
    Birne, Schorf
Ende August. Lochows Gelbhafer, Beginn
    der Ernte
    Kartoffel, Krautfäule
5. September. Holunder, Beginn der
    Fruchtreife
Mitte September. Apfel, Obstmade
    Roßkastanie, allgemeine Laubverfär=
    bung
21. September. Herbstzeitlose, Beginn der
    Blüte
22. September. Kartoffel, Industrie, Be=
    ginn der Ernte

24. September. Roßkastanie, Beginn der
    Fruchtreife
26. September. Birne, Beginn der
    Ernte
28. September. Apfel, Beginn der
    Ernte
30. September. Zwetsche, Beginn der
    Ernte
    Buche, Beginn der Fruchtreife
    Eiche, Beginn der Fruchtreife
Ende September. Buche, allgemeine
    Laubverfärbung
    Eiche, allgemeine Laubverfärbung
Ende Oktober. Eckendorfer Rübe, Beginn
    der Ernte

IV q. Vorlandkreis des bayrisch=böhmischen Gebirges (Oberpfalz) 1924

Berneck i. Fichtelgeb. (Oberfranken)
(Beob. H. Raeder, Oberlehrer)

19. März. Salweide, Beginn der Blüte
23. März. Schneeglöckchen, Beginn der
    Blüte
3. April. Dotterblume, Beginn der
    Blüte
5. April. Anemone, Beginn der Blüte
6. April. Huflattich, Beginn der Blüte
19. April. Kornelkirsche, Beginn der
    Blüte
20. April. Stachelbeere, Beginn der
    Laubentfaltung
30. April. Erster Wasserfrosch
1. Mai. Roßkastanie, Beginn der Laub=
    entfaltung
3. Mai. Buche, Beginn der Laubent=
    faltung
10. Mai. Süßkirsche, Beginn der Blüte
11. Mai. Schlehe, Beginn der Blüte
12. Mai. Erster Grasfrosch
    Erster Maikäfer
    Johannisbeere, Beginn der Blüte
14. Mai. Birne, Beginn der Blüte
16. Mai. Apfel, Beginn der Blüte

18. Mai. Flieder, Beginn der Blüte
19. Mai. Roßkastanie, Beginn der Blüte
20. Mai. Buchenhochwald grün
    Kohlweißling, erster Falter
25. Mai. Kiefer, erste Maitriebe
    Tanne, erste Maitriebe
    Fichte, erste Maitriebe
28. Mai. Goldregen, Beginn der Blüte
30. Mai. Winterroggen, Beginn des
    Schossens
12. Juni. Holunder, Beginn der Blüte
18. Juni. Schneebeere, Beginn der Blüte
19. Juni. Winterroggen, Petkuser Ab=
    saat, Beginn der Blüte
12. Juli. Sommerlinde, Beginn der Blüte
    Winterlinde, Beginn der Blüte
15. Juli. Johannisbeere, Beginn der
    Fruchtreife
19. August. Heide, Beginn der Blüte
25. August. Winterroggen, Beginn der
    Ernte
20. September. Roßkastanie, Beginn der
    Fruchtreife
25. September. Herbstzeitlose, Beginn
    der Blüte

29. September. Buche, Beginn der Fruchtreife

1. Oktober. Eiche, Beginn der Fruchtreife

Trautenberg (Oberpfalz)
(Beob. Freiin von Lindenfels)

10. März. Ankunft der Stare

22. März. Schneeglöckchen, Beginn der Blüte

7. April. Veilchen, Beginn der Blüte

16. April. Schwalbe, Ankunft

8. Mai. Stachelbeere, Beginn der Blüte

10. Mai. Johannisbeere, Beginn der Blüte

12. Mai. Süßkirsche, Beginn der Blüte
Pfirsich, Beginn der Blüte

13. Mai. Sauerkirsche, Schattenmorelle, Beginn der Blüte

15. Mai. Birne, Beginn der Blüte

16. Mai. Viktoriapflaume, Beginn d. Blüte

17. Mai. Apfel, Herbst-Calvill, Beginn der Blüte
Zwetsche, Beginn der Blüte
Erdbeere, Deutsch-Evern, Beginn der Blüte

20. Mai. Wintergerste, Beginn des Schossens

23. Mai. Bauernfeinds Winterroggen, Beginn des Schossens

25. Mai. Gerste, Flugbrand

28. Mai. Birne, Ende der Blüte

30. Mai. Flieder, Beginn der Blüte

31. Mai. Herbst-Calvill, Ende der Blüte

5. Juni. Wintergerste, Beginn der Blüte

7. Juni. Bauernfeinds Winterroggen, Beginn der Blüte

10. Juni. Stachelbeere, amerik. Mehltau

12. Juni. Ackerbohne, Beginn der Blüte

17. Juni. Wintergerste, Ende der Blüte

20. Juni. Bauernfeinds Winterroggen, Ende der Blüte
Falscher Jasmin, Beginn der Blüte
Holunder, Beginn der Blüte

23. Juni. Erdbeere, Deutsch-Evern, Beginn der Ernte

25. Juni. Windhalm in Blüte

26. Juni. Ackermanns Winterweizen, Beginn des Schossens

2. Juli. Weizen, Flugbrand
Petkuser Gelbhafer, Beginn des Schossens

3. Juli. Hafer, Flugbrand

7. Juli. Süßkirsche, Beginn der Ernte

8. Juli. Kartoffel, Frühe Rosen, Beginn der Blüte

9. Juli. Ackermanns Winterweizen, Beginn der Blüte

12. Juli. Sommerlinde, Beginn der Blüte

13. Juli. Petkuser Gelbhafer, Beginn der Blüte

14. Juli. Wintergerste, Beginn der Ernte

V. Subalpiner Klimabezirk = Nadelwaldregion.

Effelder (Thüringen)
(Beob. Ernst Schmidt)

Mitte August. Winterraps, Beginn der Aussaat

Ende August. Wintergerste, Beginn der Aussaat

Mitte September. Kartoffel, Beginn der Ernte

Ende September. Winterroggen, Beginn der Aussaat

Winterweizen, Beginn der Aussaat
Rübe, Beginn der Ernte

Oberweißbach (Thüringer Wald)
(Beob. A. Elsässer)

20. März. Salweide, Beginn der Blüte

27. März. Schneeglöckchen, Beginn der Blüte

30. April. Stachelbeere, Beginn der Laubentfaltung

10. Mai. Dotterblume, Beginn der Blüte

12. Mai. Buche, Beginn der Laubentfaltung

15. Mai. Roßkastanie, Beginn der Laubentfaltung
Sommerlinde, Beginn der Laubentfaltung

16. Mai. Johannisbeere, Beginn der Blüte

18. Mai. Birne, Beginn der Blüte

20. Mai. Süßkirsche, Beginn der Blüte
Fichte, erste Maitriebe

22. Mai. Tanne, erste Maitriebe

24. Mai. Kiefer, erste Maitriebe
Apfel, Beginn der Blüte
Flieder, Beginn der Blüte

25. Mai. Roßkastanie, Beginn der Blüte
Eberesche, Beginn der Blüte

30. Mai. Kohlweißling, erster Falter

3. Juni. Goldregen, Beginn der Blüte

15. Juni. Winterroggen, Beginn der Blüte

25. Juni. Holunder, Beginn der Blüte

10. Juli. Sommerlinde, Beginn der Blüte
Winterlinde, Beginn der Blüte

25. Juli. Johannisbeere, Beginn der Fruchtreife

5. August. Heide, Beginn der Blüte

20. August. Eberesche, Beginn der Fruchtreife

4. September. Winterroggen, Beginn der Ernte

10. September. Roßkastanie, Beginn der Fruchtreife

20. September. Grummetreife

Anfang Oktober. Holunder, Beginn der Fruchtreife

Sayda (Erzgeb.)
(Beob. Landwirtschaftliche Schule)

3. April. Schneeglöckchen, Beginn der Blüte

15. April. Anemone, Beginn der Blüte

20. April. Dotterblume, Beginn der Blüte

25. April. Huflattich, Beginn der Blüte

30. April. Salweide, Beginn der Blüte
Stachelbeere, Beginn der Laubentfaltung

10. Mai. Sommerlinde, Beginn der Laubentfaltung
Erster Grasfrosch

15. Mai. Johannisbeere, Beginn der Blüte

17. Mai. Roßkastanie, Beginn der Laubentfaltung

18. Mai. Buche, Beginn der Laubentfaltung

20. Mai. Apfel, Beginn der Blüte
Kohlweißling, erster Falter

21. Mai. Süßkirsche, Beginn der Blüte

25. Mai. Birne, Beginn der Blüte

30. Mai. Roßkastanie, Beginn der Blüte

2. Juni. Winterroggen, Beginn des Schossens

5. Juni. Fichte, erste Maitriebe

10. Juni. Flieder, Beginn der Blüte
Eberesche, Beginn der Blüte

15. Juni. Holunder, Beginn der Blüte

30. Juni. Winterroggen, Beginn der Blüte

Ende Juni. Eiche, Entwicklung von Johannistrieben
Eberesche, Entwicklung von Johannistrieben
Spitzahorn, Entwicklung von Johannistrieben

20. Juli. Heide, Beginn der Blüte

5. August. Johannisbeere, Beginn der Fruchtreife

20. August. Winterroggen, Beginn der Ernte

5. September. Grummetreife

10. September. Herbstzeitlose, Beginn der Blüte
Roßkastanie, Beginn der Fruchtreife

20. September. Eberesche, Beginn der Fruchtreife
25. September. Holunder, Beginn der Fruchtreife
Buche, Beginn der Fruchtreife
Eiche, Beginn der Fruchtreife

30. September. Roßkastanie, Beginn der Laubverfärbung
5. Oktober. Buche, Beginn der Laubverfärbung
Eiche, Beginn der Laubverfärbung

VI. Alpiner Klimabezirk = baumfreie Region.

Brocken (Harz)
(Beob. Strobl)

16. Mai. Anemone, Beginn der Blüte
25. Mai. Fichte blüht

1. Juni. Eberesche, Beginn der Laubentfaltung
20. Juni. Eberesche, Beginn der Blüte
5. Juli. Heide, Beginn der Blüte

West= und Süddeutsche Ebene.

VII. Rheinischer Klimabezirk.

VII a. Mittelrhein=Moselkreis 1924

Eisbach b. Bonn
(Beob. W. Gratzfeld)

10. März. Schneeglöckchen, Beginn der Blüte
22. März. Huflattich, Beginn der Blüte
24. März. Rote Triumphstachelbeere, Beginn der Laubentfaltung
25. März. Erster Wasserfrosch
29. März. Anemone, Beginn der Blüte
4. April. Spalierpfirsich, Frühe Alexander, Beginn der Blüte
Salweide, Beginn der Blüte
18. April. Winterroggen, Beginn des Schossens
20. April. Dotterblume, Beginn der Blüte
Roßkastanie, Beginn der Laubentfaltung
23. April. Sommerlinde, Beginn der Laubentfaltung
24. April. Buche, Beginn der Laubentfaltung
25. April. Erster Grasfrosch
Prinzessinkirsche, Beginn der Blüte
26. April. Johannisbeere, Beginn der Blüte
28. April. Winterlinde, Beginn der Laubentfaltung
29. April. Schlehe, Beginn der Blüte
3. Mai. Prunus pissardi, Beginn der Blüte
4. Mai. Birne, Comtesse de Paris, Beginn der Blüte
6. Mai. Buchenhochwald grün
8. Mai. Apfel, Charlamowsky, Beginn der Blüte

11. Mai. Flieder, Beginn der Blüte
12. Mai. Eichenhochwald grün
13. Mai. Kohlweißling, erster Falter
Blattläuse an pepping Newton Unterlage
15. Mai. Erste Maikäfer
Roßkastanie, Beginn der Blüte
18. Mai. Winterweizen, Beginn des Schossens
19. Mai. Eberesche, Beginn der Blüte
20. Mai. Goldregen, Beginn der Blüte
Kiefer, erste Maitriebe
Fichte, erste Maitriebe
Tanne, erste Maitriebe
23. Mai. Prunus virginiana, Beginn der Blüte
25. Mai. Viburnum opolus, Beginn der Blüte
26. Mai. Spitzahorn, erste Johannistriebe
27. Mai. Winterroggen, Beginn der Blüte
28. Mai. Eberesche, erste Johannistriebe
1. Juni. Eiche, erste Johannistriebe
2. Juni. Holunder, Beginn der Blüte
Robinia pseudacazia, Beginn der Blüte
Robinia hispida, Beginn der Blüte
3. Juni. Falscher Jasmin, Beginn der Blüte
8. Juni. Winterweizen, Beginn der Blüte
25. Juni. Sommerlinde, Beginn der Blüte
Winterlinde, Beginn der Blüte
30. Juni. Johannisbeere, Beginn der Fruchtreife
15. Juli. Eberesche, Beginn der Fruchtreife

28. Juli. Schneebeere, Beginn der Frucht=
reife

August. Winterroggen, Beginn der Ernte
Winterweizen, Beginn der Ernte

2. August. Holunder, Beginn der Frucht=
reife

15. August. Birke, Beginn der Frucht=
reife

20. August. Herbstzeitlose, Beginn der
Blüte

1. September. Grummetreife

5. September. Efeu, Beginn der Blüte

18. September. Liguster, Beginn der
Fruchtreife

20. September. Roßkastanie, Beginn der
Fruchtreife

1. Oktober. Buche, Beginn der Frucht=
reife

5. Oktober. Eiche, Beginn der Frucht=
reife

12. Oktober. Roßkastanie, allgemeine
Laubverfärbung

25. Oktober. Buche, allgemeine Laub=
verfärbung

30. Oktober. Eiche, allgemeine Laub=
verfärbung

Andernach a. Rh.
(Beob. Dr. Pützkaul)

15. Mai. Petkuser Winterroggen, Be=
ginn des Schossens

20. Mai. Mammut=Wintergerste, Beginn
des Schossens
Kartoffel, Industrie, Beginn des Auf=
laufens

25. Mai. Mammut=Wintergerste, Beginn
der Blüte

30. Mai. Petkuser Winterroggen, Beginn
der Blüte

8. Juni. Petkuser Winterroggen, Ende
der Blüte

10. Juni. Dickkopf=Winterweizen, Beginn
des Schossens

20. Juni. Dickkopf=Winterweizen, Beginn
der Blüte

1. Juli. Kartoffel, Industrie, Beginn
der Blüte
Dickkopf=Winterweizen, Ende der
Blüte

2. Juli. Mammut=Wintergerste, Beginn
der Ernte

4. Juli. Hafer, Ende der Blüte

14. Juli. Petkuser Winterroggen, Beginn
der Ernte

Trier
(Beob. Dr. Zillig)

Anfang Mai. Schwarzer Bär, Raupen

18. Mai. Kriechender Hahnenfuß, Beginn
der Blüte
Kleiner Sauerampfer, Beginn der
Blüte
Sauerwurmmotte, außerordentlich
stark

20. Mai. Repstock, Beginn der Blattent=
faltung
Heuwurmmotte
Einbindiger Wickler, vereinzelt
Bekreuzter Wickler, ziemlich häufig

Mitte Mai. Rebstock, Austrieb

27. Mai. Echter Mehltau oder Oidium

29. Mai. Falscher Mehltau oder Peronospora

Ende Mai. Schildlaus, starkes Auftreten

Mitte Juni. Moselriesling, Beginn der
Blüte

20. Juni. Roter Brenner. (Pseudopeziza
tracheiphila)

Ende Juni. Moselriesling, Ende der Blüte

Mitte August. Graufäule (Botrytis
cinerea, Stilfäule)

Ende September. Edelfäule

Trier
(Beob. Dr. H. Zillig)

6. März. Schneeglöckchen, Beginn der
Blüte

16. März. Huflattich, Beginn der Blüte

18. März. Erste Eidechse

24. März. Kornelkirsche, Beginn der Blüte

26. März. Salweide, Beginn der Blüte

6. April. Dotterblume, Beginn der Blüte

10. April. Anemone, Beginn der Blüte

14. April. Stachelbeere, Beginn der Laubentfaltung

17. April. Johannisbeere, Beginn der Blüte
Erbse, Wolfsmilch

20. April. Roßkastanie, Beginn der Laubentfaltung

25. April. Süßkirsche, Beginn der Blüte

27. April. Apfel, Zuccalmaglios Renette, Beginn der Blüte

28. April. Schlehe, Beginn der Blüte

29. April. Sommerlinde, Beginn der Laubentfaltung

30. April. Bleibirne, Beginn der Blüte
Diels Butterbirne, Beginn der Blüte

9. Mai. Buche, Beginn der Laubentfaltung

11. Mai. Roßkastanie, Beginn der Blüte
Flieder, Beginn der Blüte

12. Mai. Buchenhochwald grün
Wein, Riesling, Beginn des Austriebs
Trierer Weinapfel, Beginn der Blüte

15. Mai. Birne, Ende der Blüte

16. Mai. Erste Maikäfer

18. Mai. Eichenhochwald grün
Fichte, erste Maitriebe
Winterroggen, Beginn des Schossens
Pfirsich, Kräuselkrankheit
Stachelbeere, amerikanischer Mehltau
Stachelbeere, Stachelbeerblattwespe (erste Generation)

19. Mai. Kiefer, erste Maitriebe

20. Mai. Goldregen, Beginn der Blüte

21. Mai. Wein, Rebstichler

24. Mai. Gerste, Flugbrand

25. Mai. Apfel, Mehltau

27. Mai. Weinrebe, echter Mehltau

30. Mai. Weinrebe, falscher Mehltau

31. Mai. Apfel, Schorf
Erdbeere, Blattfleckenkrankheit
Holunder, Beginn der Blüte

2. Juni. Schneebeere, Beginn der Blüte
Falscher Jasmin, Beginn der Blüte

10. Juni. Winterroggen, Beginn der Blüte

12. Juni. Weinrebe, bekreuzter Heu- und Sauerwurm

15. Juni. Wein, Riesling, Beginn der Blüte

20. Juni. Weinrebe, Einbindiger Heu- und Sauerwurm
Weinrebe, roter Brenner
Stachelbeere, Stachelbeerblattwespe (2. Generation)

24. Juni. Kartoffel, Schwarzbeinigkeit

25. Juni. Windhalm in Blüte
Sommerlinde, Beginn der Blüte
Winterlinde, Beginn der Blüte
Winterweizen, Beginn der Blüte

26. Juni. Ackersenf in Blüte
Hafer, Flugbrand

28. Juni. Weiße Lilie, Beginn der Blüte
Gerste, Hartbrand

30. Juni. Johannisbeere, Beginn der Fruchtreife
Wein, Riesling, Ende der Blüte

12. Juli. Apfel, Obstmade

14. Juli. Winterroggen, Beginn der Ernte

25. Juli. Winterweizen, Beginn der Ernte
Roggen, Mutterkorn, Sclerotium

29. Juli. Apfel, Polsterschimmel

2. August. Stachelbeere, Stachelbeerblattwespe, 3. Generation

25. August. Holunder, Beginn der Fruchtreife

26. August. Herbstzeitlose, Beginn der Blüte

5. September. Birne, Polsterschimmel

9. September. Roßkastanie, Beginn der Fruchtreife

12. September. Efeu, Beginn der Blüte

29. September. Liguster, Beginn der Fruchtreife

1. Oktober. Runkelrübe, Rost
Roßkastanie, allgemeine Laubverfärbung

2. Oktober. Buche, allgemeine Laubverfärbung

1. November. Erste Frostspanner

3. November. Wein, Riesling, Beginn der Ernte

Wellen
(Beob. Lehrer Morbach)

20. März. Schneeglöckchen, Beginn der Blüte

23. März. Huflattich, Beginn der Blüte,

10. April. Pfirsich, Beginn des Austriebs
Stachelbeere, Beginn des Austriebs
Johannisbeere, Beginn des Austriebs

12. April. Erdbeere, Beginn des Austriebs

14. April. Rübe, Beginn des Auflaufens
Anemone, Beginn der Blüte

15. April. Raps, Beginn des Auflaufens
Klee (Esparsette), Beginn des Auflaufens
Süßkirsche, Beginn des Austriebs
Salweide, Beginn der Blüte

16. April. Pfirsich, Beginn der Blüte

18. April. Sauerkirsche, Beginn des Austriebs
Pflaume, Beginn des Austriebs
Kornelkirsche, Beginn der Blüte

20. April. Stachelbeere, Beginn der Laubentfaltung
Schlehe, Beginn der Blüte
Wintergerste, Beginn des Schossens
Birne, Beginn des Austriebs
Zwetsche, Beginn des Austriebs
Stachelbeere, Beginn der Blüte

23. April. Johannisbeere, Beginn der Blüte

24. April. Birne, Beginn der Blüte

25. April. Süßkirsche, Beginn der Blüte
Pfirsich, Ende der Blüte
Pflaume, Beginn der Blüte

27. April. Roßkastanie, Beginn der Laubentfaltung
Weinapfel, Trierer, Beginn des Austriebs

29. April. Raps, Beginn der Blüte

30. April. Sauerkirsche, Beginn der Blüte
Zwetsche, Beginn der Blüte
Stachelbeere, Ende der Blüte

1. Mai. Wein, Elbling, Beginn des Austriebs
Johannisbeere, Ende der Blüte
Sommerlinde, Beginn der Laubentfaltung

2. Mai. Hederich, Keimpflänzchen

3. Mai. Weinapfel, Beginn der Blüte
Pellerbse, Beginn des Auflaufens
Buche, Beginn der Laubentfaltung

6. Mai. Pflaume, Ende der Blüte
Winterroggen, Beginn des Schossens

8. Mai. Süßkirsche, Ende der Blüte
Erste Maikäfer
Ackersenf

10. Mai. Winterweizen, Beginn des Schossens
Kartoffel, frühe Nieren, Beginn des Auflaufens
Ackerbohne, Beginn des Auflaufens
Sauerkirsche, Ende der Blüte
Zwetsche, Ende der Blüte

12. Mai. Flieder, Beginn der Blüte
Goldregen, Beginn der Blüte
Buchenhochwald grün
Erdbeere, Beginn der Blüte
Birne, Ende der Blüte
Weinrebe, Rebstichler

13. Mai. Erster Grasfrosch

14. Mai. Roßkastanie, Beginn der Blüte
Kiefer, erste Maitriebe
Fichte, erste Maitriebe
Tanne, erste Maitriebe

17. Mai. Kohlweißling, erster Falter

18. Mai. Stachelbeere, amerikanischer Mehltau

19. Mai. Weinapfel, Ende der Blüte
Eichenhochwald grün

20. Mai. Raps, Ende der Blüte

22. Mai. Kartoffel, frühe Nieren, Ende der Blüte

25. Mai. Pellerbse, Beginn der Blüte
Raps, Rapserdfloh

27. Mai. Winterroggen, Beginn der Blüte

30. Mai. Ackerbohne, Beginn der Blüte
Holunder, Beginn der Blüte

31. Mai. Blattläuse an Brennessel

1. Juni. Sommerweizen, Beginn des Schossens
Winterweizen, Beginn der Blüte
Eiche, erste Johannistriebe

4. Juni. Hafer, Beginn des Schossens

5. Juni. Spitzahorn, erste Johannistriebe

6. Juni. Weinrebe, falscher Mehltau

7. Juni. Ackerbohne, schwarze Blattlaus
Erste schwarze Blattlaus an Saubohne

12. Juni. Winterroggen, Ende der Blüte
Erdbeere, Beginn der Ernte

16. Juni. Klee, Esparsette, Beginn d. Ernte

18. Juni. Sommerlinde, Beginn der Blüte
Winterlinde, Beginn der Blüte
Süßkirsche, Beginn der Ernte

20. Juni. Wein, Beginn der Blüte

22. Juni. Stachelbeere, Stachelbeerblattwespe

Roggen, Schwarzrost
Roggen, Braunrost
Weizen, Steinbrand
Johannisbeere, Beginn der Fruchtreife

24. Juni. Winterweizen, Ende der Blüte

25. Juni. Johannisbeere, Beginn der Ernte

26. Juni. Weinrebe, Einbindiger Heu- und Sauerwurm

27. Juni. Weiße Lilie, Beginn der Blüte

2. Juli. Runkelrübe, schwarze Blattlaus
Zuckerrübe, schwarze Blattlaus

3. Juli. Wein, Elbling, Ende der Blüte

5. Juli. Birne, Schorf

7. Juli. Sauerkirsche, Beginn der Ernte

8. Juli. Hafer, Ende der Blüte

9. Juli. Stachelbeere, Beginn der Ernte

9. Juli. Wintergerste, Beginn der Ernte

10. Juli. Winterweizen, Beginn der Ernte
Kartoffel, frühe Nieren, Beginn der Ernte

14. Juli. Winterroggen, Beginn der Ernte
Weinrebe, roter Brenner
Apfel, Obstmade

22. Juli. Weinrebe, echter Mehltau

2. September. Runkelrübe, Rost
Zuckerrübe, Rost

12. September. Herbstzeitlose, Beginn der Blüte

16. September. Roßkastanie, Beginn der Fruchtreife

25. September. Buche, Beginn der Fruchtreife

30. September. Eiche, Beginn der Fruchtreife

10. Oktober. Roßkastanie, allgemeine Laubverfärbung

VIIb. Mainzer Becken-Kreis 1924

Friedberg i. Hessen
(Beob. Studienrat Dr. H. Heßler)

19. März. Schneeglöckchen, Beginn der Blüte

20. März. Haselblüte

23. März. Huflattich, Beginn der Blüte

28. März. Kornelkirsche, Beginn der Blüte

30. März. Salweide, Beginn der Blüte

8. April. Stachelbeere, Beginn der Laubentfaltung

13. April. Anemone, Beginn der Blüte

16. April. Forsythia suspensa, Beginn
der Blüte

24. April. Roßkastanie, Beginn der Laub-
entfaltung
Dotterblume, Beginn der Blüte
Süßkirsche, Beginn der Blüte

25. April. Kohlweißling, erster Falter
Schlehe, Beginn der Blüte

26. April. Johannisbeere, Beginn der
Blüte

27. April. Sommerlinde, Beginn der
Laubentfaltung

2. Mai. Buche, Beginn der Laubentfaltung

4. Mai. Erster Maikäfer

5. Mai. Birne, Nina, Beginn der Blüte

6. Mai. Buchenhochwald grün

8. Mai. Winterlinde, Beginn der Laubentfaltung

10. Mai. Fichte, erste Maitriebe

11. Mai. Apfel, Hohenheimer Riesling,
Beginn der Blüte

14. Mai. Roßkastanie, Beginn der Blüte

15. Mai. Flieder, Beginn der Blüte
Eberesche, Beginn der Blüte

16. Mai. Eichenhochwald grün

17. Mai. Winterroggen, Beginn des
Schossens

22. Mai. Goldregen, Beginn der Blüte

25. Mai. Kiefer, erste Maitriebe

1. Juni. Falscher Jasmin, Beginn der
Blüte

2. Juni. Schneebeere, Beginn der Blüte

3. Juni. Holunder, Beginn der Blüte

9. Juni. Petkuser Winterroggen, Beginn
der Blüte

15. Juni. Winterweizen, Beginn des
Schossens

18. Juni. Sommerlinde, Beginn der Blüte
Schwarze Blattlaus an Saubohne

29. Juni. Winterlinde, Beginn der Blüte
Strubes Sq. head-Weizen, Beginn
der Blüte

2. Juli. Weiße Lilie, Beginn der Blüte

7. Juli. Johannisbeere, Beginn der
Fruchtreife

18. Juli. Eberesche, Beginn der Fruchtreife

1. August. Winterroggen, Beginn der
Ernte

11. August. Winterweizen, Beginn der
Ernte

14. August. Schneebeere, Beginn der
Fruchtreife

22. August. Holunder, Beginn der Fruchtreife

5. September. Birke, Beginn der Fruchtreife

13. September. Roßkastanie, Beginn der
Fruchtreife

15. September. Grummetreife

17. September. Herbstzeitlose, Beginn der
Blüte

5. Oktober. Efeu, Beginn der Blüte

20. Oktober. Erste Frostspanner an Probeleimringen

Offenbach
(Beob. Dr. G. Eberle)

15. März. Schneeglöckchen, Beginn der
Blüte
Corylus avellana, stäubend

22. März. Huflattich, Beginn der Blüte

29. März. Anemone, Beginn der Blüte
Lerchensporn, Beginn der Blüte
Kornelkirsche, Beginn der Blüte
Seidelbast, Beginn der Blüte

5. April. Forsythia, Beginn der Blüte
Roßkastanie, Beginn der Laubentfaltung

6. April. Salweide, Vollblüte
Lärche, Beginn der Laubentfaltung

13. April. Erste Rauchschwalbe
Erster Hausrotschwanz

15. April. Aprikose, Beginn der Blüte
20. April. Dotterblume, Beginn der Blüte
23. April. Süßkirsche, Beginn der Blüte
Erster Mauersegler
Birke, Beginn der Laubentfaltung
24. April. Kuckuck, erster Ruf
25. April. Birne, Beginn der Blüte
Apfel, Beginn der Blüte
26. April. Traubenkirsche, Beginn der Blüte
Buche, Beginn der Laubentfaltung
27. April. Raps, Beginn der Blüte
3. Mai. Buchenhochwald grün
5. Mai. Roßkastanie, Vollblüte
10. Mai. Ruchgras, Beginn der Blüte
Wiesenfuchsschwanz, Beginn der Blüte
11. Mai. Flieder, Vollblüte
20. Mai. Kiefer, Vollblüte
25. Mai. Winterroggen, Beginn des Schossens
29. Mai. Holunder, Beginn der Blüte
Rose, Beginn der Blüte
2. Juni. Kirsche, Beginn der Ernte
10. Juni. Sommerlinde, Beginn der Blüte
6. Juli. Winterlinde, Beginn der Blüte
3. August. Heide, Beginn der Blüte
24. August. Herbstzeitlose, Beginn der Blüte
12. September. Efeu, Vollblüte
21. September. Evonymus europaeus, Beginn der Fruchtreife
10. Oktober. Erste Frostspanner an Probeleimringen

Hanau
(Beob. General K. Zimmermann)

9. April. Schlüsselblume, Beginn der Blüte

Geisenheim
(Beob. Prof. Dr. Lüstner)

2. März. Schneeglöckchen, Beginn der Blüte
6. März. Buchfink, erster Gesang
17. März. Erbse, Wolfsmilch
20. März. Huflattich, Beginn der Blüte
Hausrotschwanz, erster Ruf
22. März. Singdrossel, erster Gesang
28. März. Feldlerche, erster Ruf
29. März. Kornelkirsche, Beginn der Blüte
Stachelbeere, Beginn der Laubentfaltung
2. April. Anemone, Beginn der Blüte
3. April. Scharbockskraut, Beginn der Blüte
7. April. Salweide, Beginn der Blüte
8. April. Erster Wasserfrosch
Rauchschwalbe, erster Ruf
9. April. Dotterblume, Beginn der Blüte
13. April. Kuckuck, erster Ruf
14. April. Baumpieper, erster Ruf
Girlitz, erster Ruf
15. April. Nachtigall, erster Gesang
Roßkastanie, Beginn der Laubentfaltung
17. April. Apfel, Mehltau
Walderdbeere, Beginn der Blüte
19. April. Johannisbeere, Beginn der Blüte
20. April. Sommerlinde, Beginn der Laubentfaltung
24. April. Segler, erster Ruf
Kohlweißling, erster Falter
25. April. Hausschwalbe, erster Ruf
Pfirsich, Beginn der Blüte
Schlehe, Beginn der Blüte
Buche, Beginn der Laubentfaltung
26. April. Buchenhochwald grün
Pfirsich, Kräuselkrankheit
Süßkirsche, Beginn der Blüte

27. April. Birne, Beginn der Blüte
Zwetsche, Beginn der Blüte

28. April. Winterlinde, Beginn der Laubentfaltung
Eichenhochwald grün

1. Mai. Mauerpfeffer, Beginn der Blüte

3. Mai. Roßkastanie, Beginn der Blüte

4. Mai. Apfel, Beginn der Blüte

5. Mai. Erste Maikäfer

7. Mai. Flieder, Beginn der Blüte

10. Mai. Walnuß, Beginn der Blüte
Hederich, Keimpflänzchen

12. Mai. Roggen, Berberitzenrost

13. Mai. Eberesche, Beginn der Blüte

14. Mai. Goldregen, Beginn der Blüte

15. Mai. Weißdorn, Beginn der Blüte

16. Mai. Quitte, Beginn der Blüte

18. Mai. Stachelbeere, Stachelbeerblattwespe

19. Mai. Gerste, Flugbrand

20. Mai. Rebstichler
Birne, Schorf
Besenginster, Beginn der Blüte
Stachelbeere, amerikanischer Mehltau

21. Mai. Weinrebe, Rebstichler
Mispel, Beginn der Blüte

23. Mai. Kirsche, Zweigdürre
Eiche, erste Johannistriebe

26. Mai. Schwarze Blattlaus an Sau-
bohne
Schneebeere, Beginn der Blüte
Rebe, Oidium
Weinrebe, falscher Mehltau

27. Mai. Apfel, Schorf
Holunder, Beginn der Blüte

29. Mai. Runkelrübe, Runkelfliege
Zuckerrübe, Runkelfliege
Falscher Jasmin, Beginn der Blüte

30. Mai. Hartriegel, Beginn der Blüte

31. Mai. Winterroggen, Beginn der Ernte

1. Juni. Pflaume, Pflaumensägewespe
Zwetsche, Pflaumensägewespe
Weizen, Flugbrand

10. Juni. Sommerlinde, Beginn der Blüte
Birne, Gitterrost

12. Juni. Ackerwinde, Beginn der Blüte
Winterweizen, Beginn der Blüte

18. Juni. Winterlinde, Beginn der Blüte

19. Juni. Wein, Beginn der Blüte

20. Juni. Johannisbeere, Beginn der
Fruchtreife
Apfel, Polsterschimmel
Hafer, Flugbrand

25. Juni. Pflaume, Polsterschimmel
Zwetsche, Polsterschimmel

26. Juni. Roggen, Schwarzrost
Roggen, Braunrost

27. Juni. Apfel, Obstmade
Weiße Lilie, Beginn der Blüte

30. Juni. Wegwarte, Beginn der Blüte

2. Juli. Ackersenf in Frucht

4. Juli. Weinrebe, echter Mehltau
(Peronospora)

21. Juli. Winterroggen, Beginn der
Ernte

23. Juli. Heide, Beginn der Blüte

24. Juli. Schneebeere, Beginn der
Fruchtreife

4. August. Kartoffel, Krautfäule
Eberesche, Beginn der Fruchtreife

8. August. Winterweizen, Beginn der
Ernte

10. August. Holunder, Beginn der Fruchtreife

24. August. Herbstzeitlose, Beginn der
Blüte

4. September. Weißdorn, Beginn der
Fruchtreife

9. September. Roßkastanie, Beginn der
Fruchtreife

10. September. Liguster, Beginn der
Fruchtreife

20. September. Schlehe, Beginn der
Fruchtreife

22. September. Efeu, Beginn der Blüte

30. September. Quitte, Beginn der
Fruchtreife
8. Oktober. Roßkastanie, allgemeine
Laubverfärbung
Eiche, allgemeine Laubverfärbung
9. Oktober. Buche, allgemeine Laubverfärbung
23. Oktober. Erster Frostspanner
5. November. Mispel, Beginn der Fruchtreife

Langen
(Beob. H. Groh)

15. März. Schneeglöckchen, Beginn der
Blüte
23. März. Erster Zitronenfalter
28. März. Salweide, Beginn der Blüte
19. April. Stachelbeere, Beginn der Laubentfaltung
22. April. Anemone, Beginn der Blüte
Roßkastanie, Beginn der Laubentfaltung
25. April. Sommerlinde, Beginn der
Laubentfaltung
26. April. Süßkirsche, Beginn der Blüte
27. April. Wasserfrosch, zuerst gehört
Buche, Beginn der Laubentfaltung
28. April. Johannisbeere, Beginn der
Blüte
29. April. Goldregen, Beginn der Blüte
5. Mai. Buchenhochwald grün
7. Mai. Eichenhochwald grün
10. Mai. Erste Maikäfer
Birne, Beginn der Blüte
12. Mai. Apfel, Beginn der Blüte
13. Mai. Roßkastanie, Beginn der Blüte
14. Mai. Flieder, Beginn der Blüte
8. August. Winterroggen, Beginn der
Ernte
10. August. Eberesche, Beginn der Fruchtreife
12. August. Winterweizen, Beginn der
Ernte

20. August. Holunder, Beginn der Fruchtreife
3. September. Grummetreife
25. September. Heide, Beginn der
Blüte
30. September. Herbstzeitlose, Beginn
der Blüte
3. Oktober. Buche, Beginn der Fruchtreife
9. Oktober. Roßkastanie, Beginn der
Fruchtreife
12. Oktober. Eiche, Beginn der Fruchtreife
Roßkastanie, allgemeine Laubverfärbung
19. Oktober. Buche, allgemeine Laubverfärbung
22. Oktober. Eiche, allgemeine Laubverfärbung

Sprendlingen (Rheinhessen)
(Beob. Hess. Landw.-Amt)

24. März. Stachelbeere, Beginn des Austriebes
31. März. Apfel, Beginn des Austriebes
Birne, Beginn des Austriebes
17. April. Wein, Beginn des Austriebes
20. April. Sauerkirsche, Beginn des Austriebes
Zwetsche, Beginn des Austriebes
24. April. Winterweizen, Beginn des
Schossens
Pfirsich, Beginn der Blüte
27. April. Stachelbeere, Beginn der
Blüte
Johannisbeere, Beginn der Blüte
28. April. Klee, Beginn des Auflaufens
Hederich, Keimpflänzchen
30. April. Birne, Beginn der Blüte
3. Mai. Raps, Beginn der Blüte
5. Mai. Apfel, Beginn der Blüte
Sauerkirsche, Beginn der Blüte
Pflaume, Beginn der Blüte

Zwetsche, Beginn der Blüte
Pfirsich, Ende der Blüte
Stachelbeere, Ende der Blüte
Johannisbeere, Ende der Blüte

10. Mai. Birne, Ende der Blüte
Sommergerste, Beginn des Schossens
Stachelbeere, Stachelbeerblattwespe

15. Mai. Apfel, Ende der Blüte
Sauerkirsche, Ende der Blüte
Pflaume, Ende der Blüte
Raps, Ende der Blüte
Zwetsche, Ende der Blüte

18. Mai. Erdbeere, Beginn der Blüte

19. Mai Kartoffel, Beginn des Auflaufens

20. Mai. Hafer, Beginn des Schossens
Rübe, Beginn des Auflaufens
Weinrebe, Rebstichler

25. Mai. Pfirsich, Kräuselkrankheit

31. Mai. Wein, Beginn der Blüte

2. Juni. Winterroggen, Beginn der Blüte

4. Juni. Klee, Beginn der Blüte
Weinrebe, falscher Mehltau

10. Juni. Winterroggen, Ende der Blüte

14. Juni. Kartoffel, Schwarzbeinigkeit

17. Juni. Klee, Beginn der Ernte

20. Juni. Gerste, Flugbrand

22. Juni. Sommergerste, Beginn der Blüte

24. Juni. Winterweizen, Beginn der Blüte

25. Juni. Ackersenf

26. Juni. Hafer, Flugbrand

1. Juli. Weinrebe, einbindiger Heu- und Sauerwurm

2. Juli. Raps, Beginn der Ernte

5. Juli. Hederich in Frucht

8. Juli. Johannisbeere, Beginn der Ernte

10. Juli. Süßkirsche, Beginn der Ernte

14. Juli. Sauerkirsche, Beginn der Ernte

17. Juli. Stachelbeere, Beginn der Ernte

21. Juli. Winterroggen, Beginn der Ernte
Birne, Beginn der Ernte
Pfirsich, Beginn der Ernte

22. Juli. Sommergerste, Beginn der Ernte

24. Juli. Erbse, Beginn der Ernte

29. Juli. Hafer, Beginn der Ernte

2. August. Apfel, Beginn der Ernte

6. August. Pflaume, Beginn der Ernte

7. Oktober. Kartoffel, Beginn der Ernte
Rübe, Beginn der Ernte
Wein, Beginn der Ernte

20. Oktober. Runkelrübe, Rost
Zuckerrübe, Rost

Speyer
(Beob. Rotter, Landwirtschaftsrat)

Mitte September. Wintergerste, Beginn der Aussaat

Ende September. Winterroggen, Beginn der Aussaat

Anfang Oktober. Winterweizen, Beginn der Aussaat

1. Oktober. Kartoffel, Beginn der Ernte
Runkelrübe, Beginn der Ernte

6. Oktober. Wein, Österreicher, Riesling, Kilian Traube, Beginn der Ernte

Mettenheim, Kr. Worms
(Beob. J. Zatzmann)

3. April. Cytisus laburnum, Beginn der Blüte

24. April. Ebersweiser Frühzwetsche, Beginn der Blüte

26. April. Sauerkirsche, Amorelle, Beginn der Blüte
Schwarze Süßkirsche, Beginn der Blüte
Herzkirsche, Beginn der Blüte

27. April. Liegels Winterbutterbirne, Beginn der Blüte
Reineclaude, Beginn der Blüte

28. April. Bühler Frühzwetsche, Beginn der Blüte
Mirabelle, Beginn der Blüte

29. April. Bestebirne, Beginn der Blüte

VII c. Mainkreis 1924

Unterleinach
(Beob. Karl Werner, Lehrer)

18. Februar. Süßkirsche, Beginn des Austriebs

8. März. Birne, Beginn des Austriebes

12. März. Weinapfel, Beginn des Austriebs

13. März. Schneeglöckchen, Beginn der Blüte

1. April. Stachelbeere, Beginn des Austriebs
Salweide, Beginn der Blüte

3. April. Johannisbeere, Beginn des Austriebs

10. April. Huflattich, Beginn der Blüte

25. April. Johannisbeere, Beginn der Blüte

26. April. Süßkirsche, Beginn der Blüte
Schlehe, Beginn der Blüte

4. Mai. Anemone, Beginn der Blüte
Johannisbeere, Ende der Blüte
Buche, Beginn der Laubentfaltung
Erste Maikäfer

5. Mai. Kartoffel, Industrie, Beginn des Auflaufens
Wein, Beginn des Austriebs

6. Mai. Dornbirne, Beginn der Blüte
Süßkirsche, Ende der Blüte

9. Mai. Roßkastanie, Beginn der Laubentfaltung

10. Mai. Kiefer, erste Maitriebe
Sommerlinde, Beginn der Laubentfaltung

12. Mai. Goldrenette, Beginn der Blüte

14. Mai. Winterlinde, Beginn der Laubentfaltung
Roßkastanie, Beginn der Blüte
Buchenhochwald grün
Fichte, erste Maitriebe
Tanne, erste Maitriebe

15. Mai. Birne, Ende der Blüte
Flieder, Beginn der Blüte
Erster Grasfrosch

19. Mai. Winterroggen, Beginn des Schossens

23. Mai. Eichenhochwald grün

28. Mai. Apfel, Ende der Blüte

1. Juni. Winterweizen, Beginn des Schossens

6. Juni. Kartoffel, Beginn der Blüte

7. Juni. Winterroggen, Petkuser, Beginn der Blüte

10. Juni. Holunder, Beginn der Blüte

12. Juni. Wein, Falscher Mehltau
Wein, Einbindiger Heu- und Sauerwurm
Wein, Rebstichler
Wein, Beginn der Blüte

15. Juni. Erdbeere, Beginn der Ernte

19. Juni. Winterweizen, Dickkopf, Beginn der Blüte

20. Juni. Wein, echter Mehltau

24. Juni. Weiße Lilie, Beginn der Blüte

29. Juni. Wein, Ende der Blüte

30. Juni. Eiche, Entwicklung von Johannistrieben
Johannisbeere, Beginn der Fruchtreife
Kohlweißling, erster Falter

3. Juli. Johannisbeere, Beginn der Ernte
Sommerlinde, Beginn der Blüte
Winterlinde, Beginn der Blüte

4. Juli. Spitzahorn, Entwicklung von Johannistrieben

7. Juli. Stachelbeere, Beginn der Blüte
Schneebeere, Beginn der Blüte

8. Juli. Süßkirsche, Beginn der Ernte

15. Juli. Stachelbeere, Ende der Blüte

20. Juli. Eberesche, Entwicklung von Johannistrieben

26. Juni. Schneebeere, Beginn der Frucht=
reife

30. Juli. Winterroggen, Beginn der
Ernte
Winterweizen, Beginn der Ernte
Stachelbeere, Beginn der Ernte

1. August. Heide, Beginn der Blüte

13. August. Grummetreife

20. August. Efeu, Beginn der Blüte

4. September. Holunder, Beginn der
Fruchtreife
Roßkastanie, Beginn der Fruchtreife

9. September. Herbstzeitlose, Beginn
der Blüte

15. September. Buche, Beginn der
Fruchtreife
Kartoffel, Beginn der Ernte

18. September. Roßkastanie, Beginn der
Laubverfärbung
Buche, Beginn der Laubverfärbung
Eiche, Beginn der Laubverfärbung

20. September. Eiche, Beginn der Frucht=
reife

29. September. Apfel, Beginn der Ernte

13. Oktober. Wein, Beginn der Ernte
Birne, Beginn der Ernte

25. Oktober. Erste Frostspanner an Probe=
leimringen

Veitshöchheim bei Würzburg
(Beob. Dr. Gerneck)

10. März. Schneeglöckchen, Beginn der
Blüte

31. März. Kornelkirsche, Beginn der
Blüte

4. April. Anemone, Beginn der Blüte

8. April. Salweide, Beginn der Blüte

16. April. Roßkastanie, Beginn der Laub=
entfaltung

18. April. Johannisbeere, Beginn der
Blüte

20. April. Süßkirsche, Beginn der Blüte
Schlehe, Beginn der Blüte

Sommerlinde, Beginn der Laubent=
faltung

24. April. Sauerkirsche, Beginn der Blüte

25. April. Winterlinde, Beginn der Laub=
entfaltung

26. April. Buche, Beginn der Laubent=
faltung
Birne, Beginn der Blüte

4. Mai. Apfel, Beginn der Blüte

6. Mai. Buchenhochwald grün

7. Mai. Flieder, Beginn der Blüte

9. Mai. Roßkastanie, Beginn der Blüte

12. Mai. Eichenhochwald grün

13. Mai. Goldregen, Beginn der Blüte
Eberesche, Beginn der Blüte

24. Mai. Schneebeere, Beginn der Blüte

28. Mai. Falscher Jasmin, Beginn der
Blüte
Winterroggen, Beginn der Blüte

13. Juni. Sommerlinde, Beginn der
Blüte

19. Juni. Winterlinde, Beginn der Blüte

16. Juli. Winterroggen, Beginn der Ernte

Würzburg
(Beob. Otto Bock)

4. März. Salweide, Beginn der Blüte

19. März. Erster Froschlaich

21. März. Kohlweißling, erster Falter

24. März. Schneeglöckchen, Beginn der
Blüte

28. März. Huflattich, Beginn der Blüte

30. März. Stachelbeere, Beginn der Laub=
entfaltung

31. März. Kornelkirsche, Beginn der
Blüte

10. April. Dotterblume, Beginn der
Blüte

14. April. Anemone, Beginn der Blüte

16. April. Roßkastanie, Beginn der Laub=
entfaltung

24. April. Johannisbeere, Beginn der
Blüte

26. April. Schlehe, Beginn der Blüte
Buche, Beginn der Laubentfaltung
27. April. Süßkirsche, Beginn der Blüte
28. April. Birne, Beginn der Blüte
1. Mai. Sommerlinde, Beginn der Laubentfaltung
3. Mai. Buchenhochwald grün
4. Mai. Erste Maikäfer
5. Mai. Roßkastanie, Beginn der Blüte
Flieder, Beginn der Blüte
7. Mai. Apfel, Beginn der Blüte
10. Mai. Eichenhochwald grün
22. Mai. Winterroggen, Beginn der Blüte
28. Mai. Holunder, Beginn der Blüte
29. Mai. Schneebeere, Beginn der Blüte
Falscher Jasmin, Beginn der Blüte
31. Mai. Weiße Lilie, Beginn der Blüte
9. Juni. Johannisbeere, Beginn der Fruchtreife
14. Juni. Sommerlinde, Beginn der Blüte

14. Juni. Winterlinde, Beginn der Blüte
8. Juli. Wintergerste, Beginn der Ernte
14. Juli. Winterroggen, Beginn der Ernte
27. Juli. Schneebeere, Beginn der Fruchtreife
4. August. Holunder, Beginn der Fruchtreife
3. September. Herbstzeitlose, Beginn der Blüte
Roßkastanie, Beginn der Fruchtreife
4. September. Efeu, Beginn der Blüte
9. September. Liguster, Beginn der Fruchtreife
22. September. Roßkastanie, Beginn der Laubverfärbung
5. Oktober. Buche, Beginn der Laubverfärbung
9. Oktober. Eiche, Beginn der Laubverfärbung

VIId. Neckarkreis 1924.

Weinsberg a. Neckar
(Beob. Fr. Jung, Obersekretär)

8. März. Salweide, Beginn der Blüte
9. März. Schneeglöckchen, Beginn der Blüte
27. März. Huflattich, Beginn der Blüte
Stachelbeere, Beginn der Laubentfaltung
6. April. Buschwindröschen, Beginn der Blüte
23. April. Johannisbeere, Beginn d. Blüte
25. April. Dotterblume, Beginn der Blüte
3. Mai. Erster Kohlweißling
6. Mai. Erstes Quaken der Frösche

Weinsberg
(Beob. Schoffer, Württembergische Lehr- und Versuchsanstalt)

12. März. Schneeglöckchen, Beginn der Blüte

20. März. Huflattich, Beginn der Blüte
27. März. Kornelkirsche, Beginn der Blüte
30. März. Anemone, Beginn der Blüte
2. April. Salweide, Beginn der Blüte
12. April. Stachelbeere, Beginn der Laubentfaltung
15. April. Roßkastanie, Beginn der Laubentfaltung
20. April. Dotterblume, Beginn der Blüte
22. April. Johannisbeere, Beginn der Blüte
25. April. Süßkirsche, Beginn der Blüte
26. April. Buche, Beginn der Laubentfaltung
Schlehe, Beginn der Blüte
30. April. Birne, Beginn der Blüte
2. Mai. Apfel, Charlamowsky, Beginn der Blüte
Roßkastanie, Beginn der Blüte

3. Mai. Sommerlinde, Beginn der Blüte
Buchenhochwald grün

7. Mai. Winterlinde, Beginn der Laubentfaltung

10. Mai. Erste Maikäfer
Flieder, Beginn der Blüte
Goldregen, Beginn der Blüte
Eichenhochwald grün

12. Mai. Winterroggen, Beginn des
Schossens

15. Mai. Kiefer, erste Maitriebe
Fichte, erste Maitriebe

20. Mai. Winterroggen, Beginn der Blüte
Tanne, erste Maitriebe

21. Mai. Eberesche, Beginn der Blüte

28. Mai. Holunder, Beginn der Blüte

30. Mai. Schneebere, Beginn der Blüte

2. Juni. Winterweizen, Beginn des
Schossens

5. Juni. Falscher Jasmin, Beginn der
Blüte

8. Juni. Spitzahorn, erste Johannistriebe

10. Juni. Winterweizen, Beginn der
Blüte
Eiche, erste Johannistriebe

20. Juni. Eberesche, erste Johannistriebe

28. Juni. Sommerlinde, Beginn der Blüte
Winterlinde, Beginn der Blüte
Johannisbeere, Beginn der Frucht-
reife

20. Juli. Eberesche, Beginn der Fruchtreife
Winterroggen, Beginn der Ernte

30. Juli. Kohlweißling, erster Falter

1. August. Winterweizen, Beginn der
Ernte

12. August. Heide, Beginn der Blüte
Schneebeere, Beginn der Fruchtreife

20. August. Grummetreife

24. August. Herbstzeitlose, Beginn der
Blüte
Liguster, Beginn der Fruchtreife

27. August. Birke, Beginn der Fruchtreife

29. August. Holunder, Beginn der Fruchtreife

20. September. Efeu, Beginn der Blüte

25. September. Roßkastanie, Beginn der
Fruchtreife

10. Oktober. Eiche, Beginn der Fruchtreife
Roßkastanie, allgemeine Laubverfärbung

12. Oktober. Eiche, allgemeine Laubverfärbung

15. Oktober. Buche, Beginn der Fruchtreife

20. Oktober. Buche, allgemeine Laubverfärbung
Erste Frostspanner an Probeleimringen

Enfingen, O.-A. Baihingen
(Beob. Th. Schneider, Landwirt)

12. März. Schneeglöckchen, Beginn der
Blüte

22. März. Stachelbeere, Beginn des Austriebs

27. März. Kornelkirsche, Beginn der Blüte

30. März. Salweide, Beginn der Blüte

31. März. Stachelbeere, Beginn der Laubentfaltung

1. April. Anemone, Beginn der Blüte

4. April. Huflattich, Beginn der Blüte

10. April. Rote Holländer Johannisbeere, Beginn des Austriebs

12. April. Hederich, Keimpflänzchen

13. April. Pflaume, Beginn des Austriebs

15. April. Viktoriaerbse, Beginn des Auflaufens

17. April. Enfinger Bratbirne, Beginn
des Austriebs
Große Buschzwetsche, Beginn des
Austriebs
Pfirsich, Beginn des Austriebs

20. April. Buche, Beginn der Laubent=
faltung
Stachelbeere, Beginn der Blüte
21. April. Johannisbeere, Beginn der
Blüte
22. April. Dotterblume, Beginn der
Blüte
23. April. Apfel, Beginn des Austriebs
Süßkirsche, Beginn der Blüte
Schlehe, Beginn der Blüte
24. April. Roßkastanie, Beginn der Laub=
entfaltung
25. April. Eckendorfer Runkelrübe, Be=
ginn des Auflaufens
Rotklee, Beginn des Auflaufens
Große Buschzwetsche, Beginn der Blüte
26. April. Wein, Beginn des Austriebs
Pflaume, Beginn der Blüte
Rote Holländer Johannisbeere, Be=
ginn der Blüte
27. April. Buchenhochwald grün
Sauerkirsche, Schattenmorelle, Be=
ginn der Blüte
28. April. Pfirsich, Beginn der Blüte
30. April. Ensinger Bratbirne, Beginn
der Blüte
2. Mai. Erster Wasserfrosch
Süßkirsche, Ende der Blüte
Stachelbeere, Ende der Blüte
3. Mai. Rote Holländer Johannisbeere,
Ende der Blüte
5. Mai. Pfirsich, Ende der Blüte
6. Mai. Kohlweißling, erster Falter
Erste Maikäfer
7. Mai. Pflaume, Ende der Blüte
8. Mai. Ensinger Bratbirne, Ende der
Blüte
Sommerlinde, Beginn der Laubent=
faltung
9 Mai. Apfel, Beginn der Blüte
12. Mai. Roßkastanie, Beginn der Blüte
13. Mai. Winterlinde, Beginn der Laub=
entfaltung

Flieder, Beginn der Blüte
Fichte, erste Maitriebe
15. Mai. Eichenhochwald grün
16. Mai. Winterroggen, Beginn des
Schossens
Große Buschzwetsche, Ende der Blüte
20. Mai. Kartoffel, Industrie, Beginn
des Auflaufens
21. Mai. Sauerkirsche, Schattenmorelle,
Ende der Blüte
23. Mai. Apfel, Ende der Blüte
25. Mai. Kiefer, erste Maitriebe
26. Mai. Johannisbeere, Blottflecken
27. Mai. Gerste, Streifenkrankheit
Birne, Schorf
28. Mai. Hafer, Fritfliege
29. Mai. Pflaume, Taschenkrankheit
Zwetsche, Taschenkrankheit
Winterroggen, Beginn der Blüte
30. Mai. Stachelbeere, amerikanischer
Mehltau
Klee, Kleeteufel
2. Juni. Holunder, Beginn der Blüte
4. Juni. Rotklee, Beginn der Blüte
Weinrebe, falscher Mehltau
7. Juni. Viktoriaerbse, Beginn der Blüte
8. Juni. Sommergerste, Beginn des
Schossens
Rotklee, Beginn der Ernte
9. Juni. Winterroggen, Ende der Blüte
11. Juni. Kartoffel, Schwarzbeinigkeit
12. Juni. Wein, Beginn der Blüte
14. Juni. Hohenheimer Dickkopfweizen,
Beginn des Schossens
Hafer, Weißrippigkeit
15. Juni. Weizen, Flugbrand
Süßkirsche, Beginn der Ernte
16. Juni. Schneebeere, Beginn der Blüte
20. Juni. Hafer, Beseler II, Beginn des
Schossens
Weinrebe, Einbindiger Heu= und
Sauerwurm
21. Juni. Hafer, Flugbrand

22. Juni. Gerste, Flugbrand

23. Juni. Hohenheimer Dickkopfweizen, Beginn der Blüte

28. Juni. Weiße Lilie, Beginn der Blüte
Viktoriaerbse, Ende der Blüte

29. Juni. Johannisbeere, Beginn der Fruchtreife

30. Juni. Erste schwarze Blattlaus an Saubohne
Ackerbohne, schwarze Blattlaus
Strubes Roter Schlanstedter, Beginn des Schossens
Wein, Ende der Blüte

1. Juli. Sommerlinde, Beginn der Blüte
Hohenheimer Dickkopfweizen, Ende der Blüte

2. Juli. Kartoffel, Industrie, Beginn der Blüte

4. Juli. Winterlinde, Beginn der Blüte

5. Juli. Roggen, Mutterkorn, Honigtaustadium
Zuckerrübe, schwarze Blattlaus
Runkelrübe, schwarze Blattlaus

6. Juli. Windhalm in Blüte
Weizen, gelbe Halmfliege

7. Juli. Rote Holländer Johannisbeere, Beginn der Ernte

8. Juli. Sauerkirsche, Schattenmorelle, Beginn der Ernte

10. Juli. Stachelbeere, Beginn der Ernte

14. Juli. Birne, Obstmade

18. Juli. Weizen, Steinbrand
Kartoffel, Krautfäule

20. Juli. Apfel, Obstmade

21. Juli. Viktoriaerbse, Beginn der Ernte

23. Juli. Winterroggen, Beginn der Ernte

28. Juli. Pflaume, Pflaumenwickler
Zwetsche, Pflaumenwickler

1. August. Pflaume, Polsterschimmel
Zwetsche, Polsterschimmel
Sommergerste, Beginn der Ernte
Winterweizen, Beginn der Ernte

2. August. Pflaume, Beginn der Ernte

3. August. Birne, Polsterschimmel

4. August. Apfel, Polsterschimmel
Viersamige Wicke in Frucht

6. August. Luzerne, Kleeseide

11. August. Hafer, Beseler II, Beginn der Ernte

17. August. Holunder, Beginn der Fruchtreife

20. August. Heide, Beginn der Blüte

22. August. Weinrebe, bekreuzter Heu- und Sauerwurm

23. August. Grummetreife

29. August. Herbstzeitlose, Beginn der Blüte

8. September. Schneebeere, Beginn der Fruchtreife

17. September. Große Buschzwetsche, Beginn der Ernte

19. September. Kartoffel, Industrie, Beginn der Ernte

20. September. Efeu, Beginn der Blüte

24. September. Apfel, Beginn der Ernte

29. September. Buche, Beginn der Fruchtreife

3. Oktober. Eiche, Beginn der Fruchtreife

6. Oktober. Runkelrübe, Rost
Zuckerrübe, Rost

14. Oktober. Eckendorfer Runkelrübe, Beginn der Ernte

15. Oktober. Wein, Beginn der Ernte

27. Oktober. Ensinger Bratbirne, Beginn der Ernte

Ludwigsburg
(Beob. Herrmann, O.-A.-Baumwart)

6. März. Schneeglöckchen, Beginn der Blüte

15. März. Hauspflaume, Beginn des Austriebs
Amsden-Pfirsich, Beginn des Austriebs
Schwarze Herzkirsche, Beginn des Austriebs

16. März. Salweide, Beginn der Blüte
Stachelbeere, Beginn der Laubentfaltung
Stachelbeere, Beginn des Austriebs

18. März. Rote Kirschjohannisbeere, Beginn des Austriebs

20. März. Hauszwetsche, Beginn des Austriebs
Brüsseler braune, Süßkirsche, Beginn des Austriebs
Anemone, Beginn der Blüte
Kornelkirsche, Beginn der Blüte

25. März. Huflattich, Beginn der Blüte

26. März. Große Renette, Beginn des Austriebs

5. April. Stachelbeere, Beginn der Blüte

6. April. Kasseler Renette, Beginn des Austriebs

10. April. Johannisbeere, Beginn der Blüte
Sieger-Erdbeere, Beginn der Blüte

12. April. Stachelbeere, Ende der Blüte

15. April. Roßkastanie, Beginn der Laubentfaltung
Rote Kirschjohannisbeere, Ende der Blüte

Mitte April. Grünbl. Folgererbse, Beginn des Auflaufens

18. April. Hauspflaume, Beginn der Blüte

20. April. Schwarze Herzkirsche, Beginn der Blüte
Amsden-Pfirsich, Beginn der Blüte
Erdbeere, Sieger, Ende der Blüte
Schlehe, Beginn der Blüte

25. April. Birne, Beginn der Blüte
Brüsseler braune Sauerkirsche, Beginn der Blüte
Hauszwetsche, Beginn der Blüte
Hauspflaume, Ende der Blüte
Amsden-Pfirsich, Ende der Blüte

Ende April. Wein, Trollinger, Beginn des Austriebs

30. April. Hauszwetsche, Ende der Blüte

1. Mai. Schwarze Herzkirsche, Ende der Blüte
Brüsseler braune Sauerkirsche, Ende der Blüte
Sauerkirsche, Zweigdürre
Süßkirsche, Zweigdürre

2. Mai. Erste Maikäfer

Anfang Mai. Buchenhochwald grün

3. Mai. Pfirsich, Kräuselkrankheit
Weinrebe, falscher Mehltau

5. Mai. Kasseler Apfel, Beginn der Blüte
Birne, Ende der Blüte

6. Mai. Kiefer, erste Maitriebe
Weinrebe, Rebstichler

8. Mai. Tanne, erste Maitriebe

10. Mai. Flieder, Beginn der Blüte
Fichte, erste Maitriebe
Apfel, Mehltau

12. Mai. Kasseler Renette, Ende der Blüte

15. Mai. Birne, Gitterrost
Roßkastanie, Beginn der Blüte

Mitte Mai. Eichenhochwald grün

20. Mai. Apfel, Schorf
Birne, Schorf
Goldregen, Beginn der Blüte
Winterroggen, Beginn des Schossens

Anfang Juni. Stachelbeere, Stachelbeerblattwespe

1. Juni. Holunder, Beginn der Blüte
Grünbl. Folgererbse, Beginn der Blüte

2. Juni. Erdbeere, Blattfleckenkrankheit
Erdbeere, Sieger, Beginn der Ernte

5. Juni. Johannisbeere, Blattflecken

6. Juni. Winterweizen, Beginn des Schossens

10. Juni. Sommerlinde, Beginn der Blüte
Winterlinde, Beginn der Blüte
Weiße Lilie, Beginn der Blüte

20. Juni. Schwarze Herzkirsche, Beginn der Ernte

29. Juni. Brüsseler braune Sauerkirsche, Beginn der Ernte

1. Juli. Johannisbeere, Beginn der Fruchtreife

5. Juli. Rote Kirschjohannisbeere, Beginn der Ernte

10. Juli. Stachelbeere, Beginn der Ernte

1. August. Amsden-Pfirsich, Beginn der Ernte

15. August. Hauspflaume, Beginn der Ernte

20. September. Hauszwetsche, Beginn der Ernte
Roßkastanie, Beginn der Fruchtreife

1. Oktober. Holunder, Beginn der Fruchtreife

15. Oktober. Wein, Trollinger, Beginn der Ernte

Mitte Oktober. Apfel, Beginn der Ernte
Birne, Beginn der Ernte

Hohenheim
(Beob. Ch. S. Wunder)

24. September 1923. Hohenheimer Raps, Beginn des Auflaufens

16. März. Huflattich, Beginn der Blüte

28. März. Dotterblume, Beginn der Blüte

7. April. Kohlweißling, erster Falter

9. April. Erster Grasfrosch
Anemone, Beginn der Blüte

15. April. Roßkastanie, Beginn der Laubentfaltung

23. April. Schmale blaue Lupine, Beginn des Auflaufens

25. April. Strubes Pferdebohne, Beginn des Auflaufens

26. April. Strubes Viktoriaerbse, Beginn des Auflaufens

28. April. Stachelbeere, Beginn der Laubentfaltung

Ende April. Kornelkirsche, Beginn der Blüte

1. Mai. Süßkirsche, Beginn der Blüte
Schlehe, Beginn der Blüte

3. Mai. Salweide, Beginn der Blüte
Johannisbeere, Beginn der Blüte

6. Mai. Gelbe Eckendorfer Rübe, Beginn des Auflaufens

7. Mai. Apfel, Beginn der Blüte

14. Mai. Hohenheimer Raps, Beginn der Blüte

22. Mai. Petkuser Winterroggen, Beginn des Schossens

24. Mai. Friedrichswerter Bergwintergerste, Beginn des Schossens

25. Mai. Klee, Beginn des Auflaufens

26. Mai. Friedrichswerter Berggerste, Beginn der Blüte

28. Mai. Kartoffel, Lembkes Industrie, Beginn des Auflaufens

3. Juni. Strubes Pferdebohne, Beginn der Blüte

4. Juni. Petkuser Sommerroggen, Beginn des Schossens

7. Juni. Friedrichswerter Berggerste, Ende der Blüte

8. Juni. Klee, Beginn der Blüte

9. Juni. Strubes Viktoriaerbse, Beginn der Blüte

16. Juni. Rimpaus Hannasommergerste, Beginn des Schossens
Klee, Beginn der Ernte

17. Juni. Petkuser Sommerroggen, Beginn der Blüte

18. Juni. Rimpaus Hannagerste, Beginn der Blüte

21. Juni. Hohenheimer Raps, Ende der Blüte

22. Juni. Petkuser Winterroggen, Ende der Blüte

23. Juni. Rimpaus Dickkopfwinterweizen, Beginn des Schossens
Lupine, Beginn der Blüte
Sommerweizen, Rimpaus roter Schlanstädter, Beginn des Schossens

24. Juni. Petkuser Gelbhafer, Beginn des Schossens

26. Juni. Petkuser Gelbhafer, Beginn der Blüte

29. Juni. Rimpaus Dickkopfweizen, Beginn der Blüte

30. Juni. Sommerweizen, Rimpaus roter Schlanstädter, Beginn der Blüte
Petkuser Sommerroggen, Ende der Blüte

1. Juli. Strubes Pferdebohne, Ende der Blüte

7. Juli. Strubes Viktoriaerbse, Ende der Blüte

8. Juli. Kartoffel, Lembkes Industrie, Beginn der Blüte
Petkuser Gelbhafer, Ende der Blüte
Friedrichswerter Bergwintergerste, Ende der Blüte

9. Juli. Hohenheimer Raps, Ende der Blüte

11. Juli. Lupine, schmalblättrige blaue, Ende der Blüte

14. Juli. Sommerweizen, Rimpaus roter Schlanstädter, Ende der Blüte

15. Juli. Rimpaus Dickkopf, Ende der Blüte

22. Juli. Klee, Ende der Blüte

26. Juli. Rimpaus Hannagerste, Beginn der Ernte

2. August. Petkuser Gelbhafer, Beginn der Ernte

3. August. Strubes Viktoriaerbse, Beginn der Ernte

8. August. Petkuser Winterroggen, Beginn der Ernte

11. August. Petkuser Sommerroggen, Beginn der Ernte

15. August. Rimpaus Dickkopfweizen, Beginn der Ernte

20. August. Sommerweizen (Rimpaus roter Schlanstädter, Beginn der Ernte

21. August. Lupine, schmalblättrige, blaue, Beginn der Ernte

28. August. Strubes Pferdebohne, Beginn der Ernte

17. September. Kartoffel, Lembkes Industrie, Beginn der Ernte

20. Oktober. Gelbe Eckendorfer Rübe, Beginn der Ernte

Tübingen
(Beob. A. Schmierer)

17. März. Galanthus nivalis, Beginn der Blüte

19. März. Tussilago farfara, Beginn der Blüte

6. April. Anemone nemorosa, Beginn der Blüte

13. April. Salix caprea, Beginn der Blüte
Caltha palustris, Beginn der Blüte

27. April. Ribes rubrum, Beginn der Blüte
Ribes grossularia, Beginn der Laubentfaltung
Cornus mas, Beginn der Blüte
Pflaume, Beginn der Blüte

Reutlingen
(Beob. Landwirtschaftliche Schule)

10. März. Schneeglöckchen, Beginn der Blüte

25. März. Salweide, Beginn der Blüte

31. März. Roggen, Schneeschimmel

4. April. Stachelbeere, Beginn der Laubentfaltung

8. April. Huflattich, Beginn der Blüte

16. April. Anemone, Beginn der Blüte

22. April. Dotterblume, Beginn der Blüte

26. April. Johannisbeere, Beginn der Blüte

28. April. Buche, Beginn der Laubentfaltung

30. April. Süßkirsche, Beginn der Blüte
Schlehe, Beginn der Blüte

5. Mai. Birne, Beginn der Blüte

8. Mai. Buchenhochwald grün
Hederich, Keimpflänzchen

10. Mai. Apfel, Beginn der Blüte
Roßkastanie, Beginn der Laubentfaltung
Flieder, Beginn der Blüte

14. Mai. Fichte, erste Maitriebe

Tanne, erste Maitriebe

15. Mai. Roßkastanie, Beginn der Blüte
Eichenhochwald grün

16. Mai. Kiefer, erste Maitriebe

20. Mai. Goldregen, Beginn der Blüte

28. Mai. Falscher Jasmin, Beginn der Blüte

31. Mai. Eberesche, Beginn der Blüte

VII e. Oberrheinkreis 1924

Rheinbischofsheim b. Kehl a. Rh.
(Beob. Landwirtschaftsinspektor Traut)

5. März. Schneeglöckchen, Beginn der Blüte

23. März. Huflattich, Beginn der Blüte
Scharbockskraut, Beginn der Blüte

24. März. Salweide, Beginn der Blüte
Kornelkirsche, Beginn der Blüte

26. März. Anemone, Beginn der Blüte

16. April. Stachelbeere, Beginn der Blüte

18. April. Johannisbeere, Beginn b. Blüte

19. April. Pfirsich, Beginn der Blüte

VII f. Bodenseekreis 1924

Tiengen, Amt Waldshut (Baden)
(Beob. Karl Stilbach)

25. April. Schlehe, Beginn der Blüte

25. April. Buche, Beginn der Laubentfaltung

26. April. Roßkastanie, Beginn der Laubentfaltung

27. April. Buchenhochwald, grün

30. April. Süßkirsche, Beginn der Blüte

7. Mai. Birne, Beginn der Blüte

10. Mai. Apfel, Beginn der Blüte

12. Mai. Roßkastanie, Beginn der Blüte
Flieder, Beginn der Blüte

13. Mai. Fichte, erste Maitriebe
Tanne, erste Maitriebe

24. Mai. Winterroggen, Beginn der Blüte

19. Juni. Weiße Lilie, Beginn der Blüte

26. Juni. Sommerlinde, Beginn der Blüte
Winterlinde, Beginn der Blüte

27. Juni. Johannisbeere, Beginn der Fruchtreife

28. Juni. Winterweizen, Beginn der Blüte

9. Juli. Wintergerste, Beginn der Ernte

13. Juli. Winterraps, Beginn der Ernte

31. Juli. Sommergerste, Beginn der Ernte

1. August. Winterweizen, Beginn der Ernte

10. August. Grummetreife

30. August. Roßkastanie, Beginn der Fruchtreife

1. September. Herbstzeitlose, Beginn der Blüte
Ligustrum vulgare, Beginn der Fruchtreife

20. September. Buche, allgemeine Laubverfärbung

Wasserberg a. Bodensee
(Beob. Dr. H. Gams)

Mitte März. Schneeglöckchen, Beginn der Blüte

27. März. Crocus sativus, Beginn der Blüte

28. März. Anemone, Beginn der Blüte

31. März. Ranunculus ficaria, Beginn
der Blüte

3. April. Mahonia japonica, Beginn der
Blüte

8. April. Primula corydalis, Beginn der
Blüte
Anemone aspect, Beginn der Blüte

11. April. Kornelkirsche, Beginn der
Blüte

12. April. Lärche, Beginn der Laubentfaltung

13. April. Birke, Beginn der Laubentfaltung
Letzter Schnee

15. April. Lärche, Beginn der Blüte

16. April. Acer platanoides, Beginn der
Blüte
Populus alba, Beginn der Blüte

17. April. Salix purpurea, Beginn der
Blüte
Corylus, Beginn der Blüte

19. April. Letzter Frost

25. April. Erste Maikäfer

26. April. Süßkirsche, Beginn der Blüte
Birne, Beginn der Blüte

28. April. Ankunft der Schwalben

2. Mai. Taraxacum bellis aspect
Beginn der Blüte

3. Mai. Eichenhochwald grün

5. Mai. Spalierapfel, Beginn der Blüte
Buchenhochwald grün

6. Mai. Erster Kuckucksruf

12. Mai. Roßkastanie, Beginn der Blüte

13. Mai. Apfel, Calvill, Beginn der
Blüte

15. Mai. Robinia pseudacacia, Beginn
der Laubentfaltung
Sialis flavibatera, schlüpfend
Ephemera vulgaris, schlüpfend
Cyrmus trimaculatus, schlüpfend
Flieder, Beginn der Blüte

17. Mai. Ranunculus acer, Beginn der
Blüte

Anthriscus aspect, Beginn der Blüte
Goldregen, Beginn der Blüte

22. Mai. Crataegus hybride, Beginn
der Blüte
Eberesche, Beginn der Blüte

27. Mai. Tinodes vaeneri

29. Mai. Rosa rugosa, Beginn der
Blüte
Lonicera caprifolium, Beginn der
Blüte

1. Juni. Weigelia floribunda, Beginn
der Blüte

4. Juni. Erste Phyllopertha horticola,

6. Juni. Robinia pseudacacia, Beginn
der Blüte

7. Juni. Lampyris noctibica, fliegend

10. Juni. Falscher Jasmin, Beginn der
Blüte

Mitte Juni. Eiche, erste Johannis-
triebe
Spitzahorn, erste Johannistriebe
Eberesche, erste Johannistriebe

29. Juni. Kirschen, Beginn der Ernte
Gurken, Beginn der Ernte

5. Juli. Himbeere, Beginn der Ernte

18. Juli. Erste Hyponameuta malinella
fliegend, sehr starkes Auftreten

21. Juli. Aesculus parviflora, Beginn
der Blüte

22. Juli. Sehr starke Sturmschäden

17. August. Tomaten, Beginn der Fruchtreife

18. August. Zuckerbirne, Beginn der
Fruchtreife

31. August. Ungewöhnlich starkes Schwär-
men von Lasius niger

Ende September. Kernobst, Beginn der
Fruchtreife
Allgemeiner Laubfall

7. November. Erste Frostspanner fliegend

17. November. Erster Frost

20. November. Erster Schnee

VIII. Klimabezirk der schwäbisch-bayerischen Hochebene.

VIIIa. Donaukreis 1924

Ulm
(Beob. K. Mangold)

15. Februar. Schneeglöckchen, Beginn der Blüte

25. Februar. Eranthis hiemalis, Beginn der Blüte
Corylus avellana, Beginn der Blüte

14. März. Daphne mezereum, Beginn der Blüte

17. März. Huflattich, Beginn der Blüte

20. März. Gagea lutea, Beginn der Blüte

25. März. Ficaria verna, Beginn der Blüte
Kornelkirsche, Beginn der Blüte
Salweide, Beginn der Blüte

28. März. Stachelbeere, Beginn der Laubentfaltung
Primula elatior, Beginn der Blüte
Anemone, Beginn der Blüte

29. März. Pulmonaria off., Beginn der Blüte
Primula off., Beginn der Blüte
Scilla bifolia, Beginn der Blüte

30. März. Petasites off., Beginn der Blüte

2. April. Dotterblume, Beginn der Blüte

5. April. Winterlinde, Beginn der Laubentfaltung

19. April. Acer platanoides, Beginn der Blüte
Schlehe, Beginn der Blüte

28. April. Süßkirsche, Beginn der Blüte

29. April. Johannisbeere, Beginn der Blüte
Sommerlinde, Beginn der Laubentfaltung

2. Mai. Prunus padus, Beginn der Blüte
Birne, Beginn der Blüte

4. Mai. Apfel, Beginn der Blüte

5. Mai. Erster Landfrosch

6. Mai. Buche, Beginn der Laubentfaltung
Roßkastanie, Beginn der Blüte
Kohlweißling, erster Falter
Erste Maikäfer

9. Mai. Buchenhochwald grün

10. Mai. Flieder, Beginn der Blüte
Acer pseudopl., Beginn der Blüte

13. Mai. Goldregen, Beginn der Blüte

14. Mai. Eberesche, Beginn der Blüte

16. Mai. Eichenhochwald grün

4. Juni. Holunder, Beginn der Blüte

20. Juni. Schneebeere, Beginn der Blüte

21. Juni. Sommerlinde, Beginn der Blüte

2. Juli. Weiße Lilie, Beginn der Blüte

3. Juli. Johannisbeere, Beginn der Fruchtreife

5. Juli. Winterlinde, Beginn der Blüte
Winterroggen, Beginn des Schossens

7. Juli. Falscher Jasmin, Beginn der Blüte

10. Juli. Winterweizen, Beginn des Schossens

Asselfingen, O.-A. Ulm
(Beob. Verwalter Zimmermann)

28. März. Schneeglöckchen, Beginn der Blüte

13. April. Salweide, Beginn der Blüte

20. April. Stachelbeere, amerikanischer Stachelbeermehltau

21. April. Erster Grasfrosch
Stachelbeere, Beginn der Laubentfaltung

26. April. Dotterblume, Beginn der Blüte

28. April. Gravensteiner, Beginn des Austriebs
Roßkastanie, Beginn der Laubentfaltung
Schweizer Wasserbirne, Beginn des Austriebes

29. April. Johannisbeere, Beginn der Blüte

30. April. Stachelbeere, Beginn der Blüte

1. Mai. Apfel, Mehltau

2. Mai. Süßkirsche, Beginn der Blüte

5. Mai. Sommerlinde, Beginn der Laubentfaltung

6. Mai. Schlehe, Beginn der Blüte
Rotklee, Beginn des Auflaufens
Hederich, Keimpflänzchen

7. Mai. Zwetsche, Beginn der Blüte

8. Mai. Erste Maikäfer
Schweizer Wasserbirne, Beginn der Blüte

10. Mai. Gravensteiner, Beginn der Blüte
Pflaume, Beginn der Blüte

13. Mai. Petkuser Winterroggen, Beginn des Schossens

14. Mai. Roßkastanie, Beginn der Blüte

15. Mai. Tanne, erste Maitriebe

16. Mai. Mammut-Wintergerste, Beginn des Schossens
Eichenhochwald grün

17. Mai. Flieder, Beginn der Blüte
Gerste, Streifenkrankheit

18. Mai. Erdbeere, Beginn der Blüte

20. Mai. Birne, Polsterschimmel
Pflaume, Taschenkrankheit
Zwetsche, Taschenkrankheit
Pflaume, Ende der Blüte
Zwetsche, Ende der Blüte

22. Mai. Schweizer Wasserbirne, Ende der Blüte

24. Mai. Gravensteiner, Ende der Blüte

25. Mai. Apfel, Schorf

26. Mai. Kartoffel, Parnassia, Beginn des Auflaufens

28. Mai. Johannisbeere, Blattflecken

2. Juni. Birne, Obstmade

5. Juni. Apfel, Obstmade

6. Juni. Petkuser Winterroggen, Beginn der Blüte

7. Juni. Holunder, Beginn der Blüte

15. Juni. Pflaume, Pflaumenwickler
Zwetsche, Pflaumenwickler

23. Juni. Petkuser Winterroggen, Ende der Blüte

24. Juni. Rotklee, Beginn der Blüte
Stachelbeere, Rost

28. Juni. Ackerbohne, schwarze Blattlaus

29. Juni. Winterweizen, Strubes General v. Stocken, Beginn der Blüte
Strubes Ackerbohne, Beginn der Blüte

30. Juni. Zeiners Frankensommergerste, Beginn der Blüte
Sommerlinde, Beginn der Blüte
Winterlinde, Beginn der Blüte
Johannisbeere, Beginn der Fruchtreife

3. Juli. Erbse, Viktoria, Beginn der Blüte

5. Juli. Zeiners Frankengerste, Ende der Blüte
Johannisbeere, Beginn der Ernte

6. Juli. Pflaume, Polsterschimmel
Zwetsche, Polsterschimmel

7. Juli. Sommerweizen, Beginn des Schossens

8. Juli. Kartoffel, Parnassia, Beginn der Blüte

12. Juli. Winterweizen, Strubes General v. Stocken, Ende der Blüte

18. Juli. Sommerweizen, Ende der Blüte

19. Juli. Mammut-Wintergerste, Beginn der Ernte

21. Juli. Strubes Ackerbohne, Ende der Blüte

25. Juli. Roggen, Mutterkorn (Sclerotium)

26. Juli. Birne, Schorf
Weizen, Steinbrand
Viktoriaerbse, Ende der Blüte

27. Juli. Weizen, Gelbe Halmfliege

28. Juli. Weizen, Flugbrand
Weizen, Mehltau
Weizen, Blasenfuß
Kartoffel, Blattrollkrankheit

30. Juli. Petkuser Winterroggen, Beginn
der Ernte

3. August. Kartoffel, Schwarzbeinigkeit

4. August. Hederich in Frucht

5. August. Zeiners Frankengerste, Beginn der Ernte

16. August. Gelbhafer, Beginn der Ernte

20. August. Winterweizen, Strubes General v. Stocken, Beginn der Ernte

28. August. Kartoffel, Parnassia, Ende der Blüte

30. August. Viktoriaerbse, Beginn der Ernte

31. August. Sommerweizen, Beginn der Ernte

2. September. Grummetreife

5. September. Holunder, Beginn der Fruchtreife
Roßkastanie, Allgemeine Laubverfärbung

9. September. Herbstzeitlose, Beginn der Blüte

20. September. Roßkastanie, Beginn der Fruchtreife
Strubes Ackerbohne, Beginn der Ernte

24. September. Kartoffel, Parnassia, Beginn der Ernte

2. Oktober. Buche, allgemeine Laubverfärbung

Langenau
(Beob. Rehle, Katastergeometer)

2. März. Erster Star

11. März. Feldlerche, erster Gesang

14. März. Erste Singdrossel

15. März. Erste Grauammer
Erste graue Bachstelze

17. März. Erster Hausrotschwanz

20. März. Erste Wacholderdrossel

23. März. Erster großer Brachvogel
Erste Bekassine
Erster grauer Würger
Erste Rohrammer

26. März. Erster Kiebitz

1. April. Erster Weidenlaubvogel

2. April. Erster Gartenrotschwanz

5. April. Erste Hausschwalbe

11. April. Erste Wiesenweihe

14. April. Erstes Braunkehlchen

19. April. Erster Wiesenpieper

21. April. Erster Baumpieper

22. April. Erster Steinschmätzer

25. April. Erster Kuckuck

26. April. Erster Wendehals

2. Mai. Erster rotrückiger Würger

14. Mai. Wachtel, erster Ruf

18. Mai. Erster Segler

Ziegelweiler b. Junging en
(Beob. Reyhle)

20. März. Schneeglöckchen, Beginn der Blüte

1. April. Huflattich, Beginn der Blüte

14. April. Anemone, Beginn der Blüte

17. April. Salweide, Beginn der Blüte

18. April. Kornelkirsche, Beginn der Blüte

19. April. Stachelbeere, Beginn der Laubentfaltung

Anfang Mai. Ackersenf

3. Mai. Johannisbeere, Beginn der Blüte

6. Mai. Süßkirsche, Beginn der Blüte

10. Mai. Schlehe, Beginn der Blüte

12. Mai. Hederich, Keimpflänzchen
Erster Wasserfrosch

13. Mai. Erste Maikäfer

14. Mai. Birne, Beginn der Blüte

16. Mai. Apfel, Beginn der Blüte
Buchenhochwald grün

17. Mai. Sommerlinde, Beginn der Laubentfaltung
Winterlinde, Beginn der Laubentfaltung
Buche, Beginn der Laubentfaltung

18. Mai. Flieder, Beginn der Blüte
Eberesche, Beginn der Blüte

20. Mai. Erster Grasfrosch

25. Mai. Winterroggen, Beginn des Schossens

27. Mai. Eichenhochwald grün
Kiefer, erste Maitriebe
Fichte, erste Maitriebe

6. Juni. Winterroggen, Beginn der Blüte

13. Juni. Holunder, Beginn der Blüte

18. Juni. Winterweizen, Beginn des Schossens

20. Juni. Erste schwarze Blattläuse an Saubohne
Ackerbohne, schwarze Blattlaus

22. Juni. Weizen, Mehltau
Eiche, erste Johannistriebe
Eberesche, erste Johannistriebe

26. Juni. Sommergerste, Beginn des Schossens

28. Juni. Winterweizen, Beginn der Blüte

30. Juni. Sommerweizen, Beginn des Schossens

Anfang Juli. Apfel, Schorf
Birne, Schorf

4. Juli. Schneebeere, Beginn der Blüte

9. Juli. Hafer, Beginn des Schossens
Sommergerste, Beginn der Blüte

10. Juli. Roggen, Mutterkorn (Sclerotium)
Sommerlinde, Beginn der Blüte
Winterlinde, Beginn der Blüte

13. Juli. Hafer, Flugbrand
Sommerweizen, Beginn der Blüte

14. Juli. Johannisbeere, Beginn der Fruchtreife

15. Juli. Windhalm in Blüte

24. Juli. Kartoffel, Krautfäule

30. Juli. Roggen, Schwarzrost
Roggen, Braunrost
Winterroggen, Beginn der Ernte

14. August. Sommergerste, Beginn der Ernte

15. August. Winterweizen, Beginn der Ernte

Anfang September. Apfel, Obstmade
Birne, Obstmade

6. September. Hafer, Beginn der Ernte

8. September. Sommerweizen, Beginn der Ernte

12. September. Herbstzeitlose, Beginn der Blüte

25. September. Kartoffel, Beginn der Ernte

2. Oktober. Erste Frostspanner an Probeleimringen

12. Oktober. Rübe, Beginn der Ernte
Gerste, Streifenkrankheit

Ingolstadt
(Beob. Müller)

8. Mai. Süßkirsche, Beginn der Blüte

12. Mai. Holzbirne, Beginn der Blüte
Roßkastanie, Beginn der Blüte
Flieder, Beginn der Blüte

13. Mai. Holzapfel, Beginn der Blüte

14. Mai. Eberesche, Beginn der Blüte
Eichenhochwald grün

19. Mai. Fichte, erste Maitriebe
Kiefer, erste Maitriebe

Vilsheim
(Beob. Johann Stabler)

22. Februar. Salweide, Beginn der Blüte

10. März. Gänseblümchen, Beginn der Blüte

15. März. Huflattich, Beginn der Blüte

18. März. Dotterblume, Beginn der Blüte

26. März. Schlüsselblume, Beginn der Blüte
Erster Grasfrosch

2. April. Anemone, Beginn der Blüte
Sommerlinde, Beginn der Laubentfaltung

8. April. Erster Wasserfrosch

9. April. Stachelbeere, Beginn der Laubentfaltung

10. April. Winterlinde, Beginn der Laubentfaltung

26. April. Schlehe, Beginn der Blüte

1. Mai. Roßkastanie, Beginn der Laubentfaltung

4. Mai. Süßkirsche, Beginn der Blüte

5. Mai. Johannisbeere, Beginn der Blüte
Birne, Beginn der Blüte

7. Mai. Apfel, Beginn der Blüte

11. Mai. Fichte, erste Maitriebe

12. Mai. Kiefer, erste Maitriebe
Tanne, erste Maitriebe
Roßkastanie, Beginn der Blüte

15. Mai. Winterroggen, Beginn des Schossens

17. Mai. Winterweizen, Beginn des Schossens
Flieder, Beginn der Blüte

21. Mai. Eberesche, Beginn der Blüte

22. Mai. Goldregen, Beginn der Blüte

1. Juni. Winterroggen, Beginn der Blüte

2. Juni. Falscher Jasmin, Beginn der Blüte

3. Juni. Buche, Beginn der Laubentfaltung

6. Juni. Holunder, Beginn der Blüte
Schneebeere, Beginn der Blüte

28. Juni. Sommerlinde, Beginn der Blüte
Winterlinde, Beginn der Blüte

7. Juli. Weiße Lilie, Beginn der Blüte
Johannisbeere, Beginn der Fruchtreife

11. Juli. Eberesche, Beginn der Fruchtreife

Vilsheim
(Beob. K. Albrecht)

22. Februar. Salweide, Beginn der Blüte

8. März. Gänseblümchen, Beginn der Blüte

18. März. Huflattich, Beginn der Blüte

19. März. Dotterblume, Beginn der Blüte

26. März. Schlüsselblume, Beginn der Blüte

2. April. Anemone, Beginn der Blüte

7. April. Stachelbeere, Beginn der Laubentfaltung

10. April. Apfel, Beginn der Blüte

15. April. Schlehe, Beginn der Blüte
Erster Wasserfrosch

21. April. Johannisbeere, Beginn der Blüte

5. Mai. Tanne, erste Maitriebe

6. Mai. Flieder, Beginn der Blüte

8. Mai. Birne, Beginn der Blüte

10. Mai. Kiefer, erste Maitriebe

15. Mai. Fichte, erste Maitriebe

28. Mai. Winterroggen, Beginn des Schossens

5. Juni. Winterroggen, Beginn der Blüte

6. Juni. Roßkastanie, Beginn der Blüte

8. Juni. Winterweizen, Beginn des Schossens

9. Juni. Holunder, Beginn der Blüte

17. Juni. Winterweizen, Beginn der Blüte

24. Juni. Weiße Lilie, Beginn der Blüte
Sommerlinde, Beginn der Laubentfaltung

25. Juni. Falscher Jasmin, Beginn der Blüte

9. Juli. Johannisbeere, Beginn der Fruchtreife

15. Juli. Winterroggen, Beginn der Ernte

28. Juli. Winterweizen, Beginn der Ernte

4. August. Grummetreife

13. August. Herbstzeitlose, Beginn der Blüte

24. August. Holunder, Beginn der Fruchtreife

28. August. Schneebeere, Beginn der Fruchtreife

29. August. Efeu, Beginn der Blüte

2. September. Eiche, Beginn der Fruchtreife

15. September. Eiche, allgemeine Laubverfärbung

Kapfing
(Beob. Xaver Deutinger)

24. Februar. Salweide, Beginn der Blüte

17. März. Gänseblümchen, Beginn der Blüte

20. März. Dotterblume, Beginn der Blüte

26. März. Schneeglöckchen, Beginn der Blüte

27. März. Erster Grasfrosch

1. April. Anemone, Beginn der Blüte

2. April. Sommerlinde, Beginn der Laubentfaltung

5. April. Huflattich, Beginn der Blüte

8. April. Kohlweißling, erster Falter

9. April. Stachelbeere, Beginn der Laubentfaltung

10. April. Winterlinde, Beginn der Laubentfaltung

23. April. Erster Wasserfrosch

1. Mai. Süßkirsche, Beginn der Blüte
Roßkastanie, Beginn der Laubentfaltung

4. Mai. Johannisbeere, Beginn der Blüte

6. Mai. Schlehe, Beginn der Blüte

7. Mai. Rotbirne, Beginn der Blüte

10. Mai. Apfel, Bartholomä, Beginn der Blüte
Tanne, erste Maitriebe

11. Mai. Kiefer, erste Maitriebe
Fichte, erste Maitriebe

12. Mai. Roßkastanie, Beginn der Blüte

13. Mai. Spitzahorn, erste Johannistriebe

15. Mai. Winterroggen, Beginn des Schossens

16. Mai. Flieder, Beginn der Blüte

18. Mai. Erste Maikäfer

21. Mai. Eberesche, Beginn der Blüte

22. Mai. Goldregen, Beginn der Blüte

29. Mai. Eberesche, erste Johannistriebe

31. Mai. Eiche, erste Johannistriebe

2. Juni. Schneebeere, Beginn der Blüte
Falscher Jasmin, Beginn der Blüte

3. Juni. Buche, Beginn der Laubentfaltung
Winterroggen, Beginn der Blüte

8. Juni. Winterweizen, Beginn des Schossens
Holunder, Beginn der Blüte

16. Juni. Sommerlinde, Beginn der Blüte

17. Juni. Winterweizen, Beginn der Blüte

28. Juni. Johannisbeere, Beginn der Fruchtreife

4. Juli. Weiße Lilie, Beginn der Blüte

14. Juli. Erste schwarze Blattlaus an Saubohne

28. Juli. Winterroggen, Beginn der Ernte

2. August. Eberesche, Beginn der Fruchtreife

6. August. Winterweizen, Beginn der Ernte

10. August. Grummetreife

22. August. Roßkastanie, Beginn der Fruchtreife

31. August. Birke, Beginn der Fruchtreife
Holunder, Beginn der Fruchtreife
 1. September. Herbstzeitlose, Beginn
der Blüte
14. September. Roßkastanie, Beginn der
Laubverfärbung
28. September. Eiche, Beginn der Fruchtreife
 5. Oktober. Eiche, Beginn der Laubverfärbung

Langenbils
(Beob. Elisabeth Peißinger)

22. Februar. Salweide, Beginn der
Blüte
11. März. Gänseblümchen, Beginn der
Blüte
17. März. Huflattich, Beginn der Blüte
18. März. Dotterblume, Beginn der
Blüte
26. März. Schlüsselblume, Beginn der
Blüte
 2. April. Anemone, Beginn der Blüte
 7. April. Frühlingsenzian, Beginn der
Blüte
 8. April. Stachelbeere, Beginn der
Laubentfaltung
 9. April. Kohlweißling, erster Falter
14. April. Erster Wasserfrosch
21. April. Ackerehrenpreis, Beginn der
Blüte
24. April. Roßkastanie, Beginn der Laubentfaltung
 1. Mai. Johannisbeere, Beginn der
Blüte
 3. Mai. Süßkirsche, Beginn der Blüte
 4. Mai. Sommerlinde, Beginn der
Laubentfaltung
 6. Mai. Winterweizen, Beginn des
Schossens
 8. Mai. Erster Grasfrosch
Fichte, erste Maitriebe

 9. Mai. Eiche, erste Johannistriebe
Kiefer, erste Maitriebe
Birne, Beginn der Blüte
11. Mai. Apfel, Beginn der Blüte
12. Mai. Tanne, erste Maitriebe
Erste Maikäfer
13. Mai. Schlehe, Beginn der Blüte
Winterroggen, Beginn des Schossens
14. Mai. Roßkastanie, Beginn der Blüte
16. Mai. Flieder, Beginn der Blüte
26. Mai. Winterroggen, Beginn der
Blüte
 3. Juni. Winterweizen, Beginn der
Blüte
 8. Juni. Holunder, Beginn der Blüte
25. Juni. Johannisbeere, Beginn der
Fruchtreife
 2. Juli. Falscher Jasmin, Beginn der
Blüte
10. Juli. Sommerlinde, Beginn der
Blüte
Winterlinde, Beginn der Blüte
19. Juli. Winterroggen, Beginn der
Ernte
24. Juli. Winterweizen, Beginn der Ernte
21. August. Eiche, Beginn der Laubverfärbung
 3. September. Eiche, Beginn der Fruchtreife
 8. September. Roßkastanie, Beginn der
Laubverfärbung
Holunder, Beginn der Fruchtreife
22. September. Roßkastanie, Beginn der
Fruchtreife
24. September. Herbzeitlose, Beginn der
Blüte

Lechau
(Beob. Anna Gmeineder)

22. Februar. Salweide, Beginn der Blüte
12. März. Huflattich, Beginn der Blüte
17. März. Gänseblümchen, Beginn der
Blüte

19. März. Dotterblume, Beginn der Blüte
25. März. Schlüsselblume, Beginn der Blüte
28. März. Erster Wasserfrosch
 1. April. Anemone, Beginn der Blüte
 5. April. Stachelbeere, Beginn der Laubentfaltung
29. April. Winterlinde, Beginn der Laubentfaltung
 2. Mai. Sommerlinde, Beginn der Laubentfaltung
Erster Grasfrosch
 3. Mai. Birne, Beginn der Blüte
 4. Mai. Süßkirsche, Beginn der Blüte
Roßkastanie, Beginn der Laubentfaltung
Winterweizen, Beginn des Schossens
 5. Mai. Johannisbeere, Beginn der Blüte
 6. Mai. Kohlweißling, erster Falter
Kiefer, erste Maitriebe
 7. Mai. Schlehe, Beginn der Blüte
11. Mai. Buchenhochwald grün
Eiche, erste Johannistriebe
Fichte, erste Maitriebe
12. Mai. Tanne, erste Maitriebe
14. Mai. Winterroggen, Beginn des Schossens
Roßkastanie, Beginn der Blüte
15. Mai. Apfel, Beginn der Blüte
17. Mai. Flieder, Beginn der Blüte
20. Mai. Winterroggen, Beginn der Blüte
10. Juni. Holunder, Beginn der Blüte
17. Juni. Winterweizen, Beginn der Blüte
27. Juni. Johannisbeere, Beginn der Fruchtreife
28. Juni. Sommerlinde, Beginn der Blüte
Winterlinde, Beginn der Blüte
26. Juli. Winterroggen, Beginn der Ernte
 2. August. Winterweizen, Beginn der Ernte

23. August. Eiche, Beginn der Fruchtreife
30. August. Holunder, Beginn der Fruchtreife
 1. September. Roßkastanie, Beginn der Fruchtreife
 3. September. Herbstzeitlose, Beginn der Blüte
11. September. Roßkastanie, Beginn der Laubverfärbung

Viehhausen
(Beob. Cäcilie Schiller)

22. Februar. Salweide, Beginn der Blüte
23. März. Gänseblümchen, Beginn der Blüte
24. März. Dotterblume, Beginn der Blüte
26. März. Huflattich, Beginn der Blüte
27. März. Erster Grasfrosch
10. April. Stachelbeere, Beginn der Laubentfaltung
14. April. Anemone, Beginn der Blüte
 1. Mai. Kiefer, erste Maitriebe
 2. Mai. Frühbirne, Beginn der Blüte
 3. Mai. Johannisbeere, Beginn der Blüte
Fichte, erste Maitriebe
 5. Mai. Tanne, erste Maitriebe
 7. Mai. Süßkirsche, Beginn der Blüte
 9. Mai. Schlehe, Beginn der Blüte
10. Mai. Winterroggen, Beginn des Schossens
13. Mai. Winterweizen, Beginn des Schossens
Roßkastanie, Beginn der Laubentfaltung
18. Mai. Roßkastanie, Beginn der Blüte
20. Mai. Apfel (Bartholomäus), Beginn der Blüte
Eberesche, Beginn der Blüte
21. Mai. Flieder, Beginn der Blüte
22. Mai. Goldregen, Beginn der Blüte

25. Mai. Holunder, Beginn der Blüte

1. Juni. Falscher Jasmin, Beginn der
Blüte
Winterroggen, Beginn der Blüte
Winterweizen, Beginn der Blüte

3. Juni. Schneebeere, Beginn der Blüte

4. Juni. Sommerlinde, Beginn der
Blüte
Winterlinde, Beginn der Blüte

3. Juli. Johannisbeere, Beginn der
Fruchtreife

4. Juli. Winterweizen, Beginn der
Ernte

6. Juli. Weiße Lilie, Beginn der Blüte

27. Juli. Winterroggen, Beginn der
Ernte

29. August. Eiche, Beginn der Fruchtreife

30. August. Grummetreife

14. Oktober. Herbstzeitlose, Beginn der
Blüte
Roßkastanie, Beginn der Fruchtreife

Kemoden
(Beob. Klara Schmittner)

4. März. Gänseblümchen, Beginn der
Blüte

9. März. Salweide, Beginn der Blüte

20. März. Huflattich, Beginn der Blüte

27. März. Erster Grasfrosch

4. April. Sommerlinde, Beginn der
Laubentfaltung

14. April. Anemone, Beginn der Blüte

27. April. Roßkastanie, Beginn der
Laubentfaltung

28. April. Stachelbeere, Beginn der Laubentfaltung

1. Mai. Schlehe, Beginn der Blüte

5. Mai. Süßkirsche, Beginn der Blüte

6. Mai. Apfel, Bartholomäus, Beginn
der Blüte

7. Mai. Dotterblume, Beginn der Blüte

8. Mai. Kohlweißling, erster Falter

9. Mai. Wasserbirne, Beginn der Blüte

10. Mai. Roßkastanie, Beginn der Blüte

11. Mai. Johannisbeere, Beginn der
Blüte

15. Mai. Flieder, Beginn der Blüte

16. Mai. Winterroggen, Beginn des
Schossens

20. Mai. Goldregen, Beginn der Blüte

21. Mai. Holunder, Beginn der Blüte

23. Mai. Eberesche, Beginn der Blüte

29. Mai. Winterweizen, Beginn des
Schossens
Winterroggen, Beginn der Blüte

1. Juni. Falscher Jasmin, Beginn der
Blüte

2. Juni. Schneebeere, Beginn der Blüte

13. Juni. Winterweizen, Beginn der
Blüte

16. Juli. Johannisbeere, Beginn der
Fruchtreife

20. Juli. Sommerlinde, Beginn der
Blüte
Winterlinde, Beginn der Blüte

23. Juli. Winterroggen, Beginn der
Ernte

25. Juli. Winterweizen, Beginn der
Ernte

27. August. Roßkastanie, Beginn der
Fruchtreife

28. August. Holunder, Beginn der Fruchtreife

29. August. Eiche, Beginn der Fruchtreife

30. August. Grummetreife

2. September. Schneebeere, Beginn der
Fruchtreife

6. September. Herbstzeitlose, Beginn
der Blüte

Holzforst
(Beob. K. Mittermeier)

22. Februar. Salweide, Beginn der
Blüte

17. März. Huflattich, Beginn der Blüte

18. März. Dotterblume, Beginn der Blüte

23. März. Gänseblümchen, Beginn der Blüte

24. März. Schlüsselblume, Beginn der Blüte

26. März. Erster Grasfrosch.

30. März. Anemone, Beginn der Blüte

8. April. Kohlweißling, erster Falter
Stachelbeere, Beginn der Laubentfaltung

26. April. Schlehe, Beginn der Blüte

1. Mai. Roßkastanie, Beginn der Laubentfaltung

3. Mai. Süßkirsche, Beginn der Blüte

4. Mai. Sommerlinde, Beginn der Laubentfaltung
Winterlinde, Beginn der Laubentfaltung

6. Mai. Johannisbeere, Beginn der Blüte
Frauenbirne, Beginn der Blüte
Apfel, Bartholomäus, Beginn der Blüte

7. Mai. Erster Wasserfrosch

11. Mai. Roßkastanie, Beginn der Blüte
Tanne, erste Maitriebe

12. Mai. Fichte, erste Maitriebe

13. Mai. Spitzahorn, erste Johannistriebe

14. Mai. Winterroggen, Beginn des Schossens

15. Mai. Kiefer, erste Maitriebe

17. Mai. Flieder, Beginn der Blüte

21. Mai. Goldregen, Beginn der Blüte
Eberesche, Beginn der Blüte

29. Mai. Eberesche, erste Johannistriebe

31. Mai. Holunder, Beginn der Blüte
Eiche, erste Johannistriebe

1. Juni. Winterroggen, Beginn der Blüte

2. Juni. Schneebeere, Beginn der Blüte

10. Juni. Winterweizen, Beginn des Schossens

16. Juni. Winterweizen, Beginn der Blüte

21. Juni. Falscher Jasmin, Beginn der Blüte

30. Juni. Johannisbeere, Beginn der Fruchtreife

1. Juli. Sommerlinde, Beginn der Blüte
Winterlinde, Beginn der Blüte

3. Juli. Weiße Lilie, Beginn der Blüte

14. Juli. Erste schwarze Blattlaus an Saubohne

27. Juli. Winterroggen, Beginn der Ernte

2. August. Schneebeere, Beginn der Fruchtreife

5. August. Heide, Beginn der Blüte

6. August. Grummetreife

21. August. Roßkastanie, Beginn der Fruchtreife

31. August. Holunder, Beginn der Fruchtreife

14. September. Roßkastanie, allgemeine Laubverfärbung

28. September. Eiche, Beginn der Fruchtreife

5. Oktober. Eiche, allgemeine Laubverfärbung

Tuttlingen
(Beob. E. Rebholz, Oberlehrer)

26. März. Schneeglöckchen, Beginn der Blüte.

9. April. Huflattich, Beginn der Blüte

14. April. Anemone, Beginn der Blüte
Salweide, Beginn der Blüte

Ende April. Stachelbeere, Beginn der Laubentfaltung

5. Mai. Sommerlinde, Beginn der Laubentfaltung

7. Mai. Kohlweißling, erster Falter

10. Mai. Erster Maikäfer
Roßkastanie, Beginn der Laubentfaltung
Winterlinde, Beginn der Laubentfaltung

11. Mai. Buche, Beginn der Laubentfaltung

12. Mai. Erster Wasserfrosch

Dotterblume, Vollblüte

Johannisbeere, Beginn der Blüte

Süßkirsche, Beginn der Blüte

Schlehe, Beginn der Blüte

Kiefer, erste Maitriebe

14. Mai. Buchenhochwald grün

15. Mai. Birne, Beginn der Blüte

21. Mai. Roßkastanie, Beginn der Blüte

Flieder, Beginn der Blüte

9. Juni. Winterroggen, Beginn der Blüte

18. Juni. Holunder, Beginn der Blüte

20. Juni. Falscher Jasmin, Beginn der Blüte

26. Juni. Winterweizen, Beginn des Schossens

3. Juli. Winterweizen, Beginn der Blüte

4. Juli. Weiße Lilie, Beginn der Blüte

10. Juli. Johannisbeere, Beginn der Fruchtreife

26 Juli. Sommerlinde, Beginn der Blüte

2. August. Winterlinde, Beginn der Blüte

27. August. Eberesche, Beginn der Fruchtreife

1. September. Winterweizen, Beginn der Ernte

10. September. Holunder, Beginn der Fruchtreife

19. September. Roßkastanie, Beginn der Fruchtreife

4. Oktober. Roßkastanie, allgemeine Laubverfärbung

Talheim, O.-A. Tuttlingen
(Beob. Hauptlehrer Schaudt)

22. März. Leberblume, Beginn der Blüte

30. März. Schneeglöckchen, Beginn der Blüte

12. April. Huflattich, Beginn der Blüte

14. April. Seidelbast, Beginn der Blüte

15. April. Anemone, Beginn der Blüte

18. April. Salweide, Beginn der Blüte

23. April. Erster Wasserfrosch

24. April. Dotterblume, Beginn der Blüte

26. April. Johannisbeere, Beginn der Blüte

Stachelbeere, Beginn der Laubentfaltung

5. Mai. Buche, Beginn der Laubentfaltung

10. Mai. Roßkastanie, Beginn der Laubentfaltung

Sommerlinde, Beginn der Laubentfaltung

12. Mai. Schlehe, Beginn der Blüte

14. Mai. Pastorenbirne, Beginn der Blüte

Buchenhochwald grün

15. Mai. Palmersbirne, Beginn der Blüte

16. Mai. Gravensteiner Apfel, Beginn der Blüte

18. Mai. Winterlinde, Beginn der Laubentfaltung

20. Mai. Apfel, Renette, Beginn der Blüte

Flieder, Beginn der Blüte

21. Mai. Tanne, erste Maitriebe

22. Mai. Roßkastanie, Beginn der Blüte

23. Mai. Fichte, erste Maitriebe

26. Mai. Kiefer, erste Maitriebe

5. Juni. Holunder, Beginn der Blüte

3. Juli. Winterroggen, Beginn der Blüte

6. Juli. Sommerlinde, Beginn der Blüte

Winterlinde, Beginn der Blüte

8. Juli. Dinkel, Beginn der Blüte

15. Juli. Johannisbeere, Beginn der Fruchtreife

VIIIb. Alpiner Vorlandkreis 1924.

Waldsee
(Beob. Landwirtschaftliche Schule)

15. April. Huflattich, Beginn der Blüte

20. April. Anemone, Beginn der Blüte

14. Mai. Raps, Rapsglanzkäfer
Raps, Beginn der Blüte

18. Mai. Winterroggen, Beginn des Schossens

Anfang Juni. Kartoffel, Beginn des Auflaufens

4. Juni. Wintergerste, Flugbrand
Gerste, Streifenkrankheit

12. Juni. Winterweizen, General v. Stocken, Beginn des Schossens

13. Juni. Winterroggen, Beginn der Blüte

23. Juni. Sommergerste, Beginn des Schossens

30. Juni. Hafer, Hohenheimer, Beginn des Schossens

1. Juli. Winterweizen, General v. Stocken, Beginn der Blüte

21. Juli. Winterroggen, Beginn der Ernte

Hofstatt
(Beob. Anton Wilb)

1. April. Schneeglöckchen, Beginn der Blüte

5. April. Salweide, Beginn der Blüte

10. April. Huflattich, Beginn der Blüte

19. April. Stachelbeere, Winhams Industrie, Beginn des Austriebs

24. April. Rote Holländische Johannisbeere, Beginn des Austriebs

28. April. Stachelbeere, Winhams Industrie, Beginn der Blüte

2. Mai. Rote Holländische Johannisbeere, Beginn der Blüte

3. Mai. Dotterblume, Beginn der Blüte

4. Mai. Süßkirsche, Beginn der Blüte

6. Mai. Wangenheimer Zwetsche, Beginn der Blüte
Zarpflaume, Beginn der Blüte

7. Mai. Sauerkirsche, Beginn der Blüte

8. Mai. Schlehe, Beginn der Blüte

9. Mai. Birne, Beginn der Blüte

12. Mai. Süßkirsche, Ende der Blüte

14. Mai. Apfel, Beginn der Blüte
Zarpflaume, Ende der Blüte
Wangenheimer Zwetsche, Ende der Blüte

17. Mai. Sommerlinde, Beginn der Laubentfaltung
Birne, Ende der Blüte
Sauerkirsche, Ende der Blüte

21. Mai. Winterroggen, Beginn des Schossens

24. Mai. Apfel, Ende der Blüte
Apfel, Mehltau

25. Mai. Beginn des Heuschnittes
Roßkastanie, Beginn der Blüte

31. Mai. Holunder, Beginn der Blüte

2. Juni. Stachelbeere, amerikanischer Mehltau

10. Juni. Kartoffel (Wohltmann), Beginn des Auflaufens

15. Juni. Klee, Beginn der Blüte

29. Juni. Sommergerste (Ackermanns Bavaria), Beginn des Schossens

30. Juni. Kartoffel (Wohltmann), Beginn der Blüte

3. Juli. Lochows Gelbhafer, Beginn des Schossens
Gerste, Streifenkrankheit

12. Juli. Sommerlinde, Beginn der Blüte
Winterlinde, Beginn der Blüte

14. Juli. Birne, Obstmade

18. Juli. Holunder, Beginn der Fruchtreife

19. Juli. Rote holländische Johannisbeere, Beginn der Ernte
Weizen, Steinbrand
24. Juli. Grummetreife
Stachelbeere, Winhams Industrie, Beginn der Ernte
28. Juli. Pflaume, Polsterschimmel
Zwetsche, Polsterschimmel
1. August. Wintergerste, Beginn der Ernte
5. August. Winterroggen, Beginn der
Ernte
9. August. Winterweizen, Beginn der
Ernte
17. August. Sommergerste, Ackermanns
Bavaria, Beginn der Ernte
20. August. Zarpflaume, Beginn der
Ernte
23. August. Lochows Gelbhafer, Beginn
der Ernte
25. August. Sommerroggen, Beginn der
Ernte
5. September. Wangenheimer Zwetsche,
Beginn der Ernte
18. September. Herbstzeitlose, Beginn
der Blüte
28. September. Eiche, Beginn der Fruchtreife

Walkertshofen (Schwaben)
(Beob. L. Miller)

12. März. Huflattich, Beginn der Blüte
18. März. Schneeglöckchen, Beginn der
Blüte
23. März. Anemone, Beginn der Blüte
24. März. Dotterblume, Beginn der
Blüte
25. März. Haselnuß, Beginn der Blüte
30. März. Salweide, Beginn der Blüte
15. April. Johannisbeere, Beginn der
Blüte
Erstes Quaken der Frösche
20. April. Stachelbeere, Beginn der
Laubentfaltung

Bad Wörishofen (Bayern)
(Beob. Jul. Rühm, Oberverwaltungsrat)

27. August. Calchicum autumnale, Beginn der Blüte

Ebersberg (Oberbayern)
(Beob. A. Kirch)

16. März. Tussilago farfara, Beginn
der Blüte
23. März. Primula veris, Beginn der
Blüte
Bellis perennis, Beginn der Blüte
26. März. Anemone nemorosa, Beginn
der Blüte
27. März. Galanthus nivalis, Beginn der
Blüte
29. März. Corylus avellana, Beginn der
Blüte
1. April. Caltha palustris, Beginn der
Blüte
5. April. Crocus vernus, Beginn der
Blüte
9. April. Salix Caprea, Beginn der
Blüte
10. April. Viola odorata, Beginn der
Blüte
13. April. Anemone hepatica, Beginn
der Blüte
15. April. Viola cannina, Beginn der
Blüte
23. April. Alchemilla vulgaris, Beginn
der Blüte
24. April. Ranunculus ficaria, Beginn
der Blüte
26. April. Betula alba, Beginn der Laubentfaltung
27. April. Erste Euphorbia cyparissias
esula
30. April. Larix decidua, Beginn der
Blüte
5. Mai. Fagus silvatica, Beginn der
Laubentfaltung
Stachelbeere, Beginn der Blüte

6. Mai. Süßkirsche, Beginn der Blüte

7. Mai. Ribes rubrum, Beginn der Blüte

8. Mai. Aesculus hippocastanum, Beginn der Laubentfaltung
Buchenwald, allgemeine Belaubung

11. Mai. Sauerkirsche, Beginn der Blüte

12. Mai. Picea excelsa, erste Maitriebe

10. Mai. Apfel, Stettiner, Beginn des Austriebs

13. Mai. Pfirsich, Beginn der Blüte

15. Mai. Tilia grandifolia, Beginn der Laubentfaltung
Abies alba, erste Maitriebe
Klee, Beginn des Auflaufens
Birne, Beginn der Blüte
Winterweizen, Beginn des Schossens

17. Mai. Süßkirsche, Ende der Blüte
Syringa vulgaris, Beginn der Blüte

18. Mai. Aesculus hippocastanum, Beginn der Blüte
Apfel, Beginn der Blüte

20. Mai. Erster Rana esculenta

25. Mai. Erster Rana temporaria
Winterroggen, Beginn des Schossens

29. Mai. Convalaria maialis, Beginn der Blüte

1. Juni. Petkuser Winterroggen, Beginn der Blüte
Cytisus laburnum, Beginn der Blüte

2. Juni. Kartoffel, Beginn des Auflaufens

3. Juni. Sphaerotheca mors uvae

5. Juni. Erster Pierris brassicae

6. Juni. Taphrina pruni

8. Juni. Monilia cinerea

10. Juni. Sambucus nigra, Beginn der Blüte

12. Juni. Philadelphus coronarius, Beginn der Blüte
Erster Sinapis arvensis

15. Juni. Erdbeere, Beginn der Ernte

19. Juni. Süßkirsche, Beginn der Ernte

23. Juni. Winterweizen, Beginn der Blüte

Auslandsbeobachtungen. Österreich 1924

Wien XII, Tivoligasse 76
(Beob. Max Onno)

7. März. Eranthis hiemalis, Beginn der
Blüte

9. März. Schneeglöckchen, Beginn der
Blüte
Primula acaulis, Beginn der Blüte

25. März. Huflattich, Beginn der Blüte
Anemone hepatica, Beginn der Blüte

1. April. Corydalis cava, Beginn der
Blüte
Ranunculus ficaria, Beginn der Blüte
Crocus vernus, Beginn der Blüte
Anemone, Beginn der Blüte

5. April. Viola odorata, Beginn der
Blüte

6. April. Kornelkirsche, Beginn der Blüte

20. April. Roßkastanie, Beginn der Laubentfaltung

28. April. Süßkirsche, Beginn der Blüte

30. April. Johannisbeere, Beginn der
Blüte
Schlehe, Beginn der Blüte

1. Mai. Sommerlinde, Beginn der
Laubentfaltung
Winterlinde, Beginn der Laubentfa-
tung
Buche, Beginn der Laubentfaltung

10. Mai. Roßkastanie, Beginn der Blüte

12. Mai. Flieder, Beginn der Blüte
Convallaria maialis, Beginn der
Blüte

18. Mai. Eberesche, Beginn der Blüte

19. Mai. Goldregen, Beginn der Blüte

1. Juli. Schneebeere, Beginn der Blüte

15. September. Eiche, Beginn der Fruchtreife

1. Oktober. Roßkastanie, Beginn der
Fruchtreife
Eiche, Beginn der Laubverfärbung

Nachtrag:

Weitere Beobachtungen in Württemberg 1924

Zu: IVm. Neckarbergland-Unterschwarzwaldkreis

Herrenalb-Gaistal, O. A. Neuenbürg
(430 m ü. M.)

(Beob.-Müller)

Erste Blüte:

15. März. Schneeglöckchen
10. April. Stachelbeeren
16. April. Palmkätzchen
20. April. Narzissen
25. April. Pfirsiche (amerikanische früh-reifende Sorten)
Süßkirschen (mittlere Sorte)
Heidelbeeren (Hochwald)
26. April. Goldregen
28. April. Weichselkirschen
29. April. Johannisbeeren
 3. Mai. Rettichbirnen
 5. Mai. Palmisch-Birnen
Frühäpfel (Jakobi)
Traubenkirschen
10. Mai. Raps
12. Mai. Roßkastanien
16. Mai. Spätäpfel (Luiken)
17. Mai. Ginster
Klee
20. Mai. Wintergoldparmänen
22. Mai. Spätblühender Taffetapfel
23. Mai. Vogelbeeren
 1. Juni. Knaulgras
 2. Juni. Hafer
Wiesenfuchsschwanz
 4. Juni. Winterroggen
Timothygras
20. Juni. Großblättrige Sommerlinde
Holunder

24. Juni. Waldhimbeeren
25. Juni. Sommergerste
26. Juni. Dinkel
28. Juni. Kleinblättrige Winterlinde
 7. Juli. Lilie
20. August. Heidekraut
Herbstzeitlose

Es schlagen aus:

15. April. Stachelbeeren
22. April. Roßkastanie
24. April. Johannisbeeren
25. April. Birken
26. April. Buchen
Eschen
28. April. Vogelbeeren
 3. Mai. Eichen

Vollständig belaubt:

27. April. Buchen
29. April. Birken
30. April. Vogelbeeren
15. Mai. Eichen

Beginn der Ernte:

25. Juni. Kirschen (mittlere Sorte)
Heidelbeeren
 3. Juli. Weichselkirschen
 8. Juli. Johannisbeeren
 1. September. Frühäpfel (Jakobi)
 4. September. Palmisch-Birnen
Rettichbirnen
 5. September. Welsche Bratbirnen
Goldparmänen
14. September. Späte Apfelsorten
(Luiken)

Fruchtreife:

20. Juli. Dirlitzen, Kornelkirschen
 7. September. Vogelbeeren
15. September. Roßkastanien

Allgemeine Laubverfärbung:

15. Oktober. Roßkastanien
 1. November. Birnbaum, Holzreife
 4. November. Apfelbaum, Holzreife

Nagold (410 m ü. M.)

Erste Blüte:

15. März. Schneeglöckchen
20. März. Palmkätzchen
15. April. Narzisse
17. April. Stachelbeeren
 1. Mai. Süßkirschen (mittlere Sorte)
    Goldregen
 2. Mai. Schlehen
 5. Mai. Dirlitzen, Kornelkirschen
10. Mai. Charlamowsky-Apfel
    Johannisbeeren
    Goldparmänen
11. Mai. Frühäpfel (Jakobi)
12. Mai. Spätäpfel (Luiken)
14. Mai. Spätblühender Taffetapfel
16. Mai. Roßkastanien
17. Mai. Syringe
    Wintergoldparmänen
18. Mai. Maiglöckchen
20. Mai. Quitte
30. Mai. Französisches Raygras
    Wiesenschwingel
31. Mai. Wiesenfuchsschwanz
    Knaulgras
 1. Juni. Wiesenrispengras
    Gemeines Rispengras
    Goldhafer
 4. Juni. Timothygras
 7. Juni. Kammgras
    Waldhimbeeren
11. Juni. Winterroggen
16. Juni. Klee
19. Juni. Holunder

20. Juni. Weißdorn
25. Juni. Dinkel
28. Juni. Großblättrige Sommerlinde
    Liguster
 1. Juli. Winterweizen
 2. Juli. Kleinblättrige Winterlinde
 6. Juli. Lilie
30. Juli. Herbstzeitlose

Es schlagen aus:

 2. April. Johannisbeeren
 5. April. Stachelbeeren
25. April. Roßkastanien
 4. Mai. Buchen
12. Mai. Eschen
18. Mai. Eichen

Vollständig belaubt:

 1. Mai. Birken
15. Mai. Buchen
20. Mai. Eichen
23. Mai. Eschen

Beginn der Ernte:

10. Juni. Heuernte
10. Juli. Kirschen (mittlere Sorten)
15. Juli. Johannisbeeren
30. Juli. Winterroggen
 6. Aug. Dinkel
    Winterweizen.
    Sommergerste
15. Aug. Ohmdernte
20. August. Hafer
25. September. Charlamowsky-Apfel
30. September. Goldparmänen
10. Oktober. Wintergoldparmänen
15. Oktober. Späte Apfelsorten (Luiken)

Fruchtreife:

16. September. Roßkastanien
20. September. Holunder

Allgemeine Laubverfärbung:

 1. Oktober. Roßkastanien
10. Oktober. Buchen
20. Oktober. Eichen

Kirchberg, O. A. Sulz a. N.
(577 m ü. M.)
(Beob. Schönthaler, Oberlehrer)

Erste Blüte:

15. März. Schneeglöckchen
26. März. Palmkätzchen
18. April. Narzissen
25. April. Stachelbeeren
Johannisbeeren
Schlehen
29. April. Birken
 1. Mai. Traubenkirschen
 6. Mai. Süßkirschen (mittlere Sorte)
11. Mai. Frühäpfel (Jakobi)
Heidelbeeren
14. Mai. Palmisch=Birnen
Syringe
15. Mai. Goldparmänen
16. Mai. Welsche Bratbirnen
18. Mai. Walnüsse
Maiglöckchen
20. Mai. Spätäpfel (Luiken)
23. Mai. Roßkastanien
Quitte
24. Mai. Spätblühender Taffetapfel
25. Mai. Weißdorn
27. Mai. Timothygras
28. Mai. Vogelbeere
29. Mai. Wiesenfuchsschwanz
 1. Juni. Wiesenrispengras
 4. Juni. Gemeines Rispengras
 5. Juni. Knaulgras
 6. Juni. Goldhafer
 8. Juni. Französisches Raygras
10. Juni. Kammgras
Wiesenschwingel
Klee
11. Juni. Waldhimbeeren
15. Juni. Winterroggen
 2. Juli. Holunder
 5. Juli. Winterweizen
 8. Juli. Lilie
 9. Juli. Großblättrige Sommerlinde

15. Juli. Sommergerste
20. Juli. Hafer
Kleinblättrige Winterlinde
 1. September. Heidekraut
 6. September. Herbstzeitlose

Es schlagen aus:

 5. April. Stachelbeeren
18. April. Johannisbeeren
24. April. Birken
 1. Mai. Roßkastanien
Vogelbeere
Buchen
 5. Mai. Esche
 6. Mai. Eichen

Vollständig belaubt:

 4. Mai. Birke
 8. Mai. Vogelbeere
Buchen
16. Mai. Eichen
22. Mai. Eschen

Beginn der Ernte:

10. Juni. Heuernte
25. Juni. Kirschen (mittlere Sorten)
 8. Juli. Heidelbeeren
12. Juli. Johannisbeeren
30. Juli. Roggen
 3. August. Sommergerste
 6. August. Winterweizen
25. August. Frühäpfel (Jakobi)
 5. September. Hafer
15. September. Öhmdernte
28. September. Palmisch=Birnen
 1. Oktober. Walnüsse
 6. Oktober. Welsche Bratbirnen
 7. Oktober. Wintergoldparmäne
10. Oktober. Späte Apfelsorten
(Luiken)
12. Oktober. Spätblühender Taffetapfel

Fruchtreife:

20. September. Vogelbeeren
Roßkastanien
26. September. Holunder

Allgemeine Laubverfärbung:

2. Oktober. Roßkastanien
8. Oktober. Birke
12. Oktober. Eiche
14. Oktober. Buche
10. Oktober. Esche, Laubfall
20. Oktober. Birnbaum, Holzreife
2. November. Apfelbaum, Holzreife

Fluorn, O. A. Oberndorf a. N.
(636 m ü. M.)
(Beob. Pfarrer M. Erhardt)

Erste Blüte:

21. März. Schneeglöckchen
5. Mai. Stachelbeeren
10. Mai. Johannisbeeren
Heidelbeeren
13. Mai. Schlehen
15. Mai. Narzissen
Vogelbeeren
16. Mai. Syringe
Roßkastanie (weiße Sorte)
23. Mai. Goldparmäne
15. Juni. Winterroggen
18. Juni. Knaulgras
21. Juni. Holunder
29. Juni. Dinkel
30. Juni. Klee
6. Juli. Liguster
8. Juli. Winterweizen
9. Juli. Sommergerste
10. Juli. Großblättrige Sommerlinde
15. Juli. Hafer

1. August. Kleinblättrige Winterlinde
15. August. Heidekraut
24. August. Herbstzeitlose

Es schlagen aus:

25. April. Stachelbeeren
30. April. Johannisbeeren
8. Mai. Eschen
Roßkastanien
Birken
15. Mai. Eichen

Vollständig belaubt:

15. Mai. Eschen
16. Mai. Eichen

Beginn der Ernte:

23. Juni. Heuernte
2. Juli. Heidelbeeren
15. Juli. Kirschen (mittlere Sorte)
25. Juli. Johannisbeeren
15. August. Winterroggen
Öhmdernte
18. August. Getreideernte
20. August. Dinkel
25. August. Winterweizen
10. Oktober. Goldparmäne

Fruchtreife:

18. September. Holunder
26. September. Roßkastanie

Allgemeine Laubverfärbung:

15. September. Birken
20. September. Roßkastanien
17. Oktober. Esche, Laubfall

Zu: IVn. Schwäbisch-Fränkischer Stufenlandkreis

Wüstenrot, O. A. Weinsberg
(500 m ü. M.)

Erste Blüte:

26. Februar. Schneeglöckchen
30. März. Palmkätzchen
Narzisse
15. April. Heidelbeeren

20. April. Stachelbeeren
Birken
Weißdorn
25. April. Schlehen
30. April. Weichselkirschen
2. Mai. Maiglöckchen
Frühäpfel (Jakobi)

8. Mai. Welsche Bratbirnen

10. Mai. Palmisch-Birnen
Goldparmänen
Syringe

15. Mai. Johannisbeeren

16. Mai. Quitte

20. Mai. Liguster
Roßkastanien

26. Mai. Wintergoldparmänen

27. Mai. Spätäpfel (Luiken)

28. Mai. Vogelbeere
Spätblühender Taffetapfel

9. Juni. Holunder

10. Juni. Lilie

15. Juni. Waldhimbeeren

20. Juni. Schneebeeren
Winterroggen
Winterweizen

23. Juni. Französisches Rahgras

25. Juni. Knaulgras

26. Juni. Kammgras
Wiesenrispengras
Gemeines Rispengras

27. Juni. Klee

28. Juni. Timothygras
Wiesenschwingel
Wiesenfuchsschwanz
Goldhafer

2. Juli. Sommergerste

6. Juli. Hafer

30. Juli. Heidekraut

8. September. Herbstzeitlose

Es schlagen aus:

20. März. Stachelbeeren

8. April. Vogelbeeren

10. April. Birken

12. April. Buchen

15. April. Johannisbeeren

20. April. Roßkastanien

30. April. Eichen
Eschen

Vollständig belaubt:

29. April. Vogelbeere

5. Mai. Birken

10. Mai. Buchen
Eichen

26. Mai. Esche

Beginn der Ernte:

26. Juni. Heidelbeeren

30. Juni. Heuernte

28. Juli. Johannisbeeren

17. August. Winterroggen

20. August. Palmisch-Birnen
Welsche Bratbirnen

25. August. Frühäpfel (Jakobi)

26. August. Sommergerste

30. August. Weichselkirsche

Ende August. Winterweizen

2. September. Hafer

14. September. Oehmdernte

16. Oktober. Goldparmänen

19. Oktober. Spätäpfel (Luiken)
Wintergoldparmänen
Charlamowsky-Apfel

Fruchtreife:

15. August. Vogelbeeren

24. September. Holunder

10. Oktober. Roßkastanien

Allgemeine Laubverfärbung:

8. Oktober. Roßkastanien

10. Oktober. Birken

12. Oktober. Buchen

20. Oktober. Eichen

31. Oktober. Esche, Laubfall

Backnang (266 m ü. M.)
(Beob. Karl Bayer, Oberlehrer)

Erste Blüte:

8. März. Schneeglöckchen

14. April. Narzisse

19. April. Dirlitzen, Kornelkirschen

23. April. Aprikosen

24. April. Johannisbeeren
Süßkirschen
25. April. Schlehen
28. April. Stachelbeeren
30. April. Pfirsiche (amerik. frühreifende Sorten)
1. Mai. Palmisch=Birnen
6. Mai. Pfirsiche
7. Mai. Welsche Bratbirnen
8. Mai. Traubenkirschen
9. Mai. Weichselkirschen
Heidelbeeren
10. Mai. Roßkastanien
Frühäpfel (Jakobi)
Charlamowsky=Apfel
12. Mai. Syringe
14. Mai. Wintergoldparmäne
17. Mai. Maiglöckchen
Weißdorn
18. Mai. Späte Luikenäpfel
20. Mai. Quitte
Vogelbeere
21. Mai. Spätblühender Taffetapfel
26. Mai. Himbeeren
29. Mai. Wiesenfuchsschwanz
31. Mai. Goldregen
1. Juni. Winterroggen
4. Juni. Holunder
5. Juni. Knaulgras
12. Juni. Schneebeeren
16. Juni. Liguster
17. Juni. Klee
20. Juni. Dinkel
Winterweizen
25. Juni. Großblättrige Sommerlinde
Timothygras
30. Juni. Lilie
4. Juli. Sommergerste
6. Juli. Hafer
8. Juli. Kleinblättrige Winterlinde
25. August. Herbstzeitlose
26. August. Heidekraut

Es schlagen aus:

10. April. Stachelbeeren
19. April. Johannisbeeren
23. April. Birken
26. April. Buchen
2. Mai. Roßkastanie
10. Mai. Vogelbeere
Eiche
16. Mai. Esche

Es stäuben:

7. April. Palmkätzchen
27. April. Birkenkätzchen

Vollständig belaubt:

26. April. Birke
4. Mai. Buchen
15. Mai. Vogelbeere
16. Mai. Eichen
20. Mai. Esche

Beginn der Ernte:

22. Juni. Kirschen
8. Juli. Heidelbeeren
9. Juli. Johannisbeeren
18. Juli. Weichselkirschen
29. Juli. Winterroggen
2. August. Pfirsiche (amerik. frühreifende Sorten)
Dinkel
4. August. Sommergerste
5. August. Charlamowsky=Apfel
Winterweizen
Aprikosen
12. August. Hafer
16. August. Frühäpfel (Jakobi)
10. September. Palmisch=Birnen
18. September. Wintergoldparmäne
22. September. Pfirsich (ältere Sorten)
Spätblühender Taffetapfel
24. September. Späte Apfelsorten (Luiken)
28. September. Welsche Bratbirnen

Fruchtreife:

17. August. Vogelbeeren
28. August. Schneebeeren
 2. September. Holunder
21. September. Roßkastanie
26. September. Liguster

Allgemeine Laubverfärbung:

 5. Oktober. Eiche
 9. Oktober. Birke
12. Oktober. Roßkastanie
14. Oktober. Buche
26. September. Birnbaum, Holzreife
 4. Oktober. Apfelbaum, Holzreife

Reichenberg, O. A. Backnang
(Beob. Koller, Hauptlehrer)

Erste Blüte:

14. März. Schneeglöckchen
28. März. Palmkätzchen
10. April. Stachelbeeren
15. April. Narzisse
24. April. Johannisbeeren
25. April. Süßkirschen
26. April. Weichselkirschen
15. Mai. Syringe
Spätäpfel (Luiken)
17. Mai. Maiglöckchen
20. Mai. Roßkastanien
Quitte
25. Mai. Waldhimbeeren
 3. Juni. Winterroggen
Liguster
 6. Juni. Holunder

Es schlagen aus:

12. April. Stachelbeeren
30. April. Eichen
 2. Mai. Buchen

Vollständig belaubt:

 1. Mai. Birken
18. Mai. Eschen
20. Mai. Eichen

Gerabronn (462 m ü. M.)
(Beob. Oberlehrer Münz)

Erste Blüte:

21. März. Schneeglöckchen
 7. April. Narzissen
10. April. Palmkätzchen
20. April. Aprikosen
30. April. Pfirsiche
 1. Mai. Süßkirschen (mittlere Sorte)
 2. Mai. Stachelbeeren
Pfirsiche (amerik. frühreifende Sorten)
 6. Mai. Schlehen
Weichselkirschen
 9. Mai. Johannisbeeren
15. Mai. Palmisch-Birnen
16. Mai. Rettichbirnen
Welsche Bratbirnen
17. Mai. Frühäpfel (Jakobi)
19. Mai. Charlamowsky-Äpfel
Goldparmänen
20. Mai. Spätblühender Taffetapfel
Spätäpfel (Luiken)
21. Mai. Syringe
Wintergoldparmänen
22. Mai. Roßkastanien
23. Mai. Maiglöckchen (wilde)
Weißdorn
24. Mai. Waldhimbeere
Quitten
25. Mai. Goldregen
 3. Juni. Walnüsse
10. Juni. Winterroggen
30. Juni. Dinkel
 1. Juli. Holunder
 9. Juli. Winterweizen
24. Juli. Großblättrige Sommerlinde
Lilie
30. Juli. Kleinblättrige Winterlinde
 5. August. Liguster
25. September. Herbstzeitlose

Es schlagen aus:

 5. April. Stachelbeeren
12. April. Johannisbeeren

25. April. Birken
27. April. Roßkastanien
 5. Mai. Buchen
10. Mai. Eichen

Vollständig belaubt:
 9. Mai. Birken
15. Mai. Buchen
24. Mai. Eichen

Beginn der Ernte:
19. Juni. Heuernte
20. Juli. Kirschen (mittlere Sorte)
 6. August. Winterroggen
18. August. Öhmdernte
20.—30. August. Dinkel
22. August. Frühäpfel (Jakobi)
25. August bis 10. September. Winterweizen
30. September. Palmisch-Birnen
 4. Oktober. Walnüsse
 5. Oktober. Welsche Bratbirnen
 6. Oktober. Goldparmänen
10. Oktober. Späte Apfelsorten (Luiken)

Fruchtreife:
12. Oktober. Holunder

Allgemeine Laubverfärbung:
10. Oktober. Eichen
15. Oktober. Buchen
30. September. Birnbaum, Holzreife
10. Oktober. Apfelbaum, Holzreife

Langenburg, O. A. Gerabronn
(438 m ü. M.)
(Beob. J. Sigg)
Erste Blüte:
10. März. Schneeglöckchen
 5. April. Narzisse
 6. April. Palmkätzchen
20. April. Stachelbeeren
23. April. Dirlitzen, Kornelkirschen
25. April. Johannisbeeren

26. April. Pfirsiche (amerik. frühreifende
Sorten)
Aprikosen
27. April. Schlehen
Süßkirschen (mittlere Sorte)
30. April. Birken
 3. Mai. Pfirsiche
 5. Mai. Weichselkirschen
 6. Mai. Wiesenfuchsschwanz
 8. Mai. Traubenkirschen
13. Mai. Roßkastanien
Frühäpfel (Jakobi)
16. Mai. Syringe
Maiglöckchen
17. Mai. Charlamowsky-Apfel
18. Mai. Heidelbeeren
19. Mai. Walnüsse
20. Mai. Palmisch-Birnen
21. Mai. Weißdorn
Quitte
22. Mai. Goldparmänen
Welsche Bratbirnen
23. Mai. Goldregen
Vogelbeere
24. Mai. Schneebeeren
26. Mai. Wintergoldparmänen
27. Mai. Spätblühender Taffetapfel
Waldhimbeeren
Späte Apfelsorten (Luiken)
28. Mai. Klee
 8. Juni. Winterroggen
Wiesenrispengras
10. Juni. Wiesenschwingel
Holunder
12. Juni. Dinkel
Gemeines Rispengras
14. Juni. Kammgras
Knaulgras
16. Juni. Goldhafer
18. Juni. Französ. Raygras
19. Juni. Liguster
20. Juni. Timothygras
26. Juni. Großblättrige Sommerlinde

29. Juni. Reben
Sommergerste
 3. Juli. Kleinblättrige Winterlinde
Winterweizen
 8. Juli. Lilie
20. Juli. Hafer
 4. August. Heidekraut
18. September. Herbstzeitlose

Es schlagen aus:

30. März. Stachelbeeren
17. April. Johannisbeeren
24. April. Vogelbeeren
25. April. Birken
26. April. Roßkastanien
29. April. Buchen
30. April. Eschen
12. Mai. Eichen

Vollständig belaubt:

 2. Mai. Vogelbeeren
 7. Mai. Birken
16. Mai. Buchen
28. Mai. Eichen
29. Mai. Eschen

Beginn der Ernte:

24. Juni. Kirschen (mittlere Sorten)
30. Juni. Johannisbeeren
16. Juli. Weichselkirschen
19. Juli. Heidelbeeren
30. Juli. Frühäpfel (Jakobi)
 2. August. Winterroggen
 7. August. Pfirsich (ältere Sorten)
14. August. Sommergerste
10. September. Ohmdernte
Dinkel
12. September. Winterweizen
16. September. Hafer
18. September. Charlamowsky-Apfel
26. September. Palmisch-Birnen
30. September. Goldparmänen
Späte Apfelsorten (Luiken)

 5. Oktober. Walnüsse
Welsche Bratbirnen
Wintergoldparmänen
 7. Oktober. Spätblühender Taffetapfel
10. November. Weinlese

Fruchtreife:

20. August. Vogelbeeren
 3. September. Schneebeeren
 7. September. Roßkastanien
10. September. Liguster
16. September. Holunder

Allgemeine Laubverfärbung:

 3. Oktober. Birken
 4. Oktober. Roßkastanien
20. Oktober. Buchen
30. Oktober. Eichen
 7. Oktober. Birnbaum, Holzreife
Apfelbaum, Holzreife

Gründelhardt-Brunzenberg

O. A. Crailsheim (475 m ü. M.)

(Beob. Röhnlein)

Erste Blüte:

12. April. Schneeglöckchen
15. April. Birken
20. April. Palmkätzchen
25. April. Stachelbeeren
 2. Mai. Johannisbeeren
 6. Mai. Süßkirschen
 9. Mai. Schlehen
10. Mai. Heidelbeeren (Hochwald)
12. Mai. Narzissen
Rettichbirnen
Palmisch-Birnen
13. Mai. Weichselkirschen
Frühäpfel (Jakobi)
15. Mai. Welsche Bratbirnen
Traubenkirschen
17. Mai. Maiglöckchen (wilde)
18. Mai. Goldparmänen
19. Mai. Lilie
20. Mai. Wintergoldparmänen
Charlamowsky-Apfel

22. Mai. Walnüsse
Waldhimbeere
23. Mai. Syringe
Roßkastanien
Weißdorn
24. Mai. Vogelbeeren
28. Mai. Spätäpfel (Luiken)
Wiesenschwingel
30. Mai. Spätblühende Taffetäpfel
1. Juni. Kammgras
Französ. Raygras
Wiesenfuchsschwanz
3. Juni. Knaulgras
Goldhafer
7. Juni. Winterroggen
12. Juni. Timothygras
Wiesenrispengras
14. Juni. Gemeines Rispengras
16. Juni. Holunder
29. Juni. Dinkel
4. Juli. Großblättrige Sommerlinde
6. Juli. Klee
7. Juli. Sommergerste
Winterweizen
12. Juli. Kleinblättrige Winterlinde
16. Juli. Hafer
12. August. Heidekraut
6. September. Herbstzeitlose

Es schlagen aus:
20. April. Stachelbeeren
23. April. Johannisbeeren
24. April. Birken
27. April. Buchen
7. Mai. Vogelbeeren
Roßkastanien
10. Mai. Eichen
11. Mai. Eschen

Vollständig belaubt:
11. Mai. Birken
15. Mai. Buchen
16. Mai. Vogelbeeren
22. Mai. Eschen
24. Mai. Eichen

Beginn der Ernte:
16. Juni. Heuernte
7. Juli. Johannisbeeren
8. Juli. Kirschen (mittlere Sorte)
9. Juli. Heidelbeeren
20. Juli. Weichselkirschen
1. August. Winterroggen
7. August. Dinkel
9. August. Winterweizen
10. August. Frühäpfel (Jakobi)
12. August. Sommergerste
18. August. Hafer
28. August. Rettichbirnen
29. August. Palmisch-Birnen
6. September. Öhmdernte
25. September. Walnüsse
6. Oktober. Welsche Bratbirnen
10. Oktober. Goldparmänen
Charlamowsky-Apfel
20. Oktober. Spätblühender Taffetapfel
Späte Apfelsorten (Luiken)

Fruchtreife:
14. August. Vogelbeeren
20. September. Holunder
Roßkastanien

Allgemeine Laubverfärbung:
13. Oktober. Roßkastanien
15. Oktober. Eichen
16. Oktober. Buchen
20. Oktober. Birken
15. Oktober. Esche, Laubfall
28. Oktober. Birnbaum, Holzreife
Apfelbaum, Holzreife

Dobel, O. A. Neuenbürg
(687 m ü. M.)
(Beob. Jaag, Forstwart)
Erste Blüte:
14. April. Schneeglöckchen
11. Mai. Schneebeeren
Stachelbeeren
Charlamowsky-Apfel
Narzisse

13. Mai. Johannisbeeren
14. Mai. Syringe
          Traubenkirschen
          Goldregen
          Heidelbeeren
16. Mai. Süßkirschen
          Frühäpfel (Jakobi)
          Spätblühender Taffetapfel
17. Mai. Palmisch-Birnen
          Quitte
18. Mai. Rettichbirne
19. Mai. Vogelbeere
20. Mai. Welsche Bratbirnen
          Roßkastanien
21. Mai. Wintergoldparmänen
22. Mai. Weichselkirschen
30. Mai. Himbeeren
 2. Juni. Wiesenfuchsschwanz
 4. Juni. Kammgras
10. Juni. Gemeines Rispengras
11. Juni. Walnüsse
12. Juni. Knaulgras
          Wiesenschwingel
          Timothygras
16. Juni. Klee
          Goldhafer
18. Juni. Winterroggen
          Wiesenrispengras
22. Juni. Holunder
29. Juni. Großblättrige Sommerlinde
 1. Juli. Winterweizen
          Sommergerste
 2. Juli. Liguster
 3. Juli. Dinkel
 6. Juli. Kleinblättrige Winterlinde
29. Juli. Hafer
29. August. Heidekraut
12. September. Herbstzeitlose

Es schlagen aus:

14. April. Johannisbeeren
 4. Mai. Stachelbeeren

 8. Mai. Buchen
          Vogelbeere
10. Mai. Roßkastanie
11. Mai. Birken
18. Mai. Eichen
20. Mai. Esche

Es stäuben:

20. April. Palmkätzchen
12. Mai. Birkenkätzchen

Vollständig belaubt:

13. Mai. Vogelbeere
18. Mai. Birke
20. Mai. Buchen
21. Mai. Eichen
24. Mai. Esche

Beginn der Ernte:

16.—28. Juni. Heuernte
 7. Juli. Heidelbeeren
17. Juli. Johannisbeere
22. Juli. Kirschen
28. Juli. Weichselkirschen
20. August. Roggen
24. August. Sommergerste
10. September. Hafer
          Dinkel
          Weizen
          Frühäpfel (Jakobi)
          Ohmdernte
10. Oktober. Rettichbirnen
15. Oktober. Palmisch-Birnen
18. Oktober. Welsche Bratbirnen
          Wintergoldparmänen
          Walnüsse
20. Oktober. Goldparmänen
28. Oktober. Späte Apfelsorten (Luiken)
30. Oktober. Spätblühender Taffetapfel

Fruchtreife:

28. August. Vogelbeere
 1. Oktober. Schneebeeren
10. Oktober. Holunder

15. Oktober. Liguster
Roßkastanie

Allgemeine Laubverfärbung:
26. September. Buche
30. Oktober. Roßkastanie
 1. November. Birke
 2. November. Eiche
12. Oktober. Esche, Laubfall
14. November. Birnbaum, Holzreife
20. November. Apfelbaum, Holzreife

Göppingen (320 m ü. M.)
(Beob. Studienrat Eisenbraun)
Erste Blüte:
11. März. Schneeglöckchen
 7. April. Dirlitzen, Kornelkirschen
10. April. Palmkätzchen
20. April. Aprikosen
Narzissen
Stachelbeeren
22. April. Pfirsiche (amerik. frühreifende
Sorten)
24. April. Weichselkirschen
25. April. Johannisbeeren
27. April. Süßkirschen (mittlere Sorte)
29. April. Schlehen
30. April. Birken
Waldhimbeeren
 1. Mai. Rettichbirnen
 3. Mai. Welsche Bratbirnen
 4. Mai. Palmisch-Birnen
 6. Mai. Frühäpfel (Jakobi)
 8. Mai. Goldparmänen
12. Mai. Syringe
13. Mai. Roßkastanien
15. Mai. Maiglöckchen
Vogelbeeren
16. Mai. Quitten
17. Mai. Weißdorn
19. Mai. Spätäpfel (Luiken)
20. Mai. Walnüsse
Wiesenfuchsschwanz
21. Mai. Goldregen

22. Mai. Knaulgras
24. Mai. Timothygras
Spätblühender Taffetapfel
27. Mai. Klee
 1. Juni. Winterroggen
 2. Juni. Holunder
11. Juni. Schneebeeren
12. Juni. Liguster
19. Juni. Dinkel
20. Juni. Winterweizen
Großblättrige Sommerlinde
 1. Juli. Kleinblättrige Winterlinde
 5. Juli. Sommergerste
10. Juli. Hafer
 5. September. Herbstzeitlose

Es schlagen aus:
 7. April. Stachelbeere
17. April. Johannisbeeren
22. April. Roßkastanien
24. April. Birken
26. April. Buchen
27. April. Eschen
30. April. Vogelbeeren
 7. Mai. Eiche

Vollständig belaubt:
27. April. Birken
30. April. Buchen
 3. Mai. Vogelbeeren
13. Mai. Eschen
Eichen

Beginn der Ernte:
14. Juni. Heuernte
15. Juli. Johannisbeeren
21. Juli. Winterroggen
28. Juli. Dinkel
 2. August. Sommergerste
 5. August. Winterweizen
 7. August. Frühäpfel (Jakobi)
12. August. Hafer
25. August. Ohmdernte
15. September. Palmisch-Birnen
Charlamowsky-Apfel

26. September. Welsche Bratbirnen
29. September. Goldparmänen
10. Oktober. Wintergoldparmänen
 Späte Apfelsorten (Luiken)
17. Oktober. Spätblühender Taffetapfel

Fruchtreife:
10. August. Schneebeeren
30. August. Vogelbeeren
12. September. Holunder
15. September. Roßkastanien
19. September. Liguster

Allgemeine Laubverfärbung:
10. Oktober. Birke
12. Oktober. Roßkastanien
15. Oktober. Buchen
20. Oktober. Eichen

Hohenstadt, O. A. Geislingen
(814 m ü. M.)
(Beob. Oberlehrer Fischer)

Erste Blüte:
7. April. Schneeglöckchen
17. April. Palmkätzchen
22. April. Narzissen
8. Mai. Stachelbeeren
14. Mai. Johannisbeeren
15. Mai. Schlehen
18. Mai. Maiglöckchen
19. Mai. Goldparmänen
 Roßkastanien
21. Mai. Frühäpfel (Jakobi)
28. Mai. Weißdorn
29. Mai. Syringe
 Vogelbeere
15. Juni. Schneebeeren
28. Juni. Holunder
2. Juli. Lilie
3. Juli. Winterroggen
 Dinkel
8. Juli. Winterweizen
12. Juli. Sommergerste
14. Juli. Großblättrige Sommerlinde

22. Juli. Hafer
8. August. Heidekraut

Es schlagen aus:
25. April. Stachelbeeren
29. April. Johannisbeeren
7. Mai. Buchen
8. Mai. Birken
 Vogelbeeren
9. Mai. Roßkastanien
12. Mai. Eichen
19. Mai. Eschen

Vollständig belaubt:
14. Mai. Birken
16. Mai. Vogelbeeren
19. Mai. Buchen
30. Mai. Eichen

Beginn der Ernte:
26. Juli. Johannisbeeren
12. August. Winterroggen
18. August. Dinkel
3. September. Sommergerste
5. September. Winterweizen
6. September. Hafer

Fruchtreife:
18. September. Vogelbeeren
7. Oktober. Roßkastanien
10. Oktober. Holunder

Allgemeine Laubverfärbung:
9. Oktober. Roßkastanien
10. Oktober. Buchen
14. Oktober. Birken
15. Oktober. Eichen
22. Oktober. Esche, Laubfall

Abtsgmünd, O. A. Aalen
(374 m ü. M.)
(Beob. J. G. Angstenberger, Baumwart)

Erste Blüte:
24. März. Schneeglöckchen
4. April. Kornelkirsche

1. Mai. Stachelbeeren
8. Mai. Johannisbeere
Schlehen
11. Mai. Süßkirschen
14. Mai. Palmisch-Birnen
15. Mai. Welsche Bratbirnen
Narzisse
16. Mai. Frühäpfel
Heidelbeeren
Syringe
17. Mai. Roßkastanie
18. Mai. Goldparmäne
Weichselkirschen
Wintergoldparmäne
19. Mai. Charlamowsky-Apfel
20. Mai. Spätäpfel
Maiglöckchen
21. Mai. Weißdorn
25. Mai. Wiesenfuchsschwanz
29. Mai. Spätblühender Taffetapfel
30. Mai. Quitte
1. Juni. Himbeere
2. Juni. Winterroggen
4. Juni. Knaulgras
Schneebeere
16. Juni. Holunder
23. Juni. Dinkel
24. Juni. Winterweizen
25. Juni. Klee
27. Juni. Großblättrige Sommerlinde
Liguster
30. Juni. Timothygras
5. Juli. Reben
12. Juli. Kleinblättrige Winterlinde
Lilie
20. August. Heidekraut
27. August. Herbstzeitlose

Es schlagen aus:
16. April. Stachelbeere
19. April. Roßkastanien
28. April. Birken
29. April. Johannisbeeren
Vogelbeeren

2. Mai. Buchen
12. Mai. Eiche
15. Mai. Esche

Es stäuben:
8. April. Palmkätzchen
1. Mai. Birke

Vollständig belaubt:
4. Mai. Birke
10. Mai. Buchen
17. Mai. Vogelbeere
26. Mai. Eichen
30. Mai. Esche

Beginn der Ernte:
29. Juni. Heidelbeeren
16. Juli. Johannisbeeren
31. Juli. Sommergerste
Winterroggen
16. August. Dinkel
17. August. Winterweizen
18. August. Frühäpfel (Jakobi)
25. August. Charlamowsky-Apfel
Hafer
18. September. Palmisch-Birnen
25. September. Welsche Bratbirnen
26. September. Spätblühender Taffetapfel
30. September. Wintergoldparmänen
10. Oktober. Luikenapfel

Fruchtreife:
18. August. Schneebeere
19. August. Vogelbeere
19. September. Holunder
Liguster
28. September. Roßkastanie
30. September. Dirlitzen, Kornelkirschen

Allgemeine Laubverfärbung:
8. Oktober. Birke
11. Oktober. Eiche
17. Oktober. Roßkastanie
19. Oktober. Buche

2. September. Birnbaum, Holzreife
18. September. Apfelbaum, Holzreife

Lauterburg, O. A. Aalen
(670 m ü. M.)
(Beob. Kirn, Hauptlehrer)

Erste Blüte:

 6. April. Schneeglöckchen
14. April. Palmkätzchen
28. April. Stachelbeeren
 2. Mai. Johannisbeeren
12. Mai. Schlehen
13. Mai. Süßkirschen
15. Mai. Weichselkirschen
Heidelbeeren
Birke
17. Mai. Palmisch-Birnen
19. Mai. Rettichbirnen
Maiglöckchen
20. Mai. Welsche Bratbirnen
Goldparmänen
21. Mai. Syringe
Roßkastanien
22. Mai. Vogelbeeren
Walnüsse
23. Mai. Wintergoldparmänen
24. Mai. Spätäpfel (Luiken)
25. Mai. Goldregen
26. Mai. Weißdorn
10. Juni. Klee
Waldhimbeeren
14. Juni. Holunder
15. Juni. Winterroggen
Knaulgras
16. Juni. Wiesenfuchsschwanz
18. Juni. Timothygras
 4. Juli. Großblättrige Sommerlinde
 9. Juli. Kleinblättrige Winterlinde
12. Juli. Lilie
Dinkel
14. Juli. Winterweizen
16. Juli. Liguster

18. Juli. Sommergerste
20. Juli. Hafer
20. September. Herbstzeitlosen
25. September. Heidekraut

Es schlagen aus:

20. April. Stachelbeeren
25. April. Birken
26. April. Johannisbeeren
 4. Mai. Buchen
 8. Mai. Vogelbeeren
14. Mai. Roßkastanien
17. Mai. Eichen
19. Mai. Eschen

Vollständig belaubt:

 8. Mai. Birken
10. Mai. Buchen
14. Mai. Vogelbeeren
23. Mai. Eichen
25. Mai. Eschen

Beginn der Ernte:

18. Juni. Heuernte
 3. Juli. Heidelbeeren
18. Juli. Johannisbeeren
10. August. Weichselkirschen
15. August. Winterroggen
Sommergerste
18. August. Öhmdernte
19. August. Dinkel
24. August. Winterweizen
 1. September. Hafer
 6. Oktober. Palmisch-Birnen
10. Oktober. Walnüsse
Rettichbirnen
12. Oktober. Goldparmänen
14. Oktober. Welsche Bratbirnen
18. Oktober. Spätäpfel (Luiken)

Fruchtreife:

28. September. Roßkastanien
 1. Oktober. Holunder
Vogelbeeren
15. Oktober. Liguster

Allgemeine Laubverfärbung:

8. Oktober. Buchen
10. Oktober. Eichen
             Roßkastanien

14. Oktober. Birken
10. Oktober. Esche, Laubfall
31. Oktober. Birnbaum, Holzreife
 8. November. Apfelbaum, Holzreife

Zu: V. Subalpiner Bezirk-Nadelwaldregion

Freudenstadt, (738 m ü. M.)

(Beob. Stahl)

Erste Blüte:

14. April. Schneeglöckchen
18. April. Palmkätzchen
 6. Mai. Schlehen
10. Mai. Süßkirschen
14. Mai. Stachelbeeren
          Johannisbeeren
15. Mai. Palmisch-Birnen
16. Mai. Heidelbeeren
17. Mai. Welsche Bratbirnen
18. Mai. Rettichbirnen
          Birken
19. Mai. Dirlitzen, Kornelkirschen
20. Mai. Frühäpfel (Jakobi)
21. Mai. Maiglöckchen
          Narzissen
23. Mai. Weichselkirschen
          Traubenkirschen
          Goldparmäne
25. Mai. Roßkastanien
26. Mai. Syringe
          Charlamowsky-Apfel
28. Mai. Wiesenfuchsschwanz
29. Mai. Vogelbeeren
31. Mai. Weißdorn
 2. Juni. Wintergoldparmäne
 3. Juni. Goldregen
 4. Juni. Spätäpfel (Luiken)
 6. Juni. Walnüsse
 7. Juni. Spätblühender Taffetapfel
 8. Juni. Timothygras
10. Juni. Quitten
          Wiesenrispengras

15. Juni. Waldhimbeere
          Knaulgras
16. Juni. Gemeines Rispengras
20. Juni. Klee
25. Juni. Goldhafer
28. Juni. Wiesenschwingel
30. Juni. Lilie
 2. Juli. Schneebeeren
 4. Juli. Liguster
14. Juli. Dinkel
          Großblättrige Sommerlinde
20. Juli. Sommergerste
22. Juli. Hafer
28. Juli. Holunder
29. Juli. Winterroggen
30. Juli. Winterweizen
31. Juli. Kleinblättrige Winterlinde
20. August. Heidekraut
10. September. Herbstzeitlose

Es schlagen aus:

25. April. Stachelbeeren
30. April. Johannisbeeren
 1. Mai. Roßkastanie
          Vogelbeeren
 3. Mai. Birken
 5. Mai. Buchen
 9. Mai. Eschen
13. Mai. Eichen

Vollständig belaubt:

14. Mai. Vogelbeeeren
19. Mai. Buchen
22. Mai. Birken
24. Mai. Eschen
 2. Juni. Eichen

Beginn der Ernte:

16. Juni. Heuernte

9. Juli. Heidelbeeren

10. Juli. Kirschen (mittlere Sorten)

20. Juli. Johannisbeeren

22. Juli. Weichselkirschen

31. Juli. Winterroggen

30. August. Sommergerste
Dinkel

31. August. Frühäpfel (Jakobi)

4. September. Winterweizen

6. September. Hafer

15. September. Rettichbirnen

18. September. Öhmdernte

19. September. Palmisch-Birnen

25. September. Goldparmäne

28. September. Welsche Bratbirnen
Walnüsse

14. Oktober. Wintergoldparmänen

16. Oktober. Spätblühender Taffetapfel

30. Oktober. Charlamowsky-Apfel

Fruchtreife:

24. August. Vogelbeeren

31. August. Schneebeeren

2. September. Liguster

9. September. Roßkastanie

30. September. Holunder

Allgemeine Laubverfärbung:

3. Oktober. Roßkastanie

12. Oktober. Buchen

15. Oktober. Birken

24. Oktober. Eichen

16. Oktober. Esche, Laubfall

4. November. Birnbaum, Holzreife

20. November. Apfelbaum, Holzreife

Münsingen (Wg.) 1, Stadt
(716 m ü. M.)
(Beob. Heß)

Erste Blüte:

20. März. Palmkätzchen

15. April. Schneeglöckchen

1. Mai. Johannisbeeren

15. Mai. Welsche Bratbirnen
Frühäpfel (Jakobi)
Goldparmänen
Stachelbeeren
Rettichbirnen

18. Mai. Weichselkirschen

20. Mai. Schlehen
Süßkirschen (mittlere Sorten)
Palmisch-Birnen
Birken
Traubenkirschen
Wintergoldparmänen
Charlamowsky-Apfel

25. Mai. Syringe
Maiglöckchen

26. Mai. Weißdorn

28. Mai. Roßkastanien
Spätblühender Taffetapfel

30. Mai. Knaulgras
Wiesenfuchsschwanz
Timothygras

2. Juni. Spätäpfel (Luiken)
Goldregen

6. Juni. Schneebeeren
Klee

10. Juni. Winterroggen
Sommergerste

20. Juni. Hafer
Winterweizen

25. Juni. Dinkel

28. Juni. Holunder

1. Juli. Großblättrige Sommerlinde
Kleinblättrige Winterlinde

10. September. Herbstzeitlose

10. Oktober. Heidekraut

Es schlagen aus:

20. April. Johannisbeeren

1. Mai. Roßkastanien
Birken
Stachelbeeren
Vogelbeeren

10. Mai. Eschen
     Buchen
15. Mai. Eichen

Vollständig belaubt:

10. Mai. Birken
15. Mai. Eschen
18. Mai. Vogelbeeren
20. Mai. Buchen
26. Mai. Eichen

Beginn der Ernte:

20. August. Johannisbeeren
     Winterroggen
     Dinkel
     Sommergerste
25. August. Hafer
     Winterweizen
     Kirschen (mittlere Sorten)
10. September. Weichselkirschen
     Frühäpfel (Jakobi)
15. September. Rettichbirnen
 1. Oktober. Goldparmänen
 5. Oktober. Wintergoldparmänen
     Charlamowsky-Apfel
10. Oktober. Palmisch-Birnen
15. Oktober. Spätblühender Taffetapfel
20. Oktober. Späte Apfelsorten (Luiken)

Fruchtreife:

25. September. Vogelbeeren
10. Oktober. Schneebeeren
15. Oktober. Holunder
     Liguster
     Roßkastanien

Allgemeine Laubverfärbung:

 5. Oktober. Roßkastanien
10. Oktober. Buchen
     Birken
20. Oktober. Eichen
 5. Oktober. Esche, Laubfall
15. Oktober. Birnbaum, Holzreife
     Apfelbaum, Holzreife

Seißen, O. A. Blaubeuren
(707 m ü. M.)

(Beob. Freudenreich, Oberlehrer)

Erste Blüte:

30. März. Palmkätzchen
10. April. Schneeglöckchen
 7. Mai. Johannisbeeren
 9. Mai. Schlehen
10. Mai. Süßkirschen (mittlere Sorten)
     Stachelbeeren
14. Mai. Charlamowsky-Apfel
15. Mai. Frühäpfel (Jakobi)
16. Mai. Weichselkirschen
18. Mai. Rettichbirnen
     Narzissen
     Maiglöckchen
19. Mai. Palmisch-Birnen
20. Mai. Goldparmänen
     Roßkastanien
21. Mai. Syringe
22. Mai. Spätäpfel (Luiken)
     Wintergoldparmänen
23. Mai. Welsche Bratbirnen
24. Mai. Spätblühender Taffetapfel
26. Mai. Weißdorn
27. Mai. Birken
28. Mai. Walnüsse
31. Mai. Goldregen
 1. Juni. Vogelbeeren
10. Juni. Waldhimbeeren
15. Juni. Winterroggen
19. Juni. Holunder
20. Juni. Wiesenfuchsschwanz
     Wiesenschwingel
21. Juni. Knaulgras
     Dinkel
22. Juni. Timothygras
     Kammgras
     Französ. Raygras
     Wiesenrispengras
23. Juni. Winterweizen
     Gemeines Rispengras

24. Juni. Goldhafer
25. Juni. Klee
Lilie
9. Juli. Liguster
10. Juli. Großblättrige Sommerlinde
Sommergerste
17. Juli. Hafer
20. Juli. Kleinblättrige Winterlinde
6. September. Heidekraut
29. September. Herbstzeitlose

Es schlagen aus:

27. April. Stachelbeeren
30. April. Johannisbeeren
5. Mai. Vogelbeeren
7. Mai. Birken
9. Mai. Roßkastanien
Buchen
12. Mai. Eichen
Eschen

Vollständig belaubt:

10. Mai. Birken
15. Mai. Vogelbeeren
Buchen
22. Mai. Eschen
25. Mai. Eichen

Beginn der Ernte:

23. Juni. Heuernte
17. Juli. Kirschen (mittlere Sorten)
20. Juli. Weichselkirschen
28. Juli. Johannisbeeren
20. August. Winterroggen
21. August. Ohmdernte
29. August. Dinkel
30. August. Frühäpfel (Jakobi)
1. September. Charlamowsky-Äpfel
4. September. Sommergerste
5. September. Winterweizen
11. September. Hafer
20. September. Walnüsse
9. Oktober. Palmisch-Birnen
10. Oktober. Goldparmänen
14. Oktober. Spätäpfel (Luiken)

15. Oktober. Spätblühender Taffetapfel
Wintergoldparmänen
16. Oktober. Welsche Bratbirnen

Fruchtreife:

28. September. Holunder
29. September. Roßkastanien
30. September. Liguster
Vogelbeeren

Allgemeine Laubverfärbung:

10. Oktober. Birken
12. Oktober. Roßkastanien
14. Oktober. Buchen
15. Oktober. Eichen
20. Oktober. Esche, Laubfall
24. Oktober. Birnbaum, Holzreife
26. Oktober. Apfelbaum, Holzreife

Schwenningen, O. A. Rottweil
(700 m ü. M.)

(Beob. Chr. Schlucker, Oberlehrer)

Erste Blüte:

5. März. Schneeglöckchen
14. April. Palmkätzchen
5. Mai. Stachelbeeren
10. Mai. Johannisbeeren
13. Mai. Süßkirschen (mittlere Sorten)
17. Mai. Weichselkirschen
Schlehen
20. Mai. Palmisch-Birnen
Birken
22. Mai. Frühäpfel (Jakobi)
24. Mai. Roßkastanien
25. Mai. Goldparmänen
26. Mai. Wintergoldparmänen
28. Mai. Weißdorn
30. Mai. Maiglöckchen
31. Mai. Spätäpfel (Luiken)
4. Juni. Syringe
8. Juni. Goldregen
9. Juni. Waldhimbeere

10. Juni. Wiesenfuchsschwanz
Schneebeeren
15. Juni. Knaulgras
20. Juni. Winterroggen
25. Juni. Holunder
30. Juni. Dinkel
 3. Juli. Liguster
 8. Juli. Sommergerste
 9. Juli. Großblättrige Sommerlinde
10. Juli. Winterweizen
14. Juli. Hafer
19. Juli. Lilie
24. Juli. Kleinblättrige Winterlinde
10. September. Heidekraut

Es schlagen aus:

28. April. Stachelbeeren
 1. Mai. Johannisbeeren
12. Mai. Roßkastanien
13. Mai. Birken
Buchen
15. Mai. Eichen

Vollständig belaubt:

15. Mai. Birken
Buchen
25. Mai. Eichen

Beginn der Ernte:

30. Juli. Johannisbeeren
 1. August. Kirschen (mittlere Sorten)
10. August. Winterroggen
15. August. Dinkel
25. August. Sommergerste
30. August. Frühäpfel (Jakobi)
10. September. Winterweizen
10. Oktober. Goldparmänen
Palmisch-Birnen
Wintergoldparmänen
20. Oktober. Spätäpfel (Luiken)

Fruchtreife:

15. August. Schneebeeren
25. September. Holunder
 5. Oktober. Liguster
10. Oktober. Roßkastanien

Allgemeine Laubverfärbung:

 4. Oktober. Roßkastanien
10. Oktober. Eichen
15. Oktober. Buchen
20. Oktober. Birken

Rottweil (539 m ü. M.)
(Beob. Stadelmaier)

Erste Blüte:

15. März. Schneeglöckchen
17. April. Palmkätzchen
21. April. Dirlitzen, Kornelkirschen
 4. Mai. Stachelbeeren
10. Mai. Johannisbeeren
12. Mai. Schlehen
14. Mai. Narzisse
15. Mai. Weichselkirschen
Süßkirschen (mittlere Sorten)
Welsche Bratbirnen
16. Mai. Waldhimbeeren
Rettichbirnen
18. Mai. Traubenkirschen
Spätäpfel (Luiken)
Roßkastanien
19. Mai. Palmisch-Birnen
20. Mai. Frühäpfel (Jakobi)
Charlamowsky-Apfel
Birken
23. Mai. Syringe
24. Mai. Goldparmänen
26. Mai. Walnüsse
29. Mai. Spätblühender Taffetapfel
 1. Juni. Wiesenschwingel
Französ. Raygras
Vogelbeere
Wiesenfuchsschwanz
Maiglöckchen
 2. Juni. Weißdorn
Quitte
 8. Juni. Goldhafer
Wiesenrispengras
Timothygras

10. Juni. Gemeines Rispengras
15. Juni. Winterweizen
    Kammgras
    Knaulgras
18. Juni. Holunder
20. Juni. Goldregen
    Schneebeeren
    Klee
24. Juni. Dinkel
28. Juni. Winterroggen
 5. Juli. Großblättrige Sommerlinde
 8. Juli. Liguster
10. Juli. Lilie
    Hafer
12. Juli. Kleinblättrige Winterlinde
15. Juli. Sommergerste
 1. September. Heidekraut
10. September. Herbstzeitlose

Es schlagen aus:

17. April. Stachelbeeren
20. April. Johannisbeeren
 8. Mai. Vogelbeere
    Roßkastanien
10. Mai. Birken
11. Mai. Eschen
14. Mai. Buchen
15. Mai. Eichen

Vollständig belaubt:

 3. Mai. Birken
11. Mai. Vogelbeeren
18. Mai. Buchen
24. Mai. Eschen
26. Mai. Eichen

Beginn der Ernte:

23. Juni. Heuernte
15. Juli. Johannisbeeren
10. August. Frühäpfel (Jakobi)
11. August. Öhmdernte
13. August. Winterroggen
15. August. Sommergerste
20. August. Dinkel

30. August. Winterweizen
12. September. Hafer
20. September. Spätblühender Taffetapfel
23. September. Palmisch-Birnen
    Welsche Bratbirnen
25. September. Goldparmänen
    Späte Apfelsorten (Luiken)
26. September. Rettichbirnen
    Wintergoldparmänen
30. September. Charlamowsky-Apfel
18. Oktober. Walnüsse

Fruchtreife:

13. August. Vogelbeeren
15. August. Schneebeeren
10. September. Holunder
15. September. Liguster
    Dirlitzen, Kornelkirschen
20. September. Roßkastanien

Allgemeine Laubverfärbung:

 6. Oktober. Birken
14. Oktober. Roßkastanien
15. Oktober. Eichen
20. Oktober. Buchen
12. Oktober. Esche, Laubfall
10. September. Birnbaum, Holzreife
    Apfelbaum, Holzreife

Genkingen (770 m ü. M.)

(Beob. Herrman)

Erste Blüte:

25. März. Schneeglöckchen
15. April. Palmkätzchen
28. April. Stachelbeeren
 4. Mai. Süßkirschen
 8. Mai. Schlehen
11. Mai. Johannisbeeren
15. Mai. Charlamowsky-Apfel
    Palmisch-Birnen
20. Mai. Goldparmänen
22. Mai. Maiglöckchen
27. Mai. Wintergoldparmäne

29. Mai. Weißdorn
30. Mai. Spätäpfel (Luiken)
Syringe
Roßkastanie
31. Mai. Vogelbeeren
7. Juni. Spätblühender Taffetapfel
12. Juni. Waldhimbeeren
25. Juni. Knaulgras
28. Juni. Wiesenfuchsschwanz
30. Juni. Holunder
5. Juli. Timothygras
7. Juli. Klee
8. Juli. Winterroggen
Liguster
13. Juli. Winterweizen
16. Juli. Dinkel
22. Juli. Großblättrige Sommerlinde
Sommergerste
1. August. Hafer
25. August. Herbstzeitlose

Es schlagen aus:
20. April. Stachelbeeren
25. April. Johannisbeeren
6. Mai. Vogelbeeren
10. Mai. Buchen
13. Mai. Birken
15. Mai. Eschen
17. Mai. Roßkastanien
18. Mai. Eichen

Vollständig belaubt:
5. Mai. Birke
12. Mai. Vogelbeeren
20. Mai. Buchen
21. Mai. Eschen
25. Mai. Eichen

Beginn der Ernte:
15. Juli. Johannisbeeren
5. September. Winterroggen
10. September. Dinkel
Sommergerste
15. September. Winterweizen
18. September. Hafer

20. September. Vogelbeeren
8. Oktober. Charlamowsky-Apfel
12. Oktober. Palmisch-Birnen
15. Oktober. Welsche Bratbirnen
Goldparmänen
20. Oktober. Wintergoldparmänen
25. Oktober. Späte Apfelsorten (Luiken)
30. Oktober. Spätblühender Taffetapfel

Fruchtreife:
10. Oktober. Liguster
12. Oktober. Holunder
22. Oktober. Roßkastanien

Allgemeine Laubverfärbung:
1. Oktober. Buchen
20. Oktober. Eichen
22. Oktober. Birken
25. Oktober. Esche, Laubfall
1. September. Birnbaum, Holzreife
5. September. Apfelbaum, Holzreife

Frankenhofen, O. A. Ehingen a. Donau
(740 m ü. M.)
(Beob. Schott)

Erste Blüte:
27. März. Schneeglöckchen
16. April. Palmkätzchen
23. April. Stachelbeeren
7. Mai. Weichselkirschen
11. Mai. Johannisbeeren
14. Mai. Süßkirschen
16. Mai. Frühäpfel (Jakobi)
17. Mai. Maiglöckchen
18. Mai. Palmisch-Birnen
20. Mai. Schlehen
22. Mai. Goldparmäne
23. Mai. Syringe
Roßkastanie
24. Mai. Charlamowsky-Apfel
25. Mai. Spätblühender Taffetapfel
26. Mai. Vogelbeeren
Spätäpfel (Luiken)
28. Mai. Weißdorn

17. Juni. Winterroggen
24. Juni. Schneebeeren
29. Juni. Holunder
 2. Juli. Dinkel
 5. Juli. Sommergerste
 6. Juli. Lilie
 8. Juli. Hafer
10. Juli. Großblättrige Sommerlinde
 2. September. Herbstzeitlose

Es schlagen aus:
 2. Mai. Johannisbeeren
 4. Mai. Roßkastanien
Vogelbeeren
 8. Mai. Buchen
16. Mai. Eschen
19. Mai. Eichen

Vollständig belaubt:
12. Mai. Buchen
Vogelbeere
26. Mai. Eichen
27. Mai. Eschen

Beginn der Ernte:
26. Juli. Johannisbeeren
22. August. Sommergerste
24. August. Dinkel
25. August. Winterweizen
29. August. Hafer
13. September. Frühäpfel (Jakobi)
15. Oktober. Palmisch-Birnen
16. Oktober. Goldparmänen
18. Oktober. Späte Apfelsorten (Luiken)
Charlamowsky-Apfel
Spätblühender Taffetapfel

Fruchtreife:
 7. September. Schneebeeren
11. September. Vogelbeeren
20. September. Holunder
12. Oktober. Roßkastanien

Allgemeine Laubverfärbung:
16. Oktober. Eichen
17. Oktober. Buchen

22. Oktober. Roßkastanien
10. Oktober. Esche, Laubfall

Lungenheilstätte Überruh,
O. A. Wangen i. A. (830 m ü. M.)
(Beob. Verwalter Häring)
Erste Blüte:
15. April. Palmkätzchen
20. April. Schneeglöckchen
10. Mai. Johannisbeeren
Narzisse
15. Mai. Stachelbeeren
16. Mai. Schlehen
17. Mai. Süßkirschen (mittlere Sorten)
Rettichbirnen
18. Mai. Traubenkirschen
20. Mai. Weichselkirschen
Heidelbeeren (Jungkultur)
21. Mai. Palmisch-Birnen
Frühäpfel (Jakobi)
23. Mai. Roßkastanien
24. Mai. Goldparmänen
Syringe
Vogelbeeren
25. Mai. Charlamowsky-Apfel
26. Mai. Knaulgras
28. Mai. Timothygras
Maiglöckchen
29. Mai. Spätäpfel (Luiken)
Winterroggen
Wiesenfuchsschwanz
 3. Juni. Kammgras
 5. Juni. Goldregen
Klee
Weißdorn
 6. Juni. Gemeines Rispengras
 7. Juni. Wiesenschwengel
 8. Juni. Goldhafer
10. Juni. Französ. Raygras
12. Juni. Waldhimbeeren
15. Juni. Holunder
20. Juni. Sommergerste
Dinkel

Ende Juni. Liguster

5. Juli. Winterweizen
Hafer

8. Juli. Schneebeeren

14. Juli. Kleinblättrige Winterlinde

19. Juli. Lilie

20. Juli. Großblättrige Sommerlinde

20. August. Heidekraut

5. Oktober. Herbstzeitlose

Es schlagen aus:

25. April. Stachelbeeren

5. Mai. Johannisbeeren

6. Mai. Birken

8. Mai. Buchen

10. Mai. Roßkastanien
Vogelbeeren

18. Mai. Eschen

20. Mai. Eichen

Vollständig belaubt:

15. Mai. Birken

18. Mai. Vogelbeeren
Buchen

29. Mai. Eschen

8. Juni. Eichen

Beginn der Ernte:

5. Juni. Heuernte

10. Juli. Heidelbeeren

15. Juli. Weichselkirschen

18. Juli. Kirschen (mittlere Sorten)

28. Juli. Johannisbeeren

10. August. Öhmdernte

20. August. Winterroggen
Dinkel

25. August. Winterweizen

25. August. Sommergerste

28. August. Frühäpfel (Jakobi)

15. September. Charlamowsky-Äpfel

30. September. Rettichbirnen
Hafer
Palmisch-Birnen

10. Oktober. Spätblühender Taffetapfel

15. Oktober. Goldparmänen

18. Oktober. Welsche Bratbirnen

Fruchtreife:

26. August. Schneebeeren

15. September. Vogelbeeren

10. Oktober. Holunder
Roßkastanien

20. Oktober. Liguster

Allgemeine Laubverfärbung:

20. September. Birken

25. September. Eichen

30. September. Roßkastanien

3. Oktober. Buchen

15. Oktober. Esche, Laubfall

25. September. Birnbaum, Holzreife

15. Oktober. Apfelbaum, Holzreife ·

Zu: VII d. Neckarkreis

Gundelsheim, O. A. Neckarsulm
(156 m ü. M.)
(Beob. L. Ostberg)

Erste Blüte:

9. März. Schneeglöckchen

8. April. Dirlitzen, Kornelkirschen

13. April. Narzissen
Palmkätzchen

19. April. Birken

20. April. Stachelbeeren
Schlehen

21. April. Johannisbeeren
Weichselkirschen

23. April. Rettichbirnen

25. April. Pfirsiche

26. April. Süßkirschen (mittlere Sorten)

30. April. Palmisch-Birnen

1. Mai. Traubenkirschen

2. Mai. Waldhimbeeren

3. Mai. Vogelbeeren

8. Mai. Welsche Bratbirnen
Spätäpfel (Luiken)

9. Mai. Weißdorn
10. Mai. Roßkastanien
Quitten
11. Mai. Frühäpfel (Jakobi)
Charlamowsky=Apfel
12. Mai. Syringe
13. Mai. Goldparmänen
15. Mai. Wilde Maiglöckchen
20. Mai. Winterroggen
25. Mai. Spätblühender Taffetapfel
27. Mai. Goldregen
28. Mai. Wiesenfuchsschwanz
30. Mai. Schneebeeren
31. Mai. Knaulgras
3. Juni. Timothygras
10. Juni. Holunder
12. Juni. Winterweizen
15. Juni. Dinkel
20. Juni. Klee
Reben (Silvana weiß)
26. Juni. Großblättrige Sommerlinde
1. Juli. Kleinblättrige Winterlinde
Reben (Lemberger rot)
4. Juli. Sommergerste
Liguster
5. Juli. Reben (Trollinger rot)
6. Juli. Reben (Hutedel weiß)
Lilie
8. Juli. Hafer
Reben (Elbling weiß)
1. September. Heidekraut
30. September. Herbstzeitlose

Es schlagen aus:

3. April. Vogelbeeren
4. April. Eschen
9. April. Buchen
10. April. Roßkastanien
Birken
15. April. Stachelbeeren
16. April. Johannisbeeren
18. April. Eichen

Vollständig belaubt:

10. April. Vogelbeeren
Eschen
13. April. Birken
25. April. Buchen
8. Mai. Eichen

Beginn der Ernte:

29. Juni. Kirschen (mittlere Sorten)
6. Juli. Weichselkirschen
8. Juli. Johannisbeeren
24. Juli. Winterroggen
10. August. Winterweizen
Aprikosen
Sommergerste
18. August. Dinkel
20. August. Frühäpfel (Jakobi)
25. August. Rettichbirnen
Charlamowsky=Apfel
30. August. Hafer
10. September. Pfirsiche (ältere Sorten)
Palmisch=Birnen
12. September. Welsche Bratbirnen
15. September. Goldparmänen
20. September. Spätere Apfelsorten
(Luiken)
26. September. Spätblühender Taffet=
apfel

Fruchtreife:

12. September. Vogelbeeren
15. September. Roßkastanien
19. September. Holunder
30. September. Schneebeeren
10. Oktober. Liguster

Allgemeine Laubverfärbung:

13. Oktober. Roßkastanien
16. Oktober. Buchen
Eichen
20. Oktober. Birken
26. Oktober. Esche, Laubfall
25. Oktober. Apfelbaum, Holzreife
1. November. Birnbaum, Holzreife

Weinsberg (218 m ü. M.)

(Beob. Württ. Lehr- und Versuchsanstalt für Wein-
und Obstbau)

Erste Blüte:

21. März. Aprikosen
22. März. Palmkätzchen
26. April. Schlehen
Süßkirschen
30. April. Pfirsiche
Johannisbeeren
Palmisch-Birnen
Frühäpfel (Jakobi)
2. Mai. Welsche Bratbirnen
Roßkastanien
6. Mai. Goldparmänen
10. Mai. Späte Apfel (Luiken)
Syringe
Maiglöckchen
Goldregen
12. Mai. Weißdorn
18. Mai. Quitte
30. Mai. Schneebeere
Holunder
31. Mai. Winterroggen
8. Juni. Liguster
14. Juni. Reben (Riesling)
18. Juni. Reben (Lemberger)
20. Juni. Dinkel
28. Juni. Großblättrige Sommerlinde
Kleinblättrige Winterlinde
12. August. Heidekraut

Es schlagen aus:

30. März. Johannisbeeren
15. April. Roßkastanien
23. April. Birken
26. April. Buchen

Vollständig belaubt:

30. April. Buchen
10. Mai. Eichen

Beginn der Ernte:

28. Juni. Johannisbeeren
Kirschen (mittlere Sorten)

20. Juli. Winterroggen
28. Juli. Dinkel
1. August. Winterweizen
Frühäpfel (Jakobi)
2. August. Aprikosen
7. September. Welsche Bratbirnen
10. September. Pfirsiche
12. September. Palmisch-Birnen
24. September. Goldparmänen
30. September. Spätäpfel (Luiken)
20. Oktober. Weinlese

Fruchtreife:

14. August. Schneebeeren
24. August. Liguster
29. August. Holunder
20. September. Roßkastanien

Allgemeine Laubverfärbung:

10. Oktober. Roßkastanien
12. Oktober. Eichen
17. Oktober. Birken
20. Oktober. Buchen

Sternenfels, O. A. Maulbronn

(318 m ü. M.)

(Beob. Stalder)

Erste Blüte:

20. März. Schneeglöckchen
Palmkätzchen
15. April. Narzissen
16. April. Aprikosen
24. April. Süßkirschen (mittlere Sorten)
25. April. Johannisbeeren
Schlehen
27. April. Pfirsiche
Stachelbeeren
4. Mai. Maiglöckchen
10. Mai. Wintergoldparmänen
Walnüsse
Palmisch-Birnen
12. Mai. Welsche Bratbirnen
Frühäpfel (Jakobi)
Heidelbeeren

14. Mai. Syringe
16. Mai. Roßkastanien
20. Mai. Waldhimbeeren
   Goldparmänen
25. Mai. Weißdorn
   Quitten
27. Mai. Spätäpfel (Luiken)
   Winterroggen
 1. Juni. Holunder
10. Juni. Kammgras
12. Juni. Französ. Raygras
14. Juni. Knaulgras
16. Juni. Reben (Amerikaner)
20. Juni. Dinkel
   Winterweizen
22. Juni. Reben (Portugieser)
23. Juni. Reben (Weißer Riesling)
25. Juni. Reben (Trollinger)
26. Juni. Reben (Silvana)
28. Juni. Großblättrige Sommerlinde
 8. Juli. Hafer
10. Juli. Sommergerste
20. August. Heidekraut

Es schlagen aus:
12. April. Johannisbeeren
16. April. Stachelbeeren
20. April. Birken
   Buchen
21. April. Roßkastanien

Fruchtreife:
10. Oktober. Birken
15. Oktober. Roßkastanien
20. Oktober. Buchen

Mühlacker, O. A. Maulbronn
(Beob. Metzger, Stadtpfarrer a. D.)

Erste Blüte:
12. März. Palmkätzchen
22. März. Schneeglöckchen
19. April. Stachelbeeren
25. April. Johannisbeeren
   Süßkirschen (mittlere Sorten)

27. April. Pfirsiche
28. April. Schlehen
 2. Mai. Palmisch-Birnen
   Welsche Bratbirnen
 5. Mai. Narzissen
10. Mai. Goldparmänen
15. Mai. Syringe
   Roßkastanien
16. Mai. Maiglöckchen
   Weißdorn
17. Mai. Quitten
   Goldregen
 2. Juni. Holunder
 6. Juni. Winterroggen
10. Juni. Wiesenfuchsschwanz
14. Juni. Knaulgras
18. Juni. Reben
19. Juni. Dinkel
20. Juni. Winterweizen
27. Juni. Sommergerste
 2. Juli. Lilie
 4. Juli. Hafer
 5. September. Herbstzeitlose

Es schlagen aus:
23. März. Stachelbeeren
 6. April. Johannisbeeren
20. April. Birken
22. April. Roßkastanien
27. April. Buchen
 8. Mai. Eschen
12. Mai. Eichen

Vollständig belaubt:
 1. Mai. Birken
 6. Mai. Buchen
16. Mai. Eschen
23. Mai. Eichen

Beginn der Ernte:
12. Juni. Heuernte
26. Juni. Kirschen (mittlere Sorten)
 4. Juli. Johannisbeeren
15. Juli. Winterroggen

23. Juli. Sommergerste
31. Juli. Dinkel
 4. August. Winterweizen
10. August. Frühhafer
        Öhmdernte
12. September. Pfirsiche (ältere Sorten)
22. September. Palmisch-Birnen
25. September. Goldparmänen
10. Oktober. Weinlese
12. Oktober. Welsche Bratbirnen

Fruchtreife:

 9. September. Roßkastanien
15. September. Holunder

Allgemeine Laubverfärbung:

10. Oktober. Buchen
17. Oktober. Eichen
22. Oktober. Birken
24. Oktober. Roßkastanien
11. Oktober. Esche, Laubfall
15. Oktober. Birnbaum, Holzreife
28. Oktober. Apfelbaum, Holzreife

Wilhelmsheim, O. A. Backnang
(440 m ü. M.)
(Beob. Johannes Kuhn)

Erste Blüte:

16. März. Schneeglöckchen
22. März. Palmkätzchen
 7. April. Dirlitzen, Kornelkirschen
15. April. Narzissen
25. April. Stachelbeeren
        Schlehen
        Süßkirschen (mittlere Sorten)
30. April. Johannisbeeren
 7. Mai. Pfirsiche
 9. Mai. Palmisch-Birnen
13. Mai. Syringe
        Roßkastanien
15. Mai. Goldparmänen
20. Mai. Quitte
21. Mai. Waldhimbeeren

29. Mai. Goldregen
22. Juni. Großblättrige Sommerlinde
30. Juni. Schneebeeren
 6. Juli. Kleinblättrige Winterlinde

Es schlagen aus:

 8. April. Stachelbeeren
22. April. Johannisbeeren
23. April. Roßkastanien
25. April. Birken
        Buchen
29. April. Eichen
 7. Mai. Sommerlinde

Murr, O. A. Marbach
(203 m ü. M.)
(Beob. Hermann)

Erste Blüte:

10. März. Schneeglöckchen
28. März. Palmkätzchen
 8. April. Narzissen
15. April. Stachelbeeren
20. April. Schlehen
26. April. Johannisbeeren
 1. Mai. Palmisch-Birnen
 2. Mai. Weichselkirschen
        Pfirsiche
 8. Mai. Charlamowsky-Apfel
10. Mai. Syringe
12. Mai. Roßkastanien
        Maiglöckchen
14. Mai. Holunder
18. Mai. Goldparmänen
        Weißdorn
19. Mai. Spätäpfel (Luiken)
        Quitten
21. Mai. Wintergoldparmänen
28. Mai. Walnüsse
29. Mai. Wiesenfuchsschwanz
        Goldhafer
30. Mai. Knaulgras
31. Mai. Wiesenrispengras
        Waldhimbeeren

3. Juni. Franzöf. Rahgras
Gemeines Rifpengras
Timothhgras
Wiefenfchwingel
8. Juni Klee
10. Juni. Kammgras
15. Juni. Schneebeeren
18. Juni. Winterroggen
22. Juni. Großblättrige Sommerlinde
23. Juni. Sommergerfte
24. Juni. Liguster
Winterweizen
26. Juni. Dinkel
29. Juni. Kleinblättrige Winterlinde
2. Juli. Reben
7. Juli. Hafer
24. Auguft. Herbftzeitlofe
Heidekraut

Es fchlagen aus:

4. April. Stachelbeeren
10. April. Johannisbeeren
21. April. Roßkaftanien
1. Mai. Buchen
2. Mai. Birken
8. Mai. Efchen
10. Mai. Eichen

Vollftändig belaubt:

12. Mai. Birken
19. Mai. Buchen
20. Mai. Efchen
21. Mai. Eichen

Beginn der Ernte:

15. Juni. Heuernte
1. Juli. Kirfchen (mittlere Sorten)
19. Juli. Weichfelkirfchen
22. Juli. Johannisbeeren
24. Juli. Winterroggen
Sommergerfte
26. Juli. Winterweizen
29. Juli. Dinkel
7. Auguft. Charlamowfkh-Apfel

8. Auguft. Hafer
Ohmdernte
5. September. Spätäpfel (Luiken)
15. September. Goldparmänen
1. Oktober. Walnüffe
Wintergoldparmänen
10. Oktober. Pfirfiche
13. Oktober. Weinlefe

Fruchtreife:

24. Auguft. Holunder
18. September. Liguster
19. September. Schneebeeren
2. Oktober. Roßkaftanien

Allgemeine Laubverfärbung:

10. Oktober. Eiche
12. Oktober. Roßkaftanien
15. Oktober. Birke
Buche
25. Oktober. Efche, Laubfall

Winnenden, O. A. Waiblingen
(280 m ü. M.)

Erfte Blüte:

15. März. Schneeglöckchen
10. April. Dirlitzen, Kornelkirfchen
13. April. Palmkätzchen
24. April. Narziffe
Stachelbeeren
Johannisbeeren
Frühäpfel (Jakobi)
25. April. Süßkirfchen (mittlere Sorten)
26. April. Schlehen
29. April. Palmifch-Birnen
Pfirfiche
5. Mai. Traubenkirfchen
8. Mai. Welfche Bratbirnen
10. Mai. Shringe
Goldparmänen
Birken
Charlamowfkh-Apfel
11. Mai. Wintergoldparmänen

12. Mai. Roßkastanien
14. Mai. Weichselkirschen
15. Mai. Heidelbeeren
16. Mai. Walnüsse
18. Mai. Maiglöckchen
          Goldregen
19. Mai. Spätäpfel (Luiken)
          Weißdorn
          Quitte
          Vogelbeeren
21. Mai. Wiesenfuchsschwanz
          Knaulgras
24. Mai. Spätblühender Taffetapfel
28. Mai. Wiesenrispengras
          Gemeines Rispengras
 2. Juni. Holunder
          Timothygras
 4. Juni. Winterroggen
 5. Juni. Waldhimbeeren
 8. Juni. Schneebeeren
10. Juni. Reben (Arnold de Brie)
          Wiesenschwingel
11. Juni. Klee
14. Juni. Kammgras
15. Juni. Goldhafer
          Französ. Raygras
16. Juni. Liguster
21. Juni. Dinkel
          Großblättrige Sommerlinde
22. Juni. Reben (Portugieser)
24. Juni. Reben (Salvaner)
          Winterweizen
          Sommergerste
26. Juni. Reben (Riesling)
28. Juni. Reben (Trollinger)
30. Juni. Lilie
 5. Juli. Kleinblättrige Winterlinde
          Hafer
12. August. Heidekraut
20. August. Herbstzeitlose

Es schlagen aus:

 5. April. Stachelbeeren
14. April. Johannisbeeren

20. April. Roßkastanien
26. April. Birken
          Vogelbeeren
28. April. Buchen
 4. Mai. Eichen
12. Mai. Eschen

Vollständig belaubt:

 1. Mai. Vogelbeere
 7. Mai. Birken
 8. Mai. Buchen
15. Mai. Eichen
19. Mai. Eschen

Beginn der Ernte:

18. Juni. Heuernte
19. Juni. Kirschen (mittlere Sorten)
21. Juni. Winterroggen
 7. Juli. Heidelbeeren
13. Juli. Johannisbeeren
15. Juli. Pfirsiche (amerik. frühreifende
          Sorten)
18. Juli. Weichselkirschen
30. Juli. Frühäpfel (Jakobi)
 4. August. Dinkel
          Sommergerste
 8. August. Winterweizen
10. August. Öhmdernte
15. August. Hafer
20. August. Charlamowsky-Apfel
18. September. Palmisch-Birnen
20. September. Pfirsiche (ältere Sorten)
25. September. Welsche Bratbirnen
28. September. Goldparmänen
30. September. Spätäpfel (Luiken)
          Wintergoldparmänen
          Spätblühender Taffetapfel
 5. Oktober. Walnüsse
20. Oktober. Weinlese

Fruchtreife:

25. August. Holunder
 5. September. Schneebeeren
20. September. Roßkastanien

2. Oktober. Vogelbeeren
10. Oktober. Liguster

Allgemeine Laubverfärbung:

8. Oktober. Roßkastanien
15. Oktober. Birken
16. Oktober. Buchen
20. Oktober. Eichen
24. Oktober. Esche, Laubfall
15. Oktober. Birnbaum, Holzreife
31. Oktober. Apfelbaum, Holzreife

Stuttgart

(Beob. O. Schlenker, Oberreallehrer)

Erste Blüte:

24. März. Palmkätzchen
30. März. Schneeglöckchen
 3. April. Mahonie
 5. April. Szilla
Magnolie
15. April. Dirlitzen, Kornelkirschen
17. April. Mandelbaum
Aprikosen
19. April. Löwenzahn
Lebensbaum
Gänsekresse
Gänsedistel
Sternmiere
20. April. Narzissen
Birken
21. April. Kaiserkrone
23. April. Wiesenschmuckkraut
24. April. Aprikosen
Stachelbeeren
25. April. Süßkirschen
Traubenkirschen
Pfirsiche (amerik. frühreifende Sorten)
26. April. Weichselkirschen
Schlehen
Feigenwurz
Muskathyazinthe
Gänsekraut

27. April. Lärchen
Johannisbeeren
28. April. Pfirsiche
Rettichbirnen
30. April. Roßkastanien
 1. Mai. Gemswurz
Syringe
Platane
Ahorn
Immergrün
 3. Mai. Spinnstauden
Seifenkraut
Schleifenblumen
Apfel
Traubenkirschen
Sonnenröschen
Zwiebelkraut
Stachelbeeren
 4. Mai. Maiglöckchen
Chinesischer Süßstrauch
Ginkgo sibiraca
 5. Mai. Röschenmandel
Röschenkirschen
Sauerdorn
Pirus malus
Ulme
Wilde Tulpe
Frühlingsröschen
Steinbrech
 8. Mai. Jungfernherz
Frauenherz
Weißwurz
Große Maiblume
 9. Mai. Süßstrauch
Mottenkraut
Weißdorn
12. Mai. Syringe
15. Mai. Quitten
18. Mai. Spätäpfel (Luiken)
Reinetten
19. Mai. Vogelbeeren
Mehlbeeren
Goldnessel

19. Mai. Hagebuchen
Weißbuchen
Pimpernuß
Heckenkirschen
Bergahorn
Spitzahorn
Schneeball
Erbsenstrauch
Aaronstab
Schweinswurz
Vierblättrige Einbeeren
Schuppenwurz
Orchis morio
Orchis maculata
Wolfsbohne
Lupine

20. Mai. Goldregen
Holunder

21. Mai. Deutria
Sierilla
Weigelia
Robinie
Wilder Schneeball
Günzel
Kreuzdorn

23. Mai. Paulownia imperialis

24. Mai. Klee
Schneebeeren

26. Mai. Heidelbeeren
Lilie
Zaunrüben
Cornus sanguinea
Essigbaum

27. Mai. Österreichische Schwarzkiefer
Rhododendron himalaya
Maubeerbaum
Reben

28. Mai. Clematis vitalba
Eichen

29. Mai. Tollblumen
Sommergerste
Schwarze Rapunzel
Zwergmispel

29. Mai. Winterroggen
Liguster

30. Mai. Geißblatt
Gelbe Lilie
Rapunzel

31. Mai. Wiesengräser
Wiesenfuchsschwanz
Knaulgras
Timothygras
Goldhafer
Rispengras
Trespen
Waldreben
Reseda
Osterluzei
Riedgras
Erdruch
Schneckenklee
Wicken
Hauhechel

1. Juni. Dreimasterblume
Funkeldistel

2. Juni. Maulbeerbaum

6. Juni. Trauben

7. Juni. Feuerlilie
Frauenveilchen

23. Juni. Eisenhut
Gewürzstrauch

24. Juni. Pfaffenhut
Asthilba japonica

25. Juni. Knöterich
Salrauch
Nachtkerze
Sperrkraut

28. Juni. Weiße Lilie
Safrangelbe Eschscholzie
Feldlilie
Kleine Sonnenblume

29. Juni. Edelkastanien
Pfeilkraut

30. Juni. Seerose
Weidenröschen
Reseda

30. Juni. Cosmea grandiflora
Totenblume
Ringelblume
Kokardenblume
Phlox
Petunia
Eisenkraut
4. Juli. Schönblume
Mädchengesicht
Waldreben
6. Juli. Weißblütiger Trompetenbaum
9. Juli. Kletternder Trompetenbaum
12. Juli. Kürbis
8. Juni. Winde
Flachs
Löwenmaul
Rotdorn
Crataegus monogyna
Ufernelkenwurz
9. Juni. Nachtviole
Schlingrose
Lerchensporn
Braunwurz
Virginischer Schneeflockenbaum
Lichtnelke
Geflügelter Ginster
10. Juni. Hopfen
Lederbaum
11. Juni. Perückenbaum
12. Juni. Bocksdorn
15. Juni. Spindelbaum
16. Juni. Bilsenkraut
18. Juni. Feldwinde
19. Juni. Knöterich
Mohn
Roter Fingerhut
Glockenblume
Tulpenbaum
21. Juni. Pfeifenstrauch
Kletterrose
Blauer Eisenhut
22. Juni. Flügelnußbaum
Zaunreben

14. Juli. Heidekraut
19. Juli. Kaelreuteria paniculata
Lederstrauch
Blasenstrauch
Kapuzinerkresse
25. Juli. Kleinblütige Roßkastanie
Lilie
31. August. Geißklee (rauher)
Geißklee (roter)
Goldrute
Balsamine
Eibisch
Perlblütiges Ruhrkraut
Pantoffelblumen
Kalaberbohnen
Wolfsbohnen
Montbrecia
Blutkraut
Ehrenpreis
Eberwurz
30. September. Tausendgüldenkraut
Natternkopf
Ackerehrenpreis
Schafgarbe
Herbstzeitlose
Blaue Kornblume
29. Oktober. Schwarzwurz
Gartenwolfsmilch
31. Oktober. Zinnia elegans
Wiesensalbei
Tagethes chrysanthemum
Cosmea
Dahlien
Salvia splendens
Jasmin
Forsythia
Aster
Polygonum balschuanicum
Efeu
Virginischer Tabak
Strohblume
Habichtskraut

31. Oktober. Gänseblume
Odermennig

Es schlagen aus:

20. April. Stachelbeeren
Johannisbeeren
Birken
22. April. Roßkastanien
24. April. Vogelbeeren
28. April. Holunder
30. April. Buchen
Eichen
10. Mai. Eschen

Vollständig belaubt:

29. April. Birken
 5. Mai. Buchen
16. Mai. Eschen
24. Mai. Eichen

Beginn der Ernte:

15. Juni. Heuernte
24. Juni. Heidelbeeren
25. Juni. Kirschen (mittlere Sorten)
13. Juli. Johannisbeeren
23. Juli. Winterroggen
 1. August. Dinkel
Aprikosen
 3. August. Frühäpfel (Jakobi)
 4. August. Winterweizen
10. September. Ohmdernte
20. September. Goldparmänen
Palmisch-Birnen
Welsche Bratbirnen
Walnüsse
 1. Oktober. Wintergoldparmänen
13. Oktober. Weinlese
15. Oktober. Spätäpfel (Luiken)

Fruchtreife:

 5. August. Vogelbeeren
14. Oktober. Roßkastanien
15. Oktober. Holunder

Allgemeine Laubverfärbung:

10. Oktober. Eichen

24. Oktober. Esche, Laubfall
 1. März. Störche
17. April. Lerche
18. April. Mehlschwalbe
21. April. Erster Kuckuck
27. April. Wendehals
Rotkelchen
Schwarzköpfchen
Grasmücke
Waldschwirrvogel
Müllerchen
Weidenlaubsänger
Goldammer
 1. August. Störche ziehen
 1. September. Stubling
Pfefferling
Habichtschwamm
Fichtenreizger
Eierpilz
Steinpilz
Ziegenlippe
Semmelpilz
Stoppelpilz
 6. Oktober. Korallenpilz
Totentrompete
Kartoffelbracht
Stinkmorchel
Herkuleskeule
Rothäubchen
Pfeffermilchling
Korallenblätterpilz

Eßlingen a. N. (240 m ü. M.)

(Beob. F. Beyerlein)

Erste Blüte:

 9. März. Schneeglöckchen
15. März. Helleborus niger
29. März. Dirlitzen, Kornelkirschen
 1. April. Narzisse
 2. April. Daphne mezer.
 5. April. Primula elat.
Anemone silvat.

6. April. Palmkätzchen stäuben
14. April. Ranunculus fic.
15. April. Aprikosen
16. April. Primula offic.
18. April. Stachelbeeren
Caltha palustris.
20. April. Johannisbeeren
22. April. Narcissus poet.
Birke
24. April. Frühkirschen
Pfirsiche (amerikanische frühreifende Sorten)
Schlehen
25. April. Kirschen
26. April. Pfirsiche
Heidelbeeren (Jungkultur)
28. April. Weichselkirschen
Rettichbirne
29. April. Palmisch-Birnen
30. April. Heidelbeeren (Hochwald)
1. Mai. Frühäpfel (Jakobi)
Frühe Luiken-Apfel
Charlamowsky-Apfel
2. Mai. Traubenkirschen
4. Mai. Welsche Bratbirnen
Syringe
Roßkastanien
5. Mai. Frühe Vogelbeeren
Gartenmaiglöckchen
6. Mai. Goldparmänen
10. Mai. Wilde Maiglöckchen
13. Mai. Spätäpfel (Luiken)
14. Mai. Wintergoldparmänen
Weißdorn
Salvia offic.
Quitte
16. Mai. Späte Vogelbeere
Spätblühender Taffetapfel
17. Mai. Goldregen
Walnüsse
18. Mai. Wiesenfuchsschwanz
20. Mai. Gartenhimbeeren
Spartium scopar.

21. Mai. Knaulgras
23. Mai. Robinia pseud.
Französisches Rahgras
Wiesenrispengras
Gemeines Rispengras
24. Mai. Goldhafer
Wiesenschwingel
25. Mai. Schneebeeren
Winterroggen
27. Mai. Waldhimbeeren
28. Mai. Cornus sanguin.
30. Mai. Pfeifenstrauch
Kammgras
Holunder
5. Juni. Klee
7. Juni. Liguster
Dinkel
15. Juni. Großblättrige Sommerlinde
16. Juni. Winterweizen
20. Juni. Reben (Urbaner, Affentaler)
21. Juni. Sommergerste
24. Juni. Lilie
Reben (Portugieser, Riesling)
25. Juni. Reben (Silvaner)
Hafer
26. Juni. Kleinblättrige Winterlinde
27. Juni. Reben (Trollinger)
1. August. Heidekraut
20. August. Herbstzeitlose

Es schlagen aus:

3. April. Stachelbeeren
5. April. Johannisbeeren
12. April. Frühe Vogelbeeren
13. April. Roßkastanien
17. April. Birken
19. April. Späte Vogelbeeren
20. April. Tilia grandif.
25. April. Buchen
26. April. Tilia parvifol.
1. Mai. Eichen
3. Mai. Eschen

Vollständig belaubt:

20. April. Frühe Vogelbeeren
26. April. Späte Vogelbeeren
27. April. Birken
6. Mai. Buchen
13. Mai. Eichen
14. Mai. Eschen

Beginn der Ernte:

4. Juni. Frühkirschen
9. Juni. Heuernte
20. Juni. Kirschen (mittlere Sorten)
24. Juni. Gartenhimbeeren
    Heidelbeeren (Hochwald)
    Heidelbeeren (Jungkultur)
28. Juni. Weichselkirschen
    Waldhimbeeren
    Johannisbeeren
18. Juli. Winterroggen
24. Juli. Frühäpfel (Jakobi)
    Aprikosen
28. Juli. Dinkel
31. Juli. Sommergerste
2. August. Winterweizen
3. August. Pfirsiche (amerikanische früh=
reifende Sorten)
8. August. Hafer
15. August. Charlamowsky=Apfel
20. August. Ohmdernte
2. September. Rettichbirnen
3. September. Cornus sanguin.
5. September. Pfirsiche, späte
6. September. Palmisch=Birnen
10. September. Walnüsse
15. September. Frühe Luiken=Apfel
19. September. Goldparmänen
24. September. Späte Apfelsorten
    (Luiken)
26. September. Welsche Bratbirnen
27. September. Wintergoldparmänen
1. Oktober. Spätblühender Taffetapfel
15. Oktober. Weinlese

Fruchtreife:

31. Juli. Schneebeeren
10. August. Frühe Vogelbeeren
18. August. Späte Vogelbeeren
2. September. Holunder
8. September. Roßkastanien
21. September. Liguster

Allgemeine Laubverfärbung:

12. Oktober. Roßkastanien
13. Oktober. Buchen
16. Oktober. Birken
20. Oktober. Eichen
4. Oktober. Birnbaum, Holzreife
9. Oktober. Apfelbaum, Holzreife
19. Oktober. Esche, Laubfall
25. Februar. Buchfink schlägt
16. März. Lerche schlägt
12. April. Schwalbe kommt an
19. April. Wendehals ruft
20. April. Kuckuck ruft
24. April. Frösche quaken
14. Mai. Maikäfer fliegen

Hohenheim, O. A. Stuttgart
(402 m ü. M.)
(Beob. Daigel, Anstaltsgärtner)

Erste Blüte:

26. März. Schneeglöckchen
8. April. Palmkätzchen
10. April. Dirlitzen, Kornelkirschen
22. April. Pfirsiche
24. April. Birken
    Stachelbeeren
26. April. Süßkirschen (mittlere Sorten)
28. April. Schlehen
29. April. Narzissen
2. Mai. Johannisbeeren
    Weichselkirschen
3. Mai. Pfirsiche (amerikanische früh=
reifende Sorten)
7. Mai. Palmisch=Birnen
    Aprikosen

8. Mai. Traubenkirschen
9. Mai. Welsche Bratbirnen
10. Mai. Rettichbirnen
Heidelbeeren
14. Mai. Roßkastanien
15. Mai. Wiesenfuchsschwanz
16. Mai. Frühäpfel (Jakobi)
Maiglöckchen
Wintergoldparmäne
17. Mai. Charlamowsky-Apfel
Vogelbeeren
Walnüsse
18. Mai. Syringe
Quitten
19. Mai. Goldparmäne
Weißdorn
21. Mai. Waldhimbeeren
22. Mai. Goldregen
23. Mai. Spätäpfel (Luiken)
24. Mai. Spätblühender Taffetapfel
4. Juni. Knaulgras
9. Juni. Kammgras
11. Juni. Wiesenrispengras
12. Juni. Winterroggen
13. Juni. Holunder
14. Juni. Klee
15. Juni. Französisches Raygras
16. Juni. Schneebeeren
17. Juni. Wiesenschwingel
Gemeines Rispengras
18. Juni. Goldhafer
Timothygras
23. Juni. Reben
Großblättrige Sommerlinde
27. Juni. Liguster
29. Juni. Winterweizen
Sommergerste
30. Juni. Dinkel
6. Juli. Hafer
8. Juli. Lilie
Kleinblättrige Winterlinde
20. August. Heidekraut
12. September. Herbstzeitlose

Es schlagen aus:
6. April. Stachelbeeren
11. April. Roßkastanie
18. April. Johannisbeeren
24. April. Vogelbeeren
27. April. Birken
30. April. Buchen
7. Mai. Eichen
16. Mai. Eschen

Vollständig belaubt:
4. Mai. Vogelbeere
8. Mai. Buchen
9. Mai. Birken
22. Mai. Eschen

Beginn der Ernte:
1. Juli. Kirschen (mittlere Sorten)
10. Juli. Johannisbeere
31. Juli. Winterroggen
2. August. Dinkel
8. August. Sommergerste
10. August. Hafer
16. August. Winterweizen
25. August. Frühäpfel (Jakobi)
29. August. Charlamowsky-Apfel
2. September. Pfirsiche (amerikanische frühreifende Sorten)
12. September. Pfirsiche (ältere Sorten)
16. September. Palmisch-Birnen
Öhmbernte
18. September. Rettichbirnen
24. September. Goldparmänen
25. September. Spätblühender Taffetapfel
30. September. Wintergoldparmäne
2. Oktober. Welsche Bratbirnen
Walnüsse
5. Oktober. Späte Apfelsorten (Luiken)
8. Oktober. Weinlese

Fruchtreife:
26. Juli. Vogelbeeren
21. September. Dirlitzen, Kornelkirschen

28. September. Liguster
30. September. Schneebeeren
 1. Oktober. Roßkastanien
 6. Oktober. Holunder

Allgemeine Laubverfärbung:
17. Oktober. Birken
18. Oktober. Roßkastanien
20. Oktober. Buchen
26. Oktober. Eichen
21. Oktober. Esche, Laubfall
Anfang November: Birnbaum, Holzreife
Apfelbaum, Holzreife

Tübingen (390 m ü. M.)
(Beob. R. Schuhmann)
Erste Blüte:
15. März. Schneeglöckchen
 5. April. Narzisse
 8. April. Palmkätzchen
20. April. Aprikosen
Pfirsiche (amerikanische frühreifende Sorten)
Birken
24. April. Stachelbeeren
25. April. Dirlitzen, Kornelkirschen
28. April. Johannisbeeren
Schlehen
Süßkirschen (mittlere Sorten)
 1. Mai. Pfirsiche
 5. Mai. Charlamowsky-Apfel
Palmisch-Birnen
 6. Mai. Traubenkirschen
Weichselkirschen
 7. Mai. Welsche Bratbirnen
Frühäpfel (Jakobi)
 8. Mai. Rettichbirnen
10. Mai. Goldparmänen
Maiglöckchen
15. Mai. Wintergoldparmänen
16. Mai. Heidelbeeren (Hochwald)
Spätäpfel (Luiken)
Syringe
Roßkastanien

17. Mai. Quitten
18. Mai. Weißdorn
19. Mai. Spätblühender Taffetapfel
20. Mai. Goldregen
Walnüsse
22. Mai. Vogelbeeren
26. Mai. Himbeeren (Wald-)
28. Mai. Knaulgras
 1. Juni. Wiesenfuchsschwanz
Timothygras
Wiesenrispengras
Gemeines Rispengras
 3. Juni. Wiesenschwingel
 5. Juni. Kammgras
Klee
 8. Juni. Französisches Raygras
Reben (Amerikaner)
10. Juni. Schneebeeren
12. Juni. Winterroggen
16. Juni. Winterweizen
Reben (Taylor)
20. Juni. Dinkel
Holunder
Liguster
Goldhafer
25. Juni. Reben (bl. Gutedel)
Lilie
 3. Juli. Sommergerste
 8. Juli. Großblättrige Sommerlinde
10. Juli. Hafer
28. Juli. Kleinblättrige Winterlinde
 1. September. Herbstzeitlosen
 2. September. Heidekraut

Es schlagen aus:
 5. April. Stachelbeeren
15. April. Johannisbeeren
18. April. Birken
20. April. Roßkastanien
25. April. Buchen
26. April. Vogelbeeren
10. Mai. Eichen
20. Mai. Esche

Vollständig belaubt:

 1. Mai. Birken
 6. Mai. Vogelbeeren
12. Mai. Buchen
20. Mai. Eichen
 1. Juni. Eschen

Beginn der Ernte:

18. Juni. Heuernte
25. Juni. Heidelbeeren
27. Juni. Kirschen (mittlere Sorten)
10. Juli. Johannisbeeren
15. Juli. Weichselkirschen
20. Juli. Winterroggen
28. Juli. Dinkel
 1. August. Winterweizen
 5. August. Pfirsiche (amerikanische frühreifende Sorten)
Frühäpfel (Jakobi)
Charlamowsky-Apfel
 9. August. Sommergerste
20. August. Ohmdernte
24. August. Aprikosen
25. August. Hafer
15. September. Palmisch-Birnen

20. September. Pfirsiche (ältere Sorten)
Walnüsse
25. September. Goldparmänen
Rettichbirnen
Wintergoldparmänen
Spätblühender Taffetapfel
30. September. Welsche Bratbirnen
15. Oktober. Späte Apfelsorten (Luiken)
Weinlese

Fruchtreife:

 1. Juli. Dirlitzen, Kornelkirschen
 1. September. Schneebeeren
10. September. Vogelbeeren
15. September. Holunder
25. September. Liguster
29. September. Roßkastanien

Allgemeine Laubverfärbung:

26. September. Roßkastanien
 1. Oktober. Birken
 8. Oktober. Buchen
10. Oktober. Eichen
25. Oktober. Esche, Laubfall
28. September. Birnbaum, Holzreife
 6. Oktober. Apfelbaum, Holzreife

Zu: VIIf. Bodenseekreis

Friedrichshafen (Bodensee), O. A. Tett-
nang (410 m ü. M.)
(Beob. Hugo)

Erste Blüte:

 7. März. Schneeglöckchen
 8. April. Aprikosen
13. April. Narzissen
14. April. Palmkätzchen
29. April. Johannisbeeren
Süßkirschen
Stachelbeeren
Scharbockskraut
 1. Mai. Pfirsiche (amerikanische frühreifende Sorten)
 2. Mai. Traubenkirschen
 5. Mai. Pfirsiche

11. Mai. Birke
Weiße Narzisse
Walnüsse
12. Mai. Charlamowsky-Apfel
13. Mai. Frühäpfel (weißer Klarapfel)
Roßkastanie
15. Mai. Wintergoldparmänen
Maiglöckchen
16. Mai. Weichselkirschen
Syringe
19. Mai. Weißdorn
21. Mai. Quitte
Goldregen
22. Mai. Spätblühender Taffetapfel
30. Mai. Winterroggen
Gartenhimbeere

2. Juni. Knaulgras
3. Juni. Goldhafer
4. Juni. Wiesenfuchsschwanz
Klee
6. Juni. Ginster
Knaulgras
Wiesenschwingel
8. Juni. Kammgras
Timothygras
10. Juni. Wiesenrispengras
Holunder
20. Juni. Dinkel
26. Juni. Winterweizen
3. Juli. Großblättrige Sommerlinde
5. Juli. Lilie
6. Juli. Liguster
13. Juli. Kleinblättrige Winterlinde
3. September. Herbstzeitlose

Es schlagen aus:

9. April. Stachelbeeren
16. April. Johannisbeeren
19. April. Roßkastanien
22. April. Birken
27. April. Buchen
5. Mai. Eiche

Vollständig belaubt:

28. April. Birken
1. Mai. Buchen
17. Mai. Eichen

Beginn der Ernte:

7. Juni. Heuernte
2. Juli. Gartenhimbeere
5. Juli. Johannisbeeren
9. Juli. Kirschen (mittlere Sorten)
21. Juli. Winterroggen
28. Juli. Dinkel
4. August. Pfirsiche (amerikanische frühreifende Sorten)
6. August. Frühäpfel (weißer Klarapfel)
Ohmdernte
11. August. Winterweizen
23. August. Charlamowsky-Apfel
12. September. Wintergoldparmänen
23. September. Pfirsiche (ältere Sorten)
2. Oktober. Walnüsse
8. Oktober. Spätblühender Taffetapfel

Fruchtreife:

10. September. Holunder
15. September. Roßkastanien

Allgemeine Laubverfärbung:

8. Oktober. Roßkastanie
10. Oktober. Birke
12. Oktober. Eiche
22. Oktober. Buche
18. Oktober. Birnbaum, Holzreife
26. Oktober. Apfelbaum, Holzreife

Zu: VIII b. Alpiner Vorlandkreis

Ehingen a. D. (514 m ü. M.)
(Beob. Forstmeister Stier und Volksschulrektor
Sauter)

Erste Blüte:

20. März. Schneeglöckchen
18. April. Dirlitzen, Kornelkirschen
25. April. Narzisse
4. Mai. Stachelbeeren
5. Mai. Johannisbeeren
6. Mai. Schlehen

9. Mai. Süßkirschen
10. Mai. Weichselkirschen
13. Mai. Palmisch-Birnen
14. Mai. Frühäpfel (Jakobi)
15. Mai. Welsche Bratbirnen
Roßkastanien
16. Mai. Wintergoldparmänen
18. Mai. Syringe
Maiglöckchen
20. Mai. Weißdorn

Traubenkirschen
26. Mai. Spätäpfel (Luiken)
30. Mai. Quitte
Spätblühender Taffetapfel
31. Mai. Himbeeren
4. Juni. Goldregen
7. Juni. Wiesenfuchsschwanz
Gemeines Rispengras
8. Juni. Wiesenrispengras
Knaulgras
Schneebeeren
9. Juni. Roggen
Wiesenschwingel
10. Juni. Kammgras
Französisches Raygras
12. Juni. Timothygras
21. Juni. Holunder
22. Juni. Liguster
24. Juni. Dinkel
28. Juni. Winterweizen
30. Juni. Großblättrige Sommerlinde
3. Juli. Klee
8. Juli. Reben
Kleinblättrige. Winterlinde
9. Juli. Lilie
Hafer
10. Juli. Sommergerste

Es schlagen aus:
19. April. Stachelbeeren
25. April. Birken
26. April. Johannisbeeren
28. April. Roßkastanien
1. Mai. Buchen
10. Mai. Vogelbeeren
14. Mai. Eschen
Eichen

Es stäuben:
10. April. Palmkätzchen

Vollständig belaubt:
5. Mai. Birken
10. Mai. Buchen

21. Mai. Eschen
22. Mai. Eichen

Beginn der Ernte:
18. Juni. Heuernte
16. Juli. Johannisbeeren
22. Juli. Weichselkirschen
1. August. Roggen
4. August. Sommergerste
6. August. Dinkel
11. August. Winterweizen
20. August. Hafer
24. August. Frühäpfel (Jakobi)
28. August. Öhmdernte
20. September. Goldparmänen
1. Oktober. Späte Apfelsorten (Luiken)

Fruchtreife:
20. September. Roßkastanien
22. September. Holunder

Allgemeine Laubverfärbung:
7. Oktober. Buchen

Tuttlingen (647 m ü. M.)
(Beob. Oberlehrer Himmelein)

Erste Blüte:
20. März. Palmkätzchen
1. April. Dirlitzen, Kornelkirschen
10. April. Narzissen
15. April. Schneeglöckchen
25. April. Stachelbeeren
Weichselkirschen
30. April. Schlehen
10. Mai. Johannisbeeren
20. Mai. Süßkirschen (mittlere Sorten)
Maiglöckchen
Birke
25. Mai. Rettichbirnen
30. Mai. Traubenkirschen
Wintergoldparmänen
Charlamowsky-Apfel
Quitten

1. Juni. Palmisch-Birnen
Welsche Bratbirnen
Frühäpfel (Jakobi)
5. Juni. Waldhimbeeren
Goldparmänen
Roßkastanien
10. Juni. Spätblühender Taffetapfel
Spätäpfel (Luiken)
Goldregen
Vogelbeeren
Wiesenfuchsschwanz
Sommergerste
Wiesenschwingel
15. Juni. Syringe
Weißdorn
Schneebeeren
Winterroggen
Knaulgras
Timothygras
Goldhafer
Kammgras
Wiesenrispengras
Gemeines Rispengras
20. Juni. Großblättrige Sommerlinde
Dinkel
Lilie
Französ. Raygras
25. Juni. Winterweizen
30. Juni. Holunder
Klee
1. Juli. Liguster
5. Juli. Hafer
15. Juli. Kleinblättrige Winterlinde
10. September. Herbstzeitlosen

Es schlagen aus:

20. April. Stachelbeeren
25. April. Eschen
Johannisbeeren
1. Mai. Roßkastanien
10. Mai. Birken
Vogelbeeren

15. Mai. Buchen
20. Mai. Eichen

Vollständig belaubt:

30. April. Eschen
10. Mai. Birken
15. Mai. Buchen
20. Mai. Vogelbeeren
25. Mai. Eichen

Beginn der Ernte:

25. Juni. Heuernte
1. August. Kirschen (mittlere Sorten)
10. August. Sommergerste
Weichselkirschen
15. August. Johannisbeeren
Winterroggen
20. August. Dinkel
Frühäpfel (Jakobi)
25. August. Charlamowsky-Apfel
Winterweizen
1. September. Öhmdernte
5. September. Hafer
1. Oktober. Palmisch-Birnen
5. Oktober. Welsche Bratbirnen
Goldparmänen
10. Oktober. Spätäpfel (Luiken)
Wintergoldparmäne
15. Oktober. Spätblühender Taffetapfel

Fruchtreife:

30. September. Vogelbeeren
15. Oktober. Roßkastanien
Liguster
Holunder
20. Oktober. Schneebeere

Allgemeine Laubverfärbung:

15. Oktober. Roßkastanien
Buchen
20. Oktober. Eichen
Birken
15. Oktober. Esche, Laubfall
Birnbaum, Holzreife
20. Oktober. Apfelbaum, Holzreife

Mengen (560 m ü. M.)

(Beob. Holl, Oberlehrer)

Erste Blüte:

18. März. Palmkätzchen
 5. Welsche Bratbirnen
 8. Mai. Schlehen
 Süßkirschen
 Roßkastanien
10. Mai. Goldparmänen
 Weißdorn
12. Mai. Goldregen
13. Mai. Palmisch-Birnen
20. Mai. Maiglöckchen (wilde)
 Schneebeeren
23. Mai. Syringe
18. Juni. Winterroggen
20. Juni. Holunder
25. Juni. Winterweizen
 8. Juli. Großblättrige Sommerlinde
10. Juli. Liguster
 Dinkel
28. August. Heidekraut

Es schlagen aus:

17. April. Roßkastanien
18. April. Johannisbeeren
24. April. Birken
26. April. Buchen
16. Mai. Eichen

Vollständig belaubt:

 4. Mai. Buchen
12. Mai. Eichen

Beginn der Ernte:

20. Juli. Kirschen (mittlere Sorten)
30. Juli. Johannisbeeren
 3. August. Winterroggen
 4. August. Frühäpfel (Jakobi)
12. August. Dinkel
13. August. Winterweizen

Fruchtreife:

1. September. Holunder

Saulgau (590 m ü. M.)

(Beob. Kaiser)

Erste Blüte:

24. März. Schneeglöckchen
10. April. Palmkätzchen
21. April. Dirlitzen, Kornelkirschen
26. April. Narzissen
 3. Mai. Süßkirschen (mittlere Sorte)
 6. Mai. Johannisbeeren
 7. Mai. Aprikosen
 8. Mai. Schlehen
 Stachelbeeren
10. Mai. Weichselkirschen
11. Mai. Birken
12. Mai. Traubenkirschen
 Frühäpfel (Jakobi)
13. Mai. Palmisch-Birnen
 Heidelbeeren
15. Mai. Welsche Bratbirnen
 Charlamowsky-Apfel
17. Mai. Goldparmänen
18. Mai. Roßkastanien
 Maiglöckchen
19. Mai. Syringe
20. Mai. Weißdorn
 Vogelbeere
22. Mai. Goldregen
31. Mai. Waldhimbeeren
 6. Juni. Walnüsse
 Wiesenfuchsschwanz
 Klee
11. Juni. Timothygras
14. Juni. Französisches Raygras
 Wiesenrispengras
15. Juni. Wiesenschwingel
 Schneebeeren
16. Juni. Gemeines Rispengras
18. Juni. Goldhafer
 Knaulgras
 Holunder
20. Juni. Winterroggen
24. Juni. Kammgras
30. Juni. Dinkel

3. Juli. Liguster
5. Juli. Großblättrige Sommerlinde
6. Juli. Winterweizen
8. Juli. Sommergerste
12. Juli. Hafer
13. Juli. Lilie
Kleinblättrige Winterlinde
26. August. Heidekraut
10. September. Herbstzeitlose

Es schlagen aus:

22. April. Stachelbeeren
28. April. Vogelbeeren
29. April. Birken
Johannisbeere
2. Mai. Roßkastanien
5. Mai. Buchen
8. Mai. Eschen
12. Mai. Eichen

Vollständig belaubt:

5. Mai. Birken
6. Mai. Vogelbeeren
16. Mai. Buchen
19. Mai. Eichen
20. Mai. Eschen

Beginn der Ernte:

20. Juli. Johannisbeeren
4. August. Kirschen (mittlere Sorten)
Heidelbeeren
8. August. Winterroggen
10. August. Frühäpfel (Jakobi)
Weichselkirschen
11. August. Aprikosen
14. August. Sommergerste
16. August. Dinkel
18. August. Charlamowsky-Apfel
20. August. Winterweizen
24. August. Hafer
4. September. Öhmdernte
30. September. Palmisch-Birnen
15. Oktober. Goldparmänen
Welsche Bratbirnen

Fruchtreife:

26. August. Schneebeeren
28. August. Dirlitzen, Kornelkirschen
26. September. Roßkastanien
4. Oktober. Holunder
20. Oktober. Liguster
28. Oktober. Vogelbeeren

Allgemeine Laubverfärbung:

15. Oktober. Eichen
18. Oktober. Birken
20. Oktober. Roßkastanien
25. Oktober. Buchen
12. November. Esche, Laubfall

Ochsenhausen, O. A. Biberach
(614 m ü. M.)

Erste Blüte:

22. März. Schneeglöckchen
4. April. Palmkätzchen
23. April. Stachelbeeren
24. April. Narzissen
30. April. Johannisbeeren
2. Mai. Frühäpfel (Jakobi)
Birken
5. Mai. Schlehen
Süßkirschen (mittlere Sorten)
Weichselkirschen
10. Mai. Charlamowsky-Apfel
11. Mai. Palmisch-Birnen
12. Mai. Welsche Bratbirnen
13. Mai. Waldhimbeeren
15. Mai. Wilde Maiglöckchen
17. Mai. Traubenkirschen
18. Mai. Vogelbeeren
Roßkastanien
19. Mai. Weißdorn
20. Mai. Wintergoldparmänen
Heidelbeeren
22. Mai. Spätblühender Taffetapfel
23. Mai. Goldparmänen
24. Mai. Syringe
Lilie

25. Mai. Goldregen
28. Mai. Spätäpfel (Luiken)
5. Juni. Wiesenfuchsschwanz
6. Juni. Goldhafer
Wiesengräser
8. Juni. Gemeines Rispengras
Winterroggen
9. Juni. Knaulgras
11. Juni. Wiesenschwingel
12. Juni. Französ. Raygras
Wiesenrispengras
Holunder
14. Juni. Timothygras
25. Juni. Schneebeeren
26. Juni. Winterweizen
2. Juli. Dinkel
10. Juli. Großblättrige Sommerlinde
Klee
Sommergerste
16. Juli. Hafer
18. Juli. Kleinblättrige Winterlinde
20. Juli. Liguster
28. September. Heidekraut
Herbstzeitlose

Es schlagen aus:
10. April. Vogelbeere
13. April. Stachelbeeren
20. April. Birken
21. April. Johannisbeeren
22. April. Roßkastanien
27. April. Eichen
30. April. Buchen
6. Mai. Eschen

Vollständig belaubt:
1. Mai. Birken
12. Mai. Buchen
13. Mai. Vogelbeere
20. Mai. Eichen
22. Mai. Eschen

Beginn der Ernte:
12. Juni. Heuernte
3. Juli. Heidelbeeren

22. Juli. Johannisbeeren
4. August. Winterroggen
5. August. Frühäpfel (Jakobi)
6. August. Dinkel
8. August. Winterweizen
16. August. Sommergerste
20. August. Ohmdernte
22. August. Hafer
10. September. Charlamowsky-Äpfel
4. Oktober. Walnüsse
5. Oktober. Palmisch-Birnen
6. Oktober. Goldparmänen
10. Oktober. Spätäpfel (Luiken)
Spätblühender Taffetapfel
12. Oktober. Welsche Bratbirnen

Fruchtreife:
1. Oktober. Holunder
2. Oktober. Roßkastanien
12. Oktober. Vogelbeeren
18. Oktober. Schneebeeren
24. Oktober. Liguster

Allgemeine Laubverfärbung:
16. Oktober. Buchen
17. Oktober. Roßkastanien
18. Oktober. Birken
21. Oktober. Eichen
26. Oktober. Esche, Laubfall
29. Oktober. Birnbaum, Holzreife
31. Oktober. Apfelbaum, Holzreife

Ravensburg (450 m ü. M.)
(Beob. Prof. Dr. Bentch)

Erste Blüte:
12. März. Schneeglöckchen
26. März. Dirlitzen, Kornelkirschen
23. April. Stachelbeeren
Aprikosen
26. April. Johannisbeeren
29. April. Schlehen
Süßkirschen (mittlere Sorten)
3. Mai. Traubenkirschen
4. Mai. Palmisch-Birnen

6. Mai. Frühäpfel (Jakobi)

9. Mai. Goldparmänen

12. Mai. Späte Apfel (Luiken)
Spätblühender Taffetapfel

14. Mai. Syringe
Roßkastanien

15. Mai. Weißdorn

17. Mai. Quitte

22. Mai. Goldregen

30. Mai. Wiesenschwingel

31. Mai. Knaulgras
Französ. Rahgras

1. Juni. Kammgras
Wiesenrispengras

3. Juni. Goldhafer
Gemeines Rispengras

6. Juni. Schneebeeren
Winterroggen

8. Juni. Holunder

20. Juni. Großblättrige Sommerlinde
Dinkel

22. Juni. Liguster

23. Juni. Winterweizen

1. Juli. Kleinblättrige Winterlinde

Es schlagen aus:

13. April. Stachelbeeren

19. April. Johannisbeeren

24. April. Roßkastanien

26. April. Buchen

Vollständig belaubt:

30. April. Buchen

15. Mai. Eichen

Beginn der Ernte:

5. Juli. Kirschen (mittlere Sorten)

12. Juli. Johannisbeeren

23. Juli. Winterroggen

30. Juli. Dinkel

3. August. Frühäpfel (Jakobi)

5. August. Winterweizen

7. Oktober. Spätblühender Taffetapfel

Fruchtreife:

15. September. Liguster

Allgemeine Laubverfärbung:

13. Oktober. Roßkastanien

17. Oktober. Buchen

Schammach, O. A. Biberach
(640 m ü. M.)
(Beob. Römer, F., Förster)

Erste Blüte:

23. März. Schneeglöckchen

14. April. Palmkätzchen

17. April. Narzissen

27. April. Birken

28. April. Stachelbeeren

5. Mai. Heidelbeeren (Hochwald)

6. Mai. Johannisbeeren

7. Mai. Schlehen
Süßkirschen (mittlere Sorten)

13. Mai. Traubenkirschen

14. Mai. Palmisch-Birnen

15. Mai. Weichselkirschen

17. Mai. Maiglöckchen
Wiesenfuchsschwanz
Frühäpfel (Jakobi)

18. Mai. Roßkastanien

19. Mai. Syringe
Vogelbeeren
Walnüsse

24. Mai. Weißdorn

1. Juni. Waldhimbeeren

4. Juni. Winterroggen

7. Juni. Knaulgras

15. Juni. Klee

16. Juni. Timothygras
Holunder

23. Juni. Roter Hartriegel

26. Juni. Dinkel
Winterweizen

29. Juni. Liguster

1. Juli. Großblättrige Sommerlinde

10. Juli. Lilie

12. Juli. Hafer
30. Juli. Sommergerste
20. August. Heidekraut
 8. September. Herbstzeitlose

Es schlagen aus:

14. April. Stachelbeeren
17. April. Johannisbeeren
27. April. Birken
28. April. Vogelbeeren
      Roßkastanien
 2. Mai. Buchen
14. Mai. Eichen
18. Mai. Eschen

Vollständig belaubt:

 6. Mai. Vogelbeeren
 8. Mai. Birken
 9. Mai. Buchen
18. Mai. Eschen
23. Mai. Eichen

Beginn der Ernte:

16. Juni. Heuernte
 7. Juli. Heidelbeeren
13. Juli. Johannisbeeren
31. Juli. Weichselkirschen
 4. August. Winterroggen
 7. August. Sommergerste
11. August. Dinkel
13. August. Winterweizen
18. August. Hafer
22. August. Frühäpfel (Jakobi)
15. September. Öhmdernte
15. Oktober. Walnüsse

Fruchtreife:

22. August. Vogelbeeren
 9. September. Holunder
 1. Oktober. Liguster
 7. Oktober. Roßkastanien

Allgemeine Laubverfärbung:

 8. Oktober. Buchen
15. Oktober. Birken

16. Oktober. Eichen
26. Oktober. Roßkastanien
19. Oktober. Esche, Laubfall
15. Februar. Lerchen
16. Februar. Rotkehlchen
 3. März. Erste Stare
17. März. Erste Ringeltauben
18. März. Erster Taubenruf
      Graue Stelze
20. März. Erste Hausrötel
22. März. Gr. Brachvögel
      Möven
26. März. Waldschnepfen
28. März. Braunellen
      Laubvögel
14. April. Erste Schwalben
20. April. Wiesenschwätzer
21. April. Ohrensteinschnepfer
23. April. Gartenrötel
24. April. Trauerfliegenschnepper
 4. Mai. Braunrückiger Würger
 6. Mai. Pirol
      Grauer Fliegenschnepper
 9. Mai. Wespenbussarde
12. Mai. Erster Kuckucksruf
14. Mai. Erster Wachtelruf
 3. September. Schwalben beginnen zu ziehen
21. September. Schwalben sind abgezogen
 1. Oktober. Erste Waldschnepfen
 8. Oktober. Wildtauben ziehen
11. Oktober. Lerchen ziehen
14. Oktober. Buchfinken ziehen
23. Oktober. Tauben ziehen
20. Oktober. Erste Saatkrähen

Wangen i. A. (557 m ü. M.)

(Beob. Bolter)

Erste Blüte:

10. März. Veronica
14. März. Palmkätzchen

18. April. Aprikofen
19. April. Tussilago farfara
20. April. Schneeglöckchen
    Krokus
    Bellis per.
21. April. Pfirsiche
23. April. Primula ver.
24. April. Leontodon
25. April. Johannisbeeren
29. April. Pastorbirnen
30. April. Spalierbirnen
 2. Mai. Stachelbeeren
 6. Mai. Süßkirschen (mittlere Sorten)
 9. Mai. Traubenkirschen
10. Mai. Schlehen
15. Mai. Frühäpfel (Jakobi)
16. Mai. Charlamowsky-Apfel
17. Mai. Heidelbeeren
20. Mai. Syringe
21. Mai. Goldparmänen
22. Mai. Roßkastanien
    Maiglöckchen
24. Mai. Wintergoldparmänen
25. Mai. Weißdorn
    Waldhimbeeren
26. Mai. Quitte
27. Mai. Goldregen
30. Juni. Winterroggen
12. Juli. Dinkel
14. Juli. Winterweizen
18. Juli. Holunder
21. Juli. Reben
24. Juli. Sommergerste
26. Juli. Lilie
30. Juli. Großblättrige Sommerlinde
    Liguster
31. Juli. Kleinblättrige Winterlinde
 1. August. Hafer
18. September. Herbstzeitlosen
18. Oktober. Heidekraut

Es schlagen aus:

20. April. Stachelbeeren
22. April. Johannisbeeren
27. April. Roßkastanien
 2. Mai. Birken
 6. Mai. Buchen
12. Mai. Eichen
18. Mai. Eschen

Vollständig belaubt:

30. April. Kastanien
20. Mai. Eichen
21. Mai. Buchen

Beginn der Ernte:

 8. August. Johannisbeeren
14. August. Winterroggen
18. August. Dinkel
20. August. Winterweizen
21. August. Kirschen (mittlere Sorten)
24. August. Aprikofen
30. August. Heidelbeeren
31. August. Palmisch-Birnen
 4. September. Sommergerste
 5. September. Hafer
 6. September. Welsche Bratbirnen
 8. September. Frühäpfel (Jakobi)
21. September. Charlamowsky-Apfel
 5. Oktober. Goldparmänen

Fruchtreife:

20. September. Liguster
    Dirlitzen, Kornelkirschen
23. September. Holunder
    Roßkastanien

Allgemeine Laubverfärbung:

 9. November. Eichen
10. November. Birken
14. November. Roßkastanien
18. November. Eschen, Laubfall

B.

Die Klima- und Vegetations-Bezirke Deutschlands.

(Zu den beigefügten Karten II u. III.)

Von Prof. Dr. E. Werth.

Norddeutsches Tiefland.

I. Nordatlantischer Bezirk.

Umfaßt Nordsee-Küsten- und -Hinterland und westliches Ostseegebiet. Mittlere Jahrestemperatur 7 bis 9°. Wintermild und sommerkühl. Mittleres Jahresminimum —10 bis —16°; mittlere Januartemperatur —1° und wärmer; mittlere Julitemperatur etwa 16,0 bis 17,5°. Mittlere jährliche Niederschlagshöhe fast überall mehr als 60 cm und bis über 80 cm stellenweise.

Im Osten begrenzt durch eine Linie, die ungefähr den Harz mit der Peenemündung verbindet, genauer durch die Ostgrenze des Areals von Ilex aquifolium (Stechpalme, Hülse) = etwa Januar-Isotherme von —1° = etwa 60 cm (jährl.) Regenlinie, deren Aus- und Einbuchtungen die Ilexgrenze mitmacht. Im Süden begrenzt durch den Gebirgsrand (= 8° [am Niederrhein 9°] mittlerer Jahrestemperatur). Im Südwesten bildet im Rheintal die Grenze die mittlere Julitemperatur von 18°.

Hauptareal der sog. Atlantischen Pflanzen: Ilex aquifolium, Erica tetralix, Myrica gale, Gentiana (Cicendia) filiformis, Helosciadium inundatum, Myriophyllum alterniflorum usw. sowie vieler borealer Typen (Cornus suecica, Sparganium affine usw.). Gebiet der norddeutschen Heiden (Waldbedeckung größtenteils unter 15 v. H. der Bodenfläche). Hauptgebiet des Buchweizenbaues. Teilweise sehr intensiver Haferbau (30 bis 50 v. H. der Getreidefläche); Hauptanbaugebiet der Wintergerste. Spörgel (als Nachfrucht).

Gliederung in zwei Unterbezirke: 1. Nordwestdeutsches Heidegebiet (= Nordseebezirk) und 2. Schleswig-Holstein-Mecklenburg-Vorpommersche Buchenzone (= Ostseebezirk).

Beide Unterbezirke sind wieder zu gliedern:

Ia. Ostfriesischer Kreis. Mäßig warmes Frühjahr — Apfelblütenbeginn vor Mitte Mai.

Ib. Nordfriesischer Kreis. Kalter Frühling — Apfelblütenbeginn Mitte bis Ende Mai.

Ia und Ib erhalten ein besonderes landwirtschaftliches Gepräge durch den Gegensatz zwischen Marsch und Geest; floristisch charakterisiert durch die Pflanzenwelt der Dünen und Watten. Baumfeindliche Seewinde, besonders wirksam an der senkrecht zur herrschenden Windrichtung streichenden nordfriesischen Küste; Wald unter 5 v. H. der Bodenfläche; unmittelbar an der Küste baumfreie Zone, landeinwärts davon (zumal in Ib) buschförmige Eichenbestände (»Kratts«).

Ic. Südlich Ia dehnt sich zwischen Ems und Weser und weiterhin bis zur Elbe und ein wenig darüber hinaus eine etwas trockenere Zone (meist weniger als 70 cm mittlere jährliche Regenhöhe) aus, der Hannoversche Heidekreis. Mäßig warmer Frühling — Apfelblüte im Mai.

Id, südlich von Ic, der Münsterländische Kreis, der, von Gebirgen umrahmt, wieder größere Regenmengen (zumeist über 70 bis über 80 cm im Jahresdurchschnitt) aufweist. Bei günstigerem Boden (Pläner) tritt die Heide zurück. Hauptgebiet der Eiche in Deutschland (Schweinemast), Weizen- und Roggenbau (Pumpernickel). Warmer Frühling: 8 bis 9° mittlere Apriltemperatur — mittlerer Beginn der Apfelblüte vielfach noch im April. Grenzt im Südwesten mit der Grenze des Moränenbodens (= Niederrhein) gegen Ie ab.

Ie. Kölner-Bucht-Kreis. Wärmster Winter in Deutschland: mittlere Januartemperatur + 1 bis 2°. Eichenwälder; Zuckerrübenbau (Lößboden).

Die Buchenzone (westliche Ostseeküste) gliedert sich in den

If nördlicheren, feuchteren und winterwärmeren (mittlere Januartemperatur + 1,0° bis — 0,5°) Schleswig-Holsteinschen Ostseekreis (vom Kleinen Belt bis westlich der Lübecker Bucht) und den

Ig trockneren (meist unter 60 cm mittl. jährl. Regenmenge), winterkälteren (Januartemperatur zwischen — 0,5 bis — 1,0°) Mecklenburg-Vorpommerschen Ostseekreis von der Umrahmung der Lübecker Bucht bis einschließlich Rügen.

II. Baltischer Bezirk.

Trennt das unmittelbare Ostseeküstenland und den landeinwärts anschließenden Pommerschen und Preußischen Landrücken vom übrigen Teile des ostdeutschen Tieflandes als wesentlich regenreicheres Gebiet ab. Die größten Teile dieses Bezirkes genießen eine jährliche Regenmenge über 60 cm, viele über 70 cm. Auch die Verteilung der Regen im Laufe des Jahres ist gleichmäßiger als weiter südlich; am trockensten sind der Winter und der Vorfrühling. Im größten Teil des Bezirkes bleibt die mittlere Jahrestemperatur unter 7° = Januarmittel zwischen — 1 und — 5°. Julimittel zwischen 16,5 und 18°. Spätes Frühjahr: Apfelblütenbeginn durchschnittlich kaum vor Mitte Mai. Später Hochsommer (Roggenerntebeginn vielfach erst im August).

Teilt mit I das Vorkommen borealer Florenelemente: Lobelia dortmanna, Sparganium affine; Rubus chamaemorus ist im Tieflande fast und Montia lamprosperma ganz auf diesen Bezirk begrenzt; die Südgrenze des Areals der borealen Krähenbeere (Empetrum nigrum) fällt östlich von Rügen im wesentlichen mit der südlichen Begrenzung unseres Bezirkes überein. Weniger reich an »pontischen« Pflanzentypen als Bezirk III. Als Südgrenze kann die nördliche Begrenzung des Areals der pontischen Scorzonera purpurea oder die Südostgrenze des atlantischen Myriophyllum alterniflorum gelten. Fünfjährige (im übrigen Deutschland vierjährige) Entwicklungsperiode des Waldmaikäfers. Nordostdeutsche Haferzone (20 bis 50 v. H. der Getreidefläche).

Zeichnet sich der folgende (subsarmatische) Bezirk durch empfindliche Blachfröste aus, so ist der baltische Bezirk im Gegenteil der schneereichste des deutschen Tieflandes:

in Pommerellen und Ostpreußen mehr als 50, im östlichen Ostpreußen mehr als 60 Schneetage mit mindestens 0,1 mm Schmelzwasser.

Durch Abtrennung des — durch Auftreten nordwestdeutscher Pflanzentypen (Erica tetralix, Myrica gale) ausgezeichneten — unmittelbaren Küstenstriches gliedert sich der Baltische Bezirk in:

IIa, einen milderen Baltischen Küstenkreis (mittleres Jahresminimum — 16°, ganz im Nordosten tiefer, auf Usedom und Hela jedoch nur — 14°; mittlere Januartemperatur zwischen — 1 und — 3°) und den kontinentaleren Höhenrücken, welcher wieder in den

IIb wärmeren Kreis des Pommerschen Seenrückens (mittlere Januartemperatur fast überall wärmer als — 3°) und den kälteren

IIc Kreis des Preußischen Seenrückens (mittlere Januartemperatur zwischen — 3 und — 5°; mittleres Jahresminimum bis — 24° herabgehend) zerfällt. IIc ist noch besonders ausgezeichnet durch das Auftreten der Fichte als Waldbaum (sonst in Deutschland nur im Gebirge).

III. Subsarmatischer Bezirk.

Bildet das große östliche Trockengebiet Deutschlands. Steht klimatisch im Gegensatz zu I. Durchschnittliche jährliche Regenhöhe fast überall unter 60 cm und bis auf 40 cm herabgehend. Ganz vorwiegend Sommerregen (Juli). Relative Feuchtigkeit im Jahresmittel unter 80 v. H. Mittlere Jahrestemperatur etwa 7,5 bis 9°. Winterkalt und sommerheiß. Mittleres Jahresminimum — 15 bis — 19°. Mittlere Jahrestemperatur — 0,5 bis — 2,5° oder etwas kälter; mittlere Julitemperatur 17,5 bis 18,5° (nur stellenweis etwas höher). Apfelblütenbeginn im Durchschnitt der Jahre fast überall vor Mitte Mai.

Grenzen: Im Nordwesten Ilexlinie (siehe oben unter I). Nach Norden und Nordwesten wird die Bezirksgrenze durch die nordwestliche Arealgrenze der pontischen Scorzonera purpurea oder die Südostgrenze des atlantischen Myriophyllum alterniflorum ziemlich gut markiert. Die Südgrenze des Subsarmatischen Bezirkes wird durch den Rand der mitteldeutschen Gebirgsschwelle gebildet = etwa 200 m-Linie ü. M. — Nur am Harz und in der Thüringisch-Sächsischen Bucht ist des dortigen ausgesprochenen und einheitlichen Klimas wegen von dieser Linie abgewichen worden; hier folgt die Grenze ungefähr der Südgrenze des nordischen Moränenbodens, welche im Westen die 60 cm-Regenlinie (vgl. Nordwestgrenze) fortsetzt, im östlichen Teil der Bucht aber ungefähr mit der 70 cm-Regenlinie übereinstimmt.

Hauptverbreitungsgebiet der »pontischen« Pflanzen in Deutschland, wie Dianthus arenarius, Silene chlorantha, Pulsatilla patens und pratensis, Thesium intermedium, Salvia pratensis, Scorzonera purpurea, Stipa pennata und capillata, Dactylis aschersoniana usw. Hauptgebiet der Kiefer in Deutschland (und zwar zumeist in reinen Beständen — meist über 60 v. H. der Gesamtforstfläche). Hauptbezirk des Hamsters.

Überwiegender Brotgetreidebau (= Hafer unter 20 v. H. der Gesamtgetreidefläche) im größten Teil des Gebietes.

Der Subsarmatische Bezirk gliedert sich von Nord nach Süd in drei Unterbezirke bzw. Kreise.

IIIa. Subbaltischer Kreis. Wird im Norden von II begrenzt = Linie, welche die Orte mit durchschnittlichem Beginn des Winterroggenschnittes am 23. bis 24. Juli verbindet. Im Süden schneidet IIIa ab mit einer Linie, welche ungefähr das Weichsel-knie bei Bromberg über das Oberknie bei Oderberg mit dem Elbeknie bei Havelberg verbindet = Nordgrenze des Roggenfrühdruschgebietes (Anfang der Winterroggen-ernte bis Mitte Juli) = Nordgrenze des Mais als Körnerfrucht = 8° mittlere Jahres-temperatur. Mittlere Julitemperatur zumeist unter 18°.

IIIb. Ostdeutscher Zentralkreis. Bildet den wesentlichsten Teil des großen ostdeutschen Frühdruschbezirkes (Winterroggenernte im Durchschnitt der Jahre bis Mitte Juli beginnend). Durch größere Lufttrockenheit im Frühsommer (zwischen Blüte und Ernte des Roggens) von IIIa unterschieden. (Mittlere relative Luftfeuchtigkeit im Juni und Juli 70 v. H. und weniger.) Maisanbau in Norddeutschland wesentlich auf dieses Gebiet beschränkt. (Nördlichstes isoliertes Weinbaugebiet Deutschlands bei Grünberg in Nordschlesien).

Der dritte südliche Streifen des Subsarmatischen Bezirkes erfährt wiederum eine Dreiteilung:

IIIc. Kreis der Thüringisch-Sächsischen Bucht,

IIId. Lausitzer Kreis und

IIIe. Kreis der Mittelschlesischen Ackerebene.

Der Kreis der Thüringisch-Sächsischen Bucht wie derjenige der Mittel-schlesischen Ackerebene werden im Norden durch die Nordgrenze des Löß bzw. durch diejenige der aus dem Löß durch die klimatischen Verhältnisse dieser Zone ent-standenen Schwarzerde begrenzt. Sie bilden die zwei Hauptzuckerrübengebiete Deutsch-lands (Magdeburger Börde und Halle-Leipziger Ebene, »Mittelschlesische Ackerebene«). Waldarm. Mittlere Julitemperatur zumeist 18° und mehr. Dabei ist die Thüringisch-Sächsische Bucht auch relativ winterwarm (— 0,5 bis — 1° Januarmittel); Blumen-zucht (Erfurt, Quedlinburg); Weinbau (Saale, Elbe).

Der Lausitzer Kreis trennt IIIc und IIIe voneinander und springt erheblich in IIIb vor. Löß und Schwarzerde dringen im Lausitzer Kreise nicht wesentlich in das Tiefland vor. Durch größere Regenmengen — Grenze des Kreises etwa die 60 cm-Regenlinie — vereint mit dem hohen Grundwasserspiegel in dem breiten, von Spree, Neiße, Bober-Queis quer durchschnittenen Urstromtal von IIIc und IIIe unterschieden. Januartemperaturen fast nirgends tiefer als — 1,5°. Südöstliche Vorposten oder inselartige Vorkommen nordwestlicher Pflanzentypen: Erica tetralix, Myrica gale, Scirpus multicaulis, Gentiana filiformis, Scutellaria minor, Helosciadium inundatum, Tripentas helodes. Im Gegensatz zu IIIc und IIIe ist der Lausitzer Kreis waldreich (vielfach gegen 50 v. H. der Bodenfläche).

Mittel- und süddeutsches Gebirgsland mit seinen Höhenzonen.

In Norddeutschland etwa von 200 m aufwärts, im Oberrheintal über 250 m, auf der Nordseite der Donau zwischen 300 und 600 m beginnend, am Alpenfuß von 700 m an aufwärts, zerfällt das Gebirgsland naturgemäß in drei Höhenbezirke oder Zonen:

IV. Bezirk des Berg- und Hügellandes = Laubwaldregion.

V. Subalpiner Bergwaldbezirk (im Sinne von Drude) = Nadelwald- (Fichten-) Region.

VI. Alpiner Bezirk = waldfreie Region.

IV. Die **Laubwaldregion** des mittel- und süddeutschen Gebirgslandes — mittlere Jahrestemperatur zwischen 8° (am Rhein 9°) und 6°; abgesehen von den Kreisen IVf und IVo (Beckenlandschaften) allgemein durch größere Regenhöhen gegenüber den angrenzenden Ebenen oder Tieflandgebieten ausgezeichnet; inselartiges Auftreten borealer Florenelemente: Empetrum, Betula nana, Linnaea borealis, Polygonum viviparum — gliedert sich wie folgt:

Das Gebiet des Rheinischen Schiefergebirges, das größte deutsche Laubholzniederwaldgebiet, zerfällt zunächst geographisch in:

IVa. Eifelkreis. Waldbedeckung zurücktretend.

IVb. Hunsrückkreis. Waldreich.

IVc. Sauerland-Westerwald-Kreis. Regenreicher als die vorigen. Mittlere jährliche Zahl der trüben Tage bis über 200, eine Zahl, die sonst nur noch in der Region V des Harzes erreicht wird. Sehr waldreich.

IVd. Taunuskreis. Waldreich, Hafer- und Gerstenbau.

Im Nordosten liegt

IVe. Subhercynisch-Nordwestfälischer (Weser-) Berg- und Hügelland-Kreis, überragt von dem Bezirk V des Harzes, stellt den nördlichsten Teil des mitteldeutschen Berglandes dar. Südost-nordwestlich streichende Höhen der Trias-, Jura- und Kreideformation. Auf den Höhen Buchenwald, in den Tälern fruchtbarer Ackerboden; auf der Nordabdachung (Lößgebiet) Zuckerrüben- und Weizenbau.

An IVc schließt sich im Osten:

IVf. Kreis des Eder-Fulda-Beckens. Ausgesprochenes Trockengebiet (Beckenlandschaft) mit unter 60 cm herabgehender jährlicher Regenhöhe; tertiäres Hügelland. Ackerbau (Hauptgetreide Hafer) überwiegt.

IVg. Hessischer Bergland-Kreis = mittel- und norddeutsches Triasgebiet. Auf den Höhen ausgedehnte Wälder; das eigentliche Buchenwaldgebiet des Berg- und Hügellandes Deutschlands. In den Tälern reich entwickelter Ackerbau (Hauptgetreide Hafer). Überragt von Bezirk V der Rhön.

IVh. Thüringisch-Sächsischer Berglandkreis (Abdachung des Thüringer Waldes und Erzgebirges). Intensiver Haferbau (namentlich im erzgebirgischen Anteil). Wiesen und Waldwirtschaft.

IVi. Subsudetisch-Oberschlesischer Berglandkreis (Abdachung der Sudeten und Beskiden). Links der Oder waldarm, in Oberschlesien waldreich; Hauptgetreidearten Hafer und Gerste. Im lößbedeckten Oberschlesischen Hügelland links der Oder Zuckerrübenbau (= Oberschlesische Ackerebene »Partsch«).

IV k. **Spessart-Odenwaldkreis;** in zwei durch den Main getrennte Teile zerfallend. Sehr waldreich (Laub- und Nadelwald); Weizen, Gerste.

IV l. **Kreis des Lothringischen Stufenlandes und der Untervogesen.** Überragt von Bezirk V der Vogesen. Weizenbau, Hopfen; Mittelwaldgebiet mit vorherrschenden Laubhölzern (Buchen). Eins der Hauptgebiete der Edeltanne in Deutschland.

IV m. **Neckarbergland-Unterschwarzwald-Kreis.** Überragt von Bezirk V des Schwarzwaldes. Waldreich. Edeltanne.

IV n. **Schwäbisch-Fränkischer Stufenland-Kreis** (Keuperbergland). Boden und Klima begünstigen den Obstbau. In den höheren Teilen vorwiegend Haferbau. Mäßig bewaldet.

IV o. **Obermain-Regnitz-Becken-Kreis** (Fränkisches Becken). Trockengebiet. Vielfach unter 60 bis unter 50 cm Regenhöhe. Durchschnittlich warm und vielfach sehr mild, aber Spätfrostgefahr. Weizen; größtes Hopfenbaugebiet Deutschlands. Frühdruschbezirk. Im Regnitzgebiet auf den aus dem Keupersandstein umgebildeten Dünen und Sandflächen Kieferwaldungen.

IV p. **Jurakreis.** Der fränkische und der östlichste (niedrigere) Teil des Schwäbischen Jura; im Südwesten an Bezirk V der Rauhen Alb anschließend. Mit letzterem zusammen die oberdeutsche Hochebene nach Norden abschließend. Relativ regenarm (zwischen 60 und 70 cm). Hafer und Gerste, je nach der Gebirgslage. Im schwäbischen Anteil Laub-, sonst vorwiegend Nadelwald.

IV q. **Vorlandkreis des Bayerisch-Böhmischen Gebirges** (Oberpfälzische Platte). Meist unfruchtbar, steinig und rauh. Mittlere Januartemperatur meist unter —3°. Nadelwald (Fichte); Haferbau.

V. Die **Nadelwaldregion** des Mittel- und Süddeutschen Gebirgslandes. Mittlere Jahrestemperatur 6° und weniger; sehr regenreich. Die Region ist schwierig gegen IV abzugrenzen. Vom Harz bis zu den Sudeten fällt die Grenze etwa mit der 600 bis 700 m-Linie zusammen. Im Westen, beiderseits des Rheines, liegt sie höher, ebenso im Süden. Sie dürfte im allgemeinen nicht weit unterhalb der Getreidegrenze bleiben. Jedenfalls spielt in Bezirk V Ackerbau keine wesentliche Rolle mehr. An seine Stelle tritt mehr und mehr die Viehzucht mit Weidewirtschaft. Ganz erheblich ist die Bedeutung des Bezirkes für die Forstwirtschaft, ihm sind die größten geschlossenen Waldgebiete Deutschlands eigen. Der Wald — in der Mitte des Böhmer Waldes stellenweise noch als völliger Urwald erscheinend — nimmt hier in weiter Ausdehnung über 45 v. H. der Bodenfläche ein. Nur auf der Rhön sowie auf der Rauhen Alb tritt er zurück und macht der Wiesen- und Weidewirtschaft wie einem bescheidenen Ackerbau (Hafer) Platz. Vogesen und Schwarzwald bilden mit den anschließenden Bergländern das Hauptareal der Edeltanne in Deutschland, die hier über 3 v. H. der Gesamtbodenfläche einnimmt. Die Nadelwaldregion der Bayrischen Alpen erhält in ihrem östlichen Teil einen besonderen Charakter durch Lärche und Zirbelkiefer (Arve); erstere auch in den Sudeten. In den Algäuer Alpen (Flysch) ist die Region weidereich (Rinderzucht, Milchwirtschaft).

Eine Gliederung ergibt sich nach den einzelnen Gebirgen aus der Karte.

VI. **Alpiner Bezirk** = baumfreie Region; Region der Zwergsträucher (Alpenrosen), der Matten- oder Alpenweiden. Sehr kurze Vegetationsperiode. Jahresmittel der Temperatur meist unter 5°. Untere Grenze im Norden und Westen tiefer als im Süden und Osten: Harz 1 080 m, Sudeten 1 230 bis 1 320 m, Bayrischer Wald 1 400 m, Schwarzwald 1 400 m, Bayrische Alpen 1 900 bis 2 000 m. Die Waldgrenze liegt in den deutschen Mittelgebirgen bei einer ungefähren mittleren Julitemperatur von 11°. In der Massenerhebung der Alpen steigt der Wald aber erheblich über diese Temperaturgrenze hinaus. In den Sudeten und den Bayrischen Alpen Knieholz- (Bergkiefer-) Bestände. Alpine und arktisch-alpine Florenelemente (Pulsatilla alpina, Hieracium alpinum, Gentiana pannonica, Saxifraga stellaris, Campanula Scheuchzeri u. a.). Weidewirtschaft.

Bei dem inselartigen Auftreten des Bezirkes ergibt sich eine Gliederung desselben von selbst.

West- und süddeutsche Ebenen.

VII. Rheinischer Bezirk.

Klimatisch umgrenzt durch Linie der Orte mit 6 Monaten im Jahr 10° und darüber = französisches Klima (wärmstes Gebiet Deutschlands): warme Winter (mittleres Jahresminimum bis — 14,5°), warme Sommer. Mittlere Jahrestemperatur über 9°, mittlere Januartemperatur größtenteils über 0°. (Keine Frostperiode [d. h. Tagestemperatur 0° und darunter]). Mittlere Julitemperatur 18 bis über 19°. Zeitiges Frühjahr (Apfelblütenbeginn im letzten Aprildrittel), zeitiger Frühsommer (Roggenblüte im letzten Drittel des Mai), frühe Getreideernte (Winterroggen bis Mitte Juli oder wenig später). Löß, aber keine eigentliche Schwarzerdebildung. Französische bzw. südeuropäische Florenelemente: wilder Buchsbaum, Acer monspessulanum, Tamus communis, Carex gynobasis, Orchis simia, Ophrys anthropophora, Limodorum abortivum, Daphne laureola, Trifolium scabrum, Vicia narbonensis, Colutea arborescens, Gentiana (Chlora) perfoliata und serotina. Hauptweinbaugebiet Deutschlands, gleichzeitig das Hauptweizengebiet einschließend (40 bis 60 v. H. der Getreidefläche = mehr Weizen als Roggen). Starker Maisbau (vielfach bis 10 v. H. der Getreidefläche). Mediterrane Tierformen: Mantis, Xylocopa, Alytes, Lacerta viridis und muralis. Dreijährige (im übrigen Deutschland vierjährige) Entwicklungsperiode des gemeinen Maikäfers.

Gliederung:

VIIa. **Mittelrhein-Moselkreis.** Rheintal von Bonn bis Bingen und deutscher Anteil des Mosel- und Saartales. Hauptgebiet des wilden Buchs. Regenmenge bis unter 60 cm herabgehend.

VIIb. **Mainzer-Becken-Kreis.** Sehr trocken (typische Beckenlandschaft). Jährliche Regenmengen bis unter 50 cm herabgehend. Eines der ersten Obstbaugebiete Deutschlands (Rheingau, Wetterau, Bergstraße, Vorderpfalz).

VIIc. **Mainkreis.** Ebenfalls Beckenlandschaft, etwas regenreicher als VIIb, aber winterkälter (mittlere Januartemperatur bis nahe an — 1° herabgehend, weniger reich an mediterranen Florenelementen. Wein, Gerste, Weizen.

VIId. Neckarkreis. Beckencharakter mäßig. Niederschläge im Mittel nicht unter 60 cm herabgehend. Winter wärmer als VIIc. Wein, Weizen, Gerste, Hopfen.

VIIe. Oberrheinkreis. Wärmster Frühling in Deutschland. Wesentlich regen=reicher als VIIb. Buschwälder der wilden oder verwilderten Edelkastanie. Haupt=maisgebiet Deutschlands (bis 10 v. H. der Getreidefläche). Zusammen mit VIIb Haupttabakgebiet Deutschlands.

VIIf. Bodenseekreis. Ähnlich wie VIIc mit etwas kälterem Winter (mittlere Januartemperatur bis — 1,5° herabgehend), aber reicher an mediterranen Floren=elementen. Wein, Weizen.

VIII. Bezirk der Schwäbisch-Bayerischen Hochebene.

Wie Norddeutschland ein Gebiet diluvialer und tertiärer Aufschüttungen. Rings von Gebirgen umschlossen wird die Oberdeutsche Hochebene (wie sie im Hinblick auf den österreichischen Anteil richtiger benannt werden kann), doch durch die über=ragende Höhe der Alpen im Süden klimatisch seines Beckencharakters entkleidet und ist, wenigstens in seinem südlichen Anteil, sehr regenreich. Mittlere Jahrestemperatur 7 bis 8,5°. Januartemperatur — 2° bis — 4°; Julitemperatur 16 bis 18°. Infolge seiner Meereshöhe und seiner Lage vor den Alpen rauh und kalt.

Wiesenkulturen spielen in diesem von den wasserreichen Alpenflüssen durchzogenen, auch große Moorgebiete umfassenden Bezirk eine größere Rolle als in irgendeinem anderen Gebiet Deutschlands. Die Wiesen nehmen im größten Teil des Bezirks über 20 v. H. der Bodenfläche und 100 und mehr v. H. der Getreidefläche ein. Nadelholz=gebiet (vorwiegend Fichte).

Der Bezirk gliedert sich naturgemäß in zwei Kreise:

VIIIa. Der nördliche, trockenere und wärmere Donaukreis nimmt im wesent=lichen das teilweise von Löß bedeckte tertiäre Tafel= und Hügelland der Donau und ihrer südlichen Zuflüsse ein. Es hält sich im allgemeinen unter 500 m Meereshöhe und um=faßt auch die großen Moorgebiete (Wiesenmoore) an der Donau und ihren Zuflüssen. Hauptbrotgetreide westlich vom Lech (Schwaben) der Dinkel, östlich (Bajuvaren) der Roggen. Jährliche Regenmenge zumeist unter 70, nirgends über 80 cm. Winterkälter aber sommerwärmer als VIIIb: mittlere Januartemperatur größtenteils unter —3°, mittlere Julitemperatur zumeist über 17°. Gebiet der (pontischen) »Steppenheide«=Formation (»Garchinger Heide«, »Lechfeld« usw.). Im größeren östlichen Anteil Frühdruschbezirk.

VIIIb. Der Alpine Vorlandkreis reicht als Oberdeutsche Seenplatte von den Molassehöhen am Alpenfuß über die Moränen= und den größten Teil der Schotter=landschaft bis zur Südgrenze von VIIIa. Höhenlage im allgemeinen zwischen 500 und 700 m. Regen= und schneereicher als VIIIa: jährliche Regenhöhe meist über 80 bis über 100 cm; in weiten Gebieten über 50 Schneetage im Jahre mit mindestens 0,1 mm Schmelzwasser. Januarmittel fast überall wärmer als —3°, Julimittel etwa 15 bis 17°. Hochmoorbildung mit Legföhrenbeständen. Großer Reichtum an alpinen und subalpinen Florenbestandteilen. Hauptgetreide Hafer und Gerste; doch hat hier die Viehzucht mit Weidewirtschaft größere Bedeutung.

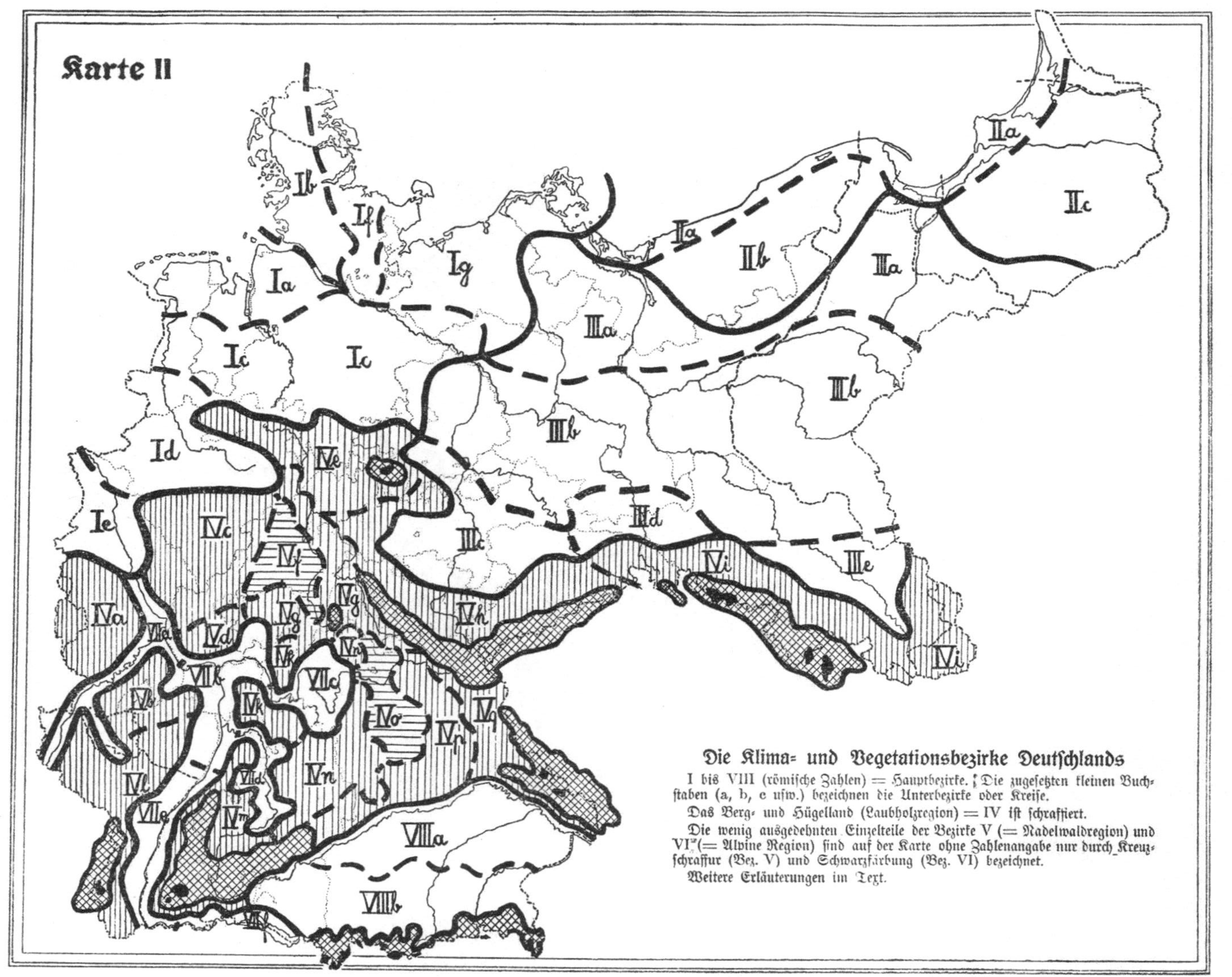

Karte II
Die Klima= und Vegetationsbezirke Deutschlands
I bis VIII (römische Zahlen) = Hauptbezirke. Die zugesetzten kleinen Buchstaben (a, b, c usw.) bezeichnen die Unterbezirke oder Kreise.
Das Berg- und Hügelland (Laubholzregion) = IV ist schraffiert.
Die wenig ausgedehnten Einzelteile der Bezirke V (= Nadelwaldregion) und VI" (= Alpine Region) sind auf der Karte ohne Zahlenangabe nur durch Kreuzschraffur (Bez. V) und Schwarzfärbung (Bez. VI) bezeichnet.
Weitere Erläuterungen im Text.

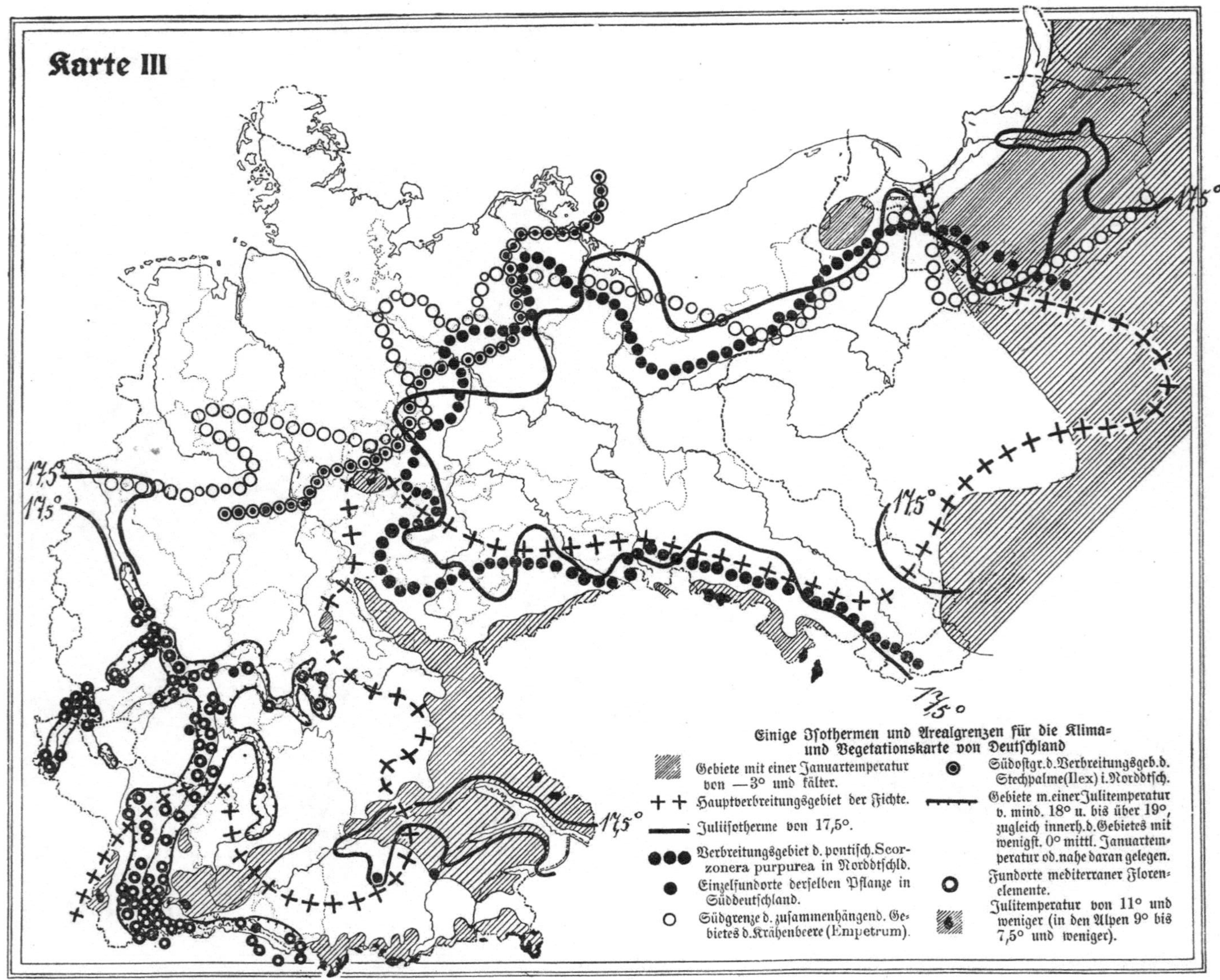

Karte III
17,5°
Einige Isothermen und Arealgrenzen für die Klima- und Vegetationskarte von Deutschland
Gebiete mit einer Januartemperatur von —3° und kälter.
Hauptverbreitungsgebiet der Fichte.
Juliisotherme von 17,5°.
Verbreitungsgebiet d. pontisch.Scorzonera purpurea in Norddtschld.
Einzelfundorte derselben Pflanze in Süddeutschland.
Südgrenze d. zusammenhängend. Gebietes d.Krähenbeere (Empetrum).
Südostgr.d.Verbreitungsgeb.d. Stechpalme(Ilex) i.Norddtsch.
Gebiete m.einer Julitemperatur v. mind. 18° u. bis über 19°, zugleich innerh.d.Gebietes mit wenigst. 0° mittl. Januartemperatur od.nahe daran gelegen.
Fundorte mediterraner Florenelemente.
Julitemperatur von 11° und weniger (in den Alpen 9° bis 7,5° und weniger).